清洁生产：理论、方法与实践

潘涌璋　编著

科　学　出　版　社

北　京

内 容 简 介

本书在总结编者多年清洁生产课堂教学与社会实践经验的基础上编著而成，将清洁生产的实际案例融入教学的同时，将理论知识运用到解决企业现场问题的实践中，较好地实现理论与实践紧密结合。全书分为理论、方法和实践三个部分，首先介绍清洁生产的产生背景、基本概念、发展过程和理论基础，然后论述清洁生产的实施方法，最后根据《"十四五"全国清洁生产推行方案》的基本内容介绍和分析清洁生产技术和案例。

本书可作为高等学校相关专业本科生或研究生的教材，可供企事业单位清洁生产和低碳管理者参考，同时也适合对清洁生产感兴趣的读者阅读。

图书在版编目（CIP）数据

清洁生产：理论、方法与实践 / 潘涌璋编著. —北京：科学出版社，2024.7

ISBN 978-7-03-078155-0

Ⅰ. ①清⋯　Ⅱ. ①潘⋯　Ⅲ. ①无污染工艺－高等学校－教材　Ⅳ. ①X383

中国国家版本馆 CIP 数据核字（2024）第 052405 号

责任编辑：郭勇斌　彭婧煜　常诗尧 / 责任校对：杨　赛
责任印制：徐晓晨 / 封面设计：义和文创

科 学 出 版 社 出版

北京东黄城根北街 16 号
邮政编码：100717
http://www.sciencep.com

中煤（北京）印务有限公司印刷
科学出版社发行　各地新华书店经销

*

2024 年 7 月第 一 版　开本：720 × 1000　1/16
2024 年 7 月第一次印刷　印张：19 1/4
字数：380 000

定价：118.00 元

（如有印装质量问题，我社负责调换）

前　　言

2003 年我开始在暨南大学讲授《清洁生产》课程,至今已经有 20 余年。在教学过程中,对本科生侧重讲解清洁生产的基本概念和方法,对研究生侧重清洁生产技术的讲授。作为广东省清洁生产行业专家库第一批专家成员,我参与了企业清洁生产的社会服务实践。一直以来,我在将清洁生产的实际案例融入大学课堂的理论教学的同时,将理论知识运用到解决企业现场问题的实践中,试图做到理论与实践的紧密结合。基于对多年积累的课堂教学和社会实践经验的总结,编著了这本《清洁生产:理论、方法与实践》,希望本书既能作为本科生或研究生的教材,又可供企事业单位相关人员查阅,有助于读者较系统地了解清洁生产相关的理论和实践。

本书共 8 章,分为理论、方法和实践三个部分,理论部分包括清洁生产的产生背景,清洁生产的概念、实施及发展,清洁生产的理论基础;方法部分包括绿色原材料及清洁能源,清洁生产过程,清洁产品和清洁生产审核;实践部分见清洁生产实践。本书的特色在于每章都设置"学习目标""实例(事件、引子)""本章小结""关键术语""课堂讨论""作业题""阅读材料""参考文献",以便读者更好地阅读和了解。

本书在编写过程中,结合国家有关部委公布的清洁生产技术目录,分析清洁生产技术的特征、关键技术和实施效果,通过了解我国在清洁生产技术开发及应用领域的发展,使清洁生产技术能更好地在同行业或同类性质生产装置中得到推广应用。此外,根据《"十四五"全国清洁生产推行方案》的基本内容,在第七章中提出工业园区清洁生产审核框架,对工业园区清洁生产评价指标体系进行探讨;在第八章中介绍和分析一些清洁生产技术和案例,这些案例涉及工业、农业、建筑业、服务业等领域的清洁生产和低碳实践。

本书在编写过程中参考了国内外相关领域专家学者的一些研究成果同时得到暨南大学本科教材资助项目的支持及环境学院老师和学生的帮助,在此表示衷心的感谢。

限于个人研究领域和水平,本书的疏漏和不足之处在所难免,敬请广大读者提出意见和指正。

潘涌璋

于暨南大学校园

2023 年 5 月 16 日

目　　录

第1章　清洁生产的产生背景

学习目标

①掌握环境问题的产生原因、表现、发展趋势及应对策略。

②了解污染物的来源及种类。

③熟悉末端治理的弊端。

④了解企业经济效率与环境保护的关系。

⑤了解清洁生产理念的产生背景。

事件：美国 3M 公司的污染防治计划

1975 年，美国 3M 公司提出污染防治计划（Pollution Prevention Pays），即 3P 计划，强调采用以保护自然资源为导向的工艺技术。该计划寻求防止制造过程中污染源的污染，而不是在污染产生后消除污染，因此是一项革命性的计划。该计划提出从源头消除污染，能从中获得经济收益，可以通过产品配方改变、工艺或流程调整、重新设计设备、更有效地使用废料来实现该计划的目的，重视发挥所有员工的创新能力，不断寻求更好地从源头消除污染并获得经济收益的方法。

1.1　环　境　问　题

环境是人类生存和活动的场所，也是向人类提供生产和消费所需要的自然资源的供应基地。《中华人民共和国环境保护法》指出："本法所称环境，是指影响人类生存和发展的各种天然和经过人工改造的自然因素的总体，包括大气、水、海洋、土地、矿藏、森林、草原、湿地、野生生物、自然遗迹、人文遗迹、自然保护区、风景名胜区、城市和乡村等。"该定义包括了两层含义：第一，环境，是指以人为中心的人类生存环境，关系到人类的生存与发展。同时，环境不是泛指人类周围的一切自然的和社会的客观事物整体。比如，银河系，我们并不把它包括在环境这个概念中。所以，环境保护所指的环境是人类赖以生存的环境，是作用于人类并影响人类未来生存和发展的外界的一个施势体。第二，随着人类社会的发展，环境概念也在发展。现阶段没有把月球视为人类的生存环境，但是随着宇宙航行和空间科学的发展，月球将有可能成为人类生存环境的组成部分。

当由于人类活动的开展所带来污染物不断地排入周围环境，从而引起环境质量的下降，最终对人类身体健康和生态环境带来负面影响甚至带来灾害时，就意味着我们生存的环境出了问题。

1.1.1 什么是环境问题

环境问题一般指由于自然界或人类活动作用于人们周围的环境，引起环境质量下降或生态失调及这种变化反过来对人类的生产和生活产生不利影响的现象。概括地讲，环境问题是指全球环境或区域环境中出现的不利于人类生存和发展的各种现象。环境问题大致可分为两类：原生环境问题和次生环境问题。由自然力引起的为原生环境问题，例如，火山喷发、地震、洪涝、干旱、滑坡等引起的环境问题。由于人类的生产和生活引起生态破坏和环境污染，从而危及到人类自身的生存和发展的现象，称为次生环境问题。次生环境问题包括生态破坏、资源浪费和环境污染等方面。

生态破坏是指人类活动直接作用于自然生态系统，造成生态系统的生产能力显著下降和结构显著改变，从而引起的环境问题，如过度放牧引起草原退化、滥采滥捕使珍稀物种灭绝和生态系统生产力下降、植被破坏引起水土流失等。

资源浪费指的是由于资源的配置方式不合理或是资源配置的机制不科学所产生的浪费，也指因资源的未充分利用或过度消费性使用造成的损失。资源通常分为无形资源和有形资源，与环境问题相关的资源包括矿山、森林、水体、大气、土壤资源等。

环境污染则指人类活动的副产品和废物进入环境后，对生态系统产生的一系列扰乱和侵害，特别是当由此引起的环境质量的恶化反过来影响人类自己的生活质量时。环境污染不仅包括物质造成的直接污染，如工业"三废"和生活"三废"，也包括由物质的物理性质和运动性质引起的污染，如热污染、噪声污染、电磁污染和放射性污染。环境污染还会衍生出许多环境效应，例如，氮氧化物、二氧化硫、粉尘造成的大气污染，除了使大气环境质量下降，还会造成酸雨和灰霾。

20世纪，随着工业化的不断深入，工业生产排放的废物大量地、无限制地排入环境，造成了环境污染和生态破坏，最终造成了全球公害，20世纪十大环境公害事件的简介如表1-1所示。

表1-1 20世纪十大环境公害事件

序号	名称	时间	地点	危害	原因	主要污染物
1	比利时的马斯河谷斯河谷事件	1930年12月	比利时马斯河谷	污染发生后有人患病。其症状表现为：胸痛、咳嗽、呼吸困难等，一星期内有60多人死亡，其中心脏病、肺病者死亡率最高。同时，还有许多家畜死亡。	比利时的马斯河谷位于狭窄的盆地中，在这个狭窄的河谷里有炼油厂、金属厂、玻璃厂等许多工厂，12月1~5日，河谷上空出现很强的逆温层，致使13个大烟囱排放的有害气体和煤烟粉尘在大气近地面层中积累不散，大量有害气体积累在大气近地面层，对人体造成严重伤害。事件发生期间，SO_2浓度很高，并可能含有氟化物。	SO_2、氟化物、粉尘
2	美国的洛杉矶光化学烟雾事件	1943年5~8月	美国洛杉矶	1943年5~8月，在强烈阳光的照射下，在洛杉矶市上空出现浅蓝色的烟雾，致使整座城市变得浑浊不清。这种烟雾刺激喉、鼻、眼等许多疾病，头痛等许多疾病，同时使远在100 km之外的高山上的柑橘减产，松树枯黄。	该市250万辆汽车每天燃烧掉1100 t汽油，在洛杉矶三面环山的地势下，水平流动相对缓慢，他们在强烈阳光的照射下就能产生臭氧，并发生一系列光化学变化，危害人们的健康。人们把这种城市上空的浅蓝色烟雾称为光化学烟雾。	臭氧
3	美国多诺拉事件	1948年10月	美国多诺拉	全镇43%的人口，即591人相继暴病，症状为：喉痛、流鼻涕、干渴、四肢酸乏、咳痰、胸闷、呕吐、腹泻等症状，死亡17人。	多诺拉有许多大型炼锌厂、炼钢厂和硫酸厂，1948年10月26~30日，多诺拉大部分地区受反常气候控制，持续有雾，致使大气污染物在近地面层大气中集聚。SO_2及其氧化作用的产物同大气中的尘粒结合足致害因素。主要致害物是SO_2与金属元素及金属化合物相互作用的生成物。	SO_2、金属化合物
4	英国伦敦的烟雾事件	1952年12月	英国伦敦	3500~4000人死于这场烟雾，大约是平时死亡率的3倍。因支气管炎、冠心病、肺结核、心脏病而死亡的人数分别是平时同类死亡人数的9.3倍、2.4倍、5.5倍、2.8倍。	事件期间尘粒浓度最高达4.46 mg/m³，为平时的10倍，SO_2浓度最高高达平时的6倍，在浓雾的特定条件下，烟雾中的Fe_2O_3促使SO_2氧化成SO_3，从而形成H_2SO_4，并凝结在微尘上，成为这一事件的"杀手"。	SO_2、Fe_2O_3、粉尘
5	日本水俣病事件	1953~1956年	日本水俣湾	水俣湾共180人患水俣病，死亡50多人；新潟县阿贺野川亦发现100多水俣病患者，8人死亡。因水俣病而死亡的人，步履蹒跚、视觉丧失、发音不清、进而耳聋眼瞎，最后全身麻木、精神失常，直至身狂叫而死。	1939年，日本氮肥公司的合成醋酸厂开始生产氯乙烯，工厂生产废水一直排放入水俣湾。该公司在生产氯乙烯和醋酸乙烯时，使用了含汞的催化剂，这种未还原水体中，被水中的鱼食用，在鱼体内转化成毒性甲基汞，继而随人食用，进入人体。	汞
6	日本的骨痛病事件	1955~1963年	日本富山县	骨痛病患者达到230人，死亡34人，对死者身多处骨折，有的达73处，身长也缩短了30 cm。	骨痛病与三井金属公司炼锌厂排放的废水中含有金属镉有关。炼锌厂成年累月向神通川排放的废水中的镉转移到土壤和稻谷中，两岸农民饮用含镉之水，食用含镉之米，镉在体内积存，最终导致骨痛病。	镉

续表

序号	名称	时间	地点	危害	原因	主要污染物
7	日本四日市事件	1961~1972年	日本四日市	呼吸系统疾病开始在这一带发生，并迅速蔓延。据报道患者中慢性支气管炎占25%，肺气肿等占30%，哮喘病患者中小人因此自杀。1967年，一些患者因不堪忍受折磨而自杀。1970年，患者达500多人。1972年，全市哮喘病患者871人，死亡11人。	四日市位于日本东部海湾。1955年，这里相继兴建了十多家石油化工、化工厂终日排放的含SO_2的气体和粉尘，使昔日晴朗的天空变得污浊不堪。据报道，四日市每年SO_2和粉尘排放量达13万t之多，大气中SO_2浓度超过标准5~6倍，烟雾厚达500m，其中含有害的气体和金属粉尘，它们相互作用生成硫酸物质，是造成哮喘病的主要原因。	SO_2和粉尘
8	日本米糠油事件	1968年起	日本爱知县	患者初期症状为痤疮样皮疹，指甲发黑，皮肤色素沉着，眼结膜充血等。至1977年，因此病死亡人数达数万余人；1978年，确诊患者达1684人。	米糠油事件发生在日本九州爱知县一带。九州一个食用油工厂在生产米糠油时，脱臭工艺中使用多氯联苯作载体，因管理不善，操作失误，致使米糠油中混入了多氯联苯。	多氯联苯
9	苏联切尔诺贝利核泄漏事件	1986年4月	乌克兰普里皮亚季城	核电站30km范围内的13万居民不得不紧急疏散。这次核泄漏造成苏联1万多km²的领土受污染，其中乌克兰1500km²的肥沃农田因污染而废弃荒芜。乌克兰1993年初，有2000万人受放射性污染影响，大量的婴儿成为畸形病残，8000多人死于和放射有关的疾病。其远期影响在30年后仍会产生作用。	1986年4月26日凌晨1时，距苏联切尔诺贝利14km的核电厂第4号反应堆，发生可怕的爆炸，放射性碎物和气体（包括碘-131、铯-137、锶-90）冲上1km的高空。核电厂反应堆巨大的爆炸引发严重的核泄漏。这就是震惊世界的切尔诺贝利核污染事件。	放射性碎物和气体
10	印度博帕尔事件	1984年12月	印度博帕尔市	死亡近两万人，受害20多万人，5万人失明，孕妇流产或产下死婴，受害面积40km²，数千头牲畜被毒死。	1984年12月3日，美国联合碳化公司在印度博帕尔市的农药厂因管理混乱，操作不当，致使地下储罐内剧毒的甲基异氰酸酯因压力升高而爆炸外泄，导致5000m/h的速度袭击了博帕尔市区。	甲基异氰酸酯

1.1.2　环境问题的表现

迄今为止已经出现的环境问题主要有：全球变暖、臭氧层破坏、酸雨、淡水资源危机、资源及能源短缺、森林锐减、土地荒漠化、物种加速灭绝、垃圾成灾、有害化学品污染等方面。

1. 全球变暖

近 100 多年来，全球平均气温经历了冷—暖—冷—暖的波动，总体为上升趋势。20 世纪 80 年代后，全球气温明显上升。1981～1990 年全球平均气温比 1800 年之前上升 0.48 ℃。导致全球变暖的主要原因是人类在近一个世纪中工业过程排放出大量的 CO_2 等多种温室气体。这些温室气体对来自太阳辐射的短波具有高度的透过性，而对地球反射出来的长波具有高度的吸收性，形成"温室效应"，导致全球气候变暖。全球变暖会使全球降水量重新分配、冰川和冻土消融、海平面上升等，既危害自然生态系统的平衡，又威胁人类的食物供应和居住环境。

2. 臭氧层破坏

人类生产和生活所排放出的一些污染物，如作为制冷剂的氟氯烃类化合物及其他用途的氟溴烃类化合物等，它们受到紫外线的照射后可被激化，形成活性很强的原子，并与地球大气层近地面约 20～30 km 的臭氧层中的臭氧作用，使其变成氧分子，这种作用连锁般地发生，臭氧迅速耗减，使臭氧层遭到破坏，丧失吸收紫外线、阻挡太阳紫外辐射对地球生物伤害的作用。

3. 酸雨

酸雨是由空气中二氧化硫（SO_2）和氮氧化物（NO_x）等酸性污染物引起的 pH 小于 5.6 的酸性降水。酸雨在 20 世纪 50～60 年代最早出现于北欧及中欧，当时北欧的酸雨是由欧洲中部工业酸性废气迁移所致。自 20 世纪 70 年代以来，全世界使用矿物燃料的量有增无减，也使得受酸雨危害的地区进一步扩大。全球受酸雨危害严重的有欧洲、北美洲及亚洲东部地区。20 世纪 80 年代，我国酸雨主要发生在西南地区；到 20 世纪 90 年代中期，已发展到长江以南、青藏高原以东及四川盆地的大部分地区。

4. 淡水资源危机

虽然 2/3 的地球表面被水覆盖，但是 97 % 为无法饮用的海水，只有不到 3 % 是淡水，其中约 2/3 封存于极地冰川之中。在仅有的 1 % 的淡水中，其 25 % 为工业用水, 70%为农业用水, 只有很少的一部分可供饮用和其他生活用途。然而, 在这样一个缺水的世界里, 水却被大量滥用、浪费和污染。加之, 区域分布不均匀, 致使世界上缺水现象十分普遍, 全球淡水危机日趋严重。联合国可持续发展委员会确定的用水紧张线为 1750 m^3/ (人·a), 严重缺水线为 500 m^3/ (人·a)。

目前世界上 100 多个国家和地区缺水, 其中 28 个被列为严重缺水的国家和地区。预测再过 20~30 年, 严重缺水的国家和地区将达 46~52 个, 缺水人口将达 28 亿~33 亿。

我国广大的北方和沿海地区水资源严重不足。据统计, 21 世纪初, 我国有 400 余个城市供水不足, 其中缺水比较严重的有 110 个。在 32 个百万人口以上的城市中, 有 30 个长期受缺水问题困扰。根据《中国水资源公报 2022》, 2022 年, 全国水资源总量为 27 088.1 亿 m^3, 比多年平均值偏少 1.9%, 比 2021 年减少 8.6%。部分地区属资源型缺水, 部分地方还面临污染型缺水。《2022 中国生态环境状况公报》显示, 松花江流域和海河流域为轻度污染。

5. 资源及能源短缺

资源及能源短缺问题已经在大多数国家甚至全球范围内出现。这主要是人类无计划、不合理地大规模开采所致。

20 世纪 90 年代初, 全世界能源消耗总数约 100 亿 t 标准煤; 21 世纪初, 能源消耗 (简称能耗) 翻一番。从目前石油、煤、水利和核能发展的情况来看, 要满足这种需求量是十分困难的。因此, 在新能源 (如太阳能、快中子反应堆电站、核聚变电站等) 开发利用尚未取得较大突破之前, 世界能源供应将日趋紧张。

此外, 其他不可再生性矿产资源的储量也在日益减少, 这些资源终究会被消耗殆尽。

6. 森林锐减

森林是人类赖以生存的生态系统中的重要的组成部分。地球上曾经有 76 亿 hm^2 的森林, 到 20 世纪初期减少到 55 亿 hm^2, 到 1976 年减少到 28 亿 hm^2。由于世界人口的增长, 对耕地、牧场、木材的需求量日益增加, 对森林的过度采伐和开垦, 使森林受到前所未有的破坏。

据统计, 全世界每年约有 1200 万 hm^2 的森林消失, 其中绝大多数是对全球生态平衡至关重要的热带雨林。

7. 土地荒漠化

简单地说, 土地荒漠化就是指土地退化。1992 年, 联合国环境与发展大会对荒漠化概念作了这样的定义:"荒漠化是由于气候变化和人类不合理的经济活动等因素,使干旱、半干旱和具有干旱灾害的半湿润地区的土地发生退化。"

在人类当今诸多的环境问题中,荒漠化是最为严重的灾难之一。对于受荒漠化威胁的人们来说,荒漠化意味着他们将失去最基本的生存基础——有生产能力的土地消失。1996 年,全球荒漠化的土地已达到 3600 万 km^2,占整个地球陆地面积的 1/4,相当于俄罗斯、加拿大、中国和美国国土面积的总和。

8. 物种加速灭绝

现今地球上生存着 500 万～1000 万种生物。近年来,由于人类活动破坏了物种灭绝速度与物种生成速度的平衡,使物种灭绝速度加快,据《世界自然资源保护大纲》估计,每年有数千种动植物灭绝,21 世纪初地球上 10 %～20 %的动植物即 50 万～100 万种动植物将消失。物种灭绝将给整个地球的食物链供给带来威胁,给人类社会发展带来的损失和影响是难以预料和挽回的。

9. 垃圾成灾

全球每年产生垃圾近 100 亿 t,而且处理垃圾的能力远远赶不上垃圾增加的速度,特别是一些发达国家,已处于垃圾危机之中。我国的垃圾排放量也相当巨大,在许多城市周围,排满了一座座垃圾山,除了占用大量土地外,还污染环境。危险垃圾,特别是有毒有害垃圾的处理(包括运送、存放),因其造成的危害更为严重、更为深远,成为当今世界各国面临的一个十分棘手的环境问题。

近年来,污染物焚烧处理过程产生的二噁英污染问题,已经越来越受到关注。二噁英是由两大族组成的一类有毒物质。多氯二苯并对二噁英,按氯在苯环上的取代位置不同,有 75 种被关注的同系物,其中 2, 3, 7, 8-四氯二苯并对二噁英毒性最大,相当于氰化钾(KCN)的 1000 余倍。

CO、HCl、氯酚或多氯酚类物质在 200～400 ℃下容易生成二噁英。因此在焚烧时要特别注意焚烧后应快速冷却和进行烟气处理,避免烟气中某些物质生成二噁英。二噁英总量持续增加,说明人类目前采用的污染物末端控制手段存在环境风险。

10. 有害化学品污染

市场上约有 7 万～8 万种化学品,对人体健康和生态环境有危害的约有 3.5 万种。其中有致癌、致畸、致突变作用的 500 余种。随着工农业生产的发展,如今每年又有 1000～2000 种新的化学品投入市场。由于化学品的广泛使用,全球的大气、水体、土壤乃至生物都受到不同程度的污染、毒害,连南极的企鹅也未能幸免。

涉及有毒有害化学品的污染事件日益增多，如果不采取有效防治措施，将对人类和动植物造成严重的危害。

1.1.3　环境问题的根源

环境污染主要是由人类活动向环境中排放各种污染物而造成的，生态破坏则是由于人类对自然资源的不合理开发利用造成的，这些环境问题都是人为作用的结果，虽然每一个具体的环境问题都有其各自的人为原因，但从整体来看，人类对待自然的态度即环境伦理观、人类不适当的生产方式和消费方式、贫穷及不平等的国际经济秩序都是全球环境问题产生的主要原因。

　　1. 人类对待自然的态度

通常人类对待自然的态度存在着两种片面观点。一种是过分夸大人类征服自然的力量，强调人类与自然的对立和人类的主宰作用，即生态唯意志主义；另一种是强调人类对自然的被动适应，要求人类返回自然，即生态唯自然主义。

以上两种观念都引起了人类活动与保护环境的对立，事实上发展经济和创立生态文明都是时代的需求，因此，人类应该尊重自然，师法自然，与自然和谐相处，人类社会及其活动是地球生态系统的一部分，人类应对保护地球生态系统负起不可推卸的责任，人类应爱护地球上一切生命，人类的活动应服从、效法自然生态系统的规律。我国古代的贤人提出"天人合一论"，正是强调人类与自然的和谐相处。例如，孔子提出："天地之性，人为贵，大人者，与天地合其德"；王阳明认为："大人者，以天地万物为一体者也"；庄子则倡导："天地与我并生，而万物与我为一"；荀子提倡变革自然需兼得天时、地利与人和。

　　2. 高消耗的生产模式和高消费的生活方式

工业化过程中，大量排放污染物的生产模式和高消费的生活方式，消耗了大量的资源。这种生产生活方式虽然使一些地方富裕和发达起来，却在更多的地方造成了贫穷和落后；虽然提高了人类的生产能力，却过度地消耗了资源，破坏了生态平衡和人类的生存环境；虽然满足了部分人的近期需求，却牺牲了人类长远的发展利益。发展到今天，占世界人口约 20 %的工业化国家，消耗着世界 70 %以上的能源和资源。这种生产生活方式是全球变暖、臭氧层破坏等全球性生态危机产生的历史原因。因此，发达国家的工业化是以牺牲地球环境为代价的。令人担心的是，目前仍有不少发展中国家正在走工业化国家的这种发展道路。因此，转变生产模式和生活方式是当前人类面临的共同任务。

3. 贫穷地区的生产生活方式

发展中国家的环境问题主要是发展不足造成的。发展的不足迫使许多贫困国家不得不过度开发和廉价出卖自己日益枯竭的自然资源来维持其国民收入。而自然资源的大量开发和出口，使发展中国家的生态环境进一步恶化，自然环境的恶化反过来又限制了发展。二者之间形成恶性循环。

4. 不平等的国际经济秩序

不平等的国际经济秩序对环境的影响主要表现为不合理的资源和污染转移。一方面，发展中国家主要靠原材料出口来发展经济，而这些原材料的生产是以大量消耗或破坏本国的自然生态环境为代价的，但这些产品的输出价格并没有将其环境成本计算在内。另一方面，从发达国家出口到发展中国家的产品主要是工业品，而在这些工业品的价格中包含了输出国控制工业污染的代价。显然这是一种不平等的贸易，这种贸易是导致发展中国家环境不断恶化的一个重要原因。

1.1.4　环境问题的发展趋势

众所周知，现在的全球环境问题是过去几十年甚至几百年间污染环境和破坏生态的结果，而未来的全球环境将会怎样，则取决于人类社会现在和将来采取什么样的理性和明智的措施来限制和改正自身不合理行动。因此，未来全球环境掌握在现在每一个国家、企业、个人的手中，我们选择什么样的理念，采取什么样的行动，就会形成什么样的全球环境发展趋势。

由联合国环境规划署（UNEP）主编的第一期《全球环境展望》提出，全球环境问题呈现以下 7 个方面的带有根本性的发展趋势。

（1）可再生资源已超出其自然再生能力。

（2）温室气体释放量仍然高于《联合国气候变化框架公约》所提出的并经国际议定的稳定量指标。

（3）自然区域所含有的生物多样性将会因农业土地和人类居住区的扩展而逐渐丧失。

（4）日益广泛地使用化学品来促进经济发展的做法构成了重大的健康风险、环境污染和处置问题。

（5）在全球范围内，能源部门的开发不符合可持续性原则。

（6）迅速而又未经良好规划的城市化，特别是沿海地区的城市化正在给邻近地区的生态系统造成沉重负担。

（7）全球生物化学周期复杂的且常常不为人知的相互作用正在导致广泛的酸化，气候的变化，水文周期的变化，生物多样性、生物量和生物生产力的丧失。

1.2　污染物及其末端治理方法

1.2.1　污染物的定义

通常，污染物是指进入环境后能够直接或者间接危害人类的物质。也有人提出污染物是指进入环境后使得环境的正常组成发生变化，直接或者间接有害于人类的物质。实际上，污染物可以定义为进入环境后使环境的正常组成发生变化，直接或者间接有害于生物生长、发育和繁殖的物质。污染物的作用对象是包括人在内的所有生物。环境污染物是指由于人类的活动进入环境，使环境正常组成和性质发生改变，直接或者间接有害于生物的物质。

污染物原本是生产中的有用物质，有的甚至是人等生物必需的营养元素。但如没有充分利用而大量排放，或不加以回收和重复利用，就会成为环境中的污染物。因此，一种物质成为污染物，必须在特定的环境中达到一定的数量或浓度，并且持续一定的时间。数量或浓度低于某个水平（如低于环境标准许可值或不超过环境自净能力），或只短暂地存在，不会造成环境污染。例如，铬是人体必需的微量元素，氮和磷是植物的营养元素。如果它们较长时间在环境中浓度较高，就会造成人体中毒、水体富营养化等有害后果。有的污染物进入环境后，通过化学或物理反应，或在生物作用下会转变成新的危害更大的污染物，也可能降解成无害的物质。不同污染物同时存在时，由于拮抗或协同作用，会使毒性降低或升高。随着人类生产的发展，技术的进步，原有污染物的排放量和种类会逐渐减少。但与此同时，也会发现和产生更多新的污染物。

1.2.2　污染物的来源及种类

污染物来源于自然状态和人类活动。工业生产中污染物来源于原材料的杂质和生产过程中未转变的原材料和副产物，通常生产过程的原材料转变效率很难达到 100 %，生产过程废物包括原材料的杂质、流失的物料、未转化的反应物和副反应产物。

污染物按受污染物影响的环境要素可分为大气污染物、水体污染物、土壤污染物等；按污染物的形态可分为气体污染物、液体污染物和固体污染物；按污染物的性质可分为化学污染物、物理污染物和生物污染物，化学污染物又可分为无机污染物和有机污染物，物理污染物又可分为噪声、微波辐射、放射性污染物等，生物污染物又可分为病原体、变应原污染物等；按污染物在环境中物理、化学性状的变化可分为一次污染物和二次污染物。此外，为了强调污染物对人体的某些有害作用，还可划分出致畸物、致突变物、致癌物、可吸入的颗粒物及恶臭物质等。

1.2.3　污染物的处置方法

各种污染物的常规处理方法见表 1-2。

表 1-2　各种污染物的常规处理方法

污染物	处理方法
悬浮物	格栅、筛网、过滤、沉淀、浮选、离心分离、混凝沉淀
油脂	隔油、浮选、聚结除油、过滤、混凝过滤、膜分离
酸、碱	中和、渗析分离、浓缩
溶解性无机物	离子交换、反渗透、电渗析、蒸发
重金属离子	离子交换、反渗透、电渗析、活性炭吸附、铁氧体法、离子浮选、混凝沉淀
热	冷却池（塔）、均质池、热交换器回收
病原体	含氯、溴或碘等氧化剂，臭氧，紫外线，辐射，超声波
放射性污染物	混凝沉淀、离子交换、吸附法、地质处置
可生物降解有机物	活性污泥法、生物膜法、稳定塘、湿地系统
难生物降解有机物	活性炭吸附、臭氧或其他强氧化、湿地系统、电化学法
氨	生物法、吹脱法、离子交换、电化学法、湿地系统
磷	混凝沉淀、生物法、吸附法、电化学法、湿地系统

所谓"末端治理"是指污染物（废物）产生后，在直接或间接排放到环境中之前，进行处理以减轻环境危害的治理方式，包括：物理法（沉淀法、气浮法、过滤法、反渗透法、离心分离法）、化学法（中和法、氧化还原法、混凝法、电解法）和生物法（好氧法、厌氧法、好氧-缺氧-厌氧法）。

1.2.4　末端治理的弊端

实践证明，通过末端治理可以大大减轻环境污染的程度，但末端治理存在着如下弊端。

1. 治理工程投资大、运行成本高

对于处理难度高的污染物，需要采用不同工艺组合的处理技术，同时由于排放标准越来越严格，为了达标排放，企业不得不大大增加投资和运行费用，这势必对企业造成较大的经济负担。"三废"处理与处置往往被认为只有环境效益而无经济效益，因而企业治污的积极性大受影响。

例如，有些电镀企业综合酸碱废水药耗平均处理成本达到 18 元/m^3，含氰废水药耗平均处理成本达到 25~30 元/m^3，含铬废水药耗平均处理成本达到 10 元/m^3。

2. 资源、能源得不到有效地利用

末端治理方法本身需要耗费各种原材料和能源，末端污染控制与生产过程控制没有密切结合起来，造成资源和能源不能在生产过程中得到充分利用。一些本来可以回收利用的原材料和能源，变成了废物被处理掉或排入环境，造成浪费和污染。

例如，含有金属离子的电镀废水、含有染料物质的染料废水、含生物质的固体废料、热排水、热排气等。

3. 存在着二次污染的风险

由于污染治理技术的问题，治理污染实质上很难达到彻底消除污染的目的，对环境有一定的风险性，这种风险性主要来自污染物与处理结果的二次污染。

例如，采用喷淋法处理废气后会产生废水；废水经混凝、沉淀、气浮、过滤后会产生废渣；污染土壤采用淋洗法处理后会产生废水等。可见末端治理并不能从根本上消除污染，而只是污染物在不同介质中的转移，在新的介质中转化为新的污染物，形成治不胜治的恶性循环。

1.3　清洁生产理念的形成

从 20 世纪 70 年代起，一些欧美的大企业在进行多年污染物末端治理实践后，发觉其虽然处理费用逐渐提高，但是效益未能提升，例如，一家涂料厂的污染成本为 23.15 万美元，其中材料成本占 93.8 %，可见生产过程中用于处理污染或者浪费的材料费用非常高。于是人们开始思考：废物或污染物其实只是因为原材料的转化效率无法达到 100 %而在生产过程中所遗留下来的物质。因此如果能设法减少废物的产生，相对地也就是提高了生产的效率，此一举两得的想法，也就是工业减废的思路。

　　减废观念的崛起，深深地影响了企业的经营策略，昂贵的末端治理成本促使企业寻求更有效的生产过程，也因而促进企业进行开发新技术的研究。自 20 世纪 90 年代起，欧美各国的企业界在减废达到良好的成效之后，又将污染预防工作重点逐渐移转到减毒之上，人们开始对过去的经济发展模式进行反思，并探索环境和经济可持续发展的新思路，于是清洁生产战略应运而生。1990 年 9 月，联合国环境规划署工业与环境计划活动中心（UNEP IE/PAC）在英国第一次举办推动清洁生产研讨会，正式开始实施清洁生产计划，会中提出清洁生产的理念，获得一些国家积极响应，清洁生产的理念开始逐渐扩散。

　　根据日本环境厅 1991 年的报告，"从经济上计算，在污染前采取防治对策比在污染后采取措施治理更为节省"。例如，就整个日本的硫氧化物造成的大气污染而言，排放后不采取对策所产生的受害金额是现在预防这种危害所需费用的 10 倍，以水俣病而言，其推算结果则为 100 倍，可见两者之差极其悬殊。

　　清洁生产是人们思想和观念的一种转变，是环境保护战略由被动反应向主动行动的一种转变。这种观念的转变不但提升了企业环保工作的效率，同时也影响了企业管理者的经营理念，企业的环境保护工作不再只是消极地应对环保法规，而是更进一步地将环境因素融入产品设计之中，从中获得更好的经济利益，从而可以将环境的问题与企业的经营合而为一。近年来许多实施清洁生产的企业，已经获得许多好处，例如，通过减少毒性物质的使用及排放、减少天然资源（水、原材料）及能源的使用，改善了工作环境，提高了生产效率，减少了昂贵的废物处理成本，以及降低了环境的风险等。

本 章 小 结

　　1. 环境问题是指由于自然界或人类活动作用于人们周围的环境，引起环境质量下降或生态失调，这种变化反过来对人类的生产和生活产生不利影响的现象。

　　2. 不合理地开发和利用资源、工农业生产的发展和人类生活是环境问题产生的主要原因。

　　3. 末端治理的弊端主要是：治理工程投资大、运行成本高；资源、能源得不到有效地利用；存在着二次污染的风险。

　　4. 企业治污思路的转变是清洁生产理念形成的主要原因。

关键术语

环境问题；末端治理；治污思路。

课堂讨论

1. 洛杉矶光化学烟雾事件对我国大气污染防治的启示是什么？

2. 如何有效地实施垃圾分类？

作业题

1. 列举我国目前存在的两个主要环境问题，并分析其根源。

2. 如果你是企业经营者，你对企业环境保护工作的管理思路是什么？

阅读材料

1. 蕾切尔·卡逊. 寂静的春天[M]. 吴国盛评点. 北京：科学出版社, 2007.

2. 黄晶，李高，彭斯震. 当代全球环境问题的影响与我国科学技术应对策略思考[J]. 中国软科学, 2007(7): 79-86.

3. 刘震. 重思天人合一思想及其生态价值[J]. 哲学研究, 2018, 6: 43.

参 考 文 献

贾振邦. 2008. 环境与健康[M]. 北京：北京大学出版社.

夏光. 1993. 全球环境与发展问题的政治背景及要义[J]. 环境保护, (7): 26-27.

赵玉明. 2005. 清洁生产[M]. 北京：中国环境科学出版社.

中国污水处理工程网. 2019. 电镀废水处理行业发展新趋势[EB/OL]. (2019-08-28) [2023-05-01]. http://www.dowater.com/jishu/2019-08-28/1047163.html.

钟湘贵. 2018. 化学法处理电镀废水集中处理厂的废水用药量成本分析[J]. 化工设计通信, 44(5): 220-221.

Lehr L W. 1978. Pollution prevention pays[J]. Catal Environ Qual, VI(6): 14-18.

第2章　清洁生产的概念、实施及发展

学习目标
①掌握清洁生产的概念。
②熟悉清洁生产实施的手段。
③了解清洁生产实施的障碍。
④了解清洁生产的发展过程。

事件：联合国环境规划署的技术、工业和经济司启动清洁生产计划

1989 年，联合国环境规划署的技术、工业和经济司启动清洁生产计划，作为一项协助公司提高其环境绩效的工具，清洁生产计划已经在全世界得到广泛地接受，许多国家建立清洁生产中心，为清洁生产技术和经验的信息交流、咨询提供帮助。清洁生产强调防治污染，减少资源和能源耗用，试图在现有技术和经济条件下最大限度地降低环境影响，因而能够协助企业采用特定的方式，对工业过程进行设计和运行，并能够以提高生态效率的方式来生产产品和提供服务。

2.1　清洁生产的概念

2.1.1　清洁生产的定义

1989 年，联合国环境规划署首次给出"清洁生产"的定义：清洁生产是一种新的创造性思想，该思想将整体预防的环境战略持续应用于生产过程、产品和服务中，以增加生态效率和减少人类及环境的风险。对生产过程，要求节约原材料和能源，淘汰有毒原材料，削减所有废物的数量和毒性。对产品，要求减少从原材料提炼到产品最终处置的全生命周期的不利影响。对服务，要求将环境因素纳入设计和所提供的服务中。

1994 年出版的《中国 21 世纪议程》也对清洁生产做出定义：清洁生产是指既可满足人们的需要又可合理使用自然资源和能源并保护环境的实用生产方法和措施，其实质是一种物料和能耗最少的人类生产活动的规划和管理，将废物减量

化、资源化和无害化，或消灭于生产过程之中。同时对人体和环境无害的绿色产品的生产亦将随着可持续发展进程的深入而日益成为今后产品生产的主导方向。

2002 年公布的《中华人民共和国清洁生产促进法》提出：本法所称清洁生产，是指不断采取改进设计、使用清洁的能源和原料、采用先进的工艺技术与设备、改善管理、综合利用等措施，从源头削减污染，提高资源利用效率，减少或者避免生产、服务和产品使用过程中污染物的产生和排放，以减轻或者消除对人类健康和环境的危害。

从以上这些定义中可以看出：清洁生产强调在污染产生之前就予以削减，彻底改变过去被动的污染控制手段，要求这种手段不仅具有技术可行性，而且具有经济的可盈利性，体现出经济效益、环境效益和社会效益的统一，因而清洁生产是体现工业可持续发展的战略，清洁生产要求环境保护战略由被动反应向主动行动转变。

2.1.2　清洁生产的相对性

清洁生产的水平将随着社会经济的发展和科学技术的进步而提高，因此，清洁生产是一个相对的、动态的概念，需要持续不断地改进。主要体现在以下三方面。

1. 自然资源和能源利用更合理化

用尽可能少的原材料和能源消耗，生产尽可能多的高质量产品，提供尽可能多的高质量服务。

2. 经济效益的最大化

在生产同样数量的产品条件下，资源和能源的耗用尽可能减少，生产成本尽可能降低，同时废物产生量尽可能减少，废物处理处置成本尽可能降低，使生产或服务过程的经济效益尽可能增加。

3. 对人类与环境的危害最小化

尽可能减少废物产生量，以无毒无害或低毒低害的原材料替代有毒有害原材料，使最终进入环境的污染物数量尽可能少，毒性尽可能小，实现对人类与环境的危害最小化。

2.1.3　清洁生产的目标

从清洁生产的定义中可以看出，清洁生产的目标是提高生态效率和降低人类及环境的风险。目前，在企业实施清洁生产实践中通常提出"节能、降耗、减污、增效"的八字目标，具体来说，就是通过减少电、蒸汽、燃油、煤炭等能源消耗，达到节能目标；通过减少水、物料浪费，提高资源利用率，达到降耗目标；通过减少污染物排放，降低污染物的毒害性，达到减污目标；通过降低成本，提高工作效率，增加经济效益，达到增效目标。

2.1.4　清洁生产的内容

由清洁生产的定义可知，清洁生产内容包括：①清洁的原材料和能源；②清洁的生产和服务过程；③清洁的产品。

1. 清洁的原材料和能源

尽可能采用无毒无害或者低毒低害的原材料，利用二次资源作原材料，尽可能使用清洁能源；原材料和能源的合理化利用，尽可能节省原材料的使用，尽可能降低能耗。

2. 清洁的生产和服务过程

选用少废、无废工艺和高效设备；尽量减少生产过程中的各种危险性因素，如高温、高压、低温、低压、易燃、易爆、强噪声、强振动等；采用可靠和简单的生产操作和控制方法；对物料进行内部循环利用；完善生产管理，不断提高科学管理水平。

清洁的生产过程的实施依赖清洁生产技术，通过替代技术、减量技术等，采用新工艺和新设备，提高生产效率，削减生产过程中废物的数量和毒性。

清洁的服务过程是将环境因素纳入到服务过程中，减少服务过程的原材料和能源消耗及废物产生量。

3. 清洁的产品

产品在使用过程中及使用后不会危害人体健康和生态环境；易于回收、复用和再生；合理包装；合理的使用功能和使用寿命；易处置、易降解。

2.1.5　清洁生产与末端治理

末端治理的弊端在本书第 1 章中已经有所介绍，虽然末端治理未能从根本上解决工业污染问题，但末端治理在一定时期内或在局部地区对污染物的治理起到很大的作用。随着经济的发展、自然资源的日趋短缺和人们对环境质量要求的提高，以末端治理为主的环境保护思路已不能适应可持续发展的需要，调整污染防治战略势在必行，清洁生产就是在这种背景下脱颖而出的。

　　清洁生产的思路是将污染物消除在生产过程中，实行产品生命周期全过程控制，从而减少资源的消耗，提高资源利用率，减少污染物的排放，使企业全方位受益。例如，2005 年，江苏省常熟市某大型电厂应用清洁生产工艺总投资 23 268 万元，项目实施后，年均烟尘减排 551.2 t，SO_2 减排 15 485 t，而副产品石膏预计年销售收入为 32 500 万元。

　　必须注意的是末端治理与清洁生产两者并非互不相容，工业生产无法完全避免污染的产生，最先进的生产工艺也不能避免产生污染物，用过的产品还必须进行最终处理、处置。因此，实施清洁生产和末端治理的双控制才能保证最终环境目标的实现。

2.2　清洁生产的实施

2.2.1　清洁生产实施的途径

　　清洁生产强调生产全过程及产品（服务）的整个生命周期内采取污染预防和资源消耗减量的各种综合措施，不仅涉及技术问题，而且涉及管理问题。从宏观角度看，就是实现对企业生产经营活动的全过程进行调控，通过制定清洁生产的计划，对实施清洁生产活动进行组织和协调、对清洁生产活动进行评价和指导管理来实现。从微观角度看，就是实现对物料转化的全过程进行控制，通过能源和原材料的选择、运输、储存，生产工艺技术和设备的选用、改造，产品的制造、包装、回收、处理处置来实现，此外提供融入环境因素的服务也是清洁生产活动的一种微观表现。清洁生产的内容可分别通过表 2-1 中的工具进行实施。

表 2-1　清洁生产的内容与实施工具

序号	内容	实施工具
1	清洁的原材料和能源	清洁生产技术
2	清洁的生产和服务过程	清洁生产审核、清洁生产技术
3	清洁的产品	生命周期评价、生态设计、环境标志

2.2.2　清洁生产实施的障碍

　　在我国一些地区和行业，清洁生产的推广已经取得一定效果，但推广和实施的进展并不顺利，主要原因是企业缺乏内部动力和外部压力，具体原因如下。

1. 认识问题

一些企业认为清洁生产就是环保，环保达标就可以了，再进行清洁生产工作没有必要，缺乏对清洁生产的概念和特点的了解，对实施清洁生产的态度是消极的。

2. 经济问题

一些自身经营状况不善、勉强能维持正常生产的企业，本身难以获得资金投入于清洁生产中；而即使经营状况较好的企业，面对需要一笔较大的资金投入时，也会显得犹豫不决，担心影响经济效益，有些清洁生产中高费方案的经济回报期较长，企业不能立马见到效益。

3. 技术及信息问题

企业缺乏用于支撑清洁生产的技术，尤其是清洁生产工艺和技术严重不足的企业，特别是老企业和中小型企业，因其设备陈旧、工艺技术落后，自主开发能力弱，制约清洁生产的发展。此外，企业无法全面了解与之相匹配的清洁生产技术的相关交流信息，缺乏选择采用清洁生产技术的机会，存在着"关起门来搞清洁生产"的现象。

4. 法规及标准问题

于 2002 年 6 月 29 日通过、2012 年 2 月 29 日修改的《中华人民共和国清洁生产促进法》就是旨在从生产、服务及产品使用的各个环节逐步推行清洁生产的一部重要法律。在市场经济条件下，为了尊重企业等市场主体的自主性，该法突出了"促进"的特点，在内容上淡化了行政强制性色彩。有些行业缺乏清洁生产评价指标，导致有的企业无法对照清洁生产评价指标。对于污染物排放达标的企业，推行清洁生产是企业自愿行为。也正是由于清洁生产的非强制性，企业没有推行清洁生产的外部压力。

综上所述，推行清洁生产的难点既来自企业内部，也来自企业外部，它们相互关联，共同影响和制约着清洁生产的推行和实施。

2.2.3　促进企业自愿清洁生产的措施

我国从 1993 年开始有组织地推行清洁生产，主要在企业的层面推行清洁生产审核，毫无疑问所取得的成果是显著的。然而，就目前的实际情况看，自愿进行清洁生产审核的企业还不多，以下措施有助于促进企业自愿进行清洁生产。

1. 完善对清洁生产具有激励作用的法律政策

如果企业处理污染物时发现守法成本高于违法成本，那么企业自然就感受不到削减污染的巨大压力。当企业排污的外部性不包含在价格中，就造成了市场扭曲，虽然它对交易双方来说是有利的，但社会为此付出了代价，因此环境管理法规应该体现外部性内在化的思想，迫使企业将负外部性成本纳入产品的价格，同时政府对正外部性企业行为进行奖励，让企业真正意识到节能、降耗和减排是可以增效的，从而杜绝企业将自身的环境成本转嫁给全社会来承担，最终形成对清洁生产具有激励作用的法律政策环境。

2. 营造对企业清洁生产行为具有促进作用的市场环境

市场对企业清洁生产行为的促进作用应该表现在两个方面：一方面是能源及资源的市场价格可以促使企业重视以节约能源及资源消耗为目的的清洁生产方式；另一方面是清洁生产企业生产的产品在市场中具有竞争力。因此可以通过市场机制来调节能源及资源价格，从而促使企业提高节能、降耗、减排的动力。日趋激烈的市场竞争已经促使企业越来越重视生产成本的降低，通过节约生产过程中的资源、能源消耗和降低环境污染治理费用的清洁生产优势已经逐渐赢得企业的重视。另外，社会应该引导消费者增加对清洁生产企业产品的购买偏好，政府应该提高采购过程中对清洁生产企业的产品支持力度。

3. 培育具有清洁生产意识的企业文化

企业是实现清洁生产的主体，企业员工是发现清洁生产机会的重要"专家"。但是大部分企业尤其是中小企业却没有培育出具备清洁生产意识的企业文化。一方面，企业领导环境责任意识不强，对清洁生产缺乏了解。他们经营企业的时候更关注市场份额的扩大所带来的利润增加，对通过清洁生产技术手段降低生产成本的方法缺乏热情。另一方面，企业管理者对清洁生产审核过程中企业员工提的合理化建议不够重视，缺乏有效的激励机制，造成企业员工在平时工作中对企业生产中可能的清洁生产机会缺乏关注，没能很好地发挥"专家"在清洁生产开展工作中应有的作用。

2.3 清洁生产的发展

2.3.1 历史及现状

20世纪70年代中后期，一些西方工业国家经过多年对污染物的末端治理后，意识到这种方法存在着一些弊端，特别是污染物排放标准越来越严格，处理费用逐渐提高，从而影响到企业的经济效益。于是开始探索在生产工艺过程中如何减少污染物产生的措施。从改变对"废物"的认识开始，废物其实是企业生产过程中，由于原材料无法达到 100 % 转化为产品所遗留在环境介质中的物质。因此如果能设法减少废物的产生，也就意味着增加生产效率，此观念促使企业开始思考如何降低企业花费在末端治理上的成本，寻找生产效率更高的生产工艺技术和管理方法。从 20 世纪 90 年代开始，发达国家的企业界开始将污染预防工作的重点逐渐转移到整个生命周期中减少有毒有害影响及污染物的产生方面，于是产生了一些清洁生产技术和方法。下面从一些发达国家或组织及我国清洁生产的立法情况来了解清洁生产的发展状况。

1. 美国

美国是最早实施清洁生产的国家。1990 年，美国国会通过了《污染预防法》，宣布以污染预防政策取代长期采用的以"末端治理"为主的污染控制政策，要求工矿企业必须通过"源头削减"来减少各种污染物的产生量和排放量，强调污染预防是国策，开创了清洁生产立法之先河。《污染预防法》包括以下要求：只要在可行的情况下，就应在源头防治或减少污染，这将是美国一项全国政策；只要在可行的情况下，不能防治的污染物应当以对环境安全的方式加以回收利用；只要在可行的情况下，不能防治或回收利用的污染物应当以对环境安全的方式处理；处置或以其他方式向环境排放污染物只应作为最后选择并以对环境安全的方式进行。

2. 丹麦

丹麦在 1991 年 6 月颁布《环境保护法》。该法的主要目标就是减少对原材料和其他资源的消耗和浪费，促进清洁生产的推行和物料循环利用，减少废物处理中出现的问题。该法规定：对通过采用清洁工艺和回收利用而大幅度减少对环境影响的研究和开发项目提供资助，并对清洁工艺和回收利用方面的信息活动给予资助。

3. 加拿大

《加拿大环境保护法》于 2000 年 3 月 31 日正式生效。该法提出可持续发展是终极目标，污染预防策略对环境和国民健康提供更加强有力的保护。该法具有两个特点：①以污染预防为目标，激励工业界自觉、自愿地制定污染预防行动规划，并有一套相应的奖励措施；②要求对有毒物质制定污染预防规划，建立国家级污染预防信息情报中心，更有效地区分、筛选、收集和管理有毒物质，彻底清除剧毒物质。

4. 日本

修改后的《资源有效利用促进法》于 2001 年 4 月开始实施，通过节约资源和延长使用寿命，控制废物的产生（减量）；通过分类回收，促进零件的再使用（重复利用）。例如，将汽车生产企业和纸张纸浆生产企业等指定为有义务控制废物等副产品产生的"特定节约资源行业"；将复印机生产企业等指定为有义务使用再生零部件和再生资源的"特定再利用行业"。在产品方面，要求在设计上控制废物产生的"指定节约资源产品"有汽车、家电产品、电脑等；要求在设计上实现零件和原材料便于再利用的"指定再利用促进产品"有电脑等；要求对已使用过的产品进行回收和再生资源化的"指定再生资源化产品"有电脑、小型充电电池等。此外，为了便于分类和回收，纸制、塑料制的容器包装，氯乙烯制建材等均为有义务进行识别标注的"指定标注产品"。达到一定规模、符合条件的企业如果不切实执行，日本经济产业省等机构将对其采取劝告、公布企业名称、责令执行等一系列措施，对不执行命令的企业处以 50 万日元以下罚款。

5. 欧盟

2006 年 12 月 18 日，欧盟议会和欧盟理事会正式通过"化学品注册、评估、授权和限制"（Registration，Evaluation，Authorization and Restriction of Chemicals，REACH）法规，对进入欧盟成员国市场的所有化学品进行预防性管理。该法规于 2007 年 6 月 1 日正式生效，主管机关是欧洲化学品管理局（European Chemicals Agency，ECHA）。此法规要求任何一种年使用量超过 1 t 的高度关注物质（substances of very high concern，SVHC）在商品中的含量不能超过总物品重量的 0.1%，否则需要履行注册、通报、授权等一系列烦琐的义务，该法规对一系列对人体、环境危害较大的化学品的使用情况进行了非常严格的限制。

6. 中国

《中华人民共和国清洁生产促进法》自 2012 年 7 月 1 日起施行，目的在于：提高资源利用效率，减少和避免污染物的产生，保护和改善环境，保障人体健康，促进经济与社会可持续发展。该法明确国家建立清洁生产推行规划制度，明确规定建立清洁生产财政资金，强化和完善企业清洁生产审核制度，规定有下列情形之一的企业，应当实施强制性清洁生产审核：①污染物排放超过国家或者地方规定的排放标准，或者虽未超过国家或者地方规定的排放标准，但超过重点污染物排放总量控制指标的；②超过单位产品能源消耗限额标准构成高耗能的；③使用有毒有害原材料进行生产或者在生产中排放有毒有害物质的。对应当开展强制性清洁生产审核却未按规定实施，或者在审核过程中弄虚作假的、不报告或者不如实报告审核结果的企业，罚款为"五万元以上五十万元以下"，增强了法律的威慑力，进一步加大了清洁生产执法监管的力度。

法律强化政府有关部门履行职责的法律责任，强化企业开展强制性清洁生产审核的法律责任，强化评估验收部门和单位及其工作人员的法律责任。

2.3.2　发展趋势

自 20 世纪 80 年代后期以来，发达国家先后进行环境战略、政策与法律的重大调整，加大清洁生产法规建设的力度，从以"末端治理"为主的污染控制转向污染预防，同时强调清洁生产在企业生产经营、财政税收和资助、化学品管理等方面的重要地位。

随着清洁生产在工业企业的不断推行，工艺技术、设备、过程控制水平乃至生产管理水平不断提高，单位产品的废物量将越来越小，但废物不会消失，因此，污染控制仍然需要其技术并将继续发展。目前清洁生产的发展趋势主要表现在以下 3 个方面。

1. 提升污染控制技术水平

由于末端治理技术存在着一些明显的弊端，因此必须将末端治理技术与清洁生产结合起来，做到从源头和过程中控制污染，研发绿色处理工艺。因此必须按清洁生产的理念对污染治理方法进行技术提升，表 2-2 为清洁生产理念在末端治理技术中应用的概况。

表 2-2　清洁生产理念在末端治理技术中应用

序号	末端治理技术	清洁生产理念的应用结果	特征
1	反应药剂	污染治理药剂的无害化、高效化	高效、清洁的原材料
2	处理设备	工艺设备的一体化	减少占地面积
3	处理工艺	污染物原位减量化、废物及能源回收利用技术	减排污染物、资源再利用

2. 引领绿色产品的开发

随着人们生活水平的提高，消费者对绿色产品的积极态度已基本形成，但现实中绿色消费支出却处于较低水平，究其原因，消费者的环保意识、产品的绿色属性和产品价格是主要影响因素。消费者对清洁生产的认知有助于其环保意识的提高，将清洁生产理念融入产品设计过程有助于增强产品的绿色属性和降低产品价格。

产品生态设计（绿色设计）就是将环保理念真正融入产品设计的前端以实现污染预防。它指产品在原材料获取、产品制造、运销、使用和处置等整个生命周期中密切考虑到生态、人类健康和安全的设计原则和方法。从产品的孕育阶段开始即遵循污染预防的原则，把改善产品的环境影响努力灌输到产品设计之中。经过生态设计的产品对生态环境没有不良的影响，在延续使用中是安全的，对能源和自然资源的利用是高效的，并且是可以再循环、再生或易于安全处置的。

目前，产品生态设计已经用于汽车、摩托车、复印机、洗衣机、电脑、打印机、照相机、移动手机等产品，例如，美国克莱斯勒、通用和福特三大汽车公司共同成立汽车回收开发中心，在进行汽车设计时就考虑到了汽车的拆卸、翻新、复用的可行性及最终销毁部件的最小量。

3. 推动生态工业园及循环经济的建设

随着企业清洁生产活动的深入开展，人们发现仅仅依靠一个企业还无法进行物质及能量的高效率利用，同时也难以做到污染物的少排，甚至零排放。只有开展企业间的合作，把清洁生产的方法从企业内部拓展到企业之间，才可能做到整个区域物质及能量的高效率利用，最终达到污染物的少排，甚至零排放，提高生态效率。这就要求清洁生产从企业层次上的活动上升到区域范围内的宏观经济规划和管理的层次，即着手进行生态工业园的建设，以达到工业群落的优化配置，节约土地，互通物料，提高效率，最大限度地谋求经济、社会和环境三个效益的统一。

循环经济本质上是一种生态经济，不同于资源—产品—污染排放的直线、单向流动的传统经济模式，而是倡导在物质不断循环利用的基础上发展经济，从而建立资源—产品—再生资源的新经济模式。循环经济的根本目标是要求在经济发展过程中系统地避免和减少废物，回收利用和循环利用都应建立在对经济过程进行充分的源头削减的基础之上，体现了清洁生产和废物的综合利用有机融合。

本 章 小 结

1. 清洁生产强调将整体预防的环境战略持续应用于生产过程、产品和服务中，以增加生态效率和减少人类及环境的风险。

2. 清洁生产的实施工具包括：清洁生产技术、清洁生产审核、生命周期评价、生态设计、环境标志，不仅具有技术可行性，而且具有经济的可盈利性。

3. 清洁生产实施的障碍存在于认识、经济、技术及信息、法规及标准等方面。

4. 清洁生产的发展趋势：提升污染控制技术水平；引领绿色产品的开发；推动生态工业园及循环经济的建设。

关键术语

清洁生产；实施手段；实施障碍；发展趋势。

课堂讨论

在清洁生产定义中为何要提出增加生态效率？

作业题

1. 论述清洁生产与末端治理的关系。

2. 你是否同意"工业生产无法完全避免污染"这一说法？为什么？

阅读材料

1. Bishop P L. Pollution prevention: Fundamentals and practice[M]: (1)Introduction to pollution prevention；(2)Properties and fates of environmental contaminants. 北京：清华大学出版社，2002.

2. 李飞. 中华人民共和国清洁生产促进法释义[M]. 北京: 法律出版社，2013.

参 考 文 献

国家经贸委考察团. 2002. 对加拿大、美国清洁生产立法的考察[J]. 中国经贸导刊, (18): 42-44.

石磊, 钱易. 2002. 国际推行清洁生产的发展趋势[J]. 中国人口(资源与环境), 12(1): 64-67.

张力, 田冼, 李慧明, 等. 2008. 我国推行清洁生产的障碍及对策分析[J]. 资源节约与环保, 24(6): 26-29.

张艳艳, 刘春捷. 2009. 企业清洁生产与末端治理的比较: 以江苏大型竣工验收企业为例[J]. 内蒙古环境科学, (1): 43-45.

第3章 清洁生产的理论基础

> **学习目标**
> ①掌握可持续发展的概念。
> ②熟悉污染者付费原则。
> ③了解生态学理论。
> ④掌握质量守恒原理在清洁生产中的应用。

事件：联合国全球契约

1999 年 1 月 31 日，联合国秘书长科菲·安南在世界经济论坛的发言中首次提出"全球契约"。全球契约的行动阶段于 2000 年 7 月 26 日在联合国总部纽约正式发动。安南邀请企业界领袖们参加一项国际倡议——全球契约，这项行动使企业界与联合国有关机构、劳工和民间社会联合起来，支持人权、劳工和环境领域的 10 项普遍原则。其中有 3 项原则涉及环境领域，分别是：原则 7 "企业应支持采用预防性方法应对环境挑战"；原则 8 "采取行动"以主动增加环境责任；原则 9 "促进环境友好型技术的开发和推广"。全球契约的目的是通过集体行动的力量，推动企业负责任的公民意识，从而使企业界参与应对全球化的各项挑战。在这些方面，私营部门与其他社会行动者合作，可以帮助实现全球契约的意义：建立更加可持续、更多人参与的全球经济。

3.1 可持续发展理论

传统的经济发展只关心经济的增长，忽视资源和环境，直到 20 世纪 60 年代，美国海洋生物学家蕾切尔·卡逊（Rachel Carson）的作品——《寂静的春天》出版，才唤起人们对保护生态环境的觉醒。该书论述杀虫剂，特别是滴滴涕对鸟类和生态环境毁灭性的危害，指出空气、土地、河流及大海已经受到各种致命化学物质的污染，而这种污染是难以清除的，因为它们不仅进入了生命赖以生存的世界，而且进入了生物组织内。卡逊的思想在世界范围内，较早地引发人类对自身的传统行为和观念进行比较系统和深入地反思。

20 世纪 70 年代，国际社会出现了对资源短缺问题持悲观观点的派别，认为封闭的、固有的自然系统中的资源增长有一定的极限。1972 年，罗马俱乐部（The Club of Rome）发布的报告《增长的极限》认为：由于世界人口增长、粮食生产、工业发展、资源消耗和环境污染这 5 项基本因素的运行方式是指数增长而非线性增长，全球的增长将会因为粮食短缺和环境破坏于 21 世纪某个时段内达到极限。以丹尼斯·梅多斯为代表的经济学家认为：工业社会的经济增长付出的代价过大，而且已经没有发展的空间了，避免世界"灾难性的崩溃"的出路只有"零增长"。《增长的极限》唤起人类对资源短缺和环境保护的觉醒，但其结论和观点显然存在着明显的缺陷。

1987 年，联合国世界环境与发展委员会发表的《我们共同的未来》指出：在过去，我们关心的是经济发展对生态环境带来的影响；而现在，我们正迫切地感到生态的压力对经济发展所带来的重大影响。因此，我们需要有一条新的发展道路，这条道路是从现在到遥远的未来都能支持全球人类进步的道路。经济学家逐步认识到环境资源的外部性问题，认为不仅应该对经济系统自身进行研究，还应该研究环境和生态对经济系统运行及经济增长的影响。

1992 年，里约热内卢联合国环境与发展大会上，100 多个国家的政府首脑就人类摆脱环境危机，实现社会经济的可持续发展达成共识，通过了全球发展战略的框架性文件《21 世纪议程》，正式确定全球发展的最新战略——可持续发展。

3.1.1　可持续发展的内涵

可持续发展，就是指经济和社会的发展要在"不损害未来一代需求的前提下，满足当前一代人的需求"的状态下进行。可持续发展的核心是发展，但要求在保持资源和环境永续利用的前提下实现经济和社会的发展。它要求全人类在促进经济发展的过程中，不仅要关注发展的数量和速度，而且要重视发展的质量和可持续性。

可持续发展理论包括"人与自然"和"人与人"之间的关系。"人与自然"的关系可以认为是可持续能力的"硬支撑"，因为人类的生活和生产活动都离不开自然界所提供的基础环境，离不开自然演化进程所带来的挑战和压力，甚至也必须承认人本身也是自然进化的产物。如果没有人与自然的和谐，没有人与自然的协同进化，没有一个环境友好型的社会，就不可能有人的生存和发展，当然就更谈不上可持续发展。"人与人"的关系可以认为是可持续能力的"软支撑"，因为不同职业人之间的关系、当代人与后代人之间的关系、不同民族之间的关系、不同国家之间的关系等必须在和衷共济、和平发展的氛围中，否则也就失去了可持续发展存在的根本意义。目前，人类社会是一个相互依存的共同体已经成为共识。人类命运共同体意识超越种族、文化、国家与意识形态的界限，为思考人类未来提供了全新的视角，为推动世界的可持续发展给出了一个理性可行的行动方案。

　　概括起来，可持续发展的内涵是：①人类向自然的索取能够与人类向自然的回馈相平衡；②当代人的发展不会对后代人的发展造成负面影响；③本国（区域）的发展不会对其他国家（区域）的发展造成负面影响。

3.1.2　可持续发展的核心问题

　　在保护地球生命支持系统的同时，满足人类的基本需求是可持续发展的本质，这一理念是在 20 世纪 80 年代初提出的。在过去 40 余年中，可持续发展已经从一个概念发展成为一门备受学术界瞩目的新兴学科。2001 年，23 位来自世界各地的科学家在《科学》杂志上发表论文，他们认为可持续发展科学作为一个旨在理解自然与社会之间相互作用基本特征的全新的学科领域即将出现，并从不同学科视角提出可持续发展的核心问题和发展战略。

　　（1）如何才能更好地将自然与社会之间的动态互动（包括滞后和惯性）纳入整合地球系统、人类发展和可持续性的新兴模型和概念中？

　　（2）包括消费和人口在内的环境和发展的长期趋势如何以与可持续性相关的方式重塑自然与社会的互动？

　　（3）是什么决定了自然-社会系统在特定类型的地方及特定类型的生态系统和人类生计中的脆弱性或恢复力？

　　（4）是否可以界定具有科学意义的"极限"或"界限"，以便在自然-社会系统发生严重退化的风险显著增加时提供有效的警告？

　　（5）什么样的激励结构体系，包括市场、规则、规范和科学信息，能够最有效地提高社会能力，引导自然和社会之间的互动走向可持续的轨道？

　　（6）今天的环境、社会状况监测和报告操作系统如何整合或扩展，以便为努力向可持续性过渡提供更有用的指导？

　　（7）如何将今天相对独立的研究规划、监测、评估和决策支持活动更好地集成到适应性管理和社会学习系统中？

3.1.3　可持续发展与清洁生产的关系

　　基于"人与自然"之间的关系，可持续发展与清洁生产两者均是为解决经济发展和环境资源之间的矛盾应运而生的思想，均以工业生态学为理论基础。清洁生产强调企业在生产活动中对于资源利用、废物排放所进行的全过程控制，它注重的只是单个企业的生产活动，也主要是在单个企业内部施行，一种原材料、一台设备，一条生产线、一件产品，均可能存在着相应的清洁生产方案，因此，清洁生产是一种仅局限于企业层面的生产活动。而可持续发展要求包括企业生产、区域生产乃至整个社会层面的生产活动或活动方式均符合其要求。

企业层面上的生产活动实施的资源节约和污染防治措施，属于小尺度的可持续发展，单个企业、区域和产业部门总有其自身无法消除或重新利用的废物，而这种废物也许是其他企业、区域和产业部门的生产原材料，如果上游企业、区域和产业部门的生产废物能成为下游其他企业、区域和产业部门的生产原材料，这无疑有助于资源的节约和环境压力的减轻。企业层面上的清洁生产活动并不能保证其他企业也必然会选择相同行为，只有每个企业都采取有利于资源节约和环境保护的生产行为时，可持续发展才有可能实现，这种对微观个体生产行为"可持续"的要求，属于小尺度的微观问题。整个社会的资源节约和环境保护不仅仅依赖于单个企业、区域和产业部门内部的努力，更依赖于不同企业、区域和产业部门之间的相互合作，这显然属于大尺度的宏观问题。

清洁生产通常只注重生产活动对经济体系的影响，主要强调生产经济效率；就生产活动对于政治和文化体系的影响而言，它的关注度明显不足。可持续发展对生产活动的社会影响却给予全面关注，它既强调生产活动经济效率，也重视其对政治发展的良性促进。另外，还注重生产活动对文化发展的健康导向作用，如在生产对社会就业的贡献或影响方面，可持续发展给予高度关注，而这种关注已超越了清洁生产。

3.2　工业生态学理论

3.2.1　生态学

大多数学者认为，生态学（ecology）一词最早是由德国动物学家海克尔（Haeckel）于 1866 年在他的专著《普通生物形态学》中提出来的，该书原名为《有机体的普通形态学原理》。他认为生态学是研究生物有机体与其周围环境（包括生物环境和非生物环境）相互关系的科学。一般认为生态学可分为理论生态学和应用生态学两大类：理论生态学是研究生命系统、环境系统和社会系统相互作用的基本规律，建立关系模型，并据此预测系统的未来发展变化；应用生态学是将理论生态学的基本规律应用到生态保护的实践过程中，使人类社会的发展符合自然生态规律，促进人和自然和谐相处、协调发展。

1. 生态学的基本规律

1）相互依存与制约规律

生物自从在地球上出现以来就与自然环境存在着密切的关系，生物系统中各种生物之间普遍存在着相互依存与制约的关系，生物通过食物链（网）而相互联系和制约，每一种生物在食物链（网）中都占据一定的位置，具有特定的作用。

有相同生理、生态特性的生物，占据与之相适宜的小生境，构成生物群落或生态系统。系统中不仅同种生物相互依存、相互制约，异种生物（系统内各部分）间也存在相互依存与制约的关系；不同群落或系统之间，也同样存在依存与制约关系，亦可以说彼此影响。这种影响有些是直接的，有些是间接的，有些是立即表现出来的，有些需滞后一段时间才显现出来。通过"食物"而相互依存与制约的协调关系，这就是所谓的食物链与食物网，即每一种生物在食物链或食物网中，都占据一定的位置，并具有特定的作用。各生物种之间相互依赖、彼此制约、协同进化。被食者为捕食者提供生存条件，同时又受捕食者控制；反过来，捕食者又受制于被食者，彼此相生相克，使整个体系（或群落）成为协调的整体，即体系中各种生物个体都建立在一定数量的基础上，它们的大小和数量都存在一定的比例关系。生物体间的这种相生相克作用，使生物保持数量上的相对稳定，这是生态平衡的一个重要方面。当人们向一个生物群落（或生态系统）引进其他群落的物种时，往往会由于该群落缺乏能控制它的物种（天敌）存在，使该种群暴发起来，从而造成灾害。

2）物质转化与再生规律

自然生态系统的植物、动物、微生物和非生物成分，借助能量的不停流动，一方面不断地从自然界摄取物质并合成新的物质，另一方面又随时分解为简单的物质，即"再生"，这些简单的物质重新被植物所吸收，由此形成不停顿的物质循环。因此人类要严格防止有毒物质进入生态系统，以免有毒物质经过多次循环后富集到危及人类健康的程度。至于流经自然生态系统中的能量，通常只能通过系统一次，它沿食物链转移时，每经过一个营养级，就有大部分能量转化为热散失掉，无法加以回收利用。因此，为了充分利用能量，必须设计出能量利用率高的系统。如在农业生产中，为防止食物链过早截断、过早转入细菌分解，防止能量以热的形式散失掉，应该经过适当处理（例如，秸秆先作为饲料），使系统能更有效地利用能量。

3）物质输入输出的动态平衡规律

当一个自然生态系统不受人类活动干扰时，生物与环境之间的输入与输出处于动态平衡关系，当环境向生物体进行输入时，生物体必然向环境进行输出，反之亦然。生物体一方面从周围环境摄取物质，另一方面又向环境排放物质，以补偿环境的损失。也就是说，对于一个稳定的生态系统，无论对生物、对环境，还是对整个生态系统，物质的输入与输出总是相平衡的。当生物体的输入不足时，例如，农田肥料不足，或虽然肥料（营养成分）足够但未能分解而不可利用，或施肥的时间不当而不能很好地利用，作物必然生长不好，产量下降。难降解的农药和重金属离子，生物体吸收的量即使很少，也可能会产生中毒现象；即使数量极微，暂时看不出影响，但它也会积累并逐渐造成危害。另外，对环境系统而言，如果营养物质输入过多，环境自身吸收不了，打破了原来的输入输出平衡，就会出现富营养化现象，如果这种情况继续下去，势必毁掉原来的生态系统。

4）相互适应与补偿的协同进化规律

生物与环境之间，存在着作用与反作用的过程。或者说，生物给环境以影响，反过来环境也会影响生物。植物从环境吸收水和营养元素与环境的特点，如土壤的性质、可溶性营养元素的量及环境可以提供的水量等紧密相关。同时生物以其排泄物和尸体的方式把相当数量的水和营养元素归还给环境。例如，最初生长在岩石表面的地衣，由于没有多少土壤可供着"根"，当然所得的水和营养元素就十分少。但是，地衣生长过程中的排泄物和尸体的分解，不但把等量的水和营养元素归还给环境，而且还生成能促进岩石风化变成土壤的物质。这样，环境保存水分的能力增强了，可提供的营养元素也增加了，从而为高一级的植物苔藓创造了生长的条件。如此下去，以后便逐步出现了草本植物、灌木和乔木。生物与环境就是如此反复地相互适应与补偿。生物从无到有，从低级向高级发展，而环境也在演变。如果因为某种原因损害了生物与环境相互适应与补偿的关系，例如，某种生物过度繁殖，则环境就会因物质供应不足而造成其他生物的饥饿死亡。

5）环境资源的有效极限规律

任何生态系统中作为生物赖以生存的各种环境资源，在质量、数量、空间、时间等方面，都有其一定的限度，不能无限制地供给，因而其生物生产力通常都有一个大致的上限。也正因为如此，每一个生态系统对任何外来干扰都有一定的忍耐极限。当外来干扰超过此极限时，生态系统就会被损伤、破坏，以致瓦解。所以，放牧强度不应超过草场的允许承载量。采伐森林、捕鱼狩猎和采集药材不应超过能使各种资源永续利用的产量。保护某一物种，必须要有足够它生存、繁殖的空间。排污时，必须使排污量不超过环境的自净能力等。

以上 5 条生态学基本规律，也是生态平衡的基础。生态平衡及生态系统的结构与功能，又与人类当前面临的人口、食物、能源、自然资源、环境保护五大社会问题紧密相关。

2. 生态平衡

地球的生物数量十分庞大，2016 年，美国印第安纳大学副教授杰伊·T. 列侬等在《美国科学院学报》上发表的研究论文认为：如果算上细菌和古菌，地球生物的总数就会达到 1 万亿种左右，远远超出此前的估值；而人类知道的仅占总数的十万分之一，另有 99.999 %的生物对人类来说是完全未知的。他们认为目前无法真正估计自然环境中微生物的数目。

这些生物通过新陈代谢不断与环境进行着物质交换、能量传递和信息交流，从而引起生物与环境自身的变化。生物在长期进化中对环境具有依附性和适应性，当然，生物具有其本身独特的遗传特性，不是被动适应环境，受到环境影响，也反过来作用于环境。如果某生态系统各组分在较长时间内保持相对协调，物质和能量的输出和输入接近相等，在外来干扰下，能通过自我调节恢复到最初的稳定状态，使结构和功能长期处于稳定状态，则这种状态称为"生态平衡"。这种平衡是相对的、动态的平衡，生物系统内旧的平衡不断被打破，新的平衡不断建立，从而确保地球生态系统生机盎然。因为绝对的平衡意味着没有变化和发展，当然，如果变化得太快，则系统各组分之间处于一个相对不稳定的状态，当生物不能适应这种变化时就会导致物种的灭绝。一般来说，有两个因素可能会对生态平衡造成破坏，一个是自然因素，另一个是人为因素。自然因素是指自然界本身存在的有害因素，或者发生的异常变化，例如，地震、火山、台风、海啸、干旱、水灾、传染病等。人为因素是指人类对自然资源的不合理利用及生产、生活中排出的污染物引起对生态平衡的破坏。生态系统中生物赖以生存的环境资源在质量、数量、空间和时间等方面都有一定的限制，因而过度放牧、捕捞、狩猎、超标排放污染物等人类活动都可能对生态平衡造成破坏。

3.2.2　工业生态学

1989 年 9 月，美国学者 R.A.Frosch 和 N.E.Gallopoulos 在《科学美国人》杂志上发表题为《制造业的战略》的论文，提出工业生态学的概念，成为工业生态学研究的最初标志。他们认为工业系统应向自然生态系统学习，逐步建立类似于自然生态系统的工业生态系统，在这样的系统中，每个工业企业都与其他工业企业相互依存、相互联系，构成一个复合的大系统，可以运用一体化的生产方式代替过去简单化的传统生产方式，最终减少工业对自然生态环境的影响。2003 年，美国学者 T.E.Graedel 和 B.R.Allenby 在他们合著的《工业生态学》(*Industrial Ecology*)中对工业生态学的定义进行了这样的表述：工业生态学是一种工具，人们利用这种工具，通过精心策划，合理安排，可以在经济文化与技术不断进步和发展的情况下，使环境负荷保持在所希望的水平上。为此要把工业系统同它周围的环境协调起来，而不是把它看成孤立于环境之外的独立系统，它要求人们尽可能优化物质的整个循环系统，从原材料到制成的材料、零部件、产品直到最后的废物，各个环节都要尽可能优化，优化的因素包括资源、能源和资金。概括来说，工业生态学是研究工业生产过程中物质、能量循环变化及其与周边生态环境之间的相互关系的学科，目前工业生态学重点关注的是工业生产过程中的生态化，即既能满足人类物质生产不断扩大的需求，又能把对自然生态环境体系造成重大影响或者破坏降低到最小程度。

工业生态学又名产业生态学，涉及第一、第二、第三产业，其中包括矿业、制造业、农业、建筑业、交通运输业、服务业、商贸业、环保产业等。无论是工业还是产业，都与人类的其他各种活动相互关联，因此，工业生态学的外延可以包括人类的各种活动，必须把工业生态学的视野扩展到工厂的围墙之外。

1）工业活动要以自然生态系统为基础

工业活动是人类社会经济活动的重要内容，而人类社会是整个自然界的一个特殊部分，人类社会的工业活动不是独立存在的，是经济系统中的一个子系统，而经济系统又是人类社会系统的一个子系统。所以，归根结底，工业活动以自然生态系统为基础，也必然都受制于自然。

2）工业活动要与自然生态系统和谐相处

工业活动从自然界获取资源，产生的污染物又向自然界排放。可见，自然界既是"源"，又是"汇"。但是，这个"源"和"汇"的容量都不是无穷大。如果"源"被过量抽取，甚至所剩无几，或者"汇"被填得过满，甚至往外溢出，那么自然界就会发生变化，人类社会就会受到影响，可持续发展就会成为问题。因此，人们要十分警觉这些变化，随时进行跟踪、分析和预测，防微杜渐，采取措施，为可持续发展创造条件。一定要学会与自然生态系统和谐相处，不能把工业活动看成是自然生态系统以外的独立系统，不能任意地改造自然生态环境，不能无所顾忌地从自然界索取资源、向自然界排放污染物，否则，一定会遭到自然界的报复。

3）工业活动要效仿自然生态系统

在与自然生态系统和谐相处的基础上，工业活动要尽量效仿自然生态系统的运行模式。虽然工业生态系统不可能完全达到自然生态系统的状态，但是，一定可以不断进步和优化，最终实现与自然生态系统协调共生。

工业生态学把工业生态系统视为自然生态系统的一个三级子系统，强调工业活动应该遵从自然生态系统的发展规律，使工业生态系统与自然生态系统协调发展，进而实现人类社会的可持续发展。

3.2.3　工业生态学与清洁生产

从总体上说，清洁生产和工业生态学的共同点是提升环境保护对经济发展的指导作用，将环境保护延伸到经济活动中的方方面面。清洁生产的关注点在于某一产品的生命周期，其基本精神是源头削减，对不同产品生产过程之间的连接考虑得较少，因此，只能解决局部问题，对于日益紧迫的全球性和地区性的重大环境影响则有些力不从心。工业生态学的前提和基础是清洁生产，工业生态系统中生产者的生产量、消费者的消费量和再生者的再生量是可变的。工业生态学的出现和发展，在一定程度上弥补了清洁生产的部分缺陷，从更为宏观的角度来审视经济发展与环境保护的协调问题。工业生态学的研究对象是整个产业系统，它在更高的层次和更大的范围内提升和延伸了环境保护的理念与内涵。

3.3　质量守恒定律

参加反应的各物质的质量总和，等于反应后生成的各物质的质量总和，这个规律叫作质量守恒定律。1756 年俄罗斯化学家罗蒙诺索夫（Ломоносов）、1777 年法国化学家拉瓦锡（Lavoisier）、1908 年德国化学家朗多（Landolt）及 1912 年英国化学家曼利（Manley）先后进行实验研究，提出并证实了质量守恒定律。

3.3.1　质量守恒定律的基本内容

质量守恒定律主要包括两个方面，即物料守恒和能量守恒。一个体系的输入物料和输入能量与其输出物料和输出能量是相等的。物理变化不能用来说明质量守恒定律，化学反应的实质就是反应物的分子分解成原子，原子又重新组合成新的分子，在反应前后原子的种类没有改变，原子的数目没有增减，原子的质量也没有改变，所以化学反应前后各物质的质量总和必然相等，计量时不能遗漏任何一种反应物或生成物。化学反应前后，原子的种类、数目、质量不变，反应物和生产物总质量不变，但物质的种类一定发生改变。

3.3.2　质量守恒定律与清洁生产

物质循环利用与能量的梯级利用是清洁生产的重要内容，依据质量守恒定律，对生产过程中物料和能量平衡进行核算，进而提出清洁生产的实施方案，实现资源的可持续利用，以最小的代价换取最大的发展。

例如，在初步评价企业的产排污状况时通常都要应用质量守恒原理，虽然获得的资料不一定很全面、很准确，但大致估算一下企业的各种原材料和能源的投入、产品的产量、污染物的种类和数量、未知去向的物质等，其间建立一种粗略的平衡，大大有助于弄清楚企业的经营管理水平及其物质和能源的流动去向。在上述工作的基础之上，再利用企业各车间班组记录等数据粗略计算重点环节的物料平衡状况，此时质量守恒原理显然是一种非常有用的工具。建立物料平衡是产生清洁生产技术方案最主要的方法之一，实测物料的输入和输出是建立物料平衡的基础，然后根据质量守恒原理建立平衡，通过平衡结果分析物料及废物产生的原因，在此基础上产生有针对性的清洁生产技术方案。

3.4　污染预防经济学

预防行为是一种较为特殊的人类行为，其目的是防止未来可能产生的损失。日常生活中预防行为包括：传染病的预防、身体健康常规体检、消防预防、汽车及飞机例行保养等。对于传染病的预防，只要不与传染源接触就不会被感染；而身体健康的常规体检可以较早发现身体的健康问题；消防预防可以减少火灾发生概率；汽车及飞机例行保养则可以最大限度地降低事故风险，显然这些行为都具有经济性。那么污染预防是否同样具有经济性呢？面对环境和资源问题，美国 3M 公司防患于未然，创新性地提出污染防治计划，把污染预防放在第一位，并通过创新的管理措施节约能耗，成功地将污染防治转化为企业竞争力。

3.4.1　污染防治计划

污染防治计划强调"从源头消除污染的产生，并能从中获得经济收益"这一基本原则，并从产品生命周期的角度提出如何实现这一目标的方法：①改变产品配方；②调整工艺流程；③改进设备性能；④更有效地使用废料。例如，在开发新产品的时候，首先考虑能不能通过改变产品配方来消除产品在生产、使用直至最终废弃的过程中污染的产生。生产百洁布的最初工艺需要使用的是溶剂型的黏合剂，因此，在生产过程中不可避免地产生大量含有可挥发性有机物质的废气，处理这些废气则需要消耗大量能源。后来在 3P 计划的指导下，3M 公司的研发人员成功地改用水基的黏合剂来生产百洁布，这不仅从根本上消除了由可挥发性有机物质的废气造成的环境污染，同时也减少了处理这些废气所需要的能源和固定资产投资，公司则从中获得了直接的经济收益。那么应该如何计算污染预防时的成本和收益呢？下面从经济学的视角进行分析。

3.4.2　污染预防成本收益分析

以"经济人"假设为基础，将生命周期成本收益分析作为污染预防经济性的评价方法，是通过计算与污染预防相关的生命周期内全部收益和全部成本的现值（present value，PV）来评价污染预防这种策略。生命周期收益包括：项目生命周期收益总现值；生命周期成本包括：项目生命周期的投资成本、建设成本、安装成本、运行与维护成本、替换或清理成本的总现值。

生命周期是指包括原材料的获取，材料加工，产品的制造生产，产品的包装及销售，使用维护，循环处理、最终处置等全部过程。生命周期成本收益分析是对一个项目、产品或服务系统所发生的一切经济行为进行描述，并对最终的经济效果进行整体评价。项目、产品或服务系统的生命周期成本收益分析是建立在生命周期中所有经济行为的基础上的。

1. 污染预防成本收益分析的步骤

（1）识别与污染预防相关的生命周期内所有成本和收益，并进行货币估值。

（2）对计算出的成本和收益进行贴现；通过一定的方式把发生在未来（或不同时间）的费用和效益转化为现值。

（3）采用成本收益分析评价指标与贴现后的成本和收益比较。

2. 污染预防成本收益分析评价指标

（1）经济净现值（ENPV）：用污染预防项目的净收益折算建设起点初期的现值。

$$ENPV = \sum_{i=0}^{n} \frac{B_{Ti} - C_{Ti}}{(1+r)^i} \qquad (3-1)$$

式中，B_{Ti} 和 C_{Ti} 为发生在第 i 年的总收益和总成本；n 为计算期；r 为社会折现率。

项目的经济净现值等于或大于零，表示污染预防项目实施过程需要付出成本代价后，可以得到符合或超过社会折现率所要求的以现值表示的收入盈余；表示项目的经济盈利性达到或超过社会折现率的基本要求，项目可以被接受。

经济净现值是反映项目对环境经济净贡献的绝对量指标。经济净现值越大，表明项目所带来的以绝对量表示的经济效益越大。

（2）经济内部收益率（EIRR）：污染预防项目在计算期内的经济净现值累计

等于零时的折现率。

$$\sum_{i=0}^{n} \frac{B_{Ti} - C_{Ti}}{(1 + \text{EIRR})^i} = 0 \qquad (3\text{-}2)$$

式中，B_{Ti} 和 C_{Ti} 为发生在第 i 年的总收益和总成本；n 为计算期。

当经济内部收益率等于或大于社会折现率时，说明污染预防项目占用的投资对国民经济的净贡献达到或超过要求的水平，这时项目可以接受；反之，则项目在经济上不合理。

（3）经济净现值率（ENPVR）：是污染预防项目经济净现值与全部投资现值之比。

$$\text{ENPVR} = \frac{\text{ENPV}}{I_p} \qquad (3\text{-}3)$$

式中，I_p 为全部投资现值；ENPV 为经济净现值。一般情况下，应该优先选择经济净现值率高的项目。

3.4.3 生命周期收益

当企业实施污染预防项目后，企业目标由传统经济下单纯地追求自身经济收益，转变为追求包括自身经济收益、环境收益和社会收益等的总收益，但目前环境收益和社会收益还难以进行准确计量。

1. 生命周期收益的概念

生命周期收益是指一个项目、产品或服务系统的生命周期中所得到的全部收益，包括财务收益和非财务收益（无形收益）。财务收益主要包括销售商品（服务）收入、自然资源收入和资源环境保护收入等，能用货币计量的收益。非财务收益是通常不能用货币计量的收益，如管理者环境管理水平的提高、员工环保意识的增强、消费者绿色消费意识的提升等环境收益及社会收益，这些无形收益增强了企业的竞争力，间接地增加了企业的经济收益。

2. 生命周期收益的特征

污染预防战略下企业的生命周期收益有以下两个特征。

1）收益的长期性

收益的长期性是指企业进行污染预防后，其经济收益将表现出长期性特点，因为进行污染预防带给企业的竞争力是长期的。

2）收益的不确定性

收益的不确定性是指企业在实施污染预防发展战略过程中受到各种风险因素

的影响及评估方法等的不同，导致收益估算存在着不确定性。例如，一些必需的收益数据和资料通常是不易得到的，或数据存在误差，由此测算出的经济收益当然难保其可靠性，存在着一定的风险。

3.4.4　生命周期成本

1. 生命周期成本概念的发展

生命周期成本（life cycle cost，LCC）是指一个项目、产品或服务系统在生命周期中所付出的成本，包括生命周期各阶段所需的直接和间接费用。20 世纪 60 年代，美国国防部最早提出生命周期成本的概念。美国国防部在与生产厂家签订合同时，要求供货商根据一定的规格和标准进行产品生产，同时也要求其产品生命周期成本费用最低，以减少国防经费的开支。之后 LCC 开始从军事领域逐步转向民用领域，到 20 世纪 80 年代末 90 年代初，LCC 在世界范围内普遍展开运用。

2. 生命周期成本分析模型

生命周期成本分析模型主要有参数模型、类推模型和详细模型三种。

（1）参数模型：是一种"自顶向下"（top-down）的方法，它使用系统以往的历史数据，基于成本确定性变量来预测新系统的成本。使用参数模型从整体或从各种具体活动的角度预测产品（或零部件）的成本，如设计制造成本通过使用基于历史成本和技术信息的回归分析得到。参数通常包括制造复杂性、设计熟悉性、重量和性能等。参数模型的缺点是对使用新技术的产品的成本估计不太适用，它通常在系统生命周期早期使用。

（2）类推模型：在相似产品或零件的成本基础上根据其与目标产品的不同来调节成本。该模型的有效性主要取决于正确识别已有案例和那些将要进行比较的产品之间的差别的能力。类推模型估计的主要缺点是需要专家判断和完全熟悉产品及其生产过程，以便识别和处理相似性，对不易察觉的区别进行调整。该模型对新产品比较适合。

（3）详细模型：根据生产时间、物料能量消耗量及其价格等来估计产品或活动的直接成本，间接成本或日常开支也折算其中。详细模型是"自下至上"（bottom-up）的估计方法，需要非常详细的产品和生产过程信息。通过该方法可以得到最精确的成本估计，它通常在系统生命周期晚期使用。

3.4.5　污染付费原则

经济合作与发展组织（OECD）于 20 世纪 70 年代提出"污染者付费原则

（polluter pays principle，PPP）”，即要求所有的污染者都必须为其造成的污染直接或者间接地支付费用。污染物排放会导致社会成本增加，造成负外部性，如果向排污者征收一定的污染费用，则可将污染环境的成本包括在排污者的私人成本中，这种做法被称为外部性的内部化，是庇古税理论的一种应用。庇古税的主要目的是通过增加成本和提高价格向生产者和消费者传达该产品会因为生产而带来污染的信息，促使生产者和消费者转向生产和购买污染较少的其他产品。

一些地区之所以出现大量高污染、低效率的企业，根本原因在于相关产品没有包含生态环境价格，导致低成本、大规模地生产。内部成本的增加将影响污染者的行为决策，促使其减少排污并提高效率，最终使总经济体达到环境资源的有效配置。

污染者付费原则的提出具有重要的意义。污染者付费原则确立了环境资源“有价”的思想，从根本上扭转了传统的“免费的空气”“免费的水”等认识。根据污染者付费原则，同时衍生出“受益者付费原则（beneficiary pays principle，BPP）”和“使用者付费原则（user pays principle，UPP）”。目前，我国根据这些原则相继开展排污收费政策、水权交易、生态补偿等环境经济政策手段的实践，已经取得了一定的成效和进展。

本 章 小 结

1. 清洁生产的理论基础包括：可持续发展理论、工业生态学理论、质量守恒定律和污染预防经济学。

2. 可持续发展既关注人与自然的关系，也关注人与人之间的关系。

3. 工业生态学是研究工业生产过程中物质、能量循环变化及其与周边生态环境之间的相互关系的学科，目前工业生态学重点关注的是工业生产过程中的生态化。

4. 质量守恒定律是建立物料和能量平衡的依据，通过平衡结果分析物料及废物产生的原因，进而产生有针对性的清洁生产方案。

5. 污染预防经济学基于生命周期对污染预防的收益和成本进行分析。

关键术语

可持续发展；工业生态；质量守恒；污染预防经济学。

课堂讨论

如何应用工业生态学理论指导工业企业的实践活动？

作业题

1. 介绍一个企业的可持续发展报告。

2. 分析企业进行污染预防的动因。

阅读材料

1. Utama G L. Waste management paradigm towards industrial ecology, cleaner production and sustainable development: A mini review[J]. Scientific Papers Series Management (Economic Engineering in Agriculture and Rural Development), 2018, 18(3): 469-473.

2. Hond F. Industrial ecology: A review[J]. Regional Environmental Change, 2000, 1: 60-69.

参 考 文 献

谢亚新, 贺大东, 刘博, 等. 2010. 工业园区规划中工业生态学理论的应用: 以从化市城郊美都化妆品产业基地为例[J]. 城市建设, (2): 71-73.

中国日报网. 2016. 研究: 地球生物有 1 万亿种人类所知仅十万分之一[EB/OL]. (2016-05-04)[2023-05-01]. https://world.chinadaily. com.cn/2016-05/04/content_25047613.htm.

MBA 智库·百科. 2013. 工业生态学[EB/OL]. (2013-11-13)[2023-05-01]. https://wiki.mbalib.com/wiki/%E5%B7%A5%E4%B8% 9A%E7%94%9F%E6%80%81%E5%AD%A6.

Gupta Y P. 1983. Life cycle cost models and associated uncertainties[M]//Skwirzynski J K. Electronic systems effectiveness and life cycle costing. Berlin, Heidelberg: Springer, 535-549.

第4章　绿色原材料及清洁能源

学习目标
①熟悉污染物的来源。
②掌握绿色原材料的内涵。
③了解绿色原材料的开发及应用状况。
④熟悉能源资源的种类。
⑤掌握清洁能源的定义。
⑥了解清洁能源的开发及应用状况。

事件：淘金绿色原材料

2012年12月，杜邦公司调查发现，70%的中国消费者倾向于使用绿色产品。这意味着，绿色产品在中国市场拥有巨大的潜力，在中国推广使用"生物基"产品的前景可期。生物基产品是指全部或大部分由生物原材料、可再生农业原材料、林业原材料等制成的产品。杜邦公司尝试用发酵后的生物质生产纤维材料，这些材料可以用来制作衣服和地毯。有了这项技术，人们对不可再生能源（如石油）的依赖性大为降低。此外，生物基原材料（如酶类）在纺织品、服装等加工过程中也有助于降低能源及水资源的消耗。调查显示，绝大多数的中国消费者愿意购买用生物基原材料制作的服装、个人护理产品、个人卫生产品及家用产品。这是因为，生物基产品除了环保以外，还具有其他优点。以地毯为例，用生物基原材料制作的地毯是天然抗污的，假使沾上了油污或酒，也可以立即清洗干净。生物基原材料也很适合制作泳装或内衣，它们的回弹性非常好，也比较柔滑，在穿着的时候，不会有像穿着合成纤维服装那般的不适感。目前，杜邦公司正在不断研究开发生物基产品。就像当年杜邦公司发明了尼龙材料一样，这是材料领域的革命性飞跃。

清洁生产的本质是污染的源头控制，即源头削减，是指从源头上减少废物或污染物产生。可采取技术、工艺、管理等各种方法，在废物或污染物产生或形成之前减少废物或污染物数量或其进入环境的数量，绿色原材料和清洁能源的使用是源头削减的主要手段。

4.1　环境污染物与污染

污染物是指由于人类的活动进入环境后，使环境的正常组成发生变化，直接或者间接有害于包括人在内的所有生物的生长、发育和繁殖的物质。人类的活动一般包括生产和生活活动。

4.1.1　环境污染物的来源

1. 产业污染物

工业污染物指的是工业生产过程中所排放的废气、废水、废渣、粉尘、辐射、恶臭气体等的总称；农业（畜牧、水产养殖业）污染物是指农业（畜牧、水产养殖业）生产过程中所使用的肥料、杀虫剂、除草剂及生物助长剂等化学物质及排放的废气、废水、废渣、恶臭气体等的总称；第三产业污染物是指行业经营活动所排放的废气、废水、废渣、粉尘、辐射、恶臭气体等的总称。

通常污染物产生的原因是：①原材料中的杂质由于未参加反应而形成废物；②生产过程的效率没有达到 100%，因此遗留了未转化的反应物，或者生成了副反应产物；③生产过程中流失的物料。图 4-1 表明了生产过程中污染物产生的主要过程。

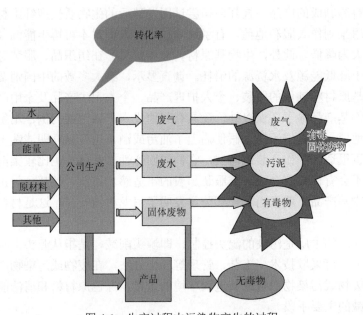

图 4-1　生产过程中污染物产生的过程

2. 生活污染物

生活污染物是指人类生活过程中排放或产生的污染物，如粪便、垃圾和含有多种有机物的生活污水（包括洗涤剂、油脂、悬浮物、细菌等），以及煤、油等燃料燃烧时排放的废气，如硫氧化物、碳氧化物、氮氢化物、苯并芘及制冷设备泄漏出的氟利昂等。

4.1.2 环境污染物的种类

按照污染物的性质，环境污染物一般可分为化学污染物、物理污染物和生物污染物三大类。

1. 化学污染物

是指由于化学物质进入环境后所形成的环境污染物。它们大多是由人类活动或人工制造产品产生的；也有二次污染物，例如，残留的农药、残留的兽药、霉菌毒素、食品加工过程中形成的某些致癌物和致突变物（如亚硝胺等）及工业污染物，如人们所熟知的二噁英等。由化学污染物的慢性长期摄入造成的潜在食源性危害已成为人们关注焦点。

2. 物理污染物

是指由于物理因素所造成的环境污染物，例如，放射性辐射、电磁辐射、噪声、热和光等造成的环境污染物。

3. 生物污染物

是指对人体有害的病毒、细菌、寄生虫等病原体和变应原污染物。如空气病菌、病毒废水、恶臭物质等。

4.1.3 环境污染

环境污染是指自然环境中混入了对人类或其他生物有害的物质，其数量或程度达到或超出环境承载力而产生危害行为，从而改变环境正常状态的现象。具体包括：水污染、大气污染、噪声污染、土壤污染等。

如何避免污染物的产生？如何避免污染物进入环境造成污染？这是防止环境污染的关键，但最为根本的是如何避免污染物的产生。

4.2　绿色原材料

使用绿色清洁的原材料是从源头削减污染的有效手段，是清洁生产的主要内容，有助于防患于未然。

4.2.1　原材料

原材料是指用于生产过程起点、生产某种产品的基本材料和辅助材料。原材料分为以下三大类。

（1）在自然形态下的森林产品、矿产品与海洋产品，如铁矿和石油等。

（2）农业、林业、牧业、渔业的产品，例如，粮食、木材、棉花、食用油、烟草、畜禽肉类等。

（3）各类工业产品，例如，钢铁、有色金属、高分子材料等。

4.2.2　原材料的环境影响

常用生命周期评价（LCA）方法来评估原材料的环境影响，对不同的原材料，其环境负荷是不相同的。所谓环境负荷是指对某一具体材料而言，在其生产、使用、消费和再生过程中耗用的自然资源和能源的数量及其向环境排放的各种废物，环境负荷的影响因素包括能源、资源和环境污染等因素。

自然界存在的原材料种类繁多，不同种类的原材料其环境负荷大不相同，同一原材料的不同加工过程产生的环境负荷也不一样，如何比较这些环境负荷的差异，如何正确判断某种原材料是否属于绿色原材料成为一项相当烦琐的工作。国际标准化组织（International Organization for Standardization，ISO）虽然制定了LCA的理论框架，但在具体数据的计算方法方面仍然存在很大争议。目前还没有一个能被大家普遍接受的理论，常规的做法是将所有材料的数据统计起来，再对这些数据使用合适的评价方法进行综合计算，然后相互之间比较分析得出结论。目前，一些公司或机构已经开发了相应的LCA计算评价数据库（详见第6章表6-2）。

4.2.3　绿色原材料的特征

绿色原材料也称清洁原材料，通常认为绿色原材料应该具有如下特征：原材料纯度高、无毒性或低毒性、生态影响小、能源强度低、可再生性好、可回收利用性好。

1. 原材料纯度

原材料纯度是指原材料的纯净程度，也是指原材料的含杂程度。纯度越高的原材料所含的杂质种类和数量越少。化工原材料按纯度可分为工业纯和试剂纯二大类原材料。而化学试剂数量繁多，种类复杂，目前化学试剂的等级划分及其有关的术语名词在国内外尚未统一，通常化学试剂的原材料按纯度高低又可分为七级，即高纯、光谱纯、基准、分光纯、优级纯、分析纯和化学纯 7 种，见表 4-1。在大多数情况下，企业生产时使用工业级别的原材料就可以满足生产的要求，但对于某些特种产品的合成制备来说，对原材料纯度的要求比较严格，需要严格把关。

表 4-1　物质纯度分级一览表

序号	纯度	特征
1	高纯（extra pure，EP）	纯度远高于优级纯，≥99.99 %，此类试剂注重在特定方法分析过程中可能引起的分析结果偏差，高纯试剂特别适用于一些痕量分析。
2	光谱纯（spectroscopic pure，SP）	试剂通常是指经发射光谱法分析过的、纯度较高的试剂。主成分达到 99.9 %以上，用于光谱分析。
3	基准（primary standards，PS）	纯度高、杂质少、稳定性好、化学组分恒定。
4	分光纯（spectrophotometric pure，SPP）	是指使用分光光度分析法时所用的溶液纯度，溶液有一定的波长透过率，用于定性分析和定量分析。
5	优级纯（guaranteed reagent，GR）	试剂主成分含量、纯度很高，适用于精确分析和科研测定工作。
6	分析纯（analytical pure，AP）	试剂主成分含量很高、纯度较高，干扰杂质很低，适用于一般分析及科研工作。
7	化学纯（chemical pure，CP）	试剂主成分含量高、纯度较高，存在干扰杂质，适用于工业和教学过程中的一般分析及合成制备。

2. 原材料毒性

1）概述

毒性就是化学因素对生物系统的生理功能的有效效应。毒性是一个相对的术语，它规定每一种类型有害化学物质对人的危险程度，而不是对设备。如果少量的某种材料能对一般的正常成年人造成伤害，就认为这种材料是有毒的。不考虑个人对某种特定物质（过敏原）的特殊的、非普遍性的、易感性（过敏症）的可能性。如果少量的某种物质不伤害大多数人但对某些人有不良影响，就认为这种物质是过敏原。过敏反应不仅对消费品的制造者是一个实际问题，并且也使得很难准确地确定究竟多少剂量的毒性物质会对正常的成年人造成伤害。

毒性是一种物质对机体造成损害的能力。毒性有高低之分，主要是依据其相对的数量而言的。高毒性物质只需较少的数量，就可对机体造成损害；低毒性物质，需要较多的数量才呈现毒性。毒理学是从医学角度研究化学物质对生物机体的损害作用及其作用机理的学科，主要研究内容为化学物质对机体的生物学作用及机理。

化学品作为工业生产过程中主要原材料，在人类文明和社会经济繁荣发展过程中作用重大，由门捷列夫元素周期表中所列的100多种元素组成的化学品已超过2000万种，其中有不少化学品对生物有一定的危害性，这些化学品的危害有的是立即发生作用的，有的是通过长期作用后才引起不良影响的。

有毒化学品是指进入环境后通过环境蓄积、生物累积、生物转化或化学反应等方式损害健康和环境，或者通过接触对人体具有严重危害和具有潜在危险的化学品。随着社会的发展，化学品的应用越来越广泛，生产及使用量也随之增加，因而生活于现代社会的人类都有可能通过不同途径，不同程度地接触到各种化学品，尤其是化学品作业场所的工人接触化学品的机会更多。

2）毒物分类

根据鉴定目的不同，分类方法也不尽一致，如在分析中毒症状及病理变化时，常按毒性作用分类；在进行毒物分析时，常按毒物的化学性质分类；为追溯毒物来源、用途及其对机体的作用时，则多采用混合分类法。毒物分类见表4-2。

表 4-2　毒物的分类一览表

分类方法	类别	毒物说明
按毒性作用分类	腐蚀毒	指对机体局部有强烈腐蚀作用的毒物，强酸、强碱及酚类等
	实质毒	吸收后引起脏器组织病理损害的毒物，砷、汞、重金属毒等
	酶系毒	抑制特异性酶的毒物，有机磷农药、氰化物等
	血液毒	引起血液变化的毒物，一氧化碳、亚硝酸盐及某些蛇毒等
	神经毒	引起中枢神经障碍的毒物，醇类、麻醉药、安定催眠药、士的宁、烟酸、可卡因、苯丙胺等
按化学性质分类	挥发性化学毒物	采用蒸馏法或微量扩散法分离的毒物，氰化物、醇、酚类等
	非挥发性化学毒物	采用有机溶剂提取法分离的毒物，巴比妥催眠药、生物碱、吗啡等
	金属毒物	采用破坏有机物的方法分离的毒物，汞、钡、铬、锌等

续表

分类方法	类别	毒物说明
按化学性质分类	阴离子毒物	采用透析法或离子交换法分离的毒物，如强酸、强碱、亚硝酸盐等
	其他毒物	其他须根据其化学性质采用特殊方法分离的毒物，如箭毒碱、一氧化碳、硫化氢等
混合分类法	腐蚀性毒物	包括有腐蚀作用的酸类、碱类等，如硫酸、盐酸、硝酸、苯酚、氢氧化钠、氨及氢氧化铵等
	毁坏性毒物	能引起生物体组织损害的毒物，如砷、汞、钡、铅、铬、镁、铊及其他重金属盐类等
	具有妨碍功能的毒物	如妨碍脑脊髓功能的毒物，如酒精、甲醇、催眠镇静安定药、士的宁、阿托品、异烟肼、阿片、可卡因、苯丙胺及致幻剂等；妨碍呼吸功能的毒物，如氰化物、亚硝酸盐和一氧化碳等
	农药	如乙酰甲胺磷、灭螨醌、灭草松、茅草枯、毒死蜱、甲氰菊酯、氟虫脲、噻螨酮等
	杀鼠剂	如磷化锌、敌鼠强、安妥、敌鼠钠、杀鼠灵等
	有毒植物	如乌头碱、钩吻、曼陀罗、夹竹桃、毒蕈、莽草、红茴香、雷公藤等
	有毒动物	如蛇、河豚、斑蝥、蟾蜍、胆毒鱼、蜂等
	细菌及霉菌性毒素	如沙门菌、肉毒毒素、葡萄球菌等；黄曲霉素、节菱孢菌（霉变甘蔗）等

3）表示毒性的常用指标

（1）绝对致死剂量（absolute lethal dose），指化学物质引起受试对象全部死亡所需要的最低剂量。

（2）最小致死剂量（minimum lethal dose）指化学物质引起受试对象中的个别成员出现死亡的剂量。

（3）最大耐受剂量（maximum tolerable dose），指化学物质不引起受试对象出现死亡的最高剂量。

（4）半数致死剂量（median lethal dose）又称致死中量，指化学物质引起一半受试对象出现死亡所需要的剂量。

4）毒物危害程度分级

《职业性接触毒物危害程度分级》（GBZ 230—2010）综合考虑急性毒性、刺激与腐蚀性、致敏性、生殖毒性、致癌性、扩散性、蓄积性等因素，将化学品危害程度分为极度危害、高度危害、中度危害、轻度危害、轻微危害等 5 个级别。其中，对于确认为人类致癌物的化学品直接列为极度危害。

5）化学品信息数据库

1976 年，潜在有毒化学品国际登记中心（International Register of Potentially Toxic Chemicals，IRPTC）在瑞士日内瓦成立。其主要功能是收集、储存和传播关于化学品的数据及管理一个全球信息交换网络。联合国环境规划署潜在有毒化学品国际登记数据库是世界上著名的有毒化学品信息数据库，收集的信息类型主要包括与化学品行为有关的信息和化学品管理信息。关于化学品行为的信息来自多种途径，如国内和国际研究机构、企业、大学、私人数据库、图书馆、学术团体、科学期刊和国际化学品安全规划署等，化学品管理信息大多由 IRPTC 的各国代理提供。

3. 原材料生态影响

生态影响是指经济社会活动对生态系统及其生物因子、非生物因子所产生的任何有害的或有益的作用，影响可划分为不利影响和有利影响，或直接影响、间接影响和累积影响，或可逆影响和不可逆影响。

原材料生态影响是指原材料在获取过程中所表现出的直接、间接、累积影响。原材料在获取过程中对生态环境造成的影响主要包括挖掘或种植过程中对相关区域的土壤影响、植被覆盖率影响、生态景观影响、生物多样性影响和水资源影响等。例如，矿石的开采方式通常包括露天采矿和矿井采矿，两者的生态影响差异较大。

（1）土壤影响。土壤影响指标反映资源开发对所在区域土壤的影响程度，包括土壤氮、磷、有机质含量及土壤侵蚀四项指标。

（2）植被覆盖率影响。是指对植被面积的影响程度，植被面积占土地总面积之比称为植被覆盖率。植被包括森林（乔木林、灌木林、竹林）、草地、各种农作物等。

（3）生态景观影响。是指对所在区域生态景观空间结构和生态系统稳定性的影响。生态景观空间结构是不同层次水平或者相同层次水平景观生态系统在空间上的依次更替和组合，直观地显现景观生态系统纵向横向的镶嵌组合规律；生态系统稳定性即为生态系统所具有的保持或恢复自身结构和功能相对稳定的能力，主要通过反馈调节来完成，不同生态系统的自调能力不同。

（4）生物多样性影响。生物多样性是指一定范围内多种多样活的有机体（动物、植物、微生物）有规律地结合所构成稳定的生态综合体。这种多样性包括动物、植物、微生物的物种多样性，物种的遗传与变异的多样性及生态系统的多样性。当动植物在特定地区进化并适应当地的环境特征时，便与其他地区的物种有了区别，而很多都是本地区所特有的，以致在其他地区无法生活。任何生物群落区内部都有很多生态区，有着自己独特的动植物、气候条件、土壤条件等。破坏了这些东西，就有可能引发生物的变化，日积月累会导致生物基因的改变，也就影响了物种的遗传多样性等。

（5）水资源影响。是指对可利用或有可能被利用的水源的影响，包括对水资源循环的影响、对水资源可利用量的影响、对水环境的影响，体现在对水质和水量的影响上。

4. 原材料能源强度

原材料能源强度是指能源使用量与原材料产出量之比，即单位产品能耗情况，强度越低，能源效率越高。

5. 原材料可再生性

原材料可再生性是指原材料能通过循环再生，经过人类合理利用后可以不断得到再生恢复、更新。尽管在局部地区和特定时间内，其数量和质量也许会出现衰减，但总的供应量不受影响。

4.2.4 绿色原材料的研究及应用案例

原材料是工业、农业生产的物质基础，绿色原材料的使用标志着人类社会的发展已进入了一个新的转折点。在使用原材料时，一旦证实原材料是有害物质时，则应尽力寻求替代品，当不得已而使用有害环境的原材料时，也必须尽可能少用。绿色原材料的应用原则是尽量减少原材料在制备、使用和回收过程中对环境的危害，减少自然资源的浪费，涉及材料设计、生产、运输、销售、使用处理等各个环节。利用绿色原材料的环境适应性，达到人类活动范围和外部环境的一致和协调；利用绿色原材料的舒适性，给活动范围内的人类生活带来愉快；利用绿色原材料的可靠性，保持自然环境、生态环境的优美、整洁。

1. 二氧化碳

二氧化碳是所有生命活动中不可缺少的基本碳资源，早在 20 世纪 40 年代，Barker 等就进行了二氧化碳在雷氏丁酸梭菌合成乙酸和丁酸中的应用研究。

工业技术的快速发展造就了现代文明，然而，化石燃料的使用，导致大气中的二氧化碳气体浓度不断上升。温室效应导致的全球降水再分配、冰川冻土融化、海平面上升等问题不仅影响着自然生态系统的平衡，而且真真切切影响到人类的生存。从近 150 年空气中二氧化碳浓度和全球平均温度来看，无论是二氧化碳的浓度还是全球平均温度，均是呈直线上升的，近 150 年来全球平均温度升高了 0.6℃。目前二氧化碳减排已成为全世界的共识，二氧化碳的减排势在必行，开展二氧化碳资源化利用的研究对二氧化碳减排的意义重大。

开展二氧化碳资源化利用已经成为近些年来的研究热点，目前较为实用的资源化方法是采用化学的方法将其转化为大宗化工原材料，实现其价值增值，从而达到变废为宝的目的，CO_2 的生物转化和储存也是目前 CO_2 固定和利用领域的研究热点。

1）CO_2 重整 CH_4 制备合成气

合成气（$CO + H_2$）是一种重要的化工原材料，被誉为"合成工业的基石"。目前工业上主要是通过 CH_4 和水蒸气重整的方法制备合成气，反应方程式为

$$CH_4 + H_2O \longrightarrow CO + 3H_2 \tag{4-1}$$

该法存在着能耗高，催化剂积炭严重，合成气的 H_2/CO 摩尔质量比偏高、不利于合成气的进一步转化等问题。针对 CH_4 与 CO_2 的重整反应的研究，近年来引起了广泛关注，开发高效、稳定、廉价的 Ni 基 CH_4-CO_2 重整反应催化剂，是该领域的研究重点和难点，反应方程式为

$$CH_4 + CO_2 \longrightarrow 2CO + 2H_2 \tag{4-2}$$

2）CO_2 加氢合成甲醇

目前，生产工业化甲醇主要是通过 CO 于 Cu-Zn 基催化剂上的加氧反应过程进行，该过程也是合成气的重要应用途径之一，反应方程式为

$$CO + 2H_2 \longrightarrow CH_3OH \tag{4-3}$$

可见，合成甲醇所需合成气的 H_2/CO 摩尔质量比为 2，但通常商业化的水蒸气重整过程中所制得的合成气的 H_2/CO 摩尔质量比为 3，因此在甲醇制备过程中往往会向合成气中加入适量的 CO_2，反应方程式为

$$CO_2 + 3H_2 \longrightarrow CH_3OH + H_2O \tag{4-4}$$

研究发现，适量 CO_2 的加入，除了平衡 H_2/CO 摩尔质量比以外，还能够有效地提高甲醇的产率。然而直接利用 CO_2 加氢合成甲醇的过程则较难进行，关键技术是开发高效而稳定的催化剂。

3）CO_2 催化加氢合成甲酸

过渡金属（如 Ru、Rh）的催化剂，可以在水溶液、有机溶剂及离子液体中有效地催化 CO_2 加氢得到甲酸，游离的胺有利于促进甲酸的生成。以甲酸脱氢酶为生物催化剂、还原态的烟碱胺腺嘌呤二核苷酸为电子给体，在 37 ℃、pH = 7 的条件下即可将 CO_2 转化为甲酸，且甲酸的收率达 98.8%。

4）CO_2 制备碳酸二甲酯

CO_2 与甲醇发生反应合成碳酸二甲酯（dimethyl carbonate，DMC），反应方程式为

$$CO_2 + 2CH_3OH \longrightarrow CH_3OCOOCH_3 + H_2O \tag{4-5}$$

DMC 分子中含有甲基、甲氧基、羰基和羰甲基等官能团，具有很好的反应活性，可代替光气、氯甲酸、甲酯、硫酸二甲酯等剧毒或致癌物作为甲基化试剂使

用。同时，由于其毒性很低，1992 年在欧洲通过了"非毒性化学品"注册登记，被称为绿色化学品。若将其作为原材料用于合成工业，能够大大减少相关过程的环境污染及毒性，DMC 在医药、农药、涂料、染料、表面活性剂、燃料添加剂等领域得到广泛应用。传统的 DMC 合成方法反应方程式为

$$CO + Cl_2 \longrightarrow COCl_2 \tag{4-6}$$

$$COCl_2 + 2CH_3OH \longrightarrow CH_3OCOOCH_3 + 2HCl \tag{4-7}$$

光气 $COCl_2$ 为剧毒物质，此外还涉及 Cl_2 和 HCl 两种强腐蚀性物质。

5）CO_2 代替油基润滑剂

密歇根大学核聚变冷却剂系统研究中心的 Steven Skerlos 教授，开发了一种替代传统金属加工液的方法，被称为 Pure-Cut^{TM} 技术，它使用高压二氧化碳代替油基润滑剂。与传统的金属加工液相比，Pure-Cut^{TM} 技术可以提高加工工具的性能和使用寿命，同时大大减少对环境和工人健康的危害。基于研发用于 Pure-Cut^{TM} 技术的聚变冷却剂系统，2020 年美国总统绿色化学挑战奖的学术奖（Academic Award）授予 Steven Skerlos 教授。

该技术的创新及价值是：在金属加工过程中用于润滑和冷却的传统金属加工液通常是水乳剂，使用表面活性剂和杀菌剂等添加剂可能对工人和环境造成危害。即使是无害的金属加工液，在使用过程中也会溶解重金属，因此使用过的金属加工液具有环境危险性，安全处置难度大，成本高。此外，金属加工液通常需要进行费用昂贵的处理，以减少生化需氧量、石油污染和氮磷含量；如果处理不当，使用过的金属加工液可能会对水生生态系统造成危害，例如，减少某些水生生物可利用的氧气量。

6）CO_2 合成可生物降解的聚合物

康奈尔大学 Coates 教授利用 CO_2、CO、植物油和乳酸等便宜、可再生物质合成了塑料，基于此成果，Coates 教授获得 2012 年美国总统绿色化学挑战奖的学术奖。Coates 教授开发了高活性和高选择性的催化剂，用于 CO_2 与环氧化合物共聚生成高性能的聚碳酸酯；还发明了一簇催化剂，能够将一、两个分子的 CO 插入到环氧化合物中生成在合成药物、精细化工和塑料中都有广泛应用的 β-内酯和琥珀酸。CO_2 和 CO 生成的聚合物都含有酯和碳酸酯，这些聚合物在通用塑料领域中展示了独特的性能，还可生物降解。2010 年，Coates 教授和 DSM 公司达成共识，将新聚碳酸酯开发成商业化涂料，来取代双酚 A 的环氧制品，双酚 A 常用于生产食品包装和饮料罐，但从制品中溢出的双酚 A 会影响人的内分泌，这些新的聚碳酸酯涂料的应用将减少一半的石油用量和一半的 CO_2 排放量。

7）CO_2 合成高碳醇

2010 年，美国总统绿色化学挑战奖的学术奖授予加利福尼亚大学洛杉矶分校

的 Liao 教授，因为其研究出循环使用二氧化碳生物合成高碳醇的方法。其创新是：发酵产生的乙醇能够被用作燃料添加剂，但由于它能量较低而限制了其使用。高醇类化合物（即含有 2 个以上碳原子的物质）含有更高的能量，自然微生物却不能产生这样的醇类化合物，Liao 教授从遗传工程学的角度利用微生物从葡萄糖或者直接利用二氧化碳生产高醇类化合物，实现可再生方式合成长链醇，该技术利用高活性氨基酸的生物合成途径，将 2-酮酸中间体转化成醇类化合物。Liao 教授同样将这种方法应用到能进行光合作用的微生物上，聚球藻 PCC7942 直接利用二氧化碳合成异丁醛和异丁醇。这种方法相比报道过的用蓝细菌或者水藻生产乙醇、氢气或者油脂化合物的方法，能够以更高的速率生产异丁醇，其生产率同样高于利用玉米生产乙醇的方法，这个技术使太阳能和二氧化碳直接生物转化为化工原材料成为可能。

8）CO_2 用于医用杀菌

NovaSterilis 公司因为开发使用超临界二氧化碳、环境友好的医用消毒技术而获得 2010 年美国总统绿色化学挑战奖的小企业奖。

这种消毒技术使用二氧化碳和双氧水的混合物为大量的精细生物原材料如移植组织、疫苗及生物基聚合物消毒。他们开发的 Nova2200™ 消毒器既没有用到危险的环氧乙烷，也没有使用 γ 射线。医学常用的任何常规消毒办法都不能很好地消毒脆弱的生物材料。对于这些生物材料的消毒是很严格的，因为如果消毒不好，来自组织库的受污染的捐赠器官会使被移植者感染并可能导致严重的疾病。同时，最常使用的两种消毒剂（环氧乙烷或 γ 射线）也会引起中毒等安全问题。环氧乙烷是一种可挥发、易自燃的反应性气体，也是一种诱变致癌物。环氧乙烷会残留在被消毒的材料上，从而增加中毒的风险；而 γ 射线则具有相当高的穿透力，对于所有的细胞都是致命的。无论是环氧乙烷还是 γ 射线都不能保证在不破坏物理完整性的情况下消毒成包的生物制品。

9）CO_2 用于去除感光树脂

美国的 SC Fluids 公司因成功开发超临界 CO_2 抗蚀去除剂（supercritical CO_2 resist remover，SCORR）技术而获得 2002 年美国总统绿色化学挑战奖的小企业奖。SCORR 技术采用超临界 CO_2 代替湿法化学处理技术，去除半导体晶片成型过程中残留的隔光涂层、抗蚀剂及处理过程中的残留物质。

芯片制造主要采用湿法化学处理技术，在每个步骤中，都要使用羟基胺、无机酸和有机溶剂，还需要用大量的超纯去离子水进行清洗。因此，芯片制造厂每天要消耗数千加仑①化学品，并产生 400 万加仑废水，而且还要使用大量异丙醇或其他醇类作为干燥剂。

---

① 1 加仑（gal）= 3.78543 升（L）。

SCORR 技术以超临界 CO_2 流体为溶剂，其中含有少量温和的共溶剂（co-solvent），如 1%（质量分数）的碳酸丙烯。半导体元件首先在超临界 CO_2 和共溶剂的混合物中浸泡数分钟，使隔光涂层软化松动；然后压力脉冲产生湍流，去掉并转移走涂层；最后用超临界 CO_2 流体清洗，去掉遗留碎片和残余碳酸丙烯。该技术不需要干燥工序，廉价的 CO_2 和碳酸丙烯可以回收循环使用。SCORR 技术使集成线路板实现流水线生产，大幅度降低了成本，减少了环境负担。超临界 CO_2 流体表面张力非常低，黏度近似气体，能够不断地清洗线路板表面、深处或狭窄部分，这是湿法化学处理技术无法实现的。

10）碳捕集、利用与封存（CCUS）技术

碳捕集、利用与封存（carbon capture，utilization and storage，CCUS）技术是指将 CO_2 从工业或者能源生产相关源中分离并捕集，加以利用；或输送到适宜的场地封存，使 CO_2 与大气长期隔离的技术体系。作为一项可以实现化石能源大规模低碳化利用的技术，CCUS 技术具有巨大减排潜力。CCUS 技术是把生产过程中排放的 CO_2 进行提纯，继而投入到新的生产过程中进行循环再利用。

近些年来，全球各国正积极推进 CCUS 技术的发展和应用。2018 年，配有碳捕集与封存装置的美国 Petra Nova 煤电厂正式投运（装机容量为 240 MW，年减排 CO_2 $1×10^6$ t），成为首家实现碳减排的商业化电厂。同年，美国提出 CO_2 捕集与封存可获得税收抵免 50 美元/t、CO_2 驱油与封存可获得税收抵免 35 美元/t 的优惠政策以推动 CCUS 技术发展。在 CO_2 清洁高效转化与利用方面，德国等国家在固体氧化物电解池（SOEC）技术方向上已取得一定的进展，其技术方案是利用可再生能源电力电解水和 CO_2 制取合成气、天然气及液态燃料。我国也十分重视低碳技术，不断加快推进 CCUS 示范项目：2017 年，陕西延长石油（集团）有限责任公司开展延长石油 $3.6×10^5$ t/a CO_2 捕集、管输、驱油和封存一体化示范项目；2018 年，施工建设华润电力（海丰）有限公司的碳捕集测试平台、神华陕西国华锦界电厂的 $1.5×10^5$ t/a CO_2 捕集装置等。综上，世界各国在 CO_2 捕集、CO_2 驱油、CO_2 封存和 CO_2 利用等方面均取得了进展，但在商业化方面仍存在一定困难。

2. 生物质资源

1）生物质的概念

生物质（biomass），根据国际能源机构（IEA）的定义，是指通过光合作用而形成的各种有机体，包括所有的动植物和微生物。大气、水、土地等环境中通过光合作用产生了各种有机体，将一切有生命的可以生长的有机物质通称为生物质。其特点是：可再生性、低污染性，资源丰富，分布广泛。

生物质包括所有的植物，微生物，以植物、微生物为食物的动物及其生产的废物。代表性的生物质如农作物、农作物废物、木材、木材废物和动物粪便。

2）生物质的性质

（1）生物质的元素成分。不同来源生物质的化学成分不尽相同，但主要元素都为碳、氢、氧、氮 4 种元素，合计占 95 % 以上。碳的含量最高，一般在 50 % 左右；其次为氧，含量一般超过 40 %，两者合计占 90 % 以上。农作物秸秆的主要化学元素组成：碳 40 %～50 %、氢 5 %～6 %、氧 43 %～50 %、氮 0.65 %～1.1 %、硫 0.1 %～0.2 %，完全燃烧后，灰分 3 %～5 %、磷 1.55 %～2.5 %、钾 11 %～20 %；薪柴化学元素组成：碳 49.5 %、氢 6.5 %、氧 43 %、氮 1 %，完全燃烧后，灰分少于 1 %，另有少量钾和其他微量元素。部分生物质化学元素的含量见表 4-3。

表 4-3　部分生物质化学元素的含量　　　　　（单位：%）

生物质	碳	氢	氧	氮
杉木	52.8	6.3	40.5	0.1
麦秆	49.04	6.16	43.41	1.05
稻草	48.87	5.84	44.38	0.74
稻壳	46.2	6.1	45.0	2.58
高粱秆	48.63	6.08	44.92	0.36
甘蔗渣	53.10	6.03	38.70	1.25
玉米芯	48.4	5.5	44.3	0.3

（2）生物质的主要有机化合物组分。生物质是由多种复杂的高分子有机化合物组成的复合体，主要含有纤维素、半纤维素、木质素、淀粉、蛋白质、脂质、水分、灰分等，其中纤维素和半纤维素由碳水化合物组成，木质素则是由碳水化合物通过一系列生物化学反应合成的。碳水化合物通常称为糖类，是绿色植物通过光合作用合成的，由碳、氢和氧三种元素组成，所含氢、氧的比例为 2∶1，和水一样，所以称为碳水化合物。碳水化合物一般分为单糖、低聚糖和多糖三类。地球上生物质总量中葡萄糖聚合物占 50 % 以上，是储存太阳能和支持生命活动的重要化学物质。

纤维素是最丰富的天然有机物，系由葡萄糖组成的大分子多糖，分子式为 $(C_6H_{10}O_5)_n$，白色物质，不溶于水及一般有机溶剂，无还原性，是植物细胞壁的主要成分。棉花的纤维素含量最高，接近 100 %，而一般木材的纤维素也能占 40 %～50 %。此外，麻、麦秆、稻草、甘蔗渣等，都是纤维素的丰富来源。

　　半纤维素是由几种不同类型单糖组成的异质多聚体，是木糖、甘露糖、葡萄糖等构成的一类多糖聚合物，不同植物中半纤维素的含量、结构都不同。半纤维素大量存在于植物的木质化部分，如秸秆、种皮、坚果壳及玉米穗等，其含量依植物种类、部位和老幼程度而有所不同。

　　木质素是由聚合的芳香醇构成的复杂有机聚合物，存在于植物细胞壁中，主要作用是通过形成交织网来硬化细胞壁，起抗压作用。木质素在植物界中的含量仅次于纤维素和半纤维素，广泛分布于具有维管束的羊齿植物以上的高等植物中，是裸子植物和被子植物所特有的化学成分。部分生物质的主要有机化合物组成含量见表 4-4。

表 4-4　部分生物质的主要有机化合物组分含量　（单位：%）

生物质	纤维素	半纤维素	木质素
玉米秸秆	35	28	16~21
甜高粱	27	25	11
甘蔗渣	32~48	19~24	23~32
硬木	45	30	20
软木	42	21	26
杂交杨	42~56	18~25	21~23
竹子	41~49	24~28	24~26
柳枝稷	44~51	42~50	13~20

3. 生物质的开发利用

1）生物质固体成型

　　生物质压缩技术可将固体农林废物压缩成型，制成可替代煤炭的压块燃料，克服生物质能量密度低的缺点。生物质固体成型的设备是关键。另外，利用生物质还可热压板材，作为家居制作原材料。

　　过去被当作废物焚烧的秸秆已成为一种十分理想的绿色家装材料。主要以稻草、玉米秸秆等农作物秸秆类废物为原材料生产浆板的企业在广东省清远市英德市浛洸镇建成投产；以农业废物秸秆和森林"三废"材、小径材为原材料的秸秆/木质中高密度纤维板生产线在四川省成都市双流区西南航空港经济开发区建成投产。

　　目前，世界人造板产量的 15%~20% 是利用农业废物生产的，秸秆热压板材具有质量轻、强度高、剖面密度均匀等特点　并且经特殊处理后还可阻燃、防火、防虫。

2）生物质的热化学转化

生物质的主要热化学转化途径如图 4-2 所示。

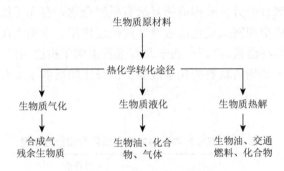

图 4-2　生物质的主要热化学转化途径

生物质通过光合作用将太阳能和二氧化碳结合起来，以碳水化合物的形式储存化学能。基于在光合作用过程中能够捕获燃烧时释放的 CO_2，自 20 世纪 90 年代以来，生物质被确定为潜在的燃料，根据生物质特性和最终产品及其应用的要求，存在着三条路线可以将生物质转化为有用的能源产品。

（1）生物质气化。

①气化过程原理。在三条主要路线中，气化一直被认为是一种更具吸引力的过程，可以利用某些可再生和不可再生生物质的能量，对热能、电力、运输燃料具有更好的转换效率。

沼气技术是我国发展最早的生物质气化技术。20 世纪 70 年代，我国为解决农村能源短缺问题，曾大力开发和推广户用沼气池。沼气是有机物经厌氧消化产生的混合气体，其主要成分是 CH_4 和 CO_2。

生物质气化是在一定的热力学条件下，借助于空气（或者氧气）、水蒸气的作用，使生物质的高分子聚合物发生热解、氧化、还原重整反应，最终转化为 CO、氢气和低分子烃类等可燃气体的过程。

生物质气化过程主要分为燃料的干燥、热解、氧化和还原（焦油重整）4 个阶段。燃料进入气化装置后，在一定温度下，物料受热首先析出水分；之后经初步干燥的物料进一步升温发生热解，析出并挥发水分；热解产物与气化装置内供入的有限空气或氧气等气化剂进行不完全燃烧反应，得到水蒸气、CO_2 和 CO；在生物质残碳的作用下，被还原生成 H_2 和 CO，从而完成固体燃料向气体燃料的转变过程。

生物质气化是通过一系列复杂的热化学反应进行的，就反应机理而言，生物质气化过程中发生的一系列反应以气-气均相和气-固非均相的化学反应为主，气化过程中涉及的各个阶段及化学反应如下。

干燥阶段：

$$湿原材料 + 热 \longrightarrow 干原材料 + H_2O（吸热过程）$$

原材料的各种物理和化学特性在生物质气化过程中起着关键作用。水分过多会导致能量损失并降低产品质量，通常生物质水分含量为 5 %～35 %。

热解阶段：

$$干原材料 + 热 \longrightarrow 焦炭 + 挥发物$$

热解是生物质燃料在缺氧/空气条件下的一个复杂热分解过程，会产生固体木炭、液体焦油和气体，其比例取决于所用生物质燃料的性质和工艺的操作条件。在热解过程中，干燥和组分分子量减少同时发生，水分在 200 ℃以下被去除。当该温度升高至 300 ℃时，生物质成分的主要无定形纤维素的分子量开始降低，形成了羰基和羧基自由基、一氧化碳和二氧化碳等。当温度超过 300 ℃时，生成的结晶纤维素会分解，形成焦炭和气体产物，半纤维素分解成可溶性聚合物，形成挥发性气体、焦炭。木质素在 300～500 ℃的高温下分解，形成甲醇、乙酸、水和丙酮。

总的来说，纤维素、半纤维素和木质素等大分子生物聚合物会转化为碳（焦炭）和中等大小的分子（挥发物）。因此，生物质的热解在 125～500 ℃的温度范围内进行，并以焦油的形式冷凝碳氢化合物。在 300 ℃（含）以下发生的化学反应为放热反应，温度超过 300 ℃的反应称为吸热反应。因此，对于木炭制造而言，300 ℃的温度已足够，不需要外部加热；但对于高温热解过程，需要外部加热以获得最大化气体或液体燃料产量。

氧化阶段：

$$C + 0.5O_2 \longrightarrow CO，\Delta H = -111 \text{ kJ/mol} \tag{4-8}$$

$$C + O_2 \longrightarrow CO_2，\Delta H = -394 \text{ kJ/mol} \tag{4-9}$$

$$H_2 + 0.5O_2 \longrightarrow H_2O，\Delta H = -242 \text{ kJ/mol} \tag{4-10}$$

$$CO + 0.5O_2 \longrightarrow CO_2，\Delta H = -284 \text{ kJ/mol} \tag{4-11}$$

$$CH_4 + 2O_2 \longrightarrow CO_2 + 2H_2O，\Delta H = -803 \text{ kJ/mol} \tag{4-12}$$

在氧化过程中，生物质产生的挥发物在放热化学反应下获得氧化物，并在温度为 1100～1500 ℃时产生了 CO、H_2、CO_2 和水蒸气。

气化的这一阶段非常关键，它决定了最终产品的类型和质量。一些关键参数，如反应器内的压力和温度、气化剂的类型（氧气、空气和水蒸气）对生成气的产量起着重要作用。有研究认为，水蒸气是最相关的气化介质之一，它也有助于气体重整过程。然而，空气会产生更多的氮氧化物，这会严重影响最终产品的加热特性，此外，就发电用煤气而言，氧气也被作为理想的气化剂。同时，放热反应产生的热量用于生物质干燥及热解反应以提取挥发物，并为还原反应提供热量。固体碳化燃料和空气中的氧气发生非均相反应，空气中的氧气产生二氧化碳和大量热量。氢还与氧结合生成水蒸气。

还原（焦油重整）阶段：

布氏反应：$C + CO_2 \longrightarrow 2CO$，$\Delta H = +172 \text{ kJ/mol}$ （4-13）

水煤气反应：$C + H_2O \longrightarrow CO + H_2$，$\Delta H = +131 \text{ kJ/mol}$ （4-14）

水煤气反应：$C + 2H_2O \longrightarrow CO_2 + 2H_2$，$\Delta H = -41.2 \text{ kJ/mol}$ （4-15）

甲烷化反应：$C + 2H_2 \longrightarrow CH_4$，$\Delta H = -72.8 \text{ kJ/mol}$ （4-16）

甲烷化反应：$2CO + 2H_2 \longrightarrow CH_4 + CO_2$，$\Delta H = -247 \text{ kJ/mol}$ （4-17）

甲烷化反应：$CO + 3H_2 \longrightarrow CH_4 + H_2O$，$\Delta H = -206 \text{ kJ/mol}$ （4-18）

甲烷化反应：$CO_2 + 4H_2 \longrightarrow CH_4 + 2H_2O$，$\Delta H = -165 \text{ kJ/mol}$ （4-19）

甲烷湿法重整反应：$CH_4 + H_2O \longrightarrow CO + 3H_2$，$\Delta H = +206 \text{ kJ/mol}$ （4-20）

甲烷干法重整反应：$CH_4 + CO_2 \longrightarrow 2CO + 2H_2$，$\Delta H = +247 \text{ kJ/mol}$ （4-21）

焦油重整反应：焦油 $+ H_2O \longrightarrow CO + H_2 + CO_2 + C_xH_y$ （4-22）

在还原区，一些高温化学反应在还原性气氛下进行，该气氛将气体和木炭的显热转化为发生炉气体的化学能。热解阶段不仅产生有用的气体，还产生一些不良副产物，如 NO_x、SO_2 和焦油，生物质热解存在的问题是热解气中 H_2 和 CO 等可燃性气体含量较低，同时气体中伴有的大量焦油会在低温下冷凝，长时间累积会堵塞工艺下游的管道，从而增加工艺成本。除此之外，焦油还会造成大量的能量损失及与焦油相关的环境问题。焦油通常具有很强的腐蚀性和黏性，其成分高度复杂，主要是由多环芳烃和芳香族化合物等一些有毒有害的物质组成，因此，如何去除焦油成为广泛关注的问题。焦油的去除方式有物理法（干气净化和湿气净化）、热处理法（常规的热裂解和等离子裂解）和催化裂解法（镍基催化剂等）。有研究表明，还原区的温度为 1000 ℃时，可以减少焦油颗粒的产生。

②气化设备。生物质气化炉是气化技术的主要反应装置，常见的类型有：固定床气化炉、流化床气化炉、气流床气化炉、回转窑气化炉和等离子体气化炉五类。

固定床气化炉：在炉内，生物质燃料沿着反应器自上而下移动并着落在炉膛上，根据燃料和气化剂接触工艺将固定床分为上吸式和下吸式两类，见图 4-3。

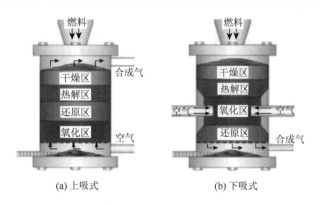

(a) 上吸式　　　　　　　　(b) 下吸式

图 4-3　固定床气化炉

流化床气化炉：由硅或橄榄石等惰性材料组成床体，反应时，床体材料转变成类液态，生物质燃料被输送到热料床中和气化剂接触，灰分从床的底部排出，通常有鼓泡床和循环床两类，见图 4-4。

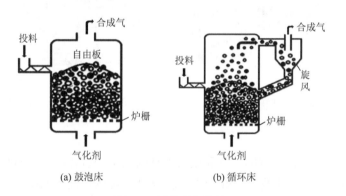

(a) 鼓泡床　　　　　　　　(b) 循环床

图 4-4　流化床气化炉

气流床气化炉：也称携带床，气化剂携带生物质燃料在气动送料系统作用下共流通过喷嘴进入炉内，需要燃料颗粒比较细小，适用于大规模气化应用和多种物料气化，一般分为顶端投料和侧端投料两类，见图 4-5。

回转窑气化炉：回转窑由一个倾斜 1 %～3 % 的钢制柱体组成，柱体围绕轴线旋转，滚筒连续旋转和搅拌使气化剂和生物质燃料能不断结合发生反应，这类气化炉通常适用于工业废物的处理和水泥的生产，见图 4-6。

等离子体气化炉：等离子体是一种由正负离子组成的离子化气态状物质，是物质第四态，一般需要物质在高温和其他条件下发生原子电离，物质中离子和电子电荷基本相等，整体呈电中性，故称为等离子体，见图 4-7。

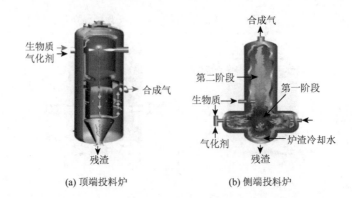

（a）顶端投料炉 （b）侧端投料炉

图 4-5 气流床气化炉

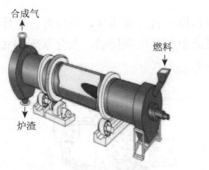

图 4-6 回转窑气化炉

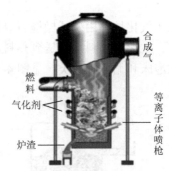

图 4-7 等离子体气化炉

（2）生物质液化。

生物质液化是在一定的温度和压力下把固态生物质在溶剂（有机物或水）中解聚得到液态产物（生物油，bio-oil），液化技术可以将高含水率（70%以上）的生物质直接转化为生物油，生物质液化技术的目标在于将生物质转化成高热值生物油，或者将生物质转化为附加值高的小分子化学品。

生物质液化可制取液体燃料（乙醇和生物油等）和化学品。由于制取化学品需要较为复杂的产品分离与提纯过程，且成本高，目前国内外还处于实验室研究阶段。

生物质液化技术又可分为热化学法和生物化学法。热化学法主要包括快速热解液化和加压催化液化等；生物化学法主要是指采用水解、发酵等手段将生物质转化为燃料乙醇。

①生物质热化学法液化技术，可分为快速热解液化和加压催化液化。快速热解液化是在传统裂解基础上发展起来的一种技术，相对于传统裂解，它采用超高加热速率（102～104 K/s）、超短产物停留时间（0.2～3 s）及适中的裂解温度，使生物质中的有机高聚物分子在隔绝空气的条件下迅速断裂为短链分子，使焦炭和产物气

降到最低限度,从而最大限度获得一种称为生物油的棕黑色黏性液体产品,这种液体产品热值达 20～22 MJ/kg,可直接作为燃料使用,也可经精制成为化石燃料的替代物。通过对反应器结构的设计及工艺条件的控制,开发了各种类型的快速热解工艺(设备),包括旋转锥式、携带床、循环流化床、涡旋、多层真空热解磨。

加压催化液化是在较高压力下的热转化过程,温度一般低于快速热解液化。在合适的催化剂、溶剂介质存在下,在反应温度 200～400 ℃、反应压力 5～25 MPa、反应时间 2 min 至数小时的条件下液化,生成生物油、半焦和干气。由于用水安全、环保、易得,因此加压催化液化常用水作为溶剂(即水热液化)。生物油氧含量在 10 % 左右,热值比快速热解的生物油高 50 %,物理和化学稳定性更好。

快速热解液化技术需要干燥,能耗过大,因而增加了生产成本。采用加压催化液化技术无须进行脱水和粉碎等高耗能步骤,还避免了水汽化,反应条件比快速热解液化技术温和,且污泥的水能提供加氢裂解反应所需的·H 和脱羧基的·OH,有利于热解反应的发生和短链烃的产生。与快速热解液化相比,加压催化液化能获得低氧含量、高热值、黏度相对较小、稳定性更好的生物油,因此适用于水生植物、藻类、养殖业粪便和二次有机污泥等高含水生物质的规模化液化,开发上很有潜力,极具经济性和工业化前景。众多科研工作者对生物质加压催化液化技术进行深入的研究,液化方式方法不断出现,包括四氢化萘液化、苯酚液化、多元醇液化,复合溶剂液化、加氢液化、共液化及超声波辅助液化等方法。

主要影响因素有:生物基原材料、液化溶剂、催化剂、液化气氛、液化温度、液化压力及反应时间。

②生物质生物化学法液化技术。生物质生物化学法液化是指依靠微生物或酶的作用,对生物质进行生物转化,生产乙醇、丁醇等液体燃料。

利用粮食等淀粉质原材料生产乙醇是工艺很成熟的传统技术。以稻草、谷物秸秆和其他不可食用的物质为原材料,将其转化成糖类,并在发酵桶中,采用专门的细菌将糖类转化成生物丁醇和丙酮的液化技术,是当前国内外生物化学法液化技术研究的热点和未来的发展方向。

以纤维素生物质为原材料制取醇类燃料技术尚存在一些问题,如转化率过低,大约只有 8 %～10 %;资源消耗量大,10～12 t 秸秆或木材只能生产 1 t 燃料乙醇;同时还要消耗水 80～120 t、煤炭 500～800 kg、电能 190～235 kW·h。

(3)生物质热解。

①生物质热解过程。生物质热解是指生物质在完全无氧或者在含氧量极低的条件下,通过热化学转化将生物质转化为不凝气体、液态生物油及固体残炭三类产物。在生物质热解的过程中生成气态产物,气态产物经过热解工艺的冷凝系统后,部分气态产物冷凝为液态生物油,其余气态产物为不凝气体,如一氧化碳等。各热解产物的比例主要取决于热解工艺的类型和反应条件。依据热

解工艺条件的不同，生物质热解技术可分为慢速热解、常规热解、快速热解和闪速热解等。

慢速热解：生物质在较低的反应温度（约 400 ℃以下）下，经过长时间热解，其主要过程是生物质炭化过程，得到的主要产物是焦炭。

常规热解：反应器通过较慢升温速率（10～100 ℃/min）达到裂解温度（小于 600 ℃），将生物质在反应器内的停留时间维持在 0.5～55 s，得到气、液、固三相产物，且生成产物比例差别不大。

快速热解：在常压下，通过较快的升温速率（600～1000 ℃/min）使裂解温度达到 600～800 ℃，生物质颗粒在反应器内的停留时间为 0.5～1 s，并完成反应，通过快速冷凝获得液态生物油。当裂解温度达到 800 ℃以上时得到大量气体产物、少量液体与焦炭。

闪速热解：在裂解温度为 800～1000 ℃，生物质在反应器内经过较短的停留时间（小于 0.5 s），通过极快升温速率（大于 1000 ℃/min）达到裂解温度，从而实现瞬间裂解。

生物质热解是生物质中纤维素、半纤维素和木质素等主要的高聚物在高温条件下进行一系列复杂的化学转化的过程，其中包括分子间断键、聚合和异构化等。

②生物质热解反应器。循环流化床反应器的工作原理是热载体砂子伴随着副产物固态焦炭一起被气体吹出反应器，进入焦炭燃烧室，焦炭在燃烧室中燃烧释放热量加热砂子，经加热的砂子再返回反应器为生物质热解提供所需要的热量，这样就构成了一个完整的循环过程。

旋转锥反应器的工作原理是在旋转锥生物质热解工艺流程中，将物料生物质颗粒和惰性热载体石英砂一同送入旋转锥反应器的底部，物料生物质颗粒会在反应器内螺旋上升，在上升的过程中生物质颗粒会吸热而迅速加热，进行裂解反应，产物裂解气经导出管进入旋风分离器，将产物固态焦炭与裂解气分离，裂解气通过冷凝器冷凝为液态生物油，固态焦炭进入燃烧室燃烧，加热热载体石英砂，为热解反应提供热量。

烧蚀涡旋反应器的工作原理是将物料生物质颗粒通过过热蒸汽或氮气气流携带进入反应器，沿着切线方向进入涡旋反应器的反应管内，生物质颗粒在高速离心力作用下，在反应器的壁面（管壁温度为 625 ℃）上发生剧烈的裂解反应，残留在反应器壁面上的产物生物油油膜会快速的蒸发，而未完全反应的生物质颗粒经过循环回路重新连续地热解。

4.3 清 洁 能 源

清洁能源是指那些在生产和使用过程中，不产生或少产生有害物质排放的能源；是在使用过程中，其产生的污染物的排放符合一定的排放标准，同时具有经济性。通常包括可再生能源，即在大自然中取之不尽、用之不竭的能源，例如，风力、水力、太阳能等，以及经洁净技术处理过的能源，例如，洁净煤、煤气、水煤浆等。

根据 2023 年《世界能源统计年鉴》，2022 年世界可再生能源发电量年均增长率为 14.7%，可再生能源发电量为 4204.3 TW·h[①]，占总发电量的 14.4%。我国（不包含港澳台）可再生能源发电量年均增长率为 19%，可再生能源发电量为 1367 TW·h，占总发电量的 15.45%。

4.3.1 能源的种类

能源是指能够提供能量的资源。按其产生方式可分为：一次能源和二次能源。一次能源是指自然界中以原有形式存在的、未经加工转换的能量资源，又称天然能源，如煤炭、石油、天然气、水能、风能、生物质能及核能等。二次能源是由一次能源经过加工转化成另一种形态的能源产品，主要有电能、焦炭、煤气、沼气、蒸汽、热水，以及汽油、煤油、柴油、重油等石油制品。在生产过程中排出的余能，如高温烟气、高温物料热，排放的可燃气和有压流体等，亦属二次能源。由一次能源无论经过几次转换所得到的另一种能源，统称二次能源。如电能是由煤炭、石油、天然气、水能等一次能源转换来的，在火电厂燃料燃烧之后先变成蒸汽热能，蒸汽再去推动汽轮机变成机械能，汽轮机又带动发电机转换成电能，一共转换了三次，仍称为二次能源。

4.3.2 能源的环境影响

能源与环境有着十分密切的关系，一方面，人类在获得和利用能源的过程中，会改变原有的自然环境或产生大量的废物，如果处理不当，就会使人类赖以生存的环境受到破坏和污染；另一方面，能源与经济的发展，又对环境的改善起着巨大的推动作用。自 2007 年起，我国已成为世界第二大能源生产国和消费国，二氧化碳排放量居世界第二位，由于我国能源结构不合理，能源利用率低，造成严重资源浪费，进而对环境产生严重的影响，主要有城市大气污染、温室效应、酸雨、核废料问题等。

1. 煤炭开发利用对环境的不利影响

煤炭在开采过程中会造成矿山生态环境的破坏，威胁生物栖息环境。主要表

---

① 1 太瓦时（TW·h）= 10^9 千瓦时（kW·h）。

现为：地表的破坏、引起岩层的移动、矿井酸性排水、煤矸石堆积、煤层甲烷排放等。煤炭利用过程中产生大量二氧化硫、二氧化碳、氮氧化物、一氧化碳、烟尘和汞等污染物，这些污染物会引起大气污染和酸雨等区域局部环境污染，同时会造成气候变化这种全球性环境问题，带来不利影响。

2. 石油和天然气开发利用对环境的不利影响

油田勘探开采过程中的井喷事故，采油废水、钻井废水、洗井废水、处理人工注水产生的污水的排放；气田开采过程中产生的地层水（含有硫、卤素及锂、钾、溴、铯等元素，其主要危害是使土壤盐渍化）；油气田开采过程中的硫化氢排放；炼油废水、废气（含二氧化硫、硫化氢、氮氧化物、烃类、一氧化碳）、废渣（催化剂、吸附剂反应后产物）排放；海上采油过程中，石油因井喷、泄漏、海上采油平台倾覆、油轮事故和战争破坏等原因泄入海洋；石油和天然气产品在交通运输、机动车尾气等方面造成大气污染，排放一氧化碳、碳氢化合物、氮氧化物、铅等污染物；等等；都对环境产生不利影响。

3. 水电开发对环境的不利影响

水电是一种相对清洁的能源，但其开发对生态环境仍有多方面的不利影响，主要表现在：筑坝截流造成污染物质扩散能力减弱，水体自净能力受影响；淹没土地、地面设施和古迹，影响自然景观，尤其是风景区；泥沙淤积会使上游河道截面缩小，河床抬高，下游河岸被冲刷，引起河道变化；改变地下水的流量和方向，使下游地下水位升高，造成土壤盐渍化，甚至形成沼泽，导致环境卫生条件恶化而引起疾病流行；建设过程采挖石料和填土，破坏自然环境；泄洪道变流装置的安装造成对鱼类等水生生物生存环境的破坏，截流阻断鱼类洄游等；改变河流水深、水温、流速及库区小气候，对库区水生和陆生生物产生不利影响；可能会诱发地震；水电站还会向生物圈排放一些温室气体（特别是由于水库中生物质的腐烂而产生的甲烷）；等等。

4. 核能开发利用对环境的不利影响

核电对环境的放射性影响，主要来自燃料开采环节和废弃物处理环节，随着燃料开采技术的进步，该环节放射性影响将会进一步下降，一般不会造成严重危害，但放射性毕竟对人体有害，因此，应该充分注意防护，对于核废料，则必须确保其得到安全管理和最终安全处置。

5. 可再生能源开发利用对环境的不利影响

开发利用可再生能源可能会带来一些环境问题。如风能开发中，风机会产生噪声和电磁干扰，对景观和鸟类产生负面影响等。太阳能开发也会产生不利影响，主要是占用土地、影响景观等。此外，制造光伏电池需要高纯度硅，属能源密集产品，本身需要消耗大量能源。含镉光伏电池的有毒物质排放虽然在安全范围之内，但公众仍担心其对健康的危害。生物质能利用对环境的不利影响，主要是占用大量土地，可能导致土壤养分损失和侵蚀及用水量增加。地热资源开发利用对环境的不利影响，主要是地热水直接排放造成地表水热污染、含有害元素或盐分较高的地热水污染水源和土壤、地热水中的 CO_2 和 H_2S 等有害气体排放到大气中、地热水超采造成地面沉降等。海洋潮汐电站会对航海和渔业生产造成影响，对蓄水池地区也存在着生态影响，尤其是修建潮汐水坝所引起的水土流失、泥沙淤积等。

4.3.3 清洁能源的开发及应用

清洁、低碳的能源发展路径已成为当今世界的共识，能源结构应该由目前的化石能源逐步向清洁能源转变，这是全球发展的共同趋势。清洁能源包含两方面的内容。

（1）可再生能源：消耗后可得到恢复补充，不产生或极少产生污染物。如太阳能、风能、生物能、水能，地热能、氢能等。

（2）非再生能源：在生产及消费过程中尽可能减少对生态环境的污染，包括使用低污染的化石能源（如天然气等）和利用清洁能源技术处理过的化石能源（如洁净煤等）。

根据《2022 年度全国可再生能源电力发展监测评价报告》，截至 2022 年底，全国可再生能源发电装机容量 12.13 亿 kW，占全部电力装机的 47.3 %，其中水电装机（含抽水蓄能 0.45 亿 kW）4.13 亿 kW，风电装机 3.65 亿 kW，太阳能发电装机 3.93 亿 kW，生物质发电装机 4132 万 kW。2022 年全国可再生能源发电量 2.7 万亿 kW·h，占全部发电量的 30.8 %，其中水电发电量 1.35 万亿 kW·h，占全部发电量的 15.3 %；风电发电量 7627 亿 kW·h，占全部发电量的 8.6 %；光伏发电量 4273 亿 kW·h，占全部发电量的 4.8 %；生物质发电量 1824 亿 kW·h，占全部发电量的 2.1 %。

由国家能源局石油天然气司、国务院发展研究中心资源与环境政策研究所、自然资源部油气资源战略研究中心联合编写的《中国天然气发展报告（2023）》指出：2022 年，中国天然气表观消费量达 3646 亿 m^3，在一次能源消费中占比达 8.4 %。从消费结构看，城市燃气消费占 33%，工业燃料占 42 %，天然气发电占 17 %，化工用气占 8 %。

国家统计局发布的《中华人民共和国 2022 年国民经济和社会发展统计公报》显示，2022 年煤炭消费量占能源消费总量的 56.2 %。燃煤发电在我国电力结构中具有重要基础地位，预计到 2030 年，燃煤发电占比将达到约 50 %。因此，发展洁净煤技术，实现煤炭清洁高效利用将是未来 10～15 年我国经济领域关注的重点。

1. 太阳能

我国陆地面积每年接收的太阳辐射总量为 $3.3 \times 10^3 \sim 8.4 \times 10^3$ MJ/m²，相当于 2.4×10^4 亿 t 标准煤的储量。我国 2/3 以上地区的年日照时间多于 2000 h，年均辐射量约为 5900 MJ/m²。青藏高原、内蒙古、宁夏、甘肃北部、陕西、河北西北部、新疆南部、东北及陕甘宁部分地区的光照尤为突出。合理有效地开发太阳能资源成为现阶段我国解决能源危机、缓解气候变化的重要途径。可通过三种途径利用太阳能：光热转换、光电转换和光化学转换。

（1）光热转换。将太阳能转换成其他物质内能，太阳能热水器就是一种光热转换装置，它的主要转换器件是真空玻璃管，这些玻璃管将太阳能转换成水的内能。真空玻璃管上采用镀膜技术增加透射光，使尽可能多的太阳能转化为内能，镀膜技术的物理学依据是光的干涉。

（2）光电转换。通过光伏效应可以把太阳能直接转换成电能，其原理是光子将能量传递给电子使其运动从而形成电流。太阳光电池可将光能转换成电能，主要原理是光电导效应。半导体材料受到光照射时，吸收入射光子能量，若光子能量大于或等于半导体材料的禁带宽度，就激发出电子-空穴对，使载流子浓度增加，半导体的导电性增加，阻值降低，这种光电效应称光电导效应。

（3）光化学转换。物质吸收太阳能，借助于特定的光化学反应，把太阳能转化为化学能或者生物质能并储存的技术。

光合作用是地球上生命所需能量的直接或间接来源，是将光能转化为稳定的化学能过程，同时又能将 CO_2 固定，而 CO_2 正是全球变暖的罪魁祸首，所以如果能够人工利用光合作用来吸收光能并固定 CO_2，那么这将为人类提供新的能源获取方式，并且有效缓解温室效应给地球带来的影响，太阳能是 21 世纪积极开发以用于未来人类生存的可再生能源。

太阳能制氢技术包括了太阳能热分解水制氢、太阳能光电电解水制氢、太阳能光催化分解水制氢、太阳能生物制氢等。以用之不竭的太阳能为驱动，利用 H_2O 制造 H_2，H_2 使用后又变成 H_2O，循环利用太阳能和水制氢。

2. 风能

风能是由空气流动所产生的动能，也是太阳能的一种转化形式。由于太阳辐射造成地球表面各部分受热不均匀，引起大气层中压力分布不平衡，在水平气压梯度的作用下，空气沿水平方向运动形成风。

我国地域辽阔，海岸线漫长，有着丰富的风能资源，风能主要分布在东北、华北、西北和沿海及其岛屿地区，有湖泊或者特殊地形的内陆，比如江西鄱阳湖、湖南衡山、安徽黄山、云南太华山周围也具有较大风能。我国陆地 10 m 高度层次的风功率密度约为 100 W/m^2，风能资源总量约为 32.26 亿 kW，但不足 10 % 可以利用，可利用风能总量为 2.53 亿 kW；海边可开发利用的风能约为 7.5 亿 kW，陆地和海边的风能总量共计约 10 亿 kW，仅次于俄罗斯和美国，居世界第三位。

风力发电是目前人类对风能的利用的主要方式，只要有丰富的风能资源，就可以通过风力机将风的动能转为电能，无须使用燃料和循环冷却水系统，同时也减少污染物排放。与太阳能比较，其开发使用的投入成本较少，可以实现独立的供电系统。我国大多风电场的风力机都依赖国外进口，设备价格较昂贵，这就导致发电成本偏高，严重地制约了风力发电的发展。

3. 生物质能

生物质能是指由自然界中植物提供的能量，这些植物以生物质作为太阳能的储存媒介，属可再生能源。植物通过光合作用把太阳能富集并以淀粉、纤维素、糖等生物质作为媒介储存起来，以此为基础原材料转化出来的能源就称之为生物质能。根据 2023 年《世界能源统计年鉴》，2022 年全世界的生物燃料产量为 191.4 万桶油当量/d，年均增长率为 5.8 %；我国（不包含港澳台）的生物燃料产量为 6.6 万桶油当量/d，年均增长率为 14.4 %，产量仅占全世界的 3.5 %。可见尽管生物质能几乎无处不在，但目前在全世界的能源体系当中占比相当低，全世界生物燃料消费量仅占石油消费量的 1.99 %，我国（不包含港澳台）生物燃料消费量仅占石油消费量的 0.31 %，这也意味着，生物质能具有巨大的发展空间。

目前常见的生物质能主要分为气体、液体和固体三种，如沼气、生物燃料乙醇和生物柴油，以及颗粒燃料等。利用农林废物（植物、动物粪便等）作为生物质能的原材料，可以有效实现废物资源化。

1）沼气

沼气，顾名思义是沼泽湿地里的气体，是各种有机物质，在适宜的温度、pH 及隔绝空气（还原）条件下，经过微生物的发酵作用产生的一种可燃烧气体，化学组分包括：甲烷、二氧化碳、硫化氢、水分等。沼气利用是成熟的生物质能利用技术，既是处理有机废物的有效方式，也是获得优质清洁能源的重要途径。我国是农牧业大国，2023 年沼气的生产能力约 400 亿 m^3。虽然近年来建设了一些沼气工程，但由于沼气未能有效利用，不仅没有解决环境污染问题，还加重了温室气体排放，浪费了能源资源。沼气发电是提高沼气利用效率的有效方式，对于增加清洁能源供应、促进农牧业增收、改善环境卫生状况具有积极意义。近年来，沼气发电取得了一些成绩，各地建设了一些沼气发电项目，有了较好的技术和产业基础，具备了加快沼气发电工程建设的条件。

2）燃料乙醇

燃料乙醇是目前世界上应用最广泛的可再生能源，也是我国重点培育和发展的战略性新兴产业之一。以生物质为原材料通过糖化发酵等过程转化而来的体积浓度在 99 %以上的无水乙醇即生物燃料乙醇。目前的生产工艺主要以粮食作物为原材料，而使用以秸秆、枯草、甘蔗渣等农业废物或者藻类为原材料的生产工艺还有待进一步发展。提升生产效率一直是生产燃料乙醇关键技术的研发核心，合成生物学和分子生物学作为先进生物技术将在未来燃料乙醇产业发展中起到重要作用，包括基因育种、高效酶制剂、酵母等在内的多项生物技术正在全面进入燃料乙醇产业链。

3）生物柴油

生物柴油是指植物油（如菜籽油、大豆油、花生油、玉米油、棉籽油等）、动物油（如鱼油、猪油、牛油、羊油等）、废弃油脂或微生物油脂与甲醇或乙醇经酯转化而形成的脂肪酸甲酯或脂肪酸乙酯。现在国内外广泛采用的生物柴油的生产工艺方法为酶催化工艺，以生物酶作为催化剂进行酯化反应。生物酶的获取不需要很复杂的工艺流程，而且来源很广，主要是在自然界中一些动植物的体内就可以获得。生物酶能够在常温常压下进行酶化作用，设备简单，有利于降低生产成本；由于酶的性质具有单一性，不与其他杂质反应，所以不会有副产物产生，能够提高产品的纯度。

4）生物颗粒燃料

生物颗粒燃料具有易运输、燃烧效率高、灰分少、污染低等优点，通过把农林废物加工再利用，解决了生物质资源浪费和污染问题。主要以木屑、竹屑、枝柴和农作物秸秆为原材料生产生物颗粒燃料，燃料在制备过程中的能耗问题是影响生物颗粒燃料成本和产业发展的重要因素。在使用专用锅炉并配套袋式除尘器的条件下，生物颗粒燃料所产生的烟尘、二氧化硫、氮氧化物等污染物排放浓度较低。

生物质能是继石油、煤炭、天然气之后的地球第四大资源库，是替代化石能源的主要选项，也是唯一可再生碳资源，然而生物质能的转化成本是制约当前生物质转化利用技术发展的关键问题。一般而言，生物质能可通过热化学转化、生化转化、催化转化为燃气、沼气、乙醇、基础化学品等。由于生物质与化石燃料化学组成差异较大，其含氧量、含水量较高，导致生物质转化利用技术对催化过程的催化剂、生化过程的微生物要求较高，仍处于实验室研发及中试阶段，产业规模化程度较低。

4. 水能

1）水能利用现状

水能是指水体的动能、势能和压力能等能量资源。广义的水能资源包括河流水能、潮汐水能、波浪能、海流能等能量资源；狭义的水能资源指河流的水能资源。水能主要用于水力发电，水力发电将水的势能和动能转换成电能，通常认为水力发电的优点是成本低、可连续再生、无污染。根据 2023 年《世界能源统计年鉴》，世界水能资源分布及开发情况有较大差异，亚太地区水能资源最为丰富，2022 年亚太地区水电消耗量约占全球的 44.1 %。美洲占 33.2 %，非洲占 3.6 %，欧洲占 13.1 %。全世界水力发电排名前十的国家中最高的是中国（不包含港澳台），占全球 30.1 %，巴西占 9.9%，加拿大占 9.2 %，美国占 6.0 %，俄罗斯占 4.6%。根据《2022 年度全国可再生能源电力发展监测评价报告》，2023 年我国水力发电 1.35 亿 kW·h，占总发电量 15.3 %，是发电量占比最大的可再生能源。

2）水能开发面临的问题

目前，水力发电行业面临的主要技术问题主要有：复杂区域地质条件下高坝工程防震抗震安全问题；复杂工程地质条件下大型水电工程建设技术难题；水电开发与生态环境保护之间的协调关系问题等。

（1）在工程安全风险防控技术研究方面，重点内容包括高坝工程建设及运行安全风险控制技术和风险评估体系、水电工程安全风险管理集成成套技术、已建工程除险加固综合治理技术等。

（2）在工程建设水平方面，重点内容包括高寒高海拔高地震烈度复杂地质条件下筑坝技术、高坝工程防震抗震技术、高寒高海拔地区特大型水电工程施工技术、超高坝建筑材料开发等。

（3）在水轮发电机组制造自主化方面，重点内容包括建设百万千瓦级大型水力发电机组，变速抽水蓄能机组，40 万 kW 级、700 m 级超高水头超大容量抽水蓄能机组，50 万 kW 级、1000 m 以上超高水头大型冲击式水轮发电机组等。

（4）在生态保护与修复技术方面，重点内容包括分层取水、过鱼、栖息地建设、珍稀特有鱼类人工繁殖驯养、生态调度、高寒地区植被恢复与水土保持等关键技术攻关及其运行效果跟踪调查研究；流域水电开发生态环境监测监控技术、水库消落带和下游河流生态重建与修复技术等。

（5）在"互联网＋"智能水电站方面，重点内容包括数字流域和数字水电、"互联网＋"智能水电站和智能流域试点、信息化管理平台等的建设。

（6）在水电站大坝运行安全监督管理系统建设方面，重点内容包括开发坝高 100 m 以上、库容 1 亿 m^3 以上的大坝安全在线监控和远程技术监督功能，提高重点大坝非现场安全监督管理能力。

此外，水能开发还面临着水电开发建设与水库移民安置之间的协调关系问题。

5. 地热能

1) 地热能利用现状

地热能大部分是来自地球深处的可再生性热能，它源于地球的熔融岩浆和放射性物质的衰变；还有一小部分能量来自太阳，大约占总的地热能的 5%；表面地热能大部分来自太阳。地球内部的温度高达 7000 ℃，而在 80~100 km 的深度，温度会降至 650~1200 ℃。透过地下水的流动和熔岩涌至离地面 1~5 km 的地壳，热力得以被转送至较接近地面的地方。高温的熔岩将附近的地下水加热，这些加热了的水最终会渗出地面，地下水的深处循环和来自极深处的岩浆侵入到地壳后，把热量从地下深处带至近表层。地热能不但是无污染的清洁能源，而且如果热量提取速度不超过补充的速度，那么地热能是可再生的。

2020 年全球地热能发电装机容量达到 16 GW[①]，雷斯塔能源预计，到 2025 年将上涨至 24 GW。从现有的地热能开发项目来看，全球地热发电装机总量排名前五的国家分别是美国、印尼、菲律宾、土耳其及意大利。

根据 2023 年发布的《中国地热能产业高质量发展报告》，我国地热资源量约占全球的六分之一，地热资源丰富，开发利用潜力大。我国地热资源主要分为三类：浅层地热资源、水热型地热资源和干热岩型地热资源。浅层地热资源在全国范围内分布较广泛，主要分布在中东部地区，包括河北、山东、河南、辽宁、湖北、湖南、江苏、浙江、江西、安徽及北京、天津、上海等 13 个省市。水热型地热资源非常丰富，已发现出露温泉 2334 处，在册地热开采井 5818 眼。根据中国地质调查局区域地热调查成果显示，我国水热型地热资源折合标准煤 1.25 万亿 t，每年可开采量折合标准煤 18.65 亿 t。干热岩型地热资源通常与水热型地热资源相伴而生，位于其下部或旁侧，分布范围较广，在我国大部分含油气盆地及近现代构造活动强烈区均有发育。中国地质调查局数据显示，中国陆区地下 3000~10000m 内干热岩型地热资源量折合标准煤 856 万亿 t。根据国际干热岩行业惯例，以其 2%作为可开采资源量计，约为 2022 年我国全年能源消费量的 3200 倍，地热资源利用潜力巨大。

2) 地热能开发利用关键技术问题

地热能勘探开发利用关键技术的研发主要包括：①研发可直接探测地下温度场的地球物理、地球化学综合技术手段，实现地下温度场二维精细刻画；②加强高温定向钻井技术和装备研发，突破耐高温低成本钻井关键技术瓶颈，实现核心装备升级；③加强砂岩热储的经济回灌技术攻关，改进回灌井成井工艺，优化采

① 1 吉瓦（GW）= 10^6 千瓦（kW）。

灌井网系统布局；④开展干热岩型等深部地热能勘查开发技术攻关，突破储层改造和高效换热关键技术；⑤探索梯级综合高效利用技术体系和商业模式，对发电、供热、制冷、现代农业、商业应用等相关核心技术进行攻关。

6. 氢能

氢具有燃烧热值高的特点，其热值是汽油的 3 倍，酒精的 3.9 倍，焦炭的 4.5 倍。氢燃烧的产物是水，是世界上最干净的能源，氢气在极严寒温度也能点火启动。氢能是一种二次能源，可以利用其他能源通过一定的方法制取。国际氢能委员会预计，到 2050 年，氢能将承担全球 18 %的能源终端需求，可能创造超过 2.5 万亿美元的市场价值，减少 6×10^9 t 二氧化碳排放，燃料电池汽车将占据全球车辆的 20 %～25 %，届时将成为与汽油、柴油并列的终端能源体系消费主体。目前，氢能源的主要利用方式是氢燃料电池。

氢燃料电池的基本反应原理见图 4-8。在阳极（燃料电极），氢气在催化剂作用下被拆开成为质子（氢离子）和电子，其中氢离子通过电解液流到阴极（氧气电极），而电子不能通过电解液，留在阳极，这样就在两极之间形成了电位差。如果接通两极，氢原子析出的电子就会沿电路从阳极流到阴极，与氧气发生反应，生成水并释放出热量。反应方程式为

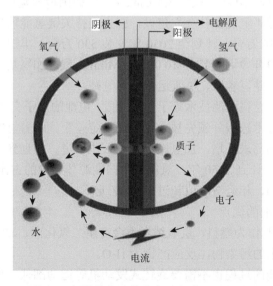

图 4-8　氢燃料电池的基本反应原理示意图

阳极：$\qquad 2H_2 + 4OH^- \longrightarrow 4H_2O + 4e^- \qquad$ （4-23）

阴极：$\qquad O_2 + 2H_2O + 4e^- \longrightarrow 4OH^- \qquad$ （4-24）

1）氢燃料电池的开发概况

根据 H2stations.org 的数据显示，截至 2022 年底，全球有 37 个国家的 814 座加氢站投入运行，其中日本有 165 座、韩国有 149 座、中国有 138 座、德国有 105 座、美国有 72 座。

美国在全球率先提出氢经济概念，1974 年在迈阿密成立国际氢能学会并召开首次会议，先后出台《1990 年氢气研究、开发及示范法案》《氢能前景法案》。进入 21 世纪，美国大力推进氢能领域的投入，2002 年发布《国家氢能发展路线图》，标志着氢经济从构想转入行动阶段。2004 年发布《氢立场计划》，明确氢经济发展要经过研发示范、市场转化、基础建设和市场扩张、完成向氢能经济转化 4 个阶段。2012 年，政府预算 63 亿美元用于氢能、燃料电池等清洁能源的研发，并对境内氢能基础设施实行 30 %～50 % 的税收抵免。2019 年，宣布为 29 个项目提供约 4000 万美元资金，跨部门实现低负担且可靠的规模化制氢、运氢、储氢和氢应用，推进氢能产业规模化。

欧洲在氢能领域给予大量政策支持。2003 年，欧盟开展"欧洲氢能和燃料电池技术平台"研究，对燃料电池和氢能技术发展进行重点攻关。2009 年，欧盟完成"天然气管道运输掺氢"项目研究；荷兰皇家壳牌石油公司、法国道达尔公司、法国液化空气集团、德国林德集团、戴姆勒股份公司等共同签署了 H2 Mobility 项目合作备忘录：将在 10 年中投资 3.5 亿欧元，在德国境内建设加氢站。

日本极力推进"氢能源社会"建设，强力支持关键氢能项目，燃料电池热电联供系统已安装 34 万台，计划至 2030 年安装 530 万台。丰田、本田氢燃料电池汽车商业化，2019 年 9 月全球第 10 000 辆 Mirai 下线。加氢基础设施重点是基础研究和材料、车载储氢容器、氢气运输及加氢站。

目前我国的氢燃料电池技术处于开发阶段，电池的质子交换膜、反应催化剂、启停特性等核心技术较国外领先技术还存在一定差距。随着氢燃料电池汽车的推广，我国氢气市场需求递增，加氢站建设驶入快车道。规划到 2030 年，将建成 1500 座加氢站；预计到 2050 年，氢能在中国能源体系中的占比约 10 %，氢气需求量接近 6000 万 t，年经济产值超过 10 万亿元。

2）氢燃料电池的优点

（1）采用纯 H_2 作为燃料，氢氧结合不会产生二氧化碳、二氧化硫、烟尘等普通化石燃料所产生的污染物，反应产物为 H_2O。

（2）产生电能的过程也不需要旋转式发动机等运动部件，直接用燃料的化学能产生电能，能量转化效率高。

（3）能量利用率高，达 70 %，噪声小而且稳定。

3）氢燃料电池的缺点

（1）氢大量存在于地球资源中，但它通常与其他元素结合，必须分离才能利用。目前从碳氢化合物等中分离氢的成本较高。

（2）氢气的储存和运输比化石燃料所需设备的要求高，会增加额外成本。

7. 核能

核能发电是通过核裂变或核聚变产生大量的热，通过热交换器将热量传给水，水受热变成高温高压的蒸汽，蒸汽就可以推动涡轮发电机进行发电，如图 4-9 所示。

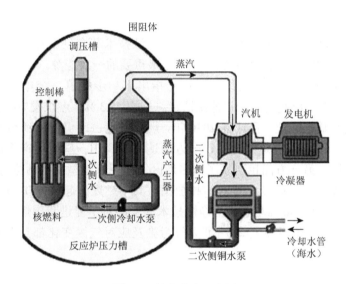

图 4-9 核能发电示意图

核能具有安全、高效及绿色的特性，无论是在减少温室气体排放、促进经济发展，还是优化能源结构、保障能源安全方面，核能作为低碳能源的作用都得到广泛认可。根据世界核协会（WNA）网站数据显示，截至 2023 年底，世界在运核电机组 437 台、在建核电机组 61 台；我国核电运行装机规模持续增长，在运核电机组 55 台、在建核电机组 23 台。面向未来的核能发展，世界核能机构，如国际原子能机构、世界核协会、国际能源机构等都进行了预测，未来全球核电的装机容量会有显著增长，到 2050 年，核电装机规模将比现在增长 60 %~146 %。

第三代、第四代核电技术正在成为世界核电技术发展的主流，也将是未来核电技术发展和创新的重要方向。目前在第四代核能先进系统研发方面，我国快堆、高温气冷堆建设方面已有实践经验，实验快堆于 2010 年 7 月首次临界，2014 年 12 月实现满功率运行，示范快堆正在建设；10 MW 高温气冷实验堆于 2003 年实现满功率并网发电运行；20 MW 全球首座高温气冷堆核电示范工程于 2020 年 11 月实现双堆冷试，在第四代核能研发领域实现了跟跑、并跑到领跑。

随着国际大科学工程国际热核聚变实验堆（ITER）计划的启动和实施，国际聚变界的普遍共识是，成功建设 ITER 已无工程上的障碍，但依然会有一定的风险和不确定性，需要在未来 ITER 科学实验中开展研究。按照最新的建造时间表，2025 年 ITER 建成运行，2049 年前后聚变示范堆（DEMO）建造和运行。我国也将抓住 ITER 计划国际合作机遇，吸收、消化 ITER 相关的科学技术，加速中国独立自主的研发体系，建设自主发展聚变技术的实验基础和平台。

8. 洁净煤

煤炭清洁高效利用技术创新是我国《能源技术革命创新行动计划（2016—2030）》的重要内容。煤炭是我国长期以来最重要的一次能源。《中华人民共和国 2023 年国民经济和社会发展统计公报》指出，初步核算，全年能源消费总量 57.2 亿 t 标准煤，煤炭消费量占能源消费总量的 55.3%。燃煤发电在我国电力结构中具有重要基础地位，预计到 2030 年，燃煤发电占比仍将达到约 50%。然而大规模、高强度的煤炭开发利用，一方面造成了我国一些重要产煤区水资源与地表生态破坏；另一方面也引发了诸多地区大范围煤烟型空气污染等环境问题。与此同时，我国是全球最大的 CO_2 排放国，其中燃煤引起的 CO_2 排放占我国化石燃料排放总量的 80%左右。洁净煤技术的发展对于促进我国煤基能源的可持续发展，保障国家能源安全，治理大气污染及应对气候变化都具有重要的战略意义。

1）洁净煤技术分类

洁净煤一词是由 20 世纪 80 年代初期美国和加拿大关于解决两国边境酸雨问题谈判的特使德鲁·刘易斯和威廉姆·戴维斯提出的。洁净煤技术是指在从煤炭开采到利用的全过程中减少污染物排放、提高利用效率的加工、转化、燃烧及污染控制等新技术群，是一个非常庞大的技术体系，主要包括以下四类技术。

（1）煤炭加工与净化技术，包括原煤洗选、型煤加工、水煤浆技术和配煤技术。

原煤洗选采用筛分、物理选煤、化学选煤和细菌脱硫方法，可以去除或减少灰分、硫等杂质。

型煤加工是把散煤加工成型煤，由于成型时加入石灰固硫剂，可减少二氧化硫排放，减少烟尘，还可节煤。

水煤浆技术是将煤炭、水、部分添加剂加入磨机中，经磨碎后成为一种类似石油一样的可以流动的煤基流体燃料，其灰分、硫分较低，可以作为代油燃料来使用。

配煤技术就是利用各种煤在性质上的差异，相互"取长补短"，发挥各掺配煤种的优点，最终使配出的混合煤在综合性能上达到"最佳性能状态"，以满足用户的要求。

（2）煤炭高效洁净燃烧技术，主要是改变煤的燃烧方式，包括先进燃烧器技术、流化床燃烧技术等。

先进燃烧器技术通过改进锅炉、窑炉结构与燃烧技术，减少二氧化硫和氮氧化物的排放，包括空气分段、再燃烧等技术。

流化床（沸腾床）由于其燃烧温度比普通煤粉炉低，可减少氮氧化物排放量，床料中可添加石灰石以减少二氧化硫排放量。

（3）燃烧后的净化处理技术，主要是指对尾部烟气的处理技术，包括各类除尘、脱硫和脱硝等技术。

（4）煤转化为洁净燃料的技术，主要包括煤的气化技术、液化技术，以及在煤气化技术基础上发展起来的煤气化联合循环发电技术和煤气化多联产技术。

煤的气化技术是在常压或加压条件下，保持一定温度，通过气化剂（空气、氧气或蒸汽）与煤炭发生反应生成煤气，煤气的主要成分是一氧化碳、氢气、甲烷等可燃气体。煤在气化中可脱硫除氮，排去灰渣，因此，煤气是一种洁净的燃料。

煤的液化技术有间接液化和直接液化两种。间接液化是先将煤气化，然后再把煤气液化，如煤制甲醇，可替代汽油；直接液化是把煤直接转化成液体燃料，如直接加氢将煤转化成液体燃料。

煤气化联合循环发电技术先把煤制成煤气，用燃气轮机发电，排出的高温废气进入锅炉，再用蒸汽轮机发电，整个发电效率可达 45 %。

煤气化多联产技术是变单产发电为发电、制氢、制油及化工生产同时进行的高效综合利用技术，将改变长期以来我国对于煤炭资源的粗放型利用。

2）洁净煤技术发展动态

（1）700 ℃超超临界发电技术。用超临界状态的水蒸气来发电，叫作超临界发电技术，而超超临界发电技术是指通过高温、高压来提升热力效率。700 ℃超超临界发电技术指在 700 ℃、35 MPa 及以上的条件下的机组发电技术，研究表明通过增加再热次数，效率可达 50 %以上，节能减排经济效益是 600 ℃超超临界发电技术的 6 倍，同时可以降低 CO_2 的捕获成本。早在 20 世纪 90 年代末期，欧盟开展的"AD700"先进超超临界发电计划、美国开展的"超超临界燃煤发电机组锅炉材料和汽轮机研究"计划等，使锅炉和汽轮机高温材料研发、加工性能测试及关键部件测试等技术取得重大突破，但在示范电站建设方面进展并不顺利，截至目前，全球尚未形成 700 ℃超超临界燃煤示范电站。我国在 2010 年成立 700 ℃超超临界燃煤发电技术创新联盟，2011 年设立 700 ℃超超临界燃煤发电关键设备研发及应用示范项目，2015 年 12 月全国首个 700 ℃关键部件验证试验平台成功实现投运。

（2）整体煤气化联合循环/整体煤气化燃料电池（IGCC/IGFC）。煤制合成气是一种低成本的煤炭清洁高效利用的方式，合成气进一步通过燃料电池高效发电，可以实现清洁高效灵活的煤基发电多联产，是煤基发电的根本性变革，成为 21 世纪各国竞相研究的热点。

整体煤气化联合循环（integrated gasification combined cycle，IGCC），是指将煤气化技术和高效的联合循环相结合的先进发电系统。IGCC 由两部分组成，即煤的气化与净化部分和燃气-蒸汽联合循环发电部分。第一部分的主要设备有气化装置、空分装置、煤气净化装置，其中气化装置有气流床、固定床和流化床三种方案；第二部分的主要设备有燃气轮机发电系统、余热锅炉、蒸汽轮机发电系统。IGCC 的工艺过程如图 4-10 所示：煤经气化成为中低热值煤气，经过净化，除去煤气中的硫化物、氮化物、粉尘等污染物，变为清洁的气体燃料；然后送入燃气轮机、燃烧室燃烧加热气体工质以驱动燃气透平做功，燃气轮机排气进入余热锅炉加热给水，产生过热蒸汽驱动蒸汽轮机做功。在整个 IGCC 的设备和系统中，煤的气化装置及煤气净化装置是 IGCC 发电系统最终能否商业化的关键。

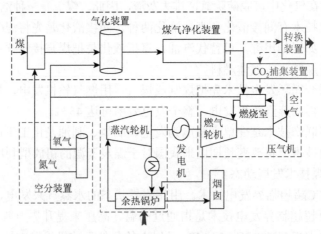

图 4-10　整体煤气化联合循环（IGCC）的工艺过程示意图

A. 我国整体煤气化联合循环技术的发展概况

2012 年 11 月我国华能（天津）煤气化发电有限公司 250 MW IGCC 示范机组投入商业运行，其示范电站是我国首套自主研发、设计、建设、运营的 IGCC 示范工程，已实现粉尘和 SO_2 排放浓度低于 1 mg 每标准立方米、NO_x 排放浓度低于 50 mg 每标准立方米，排放达到天然气发电水平，同时发电效率比同容量常规发电技术高 4 %～6 %。

我国 1994 年成立 IGCC 领导组，一直致力于 IGCC 系统方案设计及优化。西安热工研究院有限公司、清华大学、中国科学院工程热物理研究所、中国电力工程顾问集团华北电力设计院有限公司等在 IGCC 系统设计优化和开发关键技术方面表现突出。国家"十一五"规划、863 计划重大示范项目华能绿色煤电天津 IGCC

示范电站和杭州华电半山 IGCC 电站，其中华能的 250 MW 示范电站是中国首个自主研发的 IGCC 电站，采用华能 2000 t/d 气化炉，E 级燃机，于 2012 年 4 月完成试车任务。中国大唐集团有限公司 IGCC 项目在天津市大港区、广东省东莞市、辽宁省沈阳市和广东省深圳市进行规划。国网山东省电力公司烟台供电公司 IGCC 示范项目，由于全套引进国外设备造价太高且效益难以短期实现被取消。江苏省南通市海门区和海南省的 IGCC 项目目前处于可研阶段。中电新源（廊坊）电气集团有限公司 IGCC 项目处于编制可研阶段。此外，国家能源投资集团有限责任公司、山东省济宁市兖州区矿务局等也加入到 IGCC 项目的建设行列。

在整体煤气化联合循环（IGCC）技术的基础上发展的整体煤气化燃料电池（integrated gasification fuel cell，IGFC）发电技术，可实现煤基发电由单纯热力循环发电向电化学和热力循环复合发电的技术跨越，大幅提高煤电效率，在高效发电的同时能够实现污染物近零排放和负荷快速响应，被视作未来最有发展前景的近零排放煤气化发电技术。

IGFC 技术是一种将煤气化技术与燃料电池相结合的新型发电技术，可以看作在 IGCC 的基础上引入燃料电池发电技术。由于燃料电池可以直接将燃料气体的化学能转化为电能，大大提高了 IGFC 技术的发电效率，理论上 IGFC 净发电效率可高达 56 %～58 %，居所有发电机组之首。此外，IGFC 技术具有富集 CO_2 的功效，尾气中 CO_2 含量高达 95 %以上，与 CCS 技术相结合可实现 CO_2 的近零排放，是一种真正意义上的绿色煤电技术，应用前景广阔。

B. 外国整体煤气化联合循环技术的发展概况

美国、荷兰、西班牙、日本等国家已相继建成 IGCC 示范电站。

美国 Tampa 电厂是 1996 年在美国能源部的支持下建成的，装机容量为 250 MW，坐落于佛罗里达州坦帕（Tampa）市。采用德士古（Texaco）2000 t/d 水煤浆气化技术，水煤浆浓度为 68 %，气化压力为 2.8～3.0 MPa，气化温度约 1482 ℃。煤气进入到 2 台并列的对流式冷却器并持续降温到 480 ℃，煤气显热被循环利用，生成 10.4 MPa 饱和蒸汽。而后，煤气到达煤气净化系统，去除煤气中有害物质，如固体颗粒、硫化物、碱金属盐和卤化物等。

荷兰 Nuon Buggenum 电厂于 1998 年 1 月 1 日正式进行商业运行。气化采用 Shell 干煤粉气流床气化技术，1 台气化炉，投煤量为 2000 t/d，氧气纯度为 95 %，耗氧量约为 0.825 kg/kg 湿煤。碳转化率为 99 %以上，冷煤气效率大于 80 %。煤粉在 1500 ℃条件下气化。低温煤气（约 200 ℃）使粗煤气急冷至约 900 ℃再离开气化炉进到煤气冷却器。气化炉运行压力为 2.6～2.8 MPa，气化炉内采用水冷壁结构，产生 4.0 MPa 中压蒸汽，汽轮机功率为 128 MW。煤气通过净化处理，再通过饱和器，并经 N_2 稀释后进入燃气轮机燃烧室。

西班牙 Puertollano 电厂于 1999 年年底投入商业运行，净输出功率为 300 MW。

采用完全整体化空分系统，产生 85 %纯度的氧气供应给气化炉，99.9 %纯度的氮气进行燃料的传送，较低纯度的氮气进行稀释净化后的合成气。气化技术选用由德国 Krupp-Koppers 公司开发的 Prenflo 气化技术，单炉投煤量达 2640 t/d。燃料为 50 %当地高灰分劣质煤和 50 %高硫石油焦。合成气经水清洗设备，去除其卤化物和碱金属化合物。利用 MDEA 湿法脱硫，Claus 装置进行硫回收，生成元素硫。

　　日本勿来电厂位于福岛县，额定功率为 250 MW，至 2008 年 9 月，完成 2039 h 长期连续运行，验证了空气气化 IGCC 的可靠性。气化炉的投煤量为 1700 t/d，气化炉采用两段式干煤粉空气气流床气化炉，分为上部还原室和下部燃烧室。煤气净化系统采用常温 MDEA 湿法脱硫。与其他化石燃料相比，煤炭燃烧时单位热值的二氧化碳排放量较多，煤炭火力发电需要进一步削减二氧化碳排放量。为此，日本新能源产业技术综合开发机构（NEDO）与大崎 CoolGen 公司为了大幅削减煤炭火力发电排放的二氧化碳，共同开展整体煤气化燃料电池（IGFC）联合循环发电和二氧化碳分离回收技术的研究，目的在于实现低碳煤炭火力发电。

本 章 小 结

　　1. 生产过程中产生的污染物包括原材料中的杂质、未转化的反应物、副反应产物、流失的物料。

　　2. 绿色原材料具有的特征：纯度高、无毒性或低毒性、生态影响小、能源强度低、可再生性好、可回收利用性好。

　　3. 二氧化碳、生物质资源为绿色原材料，资源化利用意义重大。

　　4. 清洁能源在生产和使用过程中，不产生或少产生有害物质排放，其产生的污染物排放符合标准限值要求，同时具有经济性。可再生能源的开发利用是大势所趋。

关键术语

污染物来源；绿色原材料；清洁能源。

课堂讨论

可再生能源和清洁能源的区别有哪些？

作业题

1. 介绍一个资源化利用二氧化碳的案例。

2. 基于生物质热解机理对现有的热解工艺或设备提出改进思路。

阅读材料

1. 路甬祥. 清洁、可再生能源利用的回顾与展望[J]. 科技导报, 2014, 32(28): 15-26.

2. 李存璞, 陈洪平, 魏子栋. 2020 年清洁能源开发热点回眸[J]. 科技导报, 2021, 39(1): 248-260.

参 考 文 献

常杰. 2003. 生物质液化技术的研究进展[J]. 现代化工, 23(9): 13-16.

国际氢能委员会. 2017. 氢能，扩大规模 [EB/OL]. (2017-11-13)[2021-05-16]. http://hydrogencouncil.com/zh/study-hydrogen-scaling-up/.

何盛宝, 李庆勋, 王奕然, 等. 2020. 世界氢能产业与技术发展现状及趋势分析[J]. 石油科技论坛, 39(3): 17-24.

姜帅, 周志俊. 2013. 日本福岛第一核电站应急响应技术工作: 核灾难带来的职业健康挑战[J]. 职业卫生与应急救援, (1): 35-37.

金翔. 2009. 企业职业危害预防[M]. 北京: 煤炭工业出版社.

李建政. 2010. 环境毒理学[M]. 2 版. 北京: 化学工业出版社.

刘江龙, 丁培道, 钱小蓉, 等. 1996. 金属材料的环境影响因子及其评价[J]. 环境科学进展, 4(6): 45-50.

刘良伟. 2023. 专家观点|王凯军: 2023 中国沼气事业重大转折的挑战[EB/OL]. (2023-12-06)[2024-01-11]. https://www.cenews.com.cn/news.html?aid=1099984.

缪国华. 2013. 淘金绿色原材料[J]. 21 世纪商业评论, (3): 81.

彭琨懿. 2019. 2018 年水力发电行业技术发展现状与市场趋势分析 相关技术进步明显[组图][EB/OL]. (2019-04-29)[2021-05-06]. https://www.qianzhan.com/analyst/detail/220/190428-d08b6b0f.html.

任永强, 车得福, 许世森, 等. 2019. 国内外 IGCC 技术典型分析[J]. 中国电力, 52(2): 7-13.

申硕, 樊静丽, 陈其针, 等. 2021. 碳捕集、利用与封存(CCUS)技术的文献计量分析[J]. 热力发电, (1): 47-53.

孙旭东, 张博, 彭苏萍. 2020. 我国洁净煤技术 2035 发展趋势与战略对策研究[J]. 中国工程科学, 22(3): 132-140.

田原宇, 乔英云. 2014. 生物质液化技术面临的挑战与技术选择[J]. 中外能源, (2): 19-24.

王梦, 田晓俊, 陈必强, 等. 2020. 生物燃料乙醇产业未来发展的新模式[J]. 中国工程科学, 22(2): 47-54.

王伟文, 吴国鑫, 张自生. 2017. 生物质热解研究进展[J]. 当代化工, 46(11): 2300-2302.

肖陆飞, 哈云, 孟飞, 等. 2020. 生物质气化技术研究与应用进展[J]. 现代化工, 40(12): 68-72, 76.

闫强, 王安建, 王高尚, 等. 2016. 全球生物质能资源评价[J]. 中国农学通报, 25(18): 466-470.

张语, 郑明辉, 井璐瑶, 等. 2022. 双碳背景下 IGCC 系统的发展趋势及研究方法[J]. 南方能源建设, 9(3): 127-133.

Barker H A, Kamen M D, Haas V. 1945. Carbon dioxide utilization in the synthesis of acetic and butyric acids by *Butyribacterium* rettgeri[J]. Proceedings of the National Academy of Sciences, 31(11): 355-360.

Lu Y, Jiang Z Y, Xu S W, et al. 2006. Efficient conversion of CO_2 to formic acid by formate dehydrogenase immobilized in a novel alginate: Silica hybrid gel[J]. Catalysis Today, 115(1-4): 263-268.

第 5 章　清洁生产过程

学习目标
①了解生产过程的影响因素，熟悉清洁生产过程的特征。
②掌握清洁生产技术的定义，熟悉清洁生产技术类型，了解清洁生产技术研发思路。
③了解重点行业绿色发展过程中的清洁生产技术应用情况。

引子：清洁生产技术的绩效评估

王志增等在《环境工程技术学报》2016 年第 6 卷第 3 期上发表了《清洁生产技术削污效果评估方法与案例研究》，他们通过建立清洁生产技术削污效果模型，计算火电行业 1950～2013 年清洁生产技术削污和末端减排技术减排效果。结果表明：64 年间清洁生产技术削减 SO_2 累计达 3.17 亿 t，是末端治理的 2.3 倍。从发展趋势看，中国火电行业末端减排技术的减排潜力已接近极限，而未来通过清洁生产技术的削污作用仍将持续增加。

秦佩恒等在《生态经济》2014 年第 30 卷第 12 期上发表了《清洁生产技术运用对企业经济及环境绩效的影响：基于 2009 年中国金属制品业调查的实证研究》，他们认为：清洁生产技术运用程度是影响企业经济绩效和环境绩效的关键。单纯地依据企业是否运用某种清洁生产技术难以判断其对环境绩效或经济绩效产生的影响，只有当这些清洁生产技术在企业中得到高度、广泛运用时，才能够同时提高企业的经济效益和环境效益，说明清洁生产技术运用的收益具有一定的周期延迟性和规模经济性。研究结论在某种程度上支持波特假说，即从长期来看，企业引进并运用清洁生产技术是其形成竞争优势的潜在因素，能够实现经济绩效和环境绩效的"双赢"。

5.1　清洁生产过程的影响因素及特征

生产过程是指从投料开始，经过一系列的加工，直至成品生产出来的全部过程，通常包括工艺过程、检验过程、运输过程等，工艺过程是生产过程最基本部分。通常清洁生产过程与原材料和能源、工艺技术、设备、过程控制、员工、管理、产品和废物 8 个因素有关，其影响框架见图 5-1。

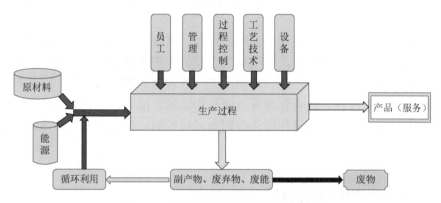

图 5-1　清洁生产过程影响因素框架图

　　清洁生产不仅着眼于生产过程，还关注产品，这意味着清洁生产从生产领域扩展到了消费领域，关注产品能赢得更好的经济效益，从对有形产品的关注，进一步转向对无形产品——服务的关注，即清洁生产已经扩展到第三产业，几乎涵盖了社会的整个经济活动，因此，对清洁生产的认识已不能仅着眼于"生产"两字了。

　　清洁生产不仅是企业层次上的活动，而且已经上升为区域层次及宏观经济规划和管理的层次，即开始仿效生态群落的原理，着手生态工业园区的建设，以达到工业群落的优化配置，节约土地，互通物料，提高效率，最大限度地谋求环境效益、经济效益和社会效益的统一。

　　清洁生产过程涉及管理和工艺技术等主要方面，具有如下特征。

　　（1）节约原材料和能源。

　　（2）采用少废、无废、节能的工艺技术和设备。

　　（3）减少生产过程中的危害因素（如易燃、强噪声、强振动等）。

　　（4）物料尽量实行再循环。

　　（5）减少废物的数量并降低毒性。

5.2　清洁生产管理

5.2.1　清洁生产管理的内涵

　　企业的清洁生产管理是对生产全过程进行组织与控制，最大限度地协调组织内和生产中的各种关系，从而使企业的清洁生产活动达到最大效果。在各级决策过程中围绕着"节能、降耗、减污、增效"的目标，综合考虑经济、环境和社会的相互协调，达到经济效益、环境效益及社会效益三者的统一，最终促进企业的可持续发展。

清洁生产管理属于企业环境管理的内容，其管理模式是指在产品生产过程中，以系统管理思想为指导，采用科学合理的生产工艺，综合考虑生产经营过程中的各项要素，从管理组织、管理制度、管理工具等方面着手，在生产的整个周期，将生产过程、经营管理等方面与物质流、能量流、信息流、资金流等优化结合起来，对污染物进行源头控制和过程控制，实现企业可持续发展目的的管理模式。

5.2.2　清洁生产管理的内容

清洁生产管理要求企业执行各类与清洁生产管理相关的规章和制度，并落实相关措施，包括执行环保法规情况和企业生产过程管理、环境管理、清洁生产审核、相关环境管理等方面情况。

从有利于提高资源能源利用效率，减少污染物产生与排放的角度提出管理指标及要求。具体指标可包括清洁生产审核制度执行、清洁生产部门设置和人员配备、清洁生产管理制度、强制性清洁生产审核政策执行情况、环境管理体系认证、建设项目环保"三同时"执行情况、合同能源管理、能源管理体系实施等，因行业性质不同根据具体情况可作适当调整。具体可从以下几个方面开展工作。

（1）产业政策符合性。企业必须根据《产业结构调整指导目录》，严禁采用国家明令禁止和淘汰的生产工艺、装备等。

（2）污染物排放总量控制的情况。污染物排放量、二氧化碳排放量及能源消耗量等必须满足国家及地方政府相关规定要求。

（3）突发环境事件预防情况。必须按照国家相关规定要求，建立健全环境管理体系及污染事故防范措施，建立、制定环境突发性事件应急预案（预案要通过相应环保部门备案）并定期演练，确保无重大环境污染事故发生。

（4）危险化学品管理。必须符合《危险化学品安全管理条例》相关要求；建立企业的危险化学品安全管理制度，采用全过程危险化学品管理模式，实现对危险化学品试剂、耗材等的申购采购、出入库管理、库存管理、领用归还等全流程精细化管控。

（5）计量器具配备情况。资源及能源计量器具配备应该满足符合国家标准

GB 17167—2006、GB/T 24789—2022 三级计量器具配备要求，所有计量器具管理台账要保持完整。

（6）节水、节能及原材料管理。对企业内用水全流程进行管理，开展节水宣传，颁布用水管理规定及计量管理规定等节水制度并制定考核方案，定期发布用水数据，定期统计分析用水情况，对节水有贡献的单位及个人进行奖励；按照《能源管理体系　要求及使用指南》（GB/T 23331—2020）建立并运行能源管理，健全能源管理体系，程序文件及作业文件等管理文件应该完备，取得认证，建立信息化能源管理平台或建立能源管理制度；按国家规定要求，组织开展节能评估与能源审计工作，从结构节能、管理节能、技术节能三个方面挖掘节能潜力，实施节能改造项目；对所有原材料建立质检制度和消耗定额管理制度。

（7）污染物排放监控及信息公开。建立主要污染物监测制度，按照《污染源自动监控管理办法》的规定，安装污染物排放自动监控设备，与环境保护主管部门的监控设备联网，并保证设备正常运行；按照《企业环境信息依法披露管理办法》的要求公开环境信息。

（8）建立健全环境管理体系。按照 GB/T 24001—2016 建立并运行环境管理体系，并取得认证，有效运行；完成年度环境目标、指标和环境管理方案，并达到环境持续改进的要求；环境管理手册、程序文件及作业文件齐备、有效。

（9）清洁生产机制建设。建立清洁生产领导机构，部门与主管人员职责分工明确；制定清洁生产管理制度和奖励管理办法，并认真执行；定期开展清洁生产审核活动，组织清洁生产方案实施；按行业无组织排放监管的相关政策要求，加强对无组织排放的防控措施，减少生产过程无组织排放。

（10）节能减碳机制建设与开展。建立节能减碳领导机构，部门与主管人员职责分工明确；建立能源与低碳管理体系并有效运行；制定节能减碳年度工作计划，组织开展节能减碳工作，完成年度管控目标及年度节能减碳任务。

（11）生产车间。制定生产工序的操作规程及主要岗位的作业指导书，并有效实施；根据企业的实际情况做好生产车间地面防渗、防漏和防腐措施。

（12）固体废物处置。建立固体废物管理制度，危险废物储存设有标识，转移联单完备，制定防范措施和应急预案，采用符合国家规定的废物处置方法处置废物；一般工业固体废物按照 GB 18599—2020 相关规定执行；危险废物按照 GB 18597—2023 相关规定执行。对一般工业固体废物进行妥善处理并加以循环利用。制定并向当地环保主管部门备案危险废物管理计划，申报危险废物产生种类、产生量、流向、储存、处置等有关资料。

（13）物料和产品运输方式。进出企业的原材料和产品应该尽量采用铁路、水路等方式运输，减少公路运输比例，或全部采用新能源汽车或达到排放标准的燃油汽车运输。

（14）职业健康安全管理制度。按照《职业健康安全管理体系 要求及使用指南》（GB/T 45001—2020）的相关要求，建立企业的职业健康安全管理体系，并有效执行。

（15）绿色宣传。向企业员工宣讲"节能、降耗、减排、增效"的相关知识，在明显位置粘贴绿色宣传标识。

（16）相关方环境管理。建立采购人员和供应商监控评估体系，选用绿色原材料、可回收材料和绿色产品等；建立可追溯的企业绿色管理台账，绿色原材料采购来源、数量等台账；对第三方机构（包括物流企业、洗染企业等）提出能源环境管理要求，符合相关法律法规标准要求，对原材料供应方、生产协作方、相关服务方提出环境管理要求。

（17）土壤污染隐患排查。根据企业的生产实际情况，参照国家有关技术规范，建立土壤污染隐患排查制度，保证持续有效防止有毒有害物质渗漏、流失、扬散等。

5.3　清洁生产技术

清洁生产是实现工业绿色发展的有效途径。清洁生产审核是企业目前实施清洁生产的前提，企业在实施清洁生产审核过程中，按照一定程序，对生产和服务过程进行调查和诊断，找出能耗高、物耗高、污染重的原因，提出减少有毒有害物料的使用、产生，降低能耗、物耗及废物产生的方案，进而选定技术经济及环境可行的清洁生产方案。通常认为涉及新技术及设备研发、工艺技术改造和设备更新的清洁生产方案属于清洁生产技术。由此可见清洁生产技术在企业清洁生产活动中占据核心地位，离开了清洁生产技术便谈不上清洁生产。《中华人民共和国清洁生产促进法》第十四条规定：县级以上人民政府科学技术部门和其他有关部门，应当指导和支持清洁生产技术和有利于环境与资源保护的产品的研究、开发以及清洁生产技术的示范和推广工作。

5.3.1　清洁生产技术的定义

根据清洁生产的定义，可以将清洁生产技术定义为通过原材料和能源的调整替代、工艺技术的改进、设备装备的改进、过程控制的改进、废物的回收利用、产品的调整变更等措施，达到污染物的源头削减、过程控制，提高资源利用效率，减少或者避免生产和产品使用过程中污染物的产生和排放，以减轻或者消除对人类健康和环境的危害的具有显著环境和经济效益的技术。

5.3.2　清洁生产技术的分类

通常清洁生产技术可分为三类技术：源头削减技术、过程减量技术和末端循环技术。

1. 源头削减技术

这类技术通常指采用无污染、少污染的能源和原材料替代毒性大、污染重的能源和原材料，同时原材料的选取需考虑毒性、生态影响、可再生性、能源强度、可回收利用性，涉及清洁能源和清洁原材料的生产和加工工艺过程。例如，清洁能源的使用、洁净煤的使用、酶法退浆的使用、酶法水洗牛仔织物的使用、无氰镀锌工艺的使用等。

2. 过程减量技术

这类技术通常指采用消耗少、效率高、无污染、少污染的工艺和设备替代消耗高、效率低、污染重的工艺和设备。例如，污水处理厂污泥过程减量技术、转炉炼钢自动控制技术、无毒气保护焊丝双线化学镀铜技术、精对苯二甲酸（PTA）装置母液冷却技术、棉布前处理冷轧堆一步法工艺等。

3. 末端循环技术

这类技术通常指对生产过程排放的污染物进行处理以回收有价值的资源进行循环利用的技术。例如，磷酸生产废水封闭循环技术、磷石膏制酸联产水泥技术、新型干法水泥窑纯余热发电技术、高炉余压发电技术、干熄焦技术等。

5.3.3　清洁生产技术的开发途径

在企业清洁生产审核过程中提出的清洁生产方案可作为清洁生产技术开发的基础，与其他技术的开发途径一样，清洁生产技术的开发途径分为下列几种。

1. 原创型技术的开发途径

原创型技术是指企业在独立地进行科学研究的基础上创造发明的新技术。通常是在基础研究有了重大突破以后产生和发展起来的。这类技术不是传统工艺技术的改造和提高，而是一类原创技术。这些技术都是从基础研究开始，经过应用研究，并在应用研究中取得重大突破后，在实际过程中得到推广和应用的。企业要想在激烈的竞争中始终保持技术领先地位，就要重视这种原创型技术的开发，因为它的成果表现为全新的技术、全新的产品、全新的工艺、全新的材料。但是，原创型技术的开发从基础研究做起，具有科研难度大、时间长、耗费投资多、对科研人员的素质要求高等特点，一般企业较难做到。对于条件较好的企业，为了保持技术上的领先地位，可在这种开发途径上投入较大力量。

2. 引进型技术的开发途径

引进型技术是指企业从外部引进与转移的新技术。引进的内容可以是产品设计、制造工艺、测试技术、材料配方、成套设备等。由于引进的技术已得到应用，技术的先进性和经济性已得到证实，因而技术开发所承受的风险小，容易较快地取得效果。通过合作研究开发、专利权转让等方式，把企业从外部引进的新技术成果与企业的具体情况结合起来，形成最终技术。企业应根据自身需要和条件灵活选用所引进的技术，对引进的技术进行吸收和消化，这样所引进的技术才能得以创新和发展。

3. 延伸型技术的开发途径

延伸型技术是指企业通过对现有技术的综合和延伸而进行技术开发所形成的新的技术。开发途径是把两项或多项现有技术组合起来，由此创造和发明新的技术或新的产品。例如，把电子技术移植到机械设备上，产生数控机床；圆珠笔装上电子表，成为多功能电子表笔等。延伸型技术的开发是指对现有技术向技术的深度、强度、规模等方向的开发。例如，机械加工设备向运转速度开发，开发出越来越多高速的、高效率的设备；冶炼设备向大容积开发，开发出容积达 4000 多米^{3}的高炉；运算设备向计算速度开发，开发出每秒运算数十亿次的电子计算机；集成电路向高集成度开发，开发出集成度达到上百万的超大规模集成电路，等等。延伸型技术的开发虽然是在现有技术基础上进行的，但也是一种创新，相对于从基础研究做起的原创型技术开发途径而言，它有开发难度小、耗费资金少、时间短、见效快的明显优势。因此，一般企业在从事技术开发中应注重延伸型技术的开发途径。

4. 改造型技术的开发途径

改造型技术是指通过对生产实践经验的总结、提高来开发的新技术。一般是指以小革新、小建议、小发明等为主体的小改革活动。这类活动大多建立在生产实践经验总结的基础之上，开发者的实践经验是不可缺少的重要因素。例如，在改建扩建项目中，使用更为节能的设备，使用自动化程度更高的控制系统，优化工艺操作参数提高成品率、减少废物量。

5.3.4　我国清洁生产技术的推行情况

目前，我国清洁生产实践已在一定程度上得到实施，取得了较好的环境效益和经济效益及社会效益，清洁生产技术是成功进行清洁生产实践的主要保障手段，企业作为应用清洁生产技术的主体，应该将先进的、适用的技术应用于实施清洁生产技术改造项目，作为提升企业技术水平和核心竞争力，从源头预防和减少污染物产生，实现清洁发展的根本途径。自 21 世纪初以来，为加快推进工业行业清洁生产实践，发挥清洁生产技术对促进产业转型升级的重要支撑作用，国家有关部委先后发布了重点行业清洁生产技术导向目录和清洁生产技术推行方案。

1. 国家重点行业清洁生产技术导向目录

为全面推进清洁生产引导企业采用先进的清洁生产工艺技术，积极防治工业污染，2000 年 2 月 15 日国家经济贸易委员会公布了《国家重点行业清洁生产技术导向目录》（第一批），该目录涉及冶金、石化、化工、轻工和纺织 5 个重点行业共 57 项清洁生产技术。2003 年 2 月 27 日国家经济贸易委员会、国家环境保护总局公布了《国家重点行业清洁生产技术导向目录》（第二批），目录涉及冶金、机械、有色金属、石油和建材 5 个重点行业，共 56 项清洁生产技术。2006 年 11 月 27 日国家发展和改革委员会、国家环境保护总局公布了《国家重点行业清洁生产技术导向目录》（第三批），目录涉钢铁、有色金属、电力、煤炭、化工、建材、纺织 7 个重点行业，共 28 项清洁生产技术。这 141 项技术是在行业主管部门对本行业清洁生产技术进行认真筛选、审核的基础上组织有关专家进行评审后确定的。这些技术是经过生产实践证明的，具有明显的环境效益、经济效益和社会效益，可以在同行业或同类性质生产装置上推广应用。然而如果按照源头削减、过程减量和末端循环的思路进行分类，只有 104 项属于这三类清洁生产技术，具体分类情况见附表 1。侧重于末端治理技术的，例如，烧结机头烟尘净化电除尘技术、焦化废水 A/O 生物脱氮技术等，没有被统计在附表 1 中。

2. 清洁生产技术推行方案

为贯彻落实《中华人民共和国清洁生产促进法》，加快重点行业清洁生产技术的推行，指导企业采用先进技术、工艺和设备实施清洁生产技术改造，按照"示范一批，推广一批"的原则，工业和信息化部在 2010 年 3 月 14 日印发了聚氯乙烯、发酵、啤酒、酒精、肉类加工、纯碱、烧碱、硫酸、农药、钢铁、氮肥、磷肥、染料、纺织染整、印制电路、热处理、电解锰 17 个重点行业清洁生产技术推行方案。方案中的应用技术是指尚未产业化应用和推广的新技术；推广技术是指目前普及程度较低，成熟的先进、适用清洁生产技术。2011 年 3 月 10 日印发了铜冶炼、铅锌冶炼、造纸、皮革、制糖 5 个行业清洁生产技术推行方案。2011 年 8 月 16 日印发了铬盐、钛白粉、涂料、黄磷、碳酸钡 5 个行业清洁生产技术推行方案。2012 年 12 月 13 日印发了荧光灯、水泥、电镀、电石、ADC 发泡剂、化学原料药（抗生素/维生素）等 6 个行业的清洁生产技术推行方案。2014 年 2 月 10 日印发了《稀土行业清洁生产技术推行方案》。2014 年 2 月 18 日印发了钢铁、有色金属冶炼、石化、化工、建材等行业的《重点行业清洁生产技术推行方案》（征求意见稿）。2014 年 7 月 2 日印发了《大气污染防治重点工业行业清洁生产技术推行方案》。联合环境保护部在 2016 年 8 月 18 日印发了《水污染防治重点行业清洁生产技术推行方案》。一些行业清洁生产技术推行方案统计情况见附表 2。

以上目录或方案中所涉及的技术有成熟先进、适用的，但目前普及程度较低的技术；也有尚未产业化应用和推广的技术。这些技术都已经经过行业专家论证并出具了专家组及行业协会（或清洁生产中心）推荐意见，因此具有较高的技术可行性。希望通过这些清洁生产技术的推广应用，重点解决以下问题：①采用无毒无害或者低毒低害的原材料替代毒性大、危害严重的原材料；②采用资源利用率高、污染物产生少的工艺和设备替代资源利用率低、污染物产生多的工艺和设备；③对生产过程中产生的废物、废水等进行循环使用或综合利用。

5.3.5　清洁生产技术的发展趋势

2012 年，但智钢等认为，我国已发布的三批清洁生产技术存在着随意性比较大、技术零散分布的问题，这种未成体系的清洁生产技术既不利于技术推广，又难以发挥导向技术的作用，因此，急需梳理国内外清洁生产技术的发展脉络，确定我国清洁生产技术的发展方向。

工业和信息化部颁布了一些重点行业清洁生产技术推行方案，试图通过对一些重点行业采用先进、适用的技术，工艺和装备，实施清洁生产技术改造，达到消减主要污染物的目的。一些有远见的、重视自身可持续发展的企业对应用清洁生产技术具有较高的热情度，并获得了较为理想的成效。未来清洁生产技术的研发和应用将基于绿色产业和可持续发展目标，重点从节能、降耗、低毒无毒原材料采用等方面进行污染源头控制，实现最大经济效益。除此之外，还需加强如下两项工作。

（1）健全和完善有关清洁生产技术的国家及地方法规，主要内容包括：①技术权属及其转让；②优惠及奖励政策；③开发计划管理；④技术评价体系。

（2）优化清洁生产技术开发及转化的市场机制，主要内容包括：①建立以企业为主体的技术市场；②建立符合市场经济的促进高新技术产业的风险投资机制；③探索创新的研发环境，优化人力资本的运行机制。

本 章 小 结

1. 清洁生产过程的影响因素为：原材料及能源、产品、废物、工艺技术、设备、过程控制、员工及管理。

2. 清洁生产过程的特征：节约原材料与能源，淘汰有毒有害原材料，减降所有废物的数量与毒性。

3. 清洁生产技术包括源头削减技术、过程减量技术和末端循环技术，具有节能、降耗、减排、增效的特征。

4. 推动能源、钢铁、焦化、建材、有色金属冶炼、石化、化工、纺织印染、造纸、化学原料药、电镀、农副食品加工、涂料、包装印刷等重点行业绿色转型升级，实施节能、节水、节材、减污、降碳等系统性清洁生产改造是未来工业领域清洁生产工作的重点之一。

关键术语

清洁生产过程；清洁生产管理；清洁生产技术。

课堂讨论

清洁生产技术削污和末端减排技术减排的不同点？

作业题

1. 论述清洁生产技术的发展趋势。

2. 煤炭清洁高效利用的发展概况。

阅读材料

1. 王志增，但智钢，王圣，等. 清洁生产技术削污效果评估方法与案例研究[J]. 环境工程技术学报，2016, 6(3): 284-289.

2. Mengistie E, Smets I, Van Gerven T. Ultrasound assisted chrome tanning: Towards a clean leather production technology[J]. Ultrasonics Sonochemistry, 2016, 32: 204-212.

3. 中华人民共和国工业和信息化部(https: //www.miit.gov.cn/)相关文件.

4. 中华人民共和国国家发展和改革委员会(https: //www.ndrc.gov.cn/)相关文件.

5. 中华人民共和国生态环境部(https: //www.mee.gov.cn/)相关文件.

参 考 文 献

但智钢, 段宁, 于秀玲. 2012. 我国清洁生产技术及发展趋势[C]//环境管理与技术评估国际学术交流会, 北京, 53-58.

段宁, 但智钢, 王璠. 2010. 清洁生产技术: 未来环保技术的重点导向[J]. 环境保护, (16): 21-23.

杨再鹏, 陈殿英, 刘建新, 等. 2003. 清洁生产技术和清洁生产[J]. 化工环保, 23(6): 356-361.

第6章 清洁产品

学习目标

① 掌握清洁产品的特征。

② 了解产品的环境影响。

③ 熟悉生命周期评价方法。

④ 掌握产品的绿色设计的基本原则及方法。

⑤ 了解环境标志的作用及环境标志产品技术要求。

事件：浙江某太阳光伏产品公司就污染引发聚众事件致歉

2011 年 8 月 24 日，浙江省海宁市某村一条河出现了大量死鱼，村民多次向某公司和政府部门反映问题无果，于 9 月 15 日聚集到公司门前讨要说法。该公司负责人在媒体沟通会上表示，经初步核查，污染可能是由于公司含氟固体废料堆放不当，致使该固体废料被暴雨袭击后经雨水管线排放至附近小河。但他强调，这只是可能，还没有证据说明该公司含氟固体废料堆放不当与村里死鱼有直接因果关系，这需要环保部门的调查。此前海宁市环保部门表示，对运河水质检验后发现，水体中氟化物超标 10 倍，这种氟化物的产生，可能与该公司晶体硅电池生产过程中的洗涤流程有关。该负责人表示，8 月 20 日，公司收到处理含氟固体废料的合作伙伴的合同终止函，该合作伙伴过去每隔 3～4 天就来收集一次废料，8 月 20 日后就不来了，固体废料在仓库里放不下，只好露天堆放，虽然做了一些防水措施，但 8 月 24 日的一场暴雨使得固体废料经雨水管线排放至附近小河。对于在废料无法处置的情况下，为何还继续生产从而引发污染，他解释说，公司本以为可以很快找到新的合作伙伴，但 8 月 26 日才找到，而 8 月 24 日就出事了。事后，该公司虽一直配合环保部门的调查，但对村民反映的问题未给予足够的重视，才致大量村民聚集讨要说法。

6.1 产品的环境影响

如果有人说他的工厂使用清洁生产技术，工厂内没有排放任何的废物，不会对环境产生污染，因此他的产品属于"清洁产品"，你是否同意？从产品生命周期的视角看，答案是"不一定"。因为产品的原材料获取过程中是否会造成生态环境污染？产品使用过程中是否会造成生态环境污染？是否消耗过多的能源？产品无法使用后丢弃是否会造成生态环境污染？可不可以回收再利用？只有对这些问题进行明确回答，才能科学地判断产品是否为"清洁产品"。

6.1.1 生命周期内产品与生态环境的关系

传统方法评估不同产品对环境的影响时，大都把焦点放在工厂生产末端产生的废物上，以产品制造阶段产生的环境负荷，作为该产品对环境影响的大小；往往疏于考虑原材料取得及产品使用后的污染情况。随着"产品生命周期"观念的不断普及，一种整合原材料获取、产品制造、产品使用及产品废弃处置等各阶段对环境产生影响的评价方法逐渐引起人们的重视，这种基于"生命周期"的环境影响评价方法，使得过去在弃置阶段中，影响环境的产品，极可能因为在生命周期其他阶段中对环境的影响较大，而导致截然不同的分析结果。产品生命周期内与生态环境的相互作用关系如图 6-1 所示。

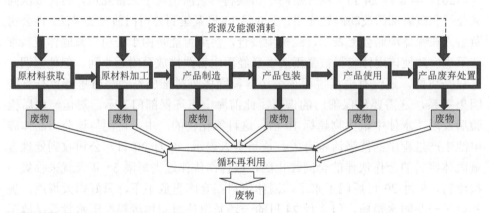

图 6-1　产品生命周期内与生态环境的相互作用关系

1. 原材料获取阶段

任何产品和人类活动都需要先从地球中获取粗制原材料和能源，例如，收获农作物和石油开采等。此阶段需要消耗资源和能源，同时产生废物。

2. 原材料加工阶段

将原材料转化成可以用来生产最终产品的材料，通常许多中间化学品或者

各种材料的生产都包含在这一范围内。此阶段需要消耗资源和能源，同时产生
废物。

3. 产品制造阶段

将已经加工完成的材料用来生产主要产品，包括各种可供消费者使用的产品、
可以作为其他行业和工艺原料或用品的产品。此阶段需要消耗资源和能源，同时
产生废物。

4. 产品包装阶段

采用包装材料和装备对产品进行包装，此过程中产品不会发生物质类型的转
化。此阶段需要消耗资源和能源，同时产生废物。

5. 产品使用阶段

产品从此进入消费环节，供消费者使用、消耗，同时消费者要对产品进行保
养、维修以便再用。此阶段需要消耗资源和能源，同时产生废物。

6. 产品废弃处置阶段

产品在完成预定使用目的后，有两个物流方向：一是通过回收进入另外一个
生命周期系统，开始一个新的周期；二是成为废物，需要采取相应的方式进行处
理和处置，例如，堆肥、焚烧和填埋等。无论是哪个物流方向都同样需要消耗资
源和能源，产生废物。

运输不是一个独立的生命周期阶段，它贯穿于整个生命周期的各个阶段之中，
产品所发生的所有位置变化都应该视为运输的一部分，但是因为运输而消耗的资
源和能源及产生的废物，通常分别归入其所属的相应阶段。

在产品整个生命周期中，每一个阶段都需要消耗能源和资源，同时产生废物，
可见产品的生命周期内每个阶段都与生态环境存在着相互作用关系。

6.1.2 生命周期角度下产品的环境影响

图 6-2 表示了四种不同产品在生命周期不同阶段对环境的影响程度。在"原
材料获取"阶段，产品 A 对环境影响最小，产品 C 对环境影响最大；在"产品制
造"阶段，产品 D 对环境影响最小，产品 B 对环境影响最大；在"产品使用"阶
段，产品 B 对环境影响最小，产品 D 对环境影响最大；在"产品废弃处置"阶段，
产品 C 对环境影响最小，产品 A 对环境影响最大。由此可知：仅仅从生命周期某
个阶段来评价一种产品对环境的影响程度显然是不妥的。例如，在"产品制造"

阶段，产品 B 对环境影响最大，但在"产品使用"阶段，产品 B 对环境影响却最小，所以，只有将产品生命周期的不同阶段所有的环境影响综合起来考虑，才能够全面地评价一种产品对环境的影响程度，而非仅考虑单一阶段。

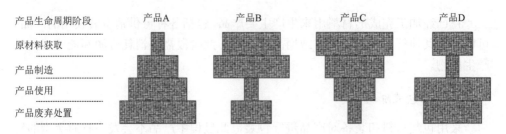

图 6-2　不同产品在生命周期不同阶段的环境影响

面积代表各阶段对环境的影响程度

　　例如，某工厂从事计算机的组装生产工作，生产过程中废水、废气、噪声及固体废物（固废）的排放相对较少，车间环境优美，对工厂周围环境也没有造成污染，看起来比较清洁，是否就可以把这个工厂生产的计算机称为"清洁产品"呢？事实上，计算机组装的原材料印刷电路板、制造金属或塑料外壳都可能使用具有毒性的物质，也可能造成较大的污染；不同型号的计算机在使用时能源消耗也会存在差异；当计算机报废进行处置时，也可能因处置方式的不同造成不同的环境影响，有的还可能带来很大的危害。因此，在判断一种产品是否为"清洁产品"时，不能只看一个阶段，而必须全面地综合其在原材料获取、产品制造、产品使用及产品废弃处置等各阶段造成的污染与耗能情况。图 6-3 描述了电脑显示屏可能对生态环境造成的影响。

　　由图 6-3 可知，电脑显示屏对生态环境系统具有多样性的影响，在产品生命周期的不同阶段，其影响不尽相同。通常，电脑的显示器所需的主要原材料为玻璃、铜、铝、钢铁、聚乙烯（PE）、聚氯乙烯（PVC）、聚苯乙烯（PS）等。在金属矿产及石油、天然气等原材料获取阶段，其对环境的影响主要体现在生物多样性的破坏、土壤环境破坏及资源消耗方面；在上游原材料制造、产品制造及产品废弃处置阶段，由于涉及能源的消耗、污染物的产生，排放的污染物主要有：CO_2、CO、SO_2、NO_x、CF_4、C_2F_6、CH_4、H_2S、HCl、甲醛、丙烯醛、氯气、悬浮物、氰化物、气态氟化物、多环芳烃、苯并芘、烟气、碳氢化合物。可知，其对环境的影响主要体现在温室气体排放、大气污染、水体污染、固体废物污染及噪声污染方面。而在产品使用阶段，则涉及能源的使用，因此其对环境的影响主要体现在温室气体及其他污染物的排放。因此，仅仅关注产品在某一阶段的生态环境问题显然是不够的，必须考虑产品在整个生命周期内的生态环境协调性。

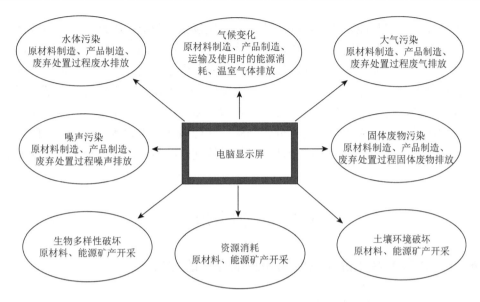

图 6-3　电脑显示屏对生态环境造成的影响

6.2　清洁产品的定义及内涵

6.2.1　清洁产品的定义

清洁产品是指在产品的整个生命周期中，包括原材料获取、生产、流通使用及使用后的处理处置等阶段，不会造成环境污染、生态破坏和危害人体健康的产品。清洁产品与绿色产品和生态产品都具有明显的环境友好性，本质上的差异很小。

6.2.2　清洁产品的内涵

在开发和设计清洁产品时，应考虑不用或少用有毒有害原材料，采用清洁能源，节约原材料和能源，生产过程中不产生或少产生废物，包装合理，运输环保，使用安全，使用后易回收、重复使用和再生等问题；这些问题都与能源及资源的种类和消耗、环境污染等议题有关。产品对环境的影响，不仅体现在使用阶段，还体现在原材料的获取、产品的生产、存储和运输、废弃等阶段，因此需要从全生命周期的视角来全面考察产品的环境影响。

太阳能是可再生能源，太阳能发电包括热发电和光发电两种类型。太阳能热发电是通过水或其他工质和装置将太阳能转换为电能的发电方式，先将太阳能转化为热能，再将热能转化成电能，热发电系统包括太阳能接收器、蒸汽生成器、热能储存设置和驱动发电机发电的多级蒸汽涡轮机；太阳能光发电是指无须通过热过程直接将光能转变为电能的发电方式，光发电系统主要由太阳能电池、蓄电池、控制器和逆变器组成。可见无论是太阳能热发电还是太阳能光发电都需要使用发电设备，而这些设备的制造会涉及生态环境问题，是否属于"清洁产品"还需采用产品生命周期的视角进行分析判断。联合国环境规划署在清洁生产的定义中特别指出：对产品，要求减少从原材料提炼到产品最终处置的全生命周期的不利影响。

6.3　生命周期评价

6.3.1　生命周期评价与生命周期影响评价的定义

1. 生命周期评价的定义

根据 ISO14040：2006 的定义，生命周期评价（LCA）是指对一个产品系统生命周期中的输入、输出及其潜在环境影响的汇编和评价。具体过程包括互相联系的 4 个阶段：目标和范围的确定、清单分析、影响评价和结果解释。

生命周期评价也可以理解为对产品、生产工艺及活动对环境的影响进行评价的客观过程。通过对能量和物质利用及由此造成的环境废物排放进行辨识和量化来进行，目的在于评估能量和物质利用及废物排放对环境的影响，寻求改善环境影响的机会及如何利用这种机会。这种评价贯穿于产品、生产工艺和活动的整个生命周期，包括原材料提取与加工；产品制造、运输及销售；产品的使用、再利用和维护；废物循环和最终废物弃置。

2. 生命周期影响评价的定义

生命周期影响评价（life cycle impact assessment，LCIA）是生命周期评价中第三阶段的工作内容，其目的是评价产品系统的生命周期清单（life cycle inventory，LCI）分析结果，以便更好地了解其环境意义。LCIA 阶段对选定的环境问题（也称为影响类别）进行建模，并使用类别指标来进一步提炼和解释清单分析结果，类别指标旨在反映每个影响类别的总排放量或资源使用量，这些类别指标代表 ISO 14040 中讨论的"潜在环境影响"。此外，LCIA 还为生命周期评价中第四阶段——结果解释阶段做准备。例如，作为整体生命周期评价的一部分，生命周期影响评价可用于识别产品系统改进机会，并协助确定它们的优先级，随时间推移对产品系统及其单元过程进行表征或基准测试，根据选定的类别指标在产品系统之间进行比较，或者指出其他技术可以提供补充环境数据和对决策者有用的信息。虽然 LCIA 可以协助这些应用，但需要指出的是，对产品系统进行广泛评价是困难的，可能需要使用几种不同的环境评价技术一起完成。

6.3.2　生命周期评价的起源及发展

1. 20 世纪 60 年代末~70 年代中

生命周期评价最早出现于 20 世纪 60 年代末，生命周期评价研究开始的标志是 1969 年由美国中西部资源研究所（Midwest Research Institute，MRI）开展的针对可口可乐公司的饮料包装瓶进行评价的研究。该研究试图从最初的原材料获取到最终的废物处理，进行全过程的跟踪与定量分析（从摇篮到坟墓），由 H. E. Teasiey 提出了这项研究的最初设想，MRI 的 Arsen Darnay 领导的一个研究组承担。该项目完成后，当时没有公开发表结果，只是作为可口可乐公司内部的一份研究报告。随后，美国伊利诺伊大学、富兰克林研究所及斯坦福大学的生态学居研究所也相继开展了一系列针对其他包装品的类似研究。欧洲一些国家的研究机构和私人咨询公司也相继开展了一些类似的研究，如英国的 Boustead 咨询公司、瑞典的 Sundstrom 公司等。这些研究的特征概括如下。

（1）主要在工业企业内部进行，研究结果作为企业内部产品开发与管理的决策支持工具。20 世纪 70 年代早期，在美国所开展的 50 多项资源与环境状况分析（resource and environmental profile analysis，REPA）研究中，70 %由工业企业自己组织开展，20 %由行业协会组织开展，只有 10 %由联邦政府组织开展。这些研究中大部分研究是秘密进行的，研究结果作为企业内部决策的秘密材料。例如，正是由于 MRI 针对饮料包装瓶的研究结果，使得可口可乐公司抛弃了它过去长期使用的玻璃瓶，转而采用至今仍然使用的塑料瓶，而这项研究直到 1976 年 4 月，才在 *Science* 杂志上发表。

（2）大多数研究的对象是产品包装品。1970~1974 年，REPA 研究的焦点是包装品问题。1972 年由美国国家环境保护署委托 MRI 进行的饮料包装瓶研究是 REPA 研究的一个里程碑，该研究涉及了玻璃、钢铁、铝、纸和塑料等大约 40 种材料，之后美国国家环境保护署根据研究结果，于 1974 年发表了一份公开的报告，提出了一系列较为规范的生命周期评价研究框架。据统计，在 20 世纪 70 年代初的全球 90 多项研究中，大约 50 %针对包装品，10 %针对化学品和塑料制品，20 %针对建筑材料和能源生产。

（3）采用能源分析方法。由于能源分析方法在当时已比较成熟，而且很多与产品有关的污染物排放显然与能源利用有关，因而能源分析方法被广泛应用于 REPA 研究中，很多曾经从事能源分析的研究/咨询机构纷纷开始进行类似的研究工作。

2. 20 世纪 70 年代末～90 年代初

20 世纪 70 年代，环境问题的核心是能源问题。人们开始意识到化石能源将会用尽，必须进行资源保护，同时也认识到能源生产过程会排放大量的污染物，因此这一时期的 REPA 研究普遍也采用了能源分析方法。然而一个产品系统不仅仅涉及能源分析，同时还需要进行物流测算及平衡分析，随着这段时间出现的全球性固体废物问题，能源分析方法逐渐成为一种资源分析工具，因而这一时期的 REPA 研究均着重于计算固体废物的产生量和原材料消耗量。这一时期的研究呈现了如下特征。

（1）政府积极支持和参与。从 1975 年开始，美国国家环境保护署开始放弃对单个产品的分析评价，继而转向如何制订能源保护和固体废物减量目标。同时欧洲经济委员会（Economic Commission for Europe，ECE）也开始关注生命周期评价的应用，于 1985 年公布了"液体食品容器指南"，要求工业企业对其产品生产过程中的能源、资源及固体废物排放进行全面的监测与分析。由于全球能源危机的出现，很多研究工作又从污染物排放转向能源分析与规划。

（2）方法论研究兴起。由于 REPA 研究所需的数据常常无法得到，且对不同产品需要采取不同的分析步骤，同类产品的评价程序和数据也不统一，缺乏统一的研究方法论，无法取得良好的研究成果，使得难以利用 REPA 研究方法来解决生产过程中所面临的许多现实问题。最终导致该领域的研究人员和研究项目逐渐减少，公众的兴趣也逐渐淡漠，尤其是企业界几乎放弃了这方面研究，从 1980 年至 1988 年，美国每年此类研究不足 10 项。

1984 年，受 REPA 研究方法的启发，瑞士联邦材料测试与开发研究所为瑞士联邦环保部门开展了一项有关包装材料的研究。该研究首次采用了健康标准评估系统，据此理论建立了一个详细的清单数据库，包括了一些重要工业部门的生产工艺数据和能源利用数据。1991 年该实验室又开发出了一个商业化的计算机软件，为后来的生命周期评价方法论的发展奠定了重要的基础。该研究引起了国际学术界的广泛关注，并为后来的许多研究所采用。

1989 年，荷兰王国住房、规划和环境部针对传统的"末端控制"环境政策，首次提出制定面向产品的环境政策。这种面向产品的环境政策涉及从产品的生产、消费到最终废物处理的所有环节，即产品生命周期。该研究提出要对产品整个生命周期内的所有环境影响进行评价，同时也提出要对生命周期评价的基本方法和数据进行标准化。

1990 年，国际环境毒理学与化学学会（Society of Environmental Toxicology and

Chemistry，SETAC）首次主持并召开了有关生命周期评价的国际研讨会。在该会议上首次提出了"生命周期评价"的概念。在以后的几年里，SETAC 又主持和召开了多次学术研讨会，对生命周期评价在理论与方法上进行了广泛的研究，在生命周期评价方法论的发展中作出重要贡献。

荷兰政府于 1992 年出版研究报告《产品生命周期环境评价》，该研究报告涉及研究机构、工业企业、环境管理部门及消费者机构，为后来的生命周期评价研究的跨学科、跨部门合作提供了一种示范，奠定了后来生命周期评价方法论的基础。

1993 年，SETAC 根据葡萄牙的一次学术会议的主要结论，出版纲领性报告《生命周期评价纲要：实用指南》。该报告为生命周期评价方法提供了一个基本技术框架，成为生命周期评价方法论研究的一个里程碑。

国际标准化组织积极促进生命周期评价方法论的国际标准化研究，于 1993 年 6 月成立国际标准化组织环境管理标准化技术委员会第五分技术委员会（ISO/TC207/SC5），主要负责制定产品和组织的生命周期评价和相关环境管理工具领域的标准。ISO 14040 系列标准包括：①ISO 14040：1997《环境管理　生命周期评价　原则与框架》；②ISO 14041：1998《环境管理　生命周期评价　目的与范围的确定清单分析》；③ISO 14042：2000《环境管理　生命周期评价　生命周期影响评价》；④ISO 14043：2000《环境管理　生命周期评价　生命周期解释》4 个国际标准。

3. 2001 年以来的状况

1）ISO 陆续发布 LCA 标准

进入 21 世纪后，国际标准化组织在制定的 4 个 LCA 标准的基础上，将 ISO 14040：1997 修订为 ISO 14040：2006，并制定与 LCA 相关的其他 6 个标准，分别是：①ISO 14044：2006《环境管理　生命周期评价　要求和准则》；②ISO 14045：2012《环境管理　产品体系的生态效率评估　原则，要求和指南》；③ISO 14046：2014《环境管理　水足迹　原则，要求和指南》；④ISO/TR 14047：2012《环境管理　生命周期评价　如何将 ISO 14044 应用于影响评估情况的示例》；⑤ISO/TS 14048：2002《环境管理　生命周期评价　数据文档格式》；⑥ISO/TR 14049：2012《环境管理　生命周期评价　如何将 ISO 14044 应用于目标和范围定义及清单分析的示例》。ISO 14040：2006 与 ISO 14044：2006 一起取代了之前已经制订的 4 个标准：ISO 14040：1997、ISO 14041：1998、ISO 14042：2000 和 ISO 14043：2000。

2）LCA 数据库及软件的开发及应用

LCA 作为一种数据密集型方法，需要大量基础数据的支撑，LCA 的评价范围广、数据需求量大，一个完整的 LCA 一般需 10 万个数据。生命周期评价数据来源的多样性、处理的复杂性使得与生命周期评价相关的数据库及软件系统的建设与开发成为迫切需求。"数据库缺失"已成为阻碍我国广泛开展生命周期评价研究与应用的重要问题。目前，常用的数据库包括：德国 GaBi 扩展数据库（GaBi Database）、瑞士 Ecoinvent 数据库、欧盟生命周期文献数据库 ELCD、美国 NREL-USLCI 数据库（USLCI）、韩国 LCI 数据库（Korea LCI database）、荷兰 SimaPro 数据库及中国生命周期数据库（CLCD）。

LCA 软件用于 LCA 过程的建模和环境影响结果的评估。需要从 LCA 数据库中获取研究的背景数据，同时需要借助于模型方法进行评估。目前，有国际通用 LCA 软件 GaBi、SimaPro 和国内 LCA 软件 eBalance。一些 LCA 数据库已内置于这些软件中，使得用户使用更为便捷。

6.3.3　生命周期评价框架及方法

1. 生命周期评价框架

ISO 14040：2006《环境管理　生命周期评价　原则与框架》明确提出 LCA 的框架包括 4 个阶段：目标和范围的确定、清单分析、影响评价和结果解释（图 6-4）。

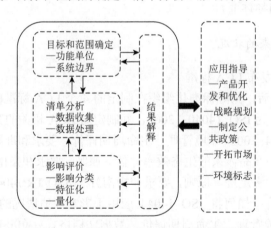

图 6-4　生命周期评价的各阶段及其应用指导

2. 生命周期评价方法

1）目标和范围的界定

LCA 研究的目标和范围应清楚地界定并符合潜在应用的要求，要清楚地说明开展此项生命周期评价的目的和意图及研究结果的预计使用目的。一般来说，生命周期评价的目的是多方面的，例如，确定单一产品的环境影响；向消费者描述环境标志产品应有的性能；用于产品的设计开发；进行产品体系的全面评价和环境标志产品认证；有关产品的法规制定等。

研究的范围应确保满足研究的广度、深度和详细程度的要求，并能充分满足研究目的的要求。在确定研究的范围时，应考虑 10 个要素并清楚地进行描述：①产品系统的功能或进行对比研究中多个系统的功能；②功能单位；③所研究的产品系统；④产品系统的边界；⑤分配原则；⑥影响的类型、影响评价的方法和进一步解释所用的方法；⑦数据要求、原始数据的质量要求；⑧假设；⑨局限性；⑩研究所需报告的类型和格式。

在清单分析中，所有产品都需要作为一个系统来描述，这个系统就是产品生命周期系统。产品生命周期所有过程都落入系统的边界内，边界外称为环境系统。系统边界一旦确定，也就决定了 LCA 中所要考虑的单元过程、工艺过程、系统的输入和输出等。

2）清单分析

清单分析包括数据的收集（生命周期清单）和对系统的输入与输出进行定量的计算程序。这些输入与输出可以包括资源的使用和系统向大气、水体、土壤的排放。例如，表 6-1 列出了铝电解工序生产 1 t 电解铝液的原材料和能源输入、污染物输出清单。

表 6-1　生产 1 t 电解铝液的原材料和能源输入、污染物输出清单

输入			输出		
名称	数量	单位	名称	数量	单位
电	13 442	kW·h	铝液	1	t
氧化铝	1 916	kg	CO_2	11 222	kg
碳阳极	469	kg	CO	659	kg
氟化物	19	kg	SO_2	16.8	kg
冰晶石	11.9	kg	NO_x	26.2	kg
			CH_4	30.9	kg
			HF	17	kg
			PM_{10}	5.48	kg
			$PM_{2.5}$	3.15	kg
			C_2F_6	0.0034	kg
			CF_4	0.034	kg

清单分析的范围一般如图 6-5 所示，通常从原材料的获取阶段到产品废弃

处置阶段。边界外的区域为环境系统，既是产品系统所有输入的源，也是所有输出的汇。

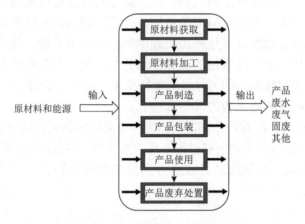

图 6-5　清单分析输入与输出框架

　　随着数据的收集和对系统及新数据的要求或其限制性因素的进一步了解，可能会意识到清单分析是一个反复的过程，即便是在改变数据收集方法后，依然可达到研究目的，有时可能会要求更改研究的目标和研究的范围。

　　清单分析是在环境投入与产出及其影响的清单基础上，量化和评价所研究的产品、生产工艺及活动在生命周期各阶段资源和能源需求及环境释放的过程。清单分析的核心是建立以产品功能为单位表达的产品系统的输入和输出。

　　（1）数据收集。对于生命周期评价而言，数据的收集与确认是十分重要的，因为数据的完整性和准确性对研究结果产生直接影响。随着对 LCA 结果可靠性要求的提高，如何获得高质量的数据是一个重要的工作。在数据收集阶段，输入数据质量取决于数据来源，通常基于行业代表性、地域代表性、数据年代、数据获取方式等条件。在清单分析中应收集系统边界内的所有单元过程的定量或定性的数据，因此数据收集的工作量较大，通常数据来源有以下三种。

　　A. 从实际生产或实验过程中收集得到数据。例如，实验室模拟实验的报告、企业或行业协会关于生产过程的总结报告，这类数据通常被测算过。

　　B. 从已有的商业化或免费的 LCA 数据库中选择相对应的数据。例如，德国 GaBi、瑞士 Ecoinvent、美国 USLCI、英国 Boustead、丹麦 LCA Food、瑞典 SPINE@CPM、荷兰 SimaPro、澳大利亚 AusLCI 及中国的 CLCD、CAS-RCEES、SinoCenter、CPLCID、Baosteel 等数据库。

　　C. 从公开的标准、规范、手册、论文、报告中获取数据。例如，国家颁布的标准、国内外公开论文、政府部门的相关文件及报告资料。

在进行数据收集时，应注意从数据的来源可靠性、数据完整性、时间相关性、空间相关性、技术代表性和样本容量等方面对数据的质量进行把关，对质量较低的数据进行重新收集，通过对获得的数据进行比对核查，保证数据和结果的准确性。较为简单的数据核算方法就是针对产品生命周期的每一个阶段进行物料和能量的平衡测算，通过平衡测算对各种数据进行核查。

（2）数据的质量。数据质量是 LCI 的关键因素，随着对 LCA 结果可靠性要求的提高，一个重要的工作是如何评价数据质量。一般说来，在清单分析阶段，数据的收集关系到后续评价质量的高低，甚至直接决定整体评价是否能够顺利完成，输入数据的质量取决于数据来源、分析者对所研究的产品和生产过程的认识和熟悉程度、分析过程所作的假设及数据计算和校验程序。为了克服数据缺失，许多国际组织、国家、企业纷纷开始建设国际性或区域性的生命周期评价数据库，几种主要的生命周期评价数据库的统计情况见表 6-2。

表 6-2 几种主要的生命周期评价数据库一览表

序号	名称	开发国家（组织）	数据库内容	数据集/个	使用国家
1	GaBi	德国	农业、电子和通信技术、金属和采矿、建筑施工、能源和公用事业、塑料类、化学品和材料、食品饮料、保健和生命科学、纺织品、服务部门、教育	17 000	以欧洲国家为主的世界多国
2	Ecoinvent	瑞士	建筑材料、食品、资源开采、运输及废物处理等	16 412	以欧洲国家为主的世界多国
3	ELCD	欧盟	大宗能源、原材料、运输及废物处理等	440	欧洲国家
4	USLCI	美国	材料、能源、运输等	1 340	美国等
5	Boustead	英国	能源、材料、物流等	13 000	英国等
6	SPINE@CPM	瑞典	能源、材料、运输、医疗、农业、食品、可再生原材料	700	欧洲国家
7	CLCD	中国	能源、金属、非金属、化学品、运输、废物处理等	600	中国

（3）数据处理及汇总。通过建立计算程序进行数据与阶段过程的关联、数据与功能单位的关联和数据的合并。首先按功能单位对每个阶段的数据进行换算，得到同一个功能单位的数据；然后将同一种类型的数据相加，可以获得每个功能单位生命周期内的总资源、能源输入和污染物输出数据清单，并通过分析与每个过程原始数据相关的不确定性得出系统清单数据的不确定性，在确定清单数据概率分布的基础上对输出结果进行不确定性模拟；最后完成清单。使用 LCA 软件对输入输出数据进行管理，建立数据库文件。常见 LCA 软件介绍见表 6-3，这些软

件可以直观地描述各工序对整个产品或材料的环境负荷的贡献，针对不同工序的编目清单数据管理，既可以在该阶段进行简单分析，也可以只作为数据保存，并在整个生命周期评价中进行数据计算。

表 6-3　几种主要的生命周期评价软件一览表

名称	开发机构	计算模型	数据库来源
GaBi	德国斯图加特大学 IKP 研究所		GaBi、ELCD、APME/Plastic Europe、Ecoinvent、USLCI
SimaPro	荷兰莱顿大学环境科学中心	按照 ISO 14040 中的 LCA 分析框架和流程进行分析	Dutch Input Output Database95、Data Archive、Ecoinvent、ETH-ESU96、BUWAL 250、IDEMAT 2001、USLCI、Dutch concrete、IVAM、FEFCO
eBalance	中国成都亿科环境科技有限公司		CLCD、Ecoinvent、ELCD

3）影响评价

生命周期影响评价（LCIA）是 LCA 的第三阶段的工作内容，也是其核心部分，是对清单分析中所识别出来的环境影响进行定性与定量的描述和评价，其目的是根据清单分析后提供的物料、能量消耗数据及各种排放数据对产品所造成的环境影响进行评估，是对清单分析的结果进行定性或定量排序的一个过程。通常采用一定的计算模型将 LCI 过程得到的产品生命周期中的各种环境数据分类、指标化后再评估。

环境影响是资源消耗和污染物排放对环境产生的压力或胁迫大小，这些消耗的资源或排放的污染因子称为环境干扰因子，定量的最终目的是控制资源消耗和污染物排放总量，减少对生态环境的影响。影响评价就是确定产品系统的物质及能量交换对其外部环境的影响，LCIA 由定性分类、数据的特征化及加权赋值量化等步骤组成。分类将 LCI 中的输入和输出数据归到不同的环境影响类别；特征化则是把每一个影响类目中的不同物质转化和汇总成为统一的单元；量化是确定不同环境影响类别的相对贡献大小或权重，即依据获取的环境影响数据转化为相应的环境影响模型中的量纲一环境指标，据此期望得到总的整体环境影响水平。生命周期影响评价的基本步骤如图 6-6 所示。

（1）影响分类。影响分类是在建立环境干扰因子与影响类型对应联系的基础上，对某一类型有一致或相似影响的排放物归类，以探明影响因子作用的途径、污染物的贡献、影响强度和范围，并确定分析评价对象。将清单中的输入和输出数据归到相对一致的环境影响类别，得到含有输入和输出数据的不同生态环境影响类别，可见分类过程可识别并找出与清单中输入和输出数据相关的生态环境问

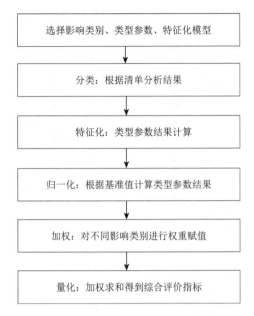

图 6-6 生命周期影响评价的基本步骤

题。环境影响类别的划分与环境保护目标（环境影响受体）有密切关系，通常分为：资源耗竭、人类健康和生态问题三大类。每一大类下又分为许多小类别，例如，生态问题大类又包含：全球变暖、平流层臭氧消耗、酸雨、光化学烟雾、富营养化、人体毒性、生态毒性与资源消耗等。

环境干扰因子与环境影响之间存在着因果关系，不同环境影响类别受不同环境干扰因子的影响，一种环境干扰因子可能会产生不止一种环境影响，例如，氯氟烃（CFC）不仅会破坏臭氧层，也会加剧全球气候变暖；NO_x 既能产生酸化效应，又能产生富营养化效应。一种环境影响往往是由多种环境干扰因子共同产生的，例如，废水中的氨氮和磷排放、废气中的 NO_x 排放都可能导致水体富营养化；酸雨主要与 SO_2、NO_x 等有关；全球变暖主要与 CO_2、CH_4、CFC 有关。环境干扰因子与环境影响的因果关系见图 6-7。

（2）特征化。

A. 环境特征化的概念。

数据的特征化就是将环境干扰因子对环境影响的强度定量化，并归纳为相应指标。环境影响是通过若干个环境干扰因子的影响而综合体现出来的，因此，环境影响的计量应根据其可能产生的环境影响类别进行汇总才有意义，一般采用当量因子法进行计量量化，当量因子法的原理就是按不同的环境影响类别对区域内的环境影响进行计量。特征化的具体步骤包括：环境影响类别的确定、环境干扰因子的识别与归类、按当量因子进行汇总。

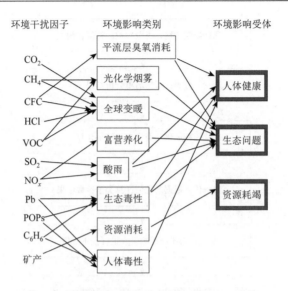

图 6-7　环境干扰因子与环境影响的因果关系

B. 特征化模型。

特征化过程实际上就是根据所选择的生命周期影响类型参数和类型终点，建立特征化模型，然后再由特征化模型导出特征化因子。特征化模型通过表述生命周期清单分析结果、类型参数及类型终点（在某些情况下）的关系来反映环境机制。特征化因子用来将生命周期清单分析结果转换成类型参数通用单位的因子（通用单位使合并得以实现，得出类型参数结果），例如，各温室气体的全球增温潜能值（GWP）就是一种特征化因子，由特征化模型为 IPCC（政府间气候变化专门委员会）的 100 年（20 年或 500 年）基准线模型导出。GWP 是一种物质产生温室效应的一个指数，GWP 是在某一段时间框架内，某种物质的温室效应对应相同效应的二氧化碳的质量，二氧化碳作为参照气体，是因为其对全球变暖的影响较大，烃类制冷剂的 GWP 一般比二氧化碳的高，但排放量小很多。

每一种环境影响类别通过一个具体的特征化模型来表达输入、输出和相应指标的关系。根据选择的特征化模型，使用特征化因子按照各环境影响类别（例如，全球变暖、酸化、富营养化等）将已经分类的清单分析结果换算成同一单位，然后将转换后的清单分析结果进行汇总得到指标结果，使其具有可比性。也就是先计算不同的环境污染或资源消耗对某种环境影响的相对贡献大小（用当量因子表达，例如，CO_2、SO_2、CFC-11），然后再进行求和，将贡献率最大的影响因子作为当量标准，如全球变暖常以 CO_2 为当量标准，其余污染物按 CO_2 的当量进行折算，把同类环境影响-全球变暖进行累加；酸化常以 SO_2 为当量标准，其余污染物按 SO_2 的当量进行折算，把同类环境影响-酸雨进行累加；富营养化常以 PO_4^{3-} 为当量标准, 其余污染物按 PO_4^{3-} 的当量进行折算, 把同类环境影响-富营养化进行累加。表 6-4 列出三种环境影响类别的部分特征化因子及特征化模型, 包括了主要环境干扰因子的全球增温潜能值(GWP)、酸化潜值(AP)和富营养化潜值(EP)及相关计算模型。不同影响类别的相对影响潜值可查阅相关机构, 例如, IPCC、ISO、SETAC 等发布的报告或手册。

例如, 某种产品在其生命周期内排放 500 g 甲烷、10 000 g 二氧化碳和 100 g 二氧化氮, 假定考虑的影响尺度为 100 年, 那么该产品的全球增温潜能值 GWP 为

$$GWP = 500 \times 21(gCO_2) + 10000 \times 1(gCO_2) + 100 \times 310(gCO_2) = 51500(gCO_2)$$

表 6-4　三种环境影响类别的部分特征化因子及特征化模型

序号	干扰因子	GWP 100 年时间尺度, IPCC GWP100 模型	AP M. I. Hauschild & Wenzel 模型	EP R.Heijungs 模型
1	CO_2	1	—	—
2	CH_4	21	—	—
3	NO_2	310	0.7	—
4	CCl_3F	3 800	—	—
5	CCl_2F_2	8 100	—	—
6	CCl_4	1 400	—	—
7	$CHClF_2$	1 500	—	—
8	CHF_3	11 700	—	—
9	CH_2F_2	650	—	—
10	SF_6	23 900	—	—
11	SO_2	—	1	—
12	SO_3	—	0.8	—
13	NO	—	1.07	—
14	HCl	—	0.88	—
15	HNO_3	—	0.51	—
16	H_2SO_4	—	0.65	—
17	H_3PO_4	—	0.98	—
18	HF	—	1.6	—
19	NH_3	—	1.88	0.35
20	PO_4^{3-}	—	—	1
21	TN	—	—	0.42
22	NO_2^-	—	—	0.1
23	NO_3^-	—	—	0.1

续表

序号	干扰因子	GWP 100 年时间尺度, IPCC GWP100 模型	AP M. I. Hauschild & Wenzel 模型	EP R.Heijungs 模型
24	NH$_3$-N	—	—	0.33
25	COD	—	—	0.022
26	BOD	—	—	0.11
27	TP	—	—	3.06
28	NO	—	—	0.20
29	NO$_x$	—	—	0.13

（3）归一化及加权赋值量化。经过特征化过程后，可以得到每一种环境影响类别问题的指标大小结果，但是环境影响类别问题的指标在量纲和数量级上都存在着差异，不能进行直接比较和汇总。一般将类型参数结果（类别指标结果）除以基准值进行归一化处理，目的在于消除各指标在量纲和数量级上的差异，从而可以为量化比较各种环境影响类别的影响大小提供一个可比较的基础。

归一化方法：第 i 种环境影响类别的特征化结果 C_i 除以第 i 种环境影响类别的基准值 S_i。对全球增温潜能值而言，可选择世界或全国的二氧化碳总排放当量、人均二氧化碳排放当量或单位产值的二氧化碳排放当量作为基准值。

然而无论是特征化还是归一化处理，都只能在单一的环境影响类别中进行，并只能针对单一的环境介质，无法将不同的环境影响类别联系起来，如果两种不同环境影响类别的类型参数通过特征化或是归一化处理后，得到相同的影响潜值，那么应该如何进行比较评价呢？显然，这就需要对不同的环境影响类别的影响程度进行排序，即需要采用合适的方法对不同影响类别进行权重赋值，从而通过加权求和方法计算获得一个综合性环境影响评价指标。

也就是说，经过特征化和归一化后，得到的仅仅是单一环境影响类别的影响汇总值，需要对这些不同类别环境影响进行合理加权，以便得到综合的影响潜值，使决策者能够全面考虑所有影响。

加权后的第 i 种影响类别的影响潜值 WP$_{(i)}$ 可以通过式（6-1）计算：

$$\text{WP}_{(i)} = \text{WF}_{(i)} \times \text{NP}_{(i)} \tag{6-1}$$

式中，WF$_{(i)}$ 为第 i 种影响类别的权重因子；NP$_{(i)}$ 为标准化后的影响潜值。

影响类别的权重因子表示这个影响类别与其他影响类别的相对重要性，毫无疑问，权重的分配将直接影响到最终的评价结果。确定权重因子的方法主要有：专家调查法、距离目标法、层次分析法。

专家调查法。首先专家人员对不同环境影响类别的影响程度进行问卷打分，得到各种环境影响类别的影响程度评分；然后对调查数据进行统计汇总分析和处理，再将结果反馈给专家咨询，经过多次反复，逐步减少偏差；最终得出各种环境影响类别的权重因子。显然，这种方法得到的权重因子受被调查者的主观价值判断的影响。

距离目标法。某个环境目标的相对重要性可以应用当前基准水平和目标水平的"距离"来表示。"目标"可以通过环境承载能力来确定，或采用政府制定的标准或政策目标。

层次分析法。通过把一个复杂的问题分解为各个组成因素，并将这些因素按支配关系分组，从而形成一个有序的递阶层次结构。通过两两比较的方式确定同一层次内各因素的相对重要性，然后对结果进行综合比较判断以确定各个因素重要性的总顺序。

（4）生命周期影响评价方法。生命周期影响评价方法分为中点法（mid-point）和终点法（end-point）两类。

中点法是面向环境问题评价的方法，重点关注产品全生命周期排放物质对环境本身造成的潜在影响，其环境影响机理主要涉及排放到空气、水、土壤等介质中的物质在环境中的迁移转化规律。中点法将清单分析的结果分别归入气候变化、酸化、富营养化等环境影响类别，以污染物当量来表征环境影响（如以 CO_2 当量来表征全球变暖影响），计算过程不确定性低，结果科学性较高，能够直接解释清单数据对环境影响的贡献度，常见的中点法有 CML2001、EDIP、EPS、LUCAS、TRACI 等方法。

CML2001 方法是荷兰莱顿大学环境科学中心在国际标准化组织发布的 ISO 14040 系列标准的基础上开发的生命周期影响评价方法。环境影响类别主要分为材料和能源消耗（非生物资源消耗和生物资源消耗）、污染（温室效应、臭氧层破坏、人类毒性、生态毒性、酸化、富营养化、光化学氧化）、损害三类。

EDIP 方法是丹麦技术大学和丹麦环境保护部及丹麦的工业公司提出的一种生命周期影响评价方法，主要包括酸化、水体富营养化、人体毒性、生态毒性等。

终点法是面向保护目标破坏评价的方法，或者称为以损害评价为主的方法，更多地关注环境受体（如人体健康、生态系统、资源系统等）暴露于环境干扰因子后所产生的综合环境损害，关注人体健康、生态系统和资源系统等终点保护对象所受到的不利影响。终点法将清单分析的结果纳入到人体健康、生态系统、资源系统等类别中，并对环境损害程度进行建模评价，涉及环境学、气象学、毒理学、流行病学等多学科交叉研究，因此评价结果的不确定性略高于中点法。常见的终点法有 Eco-indicator99、ReCiPe、IMPACT2002、LIME 等方法。

Eco-indicator99 方法是荷兰的 PRé 咨询公司在 Eco-indicator95 方法的基础上改进的一种生命周期影响评价方法，终点损害类型主要分为人体健康损害、生态系统损害、资源耗竭。此外，该方法也可以提供中点评价结果，主要考虑的中点影响类型有致癌、呼吸系统影响、全球变暖、辐射、酸化、富营养化、生态毒性、土地占用、矿产资源、化石燃料等。

　　ReCiPe 方法是由荷兰的PRé咨询公司和莱顿大学在Eco-indicator99和CML2001方法基础上开发出的中点法和终点法相结合的方法，可以通过模型同时提供中点法和终点法的结果，从而弥补了其各自的缺陷。ReCiPe 方法的中点法指标与CML2001方法中使用的指标如气候变化、酸化、富营养化等18个类别类似，不确定性低，但较难解释；ReCiPe 方法的终点法指标与Eco-indicator99方法中使用的指标如人类健康损害、生态系统损害和资源耗竭等3个类别类似，容易理解，但不确定性较高。

　　无论是中点法还是终点法，都是基于特定区域开发的生命周期影响评价模型，迄今为止，还没有一套方法可以完全适用于世界范围。为指导全球的环境影响评价指标选取和量化评估工作形成较为完整的模型方法，联合国环境规划署与美国环境毒理与化学协会联合发布了《环境生命周期影响评价指标全球指南》（*Global Guidance on Environmental Life Cycle Impact Assessment Indicators*），介绍了气候变化影响，细颗粒物对人类健康的影响，水资源的使用影响，土地利用对生物多样性的影响，人体毒性、生态毒性、矿产资源、酸化、富营养化、土壤质量等对人体或生态系统的影响，具体情况见表6-5。

表 6-5　生命周期影响评价指标介绍一览表

序号	影响类别	影响路径	评价模型
1	气候变化	CO_2等温室气体排放会增加大气对辐射的吸收，引起气温升高并带来短期和长期气候变化问题	短期：全球增温潜能值GWP100　长期：全球温度变化潜力GTP100
2	细颗粒物	$PM_{2.5}$排放到空气中会被人体吸入，时间越久其在体内积聚越多，从而造成人体健康风险	USEtox 模型
3	水短缺	家庭用水短缺会使人们摄入低质量不卫生的水，导致腹泻等传染病，影响人体健康；农业用水短缺会使农业与渔业产量减少，造成因粮食供应不足而导致的人体营养不良	因果链模型
4	土地利用	土地利用变化通过改变土壤性质和植被覆盖率对物种与生态系统造成影响，进而影响生物多样性	潜在物种损失模型
5	人体毒性	产品的化学物质排放到环境中，通过空气、食物等途径对人类健康造成影响（癌症和非癌症）	USEtox 模型
6	生态毒性	产品的化学物质排放到环境中，通过物种摄入及与其他物种相互作用，进而对生态系统造成损害	USEtox 模型
7	酸化	硫氧化物、氮氧化物等物质排放到空气中并反应生成酸化或氧化还原物质，沉积到陆地或植被表面，最终进入土壤，造成陆地生态系统的酸化	陆地酸化潜力模型；陆地生态系统损害模型
8	富营养化（淡水）	限制性营养物（如无机磷和氮化合物等）过量排放到水体中，导致浮游植物生长，溶解氧浓度降低，进而造成淡水的富营养化	淡水富营养化潜力（以磷当量计算）模型；磷对淡水生态系统的损害模型

序号	影响类别	影响路径	评价模型
9	富营养化（海水）	限制性营养物（如无机磷和氮化合物等）过量排放到水体中，导致浮游植物生长，溶解氧浓度降低，进而造成海水的富营养化	海水富营养化潜力（以氮当量计算）模型；氮对海水生态系统的损害模型
10	矿产资源	由于人类活动造成的在技术领域利用矿产资源（铜、石膏、沙等）为人类提供价值的潜力损失	损耗法、未来努力法、热力学核算法、供应风险法等模型
11	土壤质量	由于人类活动造成的土地利用变化，使得土壤物理、化学、生物性质发生改变	土壤有机碳模型；土壤侵蚀模型；生物生产力模型

4）结果解释

结果解释就是根据确定的目标和范围对清单分析和影响评价的结果进行综合评价，是否满足研究目标和范围中所规定的要求，形成结论并对局限性做出解释，并提出建议。通过定量或者定性的方法来分析各种产品做工艺技术在生产过程中原材料的使用情况、能量的消耗情况、环境污染物的排放情况，有助于对产品结构、原材料选择、制造方式及消费方式等方面进行定量或定性分析，从而为产品开发和优化、生产战略规划、市场开拓、公共政策的制定指导决策过程、环境标志产品的认证标准的制定提供应用指导。

生命周期评价是国际通用的环境管理工具，由数据驱动，为企业清洁生产、政府部门制定节能降碳政策提供依据。随着我国绿色制造等政策的推进，尤其是"碳达峰、碳中和"目标的提出，LCA 在国内的关注度和应用范围迅速提升。然而，我国 LCA 数据库与国外数据库相比，还存在着较大的差距，目前多数 LCA 都依赖国外数据库。由于各国资源、能源占有量、科技水平有所不同，德国、瑞士、美国等国外 LCA 数据库具有很强的地域性，无法完全满足我国企业需求。随着 LCA 数据库开发工作的不断完善，这些数据库的内容及数据集也将不断丰富，新的数据库也会出现。"数据库缺失"已成为阻碍我国广泛开展 LCA 研究与应用的重要问题，建立符合国际规范和国情的中国生命周期数据库成为非常紧迫的任务。

6.3.4 生命周期评价的应用

生命周期评价主要目的在于从生命周期的角度寻找最适宜的预防污染技术，尽可能减少产品在生产或技术实施过程中对环境的污染，保护生态系统。目前 LCA 应用的研究重点领域主要包括工业、建筑业、农业等，涉及能源生产技术、废物管理技术、碳足迹评价等方面，在绿色企业建设、绿色产品设计、绿色供应链建立方面已经得到应用，具体体现在以下三方面。

1. 产品开发和工艺优化

任何产品及工艺都会对环境产生影响，影响可能发生在产品及工艺的某一或所有生命周期阶段，包括原材料获取、产品制造、运销、使用和报废产品的处置等。影响程度可轻可重，影响周期可能是短期的也可能是长期的，影响可能在当地、区域或全球范围内发生（或几种情况的结合）。

传统的产品开发忽略了从生命周期的视角，导致产品在生产过程中没有综合考虑资源利用和环境保护问题，从而影响了产品的可持续性发展。社会对产品环境因素和环境影响的关注正日益增强，从而影响到在市场经济中各种产品设计的新方法，这些新方法的应用可以改善资源利用效率和过程效率，促使潜在产品差异的改善，并节约成本，越来越多的组织认识到将环境因素引入产品的设计和开发的实质效益。这些效益可包括：降低成本、促进革新、新商业机会及改进产品质量。生命周期评价通过汇总和评估一个产品体系在其整个生命周期的所有投入及产出对环境造成的和潜在的影响，可以在产品开发和工艺优化中，充分考虑产品在整个生命周期的环境因素。目前，生命周期评价已广泛应用于产品或生产过程的生态环境协调性评价。作为一种识别产品或生产过程的规划设计、生产和使用、处理与最终处置的有效替代方法，它可以定量地评估产品或生产过程在其整个生命周期中对环境的影响，并以可持续的方式进行优化。可利用生命周期评价帮助企业在开发阶段综合考虑产品相关的生态环境问题，设计出既对环境友好，又能满足人的需求的产品，丰富生态设计及绿色制造工艺评价相关内容。

2. 战略规划

生命周期评价是一种对产品"从开始到结束"的全过程计算分析方法，计算过程比较详细准确，能够清楚地计算出企业单位产品的资源消耗、污染物排放量，进而帮助企业核算自身直接资源消耗及污染物排放情况，同时也可以计算用户使用产品的资源消耗及污染物排放情况，因此可以将生命周期评价作为对能源发展、生态环境报告战略规划的重要依据。为企业（或产业）发展规划、优先项目的设定、产品与工艺的生态工业设计等的决策提供支持。

生命周期影响评价中的 GWP 因子评价结果就是"碳足迹"，可为企业产品提供详实可靠的碳足迹数据，综合分析温室气体排放过程和影响，为企业制订"碳中和、碳达峰"战略规划提供指导作用。

3. 环境标志产品认定

环境标志是一种产品的证明性商标，它表明该产品不仅质量合格，而且在生产和使用、处理与处置过程中符合环境保护要求，与同类产品相比，具有安全低毒、节约资源等优势，有利于打破绿色贸易壁垒，促进商品的外贸出口。环境标志制度的实施，既可以引导消费者购买对健康和生态有利的产品，又能通过消费者的选择和市场竞争，促使企业实行清洁生产，生产出对环境友好的产品。然而，实施环境标志的关键问题在于如何制定环境标志产品的认证标准。

ISO 推荐将从产品生命周期评价所得到的数据作为对环境标志产品认证的依据。环境标志和声明的制定必须考虑产品生命周期的所有相关因素。考虑产品的生命周期，可使制定环境标志或声明的组织将影响环境的一系列因素纳入考虑范围，并识别出在减弱某一环境影响的过程中增强另一种影响的可能性。对生命周期的考虑程度可因环境标志或声明的类型、所作声明的性质和产品的类型而异，但这并不一定意味着必须对产品进行生命周期评价。

6.3.5 生命周期评价的发展趋势

虽然生命周期评价在目标和范围的定义中要求明确地理范围，相应的清单数据收集也需要使用与指定范围吻合的数据，但是由于没有足够的数据库做支撑，实际计算过程中往往是采用某个国家或者地区的平均数据，平均数据虽能减少数据收集工作量，但却存在着地理空间上的差异，存在着有效基础数据匮乏、同一对象评价结果一致性差、区域间差异及技术演进应对性差等难题，导致结果不能有效地反映实际情况，因此，构建一个统一完整、动态、共享性强、适用于当地情况的数据库是目前亟待解决的问题，可以结合大数据技术进一步完善数据库的内容。此外，区域性和时间属性差异要求 LCIA 模型的构建在时间、空间维度上进一步完善。

在实际过程中存在着下面这些情景：同样生产 1 kW·h 的电能，不同的地区由于不同的一次能源发电比例导致所排放的温室气体截然不同，这在中国的南方和北方表现尤其明显；排放同样数量的颗粒物或者消耗相同数量的水资源，在人口稠密的地区或者水资源匮乏的地区造成的环境影响大不相同；酸化的环境影响对碱性地区和酸性地区的影响是相反的。以上情景说明生命周期评价结果与其发生的区域有密切的关系，这种区域化的影响包含两大类：第一类是生命周期清单数据的区域化，相同的工业过程在不同的地区生命周期的清单数据可能差异很大，计算结果差别也很大；第二类是环境影响的区域化，由于生命周期评价的核心目的之一是将计算的数据反映到实际的地理环境上，因此相同的计算数据在不同的地域上影响结果可能也完全不同，环境影响类别中一些终端的影响是局部性的，这就要求生命周期评价必须与特定地理信息结合，否则评价结果将失去实际意义。因此，生命周期影响评价必须与地理信息包含人口密度、经济水平、地质、地貌等结合起来，才具有现实意义。地理信息系统（geographical information system，

GIS）与生命周期评价的结合可以有效弥补传统生命周期评价区域信息缺失的缺陷，提供更加全面、准确的生命周期评价结果。

6.4　产品的绿色设计

6.4.1　概述

1. 绿色设计的定义

绿色设计也称生态设计、生命周期设计，其定义为：按照全生命周期的理念，在产品设计开发阶段系统考虑原材料选用、生产、销售、使用、回收、处理等各个环节对资源环境造成的影响，力求产品在全生命周期中最大限度降低资源消耗，尽可能少用或不用含有有害物质的原材料，减少污染物产生和排放，从而实现环境保护的活动。

2. 产品绿色设计的基本原则及理论

1）产品绿色设计的基本原则

绿色设计的核心原则是 3R 原则：①减量化（reduce），减少对物质和能源的消耗及有害物质的排放；②再使用（reuse），设计时要使产品及零部件经过处理之后能继续被使用；③再循环（recycle），设计时应考虑生产出来的物品在完成其使用功能后能重新变成可以利用的资源，而不是不可恢复的垃圾。一种是原级再循环，即废品被循环用来产生同种类型的新产品，例如，报纸再生报纸、易拉罐再生易拉罐等；另一种是次级再循环，即将废物资源转化成其他产品的原材料。

2）产品绿色设计的基本理论

（1）循环经济理论。循环经济是指在生产、流通和消费等过程中进行的减量化、再使用、再循环活动的总称。产品设计应考虑便于产品生命周期的每一个阶段产生的废物，包括流通、消费后废弃的产品的拆解和回收，特别是废弃产品、元件和材料的再使用和再循环。应采取适当措施以保证生产商不通过特殊的设计限制产品的再使用，除非特殊设计或制造过程具有独到的优势，保护环境和（或）满足安全要求。减量化、再使用、再循环要求在从事工艺、设备、产品和包装物设计时，按照节能降耗和削减污染物的要求，优先选择无毒无害、易于降解、便于回收和再生利用的材料和设计方案，尽可能减少包装物的体积和重量，减少包装废物的产生。

（2）产业生态学理论。从产业生态学角度看，传统绿色设计虽然已经从环境保护的角度考虑产品的设计，但还存在相当的局限性，产品生态设计不仅仅要求可回收、可重复使用、可拆卸、模块化，还应从真正意义上少动或不动自然界本身的资源。产业生态学理论阐述产品生态设计应依据以下原则：尊重自然、整体优先的设计原则；同环境协调，充分利用自然资源的生态设计原则；发挥自然的生态调节功能与机制设计原则；生态设计的参与性与经济性原则；乡土化、方便性和人文性原则。

（3）生命周期理论。产品生命周期理论是考虑产品设计、原材料提取和加工、生产、包装、运输、经销、使用、报废及之后的处理等阶段的环境影响，并通过生态设计减少环境影响。产品可能包含一系列环境因数（污染物排放、资源消耗），进而造成环境影响（空气、水体和土壤污染、气候变化等），产品的环境影响在很大程度上是由产品生命周期各阶段材料和能量的输入和污染物的输出产生的。

3. 产品绿色设计的通用要求

产品绿色设计应运用多准则概念，综合考虑环境影响、产品性能、成本、法规要求、最佳可行技术及客户需求等方面，要权衡有毒有害材料替代、可回收、材料优化、节能、运输物流、可再生能源等各种因素，在设计中灵活取舍，将这些通用要求融入产品设计中。

1）环境要求

产品绿色设计的环境要求有助于识别和制约产品对环境的影响和对人类健康与安全的风险，主要包括：将原材料消耗、能源消耗、废物产生、健康和安全的风险及对生态的破坏等降到最低。

2）功能要求

产品的功能要求取决于产品体系的整体功能性，主要涉及产品使用寿命、产品运行状况等方面。在考虑产品环境要求的同时，还应适当考虑可耐用性、可升级性、可靠性、可维修性、可再制造性、可重复使用性及对环境产生不良影响部件的易拆解（分离）性和易回收性等。

3）经济性要求

产品的质量水平（包括环境效益）同成本密切相关，产品的成本不仅取决于材料选择和使用、制造过程的工艺技术和设备及人力资源的投入，也受产品生命周期其他阶段（如产品销售到使用后淘汰处置）的各种因素的影响。产品在设计时，要同时考虑产品满足环境要求和功能要求，以及其经济性和市场的可接受性。

4）法规要求

产品应满足已颁布和执行的所有法规要求，同时还应考虑正在制定的和即将出台的法规要求。

5）最佳可行技术要求

产品绿色设计应避免局限性和主观性，应鼓励采用在现有技术水平下可以获得的最好的技术方案。

6）客户需求

产品生态设计应充分考虑客户需求，包括形状、样式、颜色、材料、结构、外观舒适性等文化需求。

4. 生态设计产品的定义

生态设计产品也称绿色设计产品，运用生态设计理念制造，在全生命周期内对

图 6-8　生态设计产品标识

环境影响符合生态设计要求的产品称为生态设计产品。这种产品可以申报生态设计产品标识，如图 6-8 所示。

2022 年 9 月，工业和信息化部公布的《绿色设计产品标准清单》中包含《生态设计产品评价通则》（GB/T 32161—2015）、《生态设计产品标识》（GB/T 32162—2015）和 159 种产品的绿色设计产品评价技术规范，覆盖石化、钢铁、有色、建材、机械、轻工、纺织、包装、通信等行业，产品名称详见表 6-6。清单会不定期更新，详见工业和信息化部网站。

绿色设计产品申报程序如下。

（1）根据工业和信息化部发布的清单文件，选择符合绿色设计产品要求的产品种类。

（2）根据标准具体要求，编写绿色设计产品自评价报告。

（3）汇编绿色设计产品申报文件，在工业和信息化部下发通知文件后于规定时间内向省级经济和信息化部门申报，由省级经济和信息化部门推荐到工业和信息化部。

表 6-6　绿色设计产品评价技术规范产品名称一览表

序号	产品名称	序号	产品名称	序号	产品名称
1	复混肥料（复合肥料）	8	氯化聚氯乙烯树脂	15	PBT 树脂
2	水性建筑涂料	9	水性木器涂料	16	PET 树脂
3	喷滴灌肥料	10	鞋和箱包用胶粘剂	17	阴极电泳涂料
4	碳酸钠（纯碱）	11	汽车轮胎	18	金属氧化物混相颜料
5	液体分散染料	12	1,4-丁二醇	19	家具用胶粘剂
6	轮胎模具	13	聚四亚甲基醚二醇	20	建筑用胶粘剂
7	聚氯乙烯树脂	14	聚苯乙烯树脂	21	汽车内饰用胶粘剂

续表

序号	产品名称	序号	产品名称	序号	产品名称
22	水基包装胶粘剂	53	锑锭	84	塑料外壳式断路器
23	电子电气用胶粘剂	54	稀土湿法冶炼分离产品	85	叉车
24	氧化铁颜料	55	多晶硅	86	水轮机用不锈钢叶片铸件
25	光学玻璃用硝酸钾	56	气相二氧化硅	87	中低速发动机用机体铸铁件
26	熔盐（硝基型）	57	阴极铜	88	铸造用消失模涂料
27	稀土钢	58	电工用铜线坯	89	柴油发动机
28	铁精矿（露天开采）	59	铜精矿	90	直驱永磁风力发电机组
29	烧结钕铁硼永磁材料	60	镍钴锰氢氧化物	91	齿轮传动风力发电机组
30	钢塑复合管	61	镍钴锰酸锂	92	再制造冶金机械零部件
31	五氧化二钒	62	铅锭	93	家用和类似用途插头插座
32	取向电工钢	63	再生烧结钕铁硼永磁材料	94	家用和类似用途固定式电气装置的开关
33	管线钢	64	各向同性钕铁硼快淬磁粉	95	家用和类似用途器具耦合器
34	新能源汽车用无取向电工钢	65	氧氯化锆	96	小功率电动机
35	厨房厨具用不锈钢	66	无机轻质板材	97	交流电动机
36	家具用免磷化钢板及钢带	67	卫生陶瓷	98	办公设备用静电成像干式墨粉
37	建筑用高强高耐蚀彩涂板	68	木塑型材	99	塔式起重机
38	耐候结构钢	69	砌块	100	家用洗涤剂
39	汽车用冷轧高强度钢板及钢带	70	陶瓷砖	101	可降解塑料
40	汽车用热轧高强度钢板及钢带	71	金属切削机床	102	电解铝
41	桥梁用结构钢	72	装载机	103	精细氧化铝
42	压力容器用钢板	73	内燃机	104	锡锭
43	低中压流体输送结构电焊钢管	74	汽车产品 M1 类传统能源车	105	锌锭
44	铁道车辆用车轮	75	离子型稀土矿产品	106	钛锭
45	钢筋混凝土用热轧带肋钢筋	76	稀土火法冶炼产品	107	碳酸锂
46	冷轧带肋钢筋	77	电动工具	108	氢氧化锂
47	锚杆用热轧带肋钢筋	78	核电用无缝不锈钢仪表管	109	硬质合金产品
48	球墨铸铁管	79	盘管蒸汽发生器	110	水泥
49	非调质冷镦钢热轧盘条	80	真空热水机组	111	汽车玻璃
50	预应力钢丝及钢绞线用热轧盘条	81	片式电子元器件用纸带	112	纸面石膏板
51	不锈钢盘条	82	滚筒洗衣机用无刷直流电动机	113	在线 Low-E 节能镀膜玻璃
52	弹簧钢丝用热轧盘条	83	家用及类似场所用电流保护断路器	114	生活用纸

序号	产品名称	序号	产品名称	序号	产品名称
115	标牌	130	牛仔面料	145	针织印染布
116	陶瓷片密封水嘴	131	再生纤维素纤维本色纱	146	布艺类产品
117	一般用途轴流通风机	132	氨纶	147	色纺纱
118	液压挖掘机	133	粘胶纤维	148	再生涤纶
119	一般用喷油回转空气压缩机	134	手动牙刷	149	毛毯产品
120	真空杯	135	酵母制品	150	床上用品
121	水性和无溶剂人造革合成革	136	折叠纸盒	151	瓦楞纸板和瓦楞纸箱
122	服装用皮革	137	涤纶磨毛印染布	152	无溶剂不干胶标签
123	氨基酸	138	户外多用途面料	153	二氧化钛
124	甘蔗糖制品	139	丝绸制品	154	卫生用品用胶粘剂
125	甜菜糖制品	140	聚酯涤纶	155	氯化聚乙烯
126	包装用纸和纸板	141	巾被织物	156	针织服装
127	家居用水性聚氨酯合成革	142	皮服	157	光缆
128	革用聚氨酯树脂	143	羊绒产品	158	通信电缆
129	化纤长丝织选产品	144	毛精纺产品	159	通信用户外机房、机柜

6.4.2 产品生态设计的方法

产品生态设计要求在设计过程中应对产品概念的形成、生产制造、使用及废弃后的回收处理等生命周期各个阶段的客户需求及产品特点进行综合考虑，进而设计出环境友好型的产品。

产品生命周期设计方法是产品生态设计的主要方法，即从产品概念设计阶段一开始就要考虑产品生命周期的各个环节，包括设计、研制、生产、供货、使用，直到废弃后拆卸回收或处理处置，以确保满足产品的绿色属性要求。具体要求如下。

1. 选择低环境影响材料

主要侧重于材料的选择及加工处理方式的选择，目的是为产品选择对环境影响最小的材料。①尽可能采用无毒无害的清洁材料；②尽可能采用可再生材料，减少使用不可再生材料，如石油、矿物质等；③避免或减少需要使用高能量进行提取或加工的材料；④尽可能使用回收的材料，即被回收加工后可重新用于同一产品或不同产品的材料。

2. 减少材料的使用量

尽可能减小产品的体积和重量。①减小产品的体积可减少产品包装材料的使用量,同时也增加产品的储存效率和运输效率,节约能源;②减少产品的重量可直接减少材料的使用量,从而也减少产品在运输中消耗的能量。

3. 优化产品生产技术

在生产过程中最小量地使用辅助材料,减少能源消耗量,降低原材料的损失和废物的产生。①采用减少环境影响的清洁生产技术;②增加零部件的功能和使用不需表面处理的材料以减少加工过程;③使用清洁能源,降低能源消耗,提高能源使用效率,减小对环境的间接影响;④优化现有生产过程,改善加工工艺,使用最小废料设计,提高材料使用效益,尽可能在企业内实现废料回收,减少生产过程产生的废物。

4. 优化产品销售系统

保证产品以最有效的方式从工厂传输到零售商直到最终用户,包括产品的包装、产品运输的方式及整个供给系统。①减少包装材料,使用清洁和可重复使用的包装材料,有助于防止包装材料产生废物和扩散,节省材料和运输中的能量;②采用最具能效的运输方式,海运的环境影响比空运小,大批量运输比单件、小批量运输更具能效等;③建立最具能效的产品供应系统,有效地减少对环境的影响。

5. 减少产品使用中的环境影响

在产品使用中尽量降低能量消耗和物耗。①通过选择低能耗元件、高能效元件或减少元件数量,减少能量消耗和有害气体的释放;②使用清洁能源,如太阳能可大大减少对环境有害的气体的释放;③在满足产品功能的条件下,尽可能减少消费品的使用;④设置产品理想工作状态,减少能源和其他消耗品的浪费。

6. 优化产品寿命

延长产品的使用寿命,包括产品的技术寿命和美学寿命及它们之间的平衡。①增加产品的可靠性和耐用性是所有产品设计技术都应遵循的基本原则;②采用模块化产品结构便于产品的升级和更新换代,以及维护和修理;③先进的设计保证产品在一定的时间内不落后,保持产品技术寿命和美学寿命的平衡;④具有良好的宜人性。

7. 优化产品回收处理系统

在产品使用寿命结束后，重复使用具有使用价值的产品及元件、部件，确保使用后的产品采取适当的、安全的回收和处理方法。①使用后的产品可作为一个整体被重复使用，或用于产品原来的功能，或用于其他的目的；②使用后具有使用价值的元件、部件经过重新加工和刷新，可重复使用其原来的功能，用于其他同类产品的维护和维修；③采用可拆卸设计，使用可回收材料，对不得不使用的有毒有害材料集中于产品的特定区域，便于拆卸和处理；④对不可回收或重复使用的产品，必须进行安全处置，如果采用焚烧处理，在焚烧的过程中一般可以回收热能。

6.5　环　境　标　志

6.5.1　环境标志概述

1. 环境标志的定义及分类

环境标志，也称为绿色标志、生态标志，各国及国际组织对环境标志有不同的理解，对其定义也就有所差异。但其体现出的内涵基本一致，那就是环境标志是政府管理部门或非政府组织（团体）向有关申报者颁发并表明其产品或服务符合国际或国家环境标准与保护要求的一种特定标志。环境标志可被印制在所申报的产品及其包装上，表明该产品与其他同类产品相比具有优良的绿色性能。

ISO 14020 系列标准将环境标志计划的推行方式分成三种类型：Ⅰ型环境标志（独立的第三方认证）、Ⅱ型环境标志（企业自我环境声明）和Ⅲ型环境标志（产品生命周期信息声明）。

1）Ⅰ型环境标志

《环境标志和声明　Ⅰ型环境标志　原则和程序》（ISO 14024：2018）提出Ⅰ型环境标志的相关内容，是建立在由第三方设立的根据产品生命周期评价标准之上的，是一个基于多重准则的标志。该类型标志的授权实体可以是一个政府组织，也可以是民间的非营利组织。ISO 14024：2018 规定用于制定Ⅰ型环境标志的原则和程序，包括环境标志的产品种类如何选择确定、产品的环境特性如何认定及相关的认定标准，以及关于环境标志具体的认证程序等。

中国Ⅰ型环境标志在认证方式、程序等均按 ISO 14020 系列标准（ISO 14024：2018）规定的原则和程序实施，并已转化为《环境管理　环境标志和声明　Ⅰ型环

境标志 原则和程序》（GB/T 24024—2001）国家标准。在环境标志产品认证制度方面，与国际标准的接轨。

中国Ⅰ型环境标志标识见图 6-9，外围十个环紧密结合，环环相扣，表示公众参与，共同保护环境。其寓意为"全民联合起来，共同保护人类赖以生存的环境"。该标志具有明确的产品技术要求，对产品的各项指标及检测方法进行了明确的规定。该标识是我国官方的、最高级别的产品环保标志。

Ⅰ型环境标志是根据预先选定的产品种类制定标准，然后对产品进行评估，根据评估结果决定是否授予产品环境标志。

图 6-9 中国Ⅰ型环境标志标识

2）Ⅱ型环境标志

《环境标志和声明 自我环境声明（Ⅱ型环境标志）》（ISO 14021：2016）提出Ⅱ型环境标志的相关内容，规定进行自我声明应遵循的 5 项基本原则和 18 条具体原则，可以按照 ISO 14021：2016 规定的具体原则来判断声明者的环境声明是否符合标准的要求。

5 项基本原则是：①遵循 ISO 14020 中所规定的原则；②不得使用含糊的、不具体的声明，或泛泛地暗示某产品对环境有益或无害的环境声明；③谨慎使用"无⋯⋯"字样的声明，只有当所指污染物质的含量不高于规定的含量或背景值时才能使用带有"无⋯⋯"字样的声明；④不得使用"实现可持续性"的声明，因为可持续性涉及的概念非常复杂并有待进一步研究，目前尚不存在确定的方法来测定可持续性或确认它的实现，因此不得使用任何有关"实现可持续性"的声明；⑤必要时需使用解释性说明，如果仅使用自我环境声明有可能产生误解，就必须附加解释性说明，只有当一切在可预见的情况下，环境声明不加限定仍有效时才允许不附加解释性说明。

18 条具体原则是：①应该是非误导性的、准确的；②应该是被证实和核实的；③应与该特定产品相关，且仅在适当的环境或条件下使用；④应该指明是适用于完整的产品，或仅适用于产品组件或包装，或适用于服务的某个要素；⑤应具体说明所声称的环境方面或环境改善；⑥不得使用不同的术语陈述同一环境变化，以暗示可带来的多重利益；⑦应不会导致错误的解释；⑧不仅与最终产品相关，还应考虑产品生命周期的所有相关方面，以确定在减少一个影响的过程中增加另一个影响的可能性；⑨产品没有经独立第三方认证的，不应该作出相关意思的暗示；⑩不得直接提示或暗示产品具有实际不存在的环境改善，也不得夸大产品的有关环境性能；⑪不应该作出字面上真实，但由于省略有关事实可能使购买者产生误解，或对其造成误导的声明；⑫只能涉及产品的生命周期中存在的或可能出现的环境因素；⑬环保声明和解释说明必须能够作为一个整体来阅读，解释说明应具有合理的篇幅，并放置在适当位置；⑭如果进行环境优越性或改善对比性的声明，应该是具体的，并明确比较的依据，应该与最近进行的任何改进相关；⑮如果是基于过去就存在但当时未被发现的因素，其表达不应该产生误解，不应导致产品的购买者、潜在购买者和用户认为声明是基于最近的产品或过程的改进；⑯不应以产品类型中没有存在过的某些物质或性质作为声明的基础；⑰如果技术、竞争产品或其他情况出现变化，应该重新评估，并进行必要的更新；⑱应与发生相应环境影响的区域相关。

中国Ⅱ型环境标志在认证方式、程序等均按 ISO 14020 系列标准（ISO 14021：2016）规定的原则和程序实施，并已转化为《环境管理　环境标志和声明　自我环境声明（Ⅱ型环境标志）》（GB/T 24021—2001）国家标准。中国Ⅱ型环境标志标识见图 6-10。

图 6-10　中国Ⅱ型环境标志标识

3）Ⅲ型环境标志

《环境标志和声明　Ⅲ型环境标志 原则和程序》（ISO 14025：2006）提出Ⅲ型环境标志的相关内容，明确组织开展Ⅲ型环境标志计划应遵循的 8 项基本原则是：①自愿性，Ⅲ型环境声明计划的建立和实施及Ⅲ型环境声明的编制和使用都是自愿的。②以生命周期为基础，在编制Ⅲ型环境声明时，应考虑产品全生命周期中所有相关的环境因素，使其成为声明的组成部分，如果所考虑的相关因素未覆盖生命周期的所有阶段，则应对此进行声明和证明，应使用 GB/T 24040 系列标准所确定的原则、框架、方法学和惯例来得出数据。③模块性，产品加工或组装所用的材料、零部件和其他输入的 LCA 数据，代表这些材料或零件的整个或部分生命周期，可作为信息模块用于该产品的Ⅲ型环境声明，也可组合用于制定Ⅲ型环境声明。④相关方参与，环境标志和声明的编制过程应当开放，并有相关方参与给出意见，应尽可能多地吸收相关方来合作和协商，并努力求得共识；参与Ⅲ型环境声明计划的相关方主要包括：原材料供应方、制造方、商业协会、购买方、使用方、消费者、非政府组织、公众机构、独立团体和认证机构等，应鼓励开展公开咨询；计划执行者应适当的组织举办咨询，以确保计划运行的可信性和透明度。⑤可比性，Ⅲ型环境声明旨在使购买方或使用方基于生命周期比较产品的环境绩效，因此，Ⅲ型环境声明的可比性是至关重要的，用于比较的信息应透明，以便购买方或使用方理解Ⅲ型环境声明可比性的内在局限。⑥可验证性，为确保Ⅲ型环境声明包含基于 ISO 14040 系列标准的相关的和可验证的 LCA 信息，计划执行者应建立透明的程序，以便对信息模块等进行评审和独立验证。⑦灵活性，为了使Ⅲ型环境声明能够有效增进对产品的环境认知，不仅在技术上具有可信性，而且在应用上也具有灵活性，主要体现在不同类型的机构实施Ⅲ型环境声明计划；如果存在必要信息，可以使用生命周期的相关阶段；提供附加环境信息。⑧透明性，开展和运作Ⅲ型环境声明计划的各阶段都应具有透明性，应确保通用计划指南、产品类别规则（PCR）文件清单、PCR文件和其他说明性材料能为外部所获取，从而确保任何对Ⅲ型环境声明感兴趣的人都能理解和正确解释该声明，也便于监督和作出适当的评论。

中国Ⅲ型环境标志在认证方式、程序等均按 ISO 14020 系列标准（ISO 14025：2006）规定的原则和程序实施，并已转化为《环境标志和声明 Ⅲ型环境声明：原则和程序》（GB/T 24025—2009）国家标准。

Ⅲ型环境标志是一个量化的产品性能和环境信息的数据清单，它是由企业提供的一种产品和服务的信息公告，是经由独立第三方认证机构依据 ISO 14025：2006 或者 GB/T 24025—2009 进行严格认证，以证明其真实性的一种量化的环境信息。Ⅲ型环境标志主要是针对专业的购买者，这与Ⅰ型、Ⅱ型环境标志主要针对普通消费者存在不同。Ⅲ型环境标志是一种自愿性的信息公开，旨在为市场及管理者提供更加全面、可比的环境表现数据。并不直接表明获得认证的产品比同类产品更加环保，而是由采购者或管理者根据声明中公开的数据，自行判断环保表现的优劣。Ⅲ型环境标志标识有两种，见图6-11。

4）三种类型环境标志的比较

（1）Ⅰ型环境标志（ISO 14024：2018）是向符合一系列要求的产品授予颁发的环境标志。Ⅰ型环境标志表明在特定的产品种类中这些产品具有环境优越性，是自愿性的。Ⅱ型环境标志（ISO 14021：2016）是由制造商、进口商、分销商、零售商或者其他任何可能从此类商品中获得利益的一方自行做出的环境声明，可靠性对于声明非常重要。Ⅲ型环境标志（ISO 14025：2006）是指整个生命周期中量化的环境信息，是由产品的供应者提供，它是在独立验证的基础上，经过严格的

（中环联合）　　　　　　　　（绿品知情）

图6-11 Ⅲ型环境标志标识

审查，通过一套不同种类的对数表现出来的系统化数据资料。中国Ⅰ型环境标志是我国官方的、最高级别的产品环保标志，根据中国环境标志产品认证标准进行认证。中国Ⅱ型环境标志也称为"环境自我声明标识"，企业可从规定的 12 个方面中选择一项或几项作出声明，并经第三方验证。中国Ⅲ型环境标志也称为"环境信息公告标识"，企业可根据公众最关注的内容，公布产品一项或多项环境信息，并经第三方验证。

（2）Ⅰ型环境标志是根据预先选定的产品种类制定标准，然后对产品进行评估，根据评估结果决定是否授予产品环境标志，Ⅰ型环境标志可以粘贴于产品或者包装上，目前生态环境部仅授权中环联合（北京）认证中心有限公司向符合环境标志产品技术要求、按照认证规则和程序通过认证的产品核发中国Ⅰ型环境标志。Ⅱ型环境标志，即自我宣称的环境声明，是建立在制造商和零售商等自己声称的基础之上的。自我声明可以在产品或者包装标签、说明书、技术公报、广告、宣传资料、电话销售，以及网络这样的数字或者电子媒体上以解释性说明、符号或者图形的方式进行声明，不需要具有具体的技术标准，但评估的方法要非常明确清楚，并且具有很强的透明性和科学性，是可以文件化的。Ⅲ型环境标志是基于定量的生命周期评价分析，辅以"额外之环境信息"而组成的产品环保特性信息所进行的声明，由专门的机构或者评定委员会通过实验的方式进行数据验证。由于Ⅲ型环境标志清单中需要公布的是企业生产单位产品在整个生命周期内所消耗的能源、材料及所排放的 CO_2、COD 等污染物，因此实施Ⅲ型环境标志耗费时间最长，费用较高，但是从生命周期视角评估最为完整的环境标志。

2. 环境标志的作用

1）产品品质的证明作用

环境标志是一种贴在产品或其包装上的标签，是产品的证明商标，首先能够证明该产品的合格性，也就是在质量上没有缺陷；其次就是证明该产品从原材料选用、加工、产品生产、使用到最终的处理的整个过程中，均严格依照一定的环境保护要求和标准，使得这种产品具有显著的环境友好性。因此，与其他同类的产品相比，这种产品更加具有保护和改善环境的性质。

2）引领绿色消费的作用

通过对产品的环境影响信息的可靠且真实的证明，可以对消费者绿色消费行为进行引导。一种产品有多个品牌，那么究竟哪一种品牌更有利于生态环境保护，显然需要考察其生命周期中各阶段对环境的影响，才能得到结论。环境标志的认证是建立在对产品生命周期中所有的输入和输出数据进行分析的基础上，可以引导消费者进行绿色消费，养成绿色消费的习惯。

　　《中国居民消费趋势报告（2023）》显示，有 73.8%的消费者会在日常生活中优先选择绿色、环保的产品或品牌，"90 后"消费者对绿色产品的溢价接受度最高。中国汽车工业协会数据显示，2023 年 1~6 月新能源汽车销量同比44.1%，市场占有率达到 28.3%，比 2022 年提升 2.7 个百分点，新能源汽车销量、市场占有率、保有量均创历史新高。

　　3）促进企业绿色生产的作用

　　由于消费者的偏好不同和特征差异，其在购买产品时会表现出不同的行为。随着市场竞争越来越激烈，制造商和零售商在追求利益的同时，都需要考虑消费者的不同购买行为。随着我国生态文明建设取得显著成效，消费者的绿色环保意识逐渐增强，愿意花费更多的钱来购买绿色低碳产品，具有环境标志的产品也越来越受到消费者的青睐。企业可以通过关注消费者需求来制定生产或销售决策，消费者的绿色消费行为促进企业进行绿色生产，从而有利于企业自觉地将经济效益和环境效益、社会效益紧密联系在一起。"环境壁垒"是国际贸易中常见的一种贸易保护主义措施。

　　以服装行业为例，一些发达国家通过制定各种环境标志制度，保证纺织品经过检验且不含有害物质，并在标签上做出明显的标识。例如，出口到欧盟成员国的服装和纺织品，如果不符合相关标准或进口商的环保要求，就会被禁止进口或被进口商拒收。此外，国内消费者对产品的绿色要求也越来越高，消费者是市场的"上帝"，消费者的购买倾向直接影响着产品的发展方向。正是由于公众环境意识的提高而逐步影响着制造商和经销商的生产经营思想，推动市场和产品向着有益于环境的方向发展，各种产品若想在国内市场站稳脚跟或进入国际市场，就必须让产品的"出生证"得到更广泛的认同。绿色消费是当今世界消费领域的主潮流，环境标志产品越来越受到人们的重视与喜爱，它应是企业的必然选择。

　　由德国电池业巨头 Varta 公司生产的一种不含汞、镉等有害物质的电池，在获得蓝天使环境标志之后，贸易额从占全德国 7% 迅速上升到 15%，出口英国后不久就占据了英国超级市场同类产品 10% 的市场份额。在日本，55% 的制造商表示他们申请环境标志的理由是环境标志有利于提高他们产品的知名度，30% 的制造商认为获得环境标志的产品比没有获得环境标志的产品更易销售，73% 的制造商和批发商愿意开发、生产和销售带有环境标志的产品。

　　4）有助于资源节约和污染物减排

　　环境标志制度秉持生命周期全过程的管理理念，以产品为载体，一端连着生产者，通过产品的认证，在产品设计、原材料使用、生产工艺及产品使用和废物处置等各个环节，提出绿色标准和要求，为市场提供绿色产品；另一端连着消费者，通过向消费者释放绿色产品的信息，促进消费者绿色选择，并倒推鼓励生产者生产绿色产品。或许有人说，环境标志只是一个小小的标签，但我们说环境标志打通了生产与消费两个领域，它可以承载、推动、形成我国绿色发展方式和生活方式的使命，有助于在生活及生产活动中进行资源节约和污染物减排。

6.5.2　环境标志的起源及发展

1. 国外的概况

1978 年，德国率先推行"蓝天使"（图 6-12a）环境标志（blue angle mark），蓝天使在德国的开始和推行是由政府机构和民间组织共同进行的，产品的主要类型包括：可回收利用型、低毒低害型、低排放型、低噪声型、节水型、节能型、可生物降解型。德国的环境标志以联合国环境规划署（UNEP）的蓝天使为主体图案，蓝天使环境标志下面伴有"环境标志"（UMWELTZEICHEN）字样。

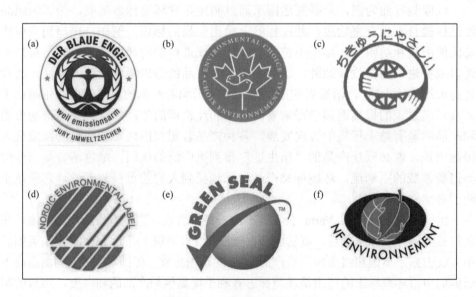

图 6-12　一些国家的环境标志

加拿大是继德国之后第二个创立环境标志的国家。1988 年，加拿大环境部宣布实施"环境选择"计划，加拿大环境标志的相关管理工作起初完全由政府机构承担，但从 1995 年 8 月起改由授权的民营公司执行，标志仍属政府所有，民营公司负责颁发该标志，政府进行监督，如果违反法规或政策则撤销授权。产品的类型与德国基本类似。加拿大环境标志图形称作"环境选择"（ENVIRONMENTAL

CHOICE）（图 6-12b）商标，图形上的一片枫叶代表加拿大的环境，枫叶由 3 只鸽子组成，象征 3 个主要的环境保护参加者——政府、产业、商业，标志伴随着一个简短的解释性说明，解释标志为什么被认证。

日本于 1989 年开始实施"生态标章"（图 6-12c），其主要的管理机构是日本环境协会，日本环境协会并不是一个政府机构，但是隶属于日本环境省管理。产品种类侧重于家用产品，日本环境标志的含义在以双手拥抱着地球，象征"用我们的手来保护地球和环境"，以两只手拼出一个英文字母"e"，代表"environment"、"earth"和"ecology"。在标志的上方写有"爱护地球"的日文。

1989 年由北欧部长会议决议发起，统合挪威、瑞典、冰岛及芬兰 4 个北欧国家，提出一套独立公正的标志制度，为全球第一个跨国性的环保标志系统，实施北欧"白天鹅标志"（图 6-12d）。在各组成国中各有一个国家委员会负责管理各国内白天鹅标志的工作事宜。各国委员代表再组成白天鹅标志协调组织，负责决定最终产品种类与产品规格标准的制定事宜。各国在产品项目的选取上，考察的因素包括产品环境影响、产品环境改善潜力与市场的接受程度。北欧白天鹅标志为一只白色天鹅翱翔于圆形绿色背景中，它由北欧委员会（Nordic Council）标志衍生而得，获得使用标志的产品，在印制标志图样时应于白天鹅标志上方标明北欧白天鹅标志，于下方标明至多三行使用标志的理由。

美国绿色徽章（Green Seal）作为一个民间环境标志体系而推出。绿色徽章组织创建于 1989 年，是一个独立的非营利性组织，其主要任务包括美国国内环境标准的制定、产品标签颁发及公共教育，其宗旨是为创造一个清洁的世界而推动环保产品的生产、消费及开发，绿色徽章如图 6-12e 所示，美国国内外的公司均可申请该标志。当许多人都选择带有绿色徽章的产品时，制造商就会不断地改造其生产方法以迎合消费者购买有利于环境的产品的需求。

世界上其他国家如法国、瑞典、葡萄牙、奥地利、澳大利亚、新西兰、韩国等从 1991 年开始相继实行本国的环境标志。

2. 国内的概况

中国于 1993 年开始逐步在全国开展环境标志工作,由中华人民共和国生态环境部授权的第三方认证企业负责颁发中国环境标志产品认证证书。2010～2020 年，我国政府采购环境标志产品规模已达 1.3 万亿元，2020 年政府采购的环境标志产品达到 813.5 亿元，占同类产品采购的 85.5 %。中国环境标志有力地促进了中国产品的国际竞争力。经过多年的实践，环境标志产品政府采购规模不断扩大，截至 2021 年，财政部和生态环境部共发布了 22 期环境标志产品政府采购清单和 1 期环境标志产品政府采购品目清单,清单中的产品型号从 856个提升至 100 万个，产品品目从 14 个大类升至 90 多个大类。在积极探索为中国环境保护服务的同时，中国环境标志积极追踪国际动态，主动开展国际互认合作。国际互认提高了中国环境标志的国际知名度，并且帮助中国产品跨越绿色贸易壁垒，促进绿色贸易的可持续发展。自 2003 年以来，中国环境标志先后与澳大利亚、新西兰、日本、韩国、德国等多国环境标志认证机构进行了互认，有力地推动了中国相关产业、产品、生产工艺及技术的升级进步，提高了中国产品的国际竞争力。实践证明，环境标志可增强产品的市场竞争能力，是发展经济和促进贸易的一种有效手段，环境标志制度将成为一项与社会主义市场经济相适应的环境保护政策措施。

　　生态环境部在参考国外低碳产品认证的发展模式的基础上，决定开展基于 I 型环境标志的中国环境标志——低碳产品认证。即在中国 I 型环境标志框架下，把产品/服务归入适当的分类，设置"气候相关"类产品。与每年中国环境标志标准制定、修订工作结合，在纳入"气候相关"类的产品技术要求中增加碳排放的限值要求。按照原有中国环境标志认证体系，对通过认证的该类产品授予中国环境标志——低碳产品，以表示该类产品在减少碳排放、保护气候方面的积极作用。

6.5.3　中国环境标志产品技术要求

　　这类标准的内容是：对产品的环境设计、生产、使用、包装和产品说明提出环境保护要求。规定了环境标志产品的术语和定义、基本要求、技术内容和检验方法。

　　1. 通用的基本要求

　　（1）产品应符合相应质量、安全和卫生标准的要求。

　　（2）产品生产企业的污染物排放应符合国家和地方规定的污染物排放标准的要求。

　　（3）产品生产企业在生产过程中应加强清洁生产。

　　2. 环境标志产品技术要求

　　从生命周期的角度，不同类型的产品，技术内容各有侧重。例如，《环境标志产品技术要求　小型家用电器》（HJ 1159—2021）提出的技术内容主要包括：①产品环境设计要求；②产品生产过程要求；③产品要求；④产品包装要求；⑤产品说明要求。《环境标志产品技术要求　陶瓷砖（板）》（HJ 297—2021）提出的技术内容主要包括：①产品生产过程要求；②产品要求；③产品包装要求。《环境标志产品技术要求　笔》（HJ 1161—2021）提出的技术内容主要包括：①产品原辅材料及生产过程要求；②产品要求；③产品包装要求。表 6-7 为中国颁布的环境标志产品技术要求产品名称，属于国家生态环境标准，会不定期更新，详见生态环境部网站。

表 6-7　中国环境标志产品技术要求产品名称一览表

序号	产品名称	序号	产品名称	序号	产品名称
1	一次性餐饮具	25	塑料门窗	49	箱包
2	飞碟靶	26	鞋类	50	鼓粉盒
3	包装用纤维干燥剂	27	家用电动洗衣机	51	人造板及其制品
4	再生纸制品	28	陶瓷、微晶玻璃和玻璃餐具	52	文具
5	无石棉建筑制品	29	生态住宅（住区）	53	喷墨盒
6	建筑砌块	30	太阳能集热器	54	电线电缆
7	灭火器	31	家用太阳能热水系统	55	壁纸
8	软饮料	32	水嘴	56	平版印刷
9	化学石膏制品	33	预拌混凝土	57	照相机
10	光动能手表	34	再生鼓粉盒	58	移动硬盘
11	防虫蛀剂	35	室内装饰装修用溶剂型木器涂料	59	彩色电视广播接收机
12	压力炊具	36	杀虫气雾剂	60	网络服务器
13	空气卫生香	37	厨柜	61	电话
14	家用微波炉	38	建筑装饰装修工程	62	碎纸机
15	气雾剂	39	防水卷材	63	录音笔
16	轻质墙体板材	40	刚性防水材料	64	视盘机
17	消耗臭氧层物质替代产品	41	防水涂料	65	打印机、传真机及多功能一体机
18	建筑用塑料管材	42	家用洗涤剂	66	摄像机
19	磁电式水处理器	43	木质门和钢质门	67	吸尘器
20	再生塑料制品	44	数字式一体化速印机	68	船舶防污漆
21	管型荧光灯镇流器	45	皮革和合成革	69	投影仪
22	泡沫塑料	46	采暖散热器	70	扫描仪
23	金属焊割气	47	木制玩具	71	照明光源
24	家用制冷器具	48	喷墨墨水	72	水泥

续表

序号	产品名称	序号	产品名称	序号	产品名称
73	重型汽车	85	胶印油墨	97	家用洗碗机
74	商业票据印刷	86	干式电力变压器	98	食具消毒柜
75	工商用制冷设备	87	空气净化器	99	吸油烟机
76	轻型汽车	88	电子白板	100	化妆品
77	蚊香	89	纺织产品	101	吸收性卫生用品
78	电池	90	家具	102	卫生陶瓷
79	房间空气调节器	91	塑料包装制品	103	陶瓷砖（板）
80	微型计算机、显示器	92	燃气灶具	104	再生橡胶及其制品
81	水性涂料	93	文化用纸	105	小型家用电器
82	凹版印刷	94	数字式复印（包括多功能）设备	106	无下水道卫生系统
83	木塑制品	95	凹印油墨和柔印油墨	107	笔
84	胶粘剂	96	竹制品	108	洗衣店和洗衣工厂

6.5.4　环境标志产品的认证

环境标志产品认证可以引领社会可持续消费，促进绿色经济发展。环境保护部于 2008 年 9 月 27 日发布《中国环境标志使用管理办法》，该文件明确了中国环境标志（即"十环"标志）是由环境保护部确认、发布，并经国家工商行政管理总局商标局备案的证明性标识。

1. 认证流程

中国环境标志认证需经过文件审核、现场抽样和样品检测三个阶段的审核，最终由技术委员会综合评定。初次认证的流程：①申请；②受理；③签订合同；④材料审核；⑤现场检查；⑥综合评定；⑦结论；⑧公示；⑨发证。

发放环境标志的最终目的在于保护环境，通过环境标志向消费者传递一个信息，告诉消费者哪些产品有益于环境，并引导消费者购买和使用此类产品；通过消费者的选择和市场竞争，引导企业自觉调整产品结构，采用清洁生产工艺，使企业的环境行为遵守环境法律法规，生产对环境有益的产品。

2. 中国环境标志认证申请需要准备的资料

中国环境标志认证申请需要准备的资料包括：①环境标志产品认证申请书；②企业营业执照；③商标注册或商标授权使用说明；④受理期间商标合法使用承诺书；⑤环境影响评价报告；⑥污染物排放检测报告；⑦环境保护"三同时"验收报告；⑧产品质量检验报告（第三方）；⑨产品质量执行标准（国标、行标或企标）；⑩产品彩色照片；⑪工艺流程图或产品原辅材料使用统计表；⑫主要原辅材料合格供应商名录（需要明确生产商）；⑬企业组织架构图；⑭企业厂区平面图；⑮认证产品半年内产量统计表。

本 章 小 结

1. 在产品整个生命周期中，每一个阶段都与生态环境存在着相互的作用关系。

2. 清洁产品是指在产品的整个生命周期中，包括原材料获取、生产、流通使用及使用后的处理处置等阶段，不会造成环境污染、生态破坏和危害人体健康的产品。

3. 生命周期评价是指对一个产品系统生命周期中的输入、输出及其潜在环境影响的汇编和评价。具体过程包括互相联系的 4 个阶段：目标和范围的确定、清单分析、影响评价和结果解释。

4. 生命周期影响评价是对清单分析中所识别出来的环境影响进行定性与定量的描述和评价，其目的是根据清单分析后提供的物料、能量消耗数据及各种排放数据对产品所造成的环境影响进行评估，即是对清单分析的结果进行定性或定量排序的一个过程。

5. 绿色设计的核心原则是 3R 原则：减量化、再使用、再循环。

6. 产品绿色设计的基本理论：循环经济理论、产业生态学理论、生命周期理论。

7. 产品生命周期设计的要求包括：选择低环境影响材料、减少材料的使用量、优化产品生产技术、优化销售系统、减少使用中的环境影响、优化产品寿命、优化产品回收处理系统。

8. 环境标志是政府管理部门或非政府组织（团体）向有关申报者颁发并表明其产品或服务符合国际或国家环境标准与保护要求的一种特定标志，表明该产品与其他同类产品相比具有优良的绿色性能。

关键术语

清洁（绿色）产品；生命周期评价；绿色设计；环境标志。

课堂讨论

生命周期评价在产品碳足迹研究中的作用。

作业题

1. 一台冰箱对环境的影响体现在哪些方面？
2. 举一个绿色（生态）设计的例子，并进行分析。

阅读材料

1. 苏培兴，车智涛，张代钧，等. 基于生命周期评价的页岩气开采返排：产出水处理技术选择[J]. 中国环境科学, 2022, 42(9): 4433-4443.

2. Heymans A, Breadsell J, Morrison G M, et al. Ecological urban planning and design: A systematic literature review[J]. Sustainability, 2019, 11(13): 3723.

3. 中华人民共和国生态环境部网站(https://www.mee.gov.cn/)中有关"环境标志"和"生命周期"的相关内容。

4. 中华人民共和国工业和信息化部网站(https://www.miit.gov.cn/)中有关"绿色设计"和"生命周期"的相关内容。

参 考 文 献

莫华, 张天柱. 2003. 生命周期清单分析的数据质量评价[J]. 环境科学研究, 16(5): 55-58.

田亚峻, 邓业林, 张岳玲, 等. 2016. 生命周期评价的发展新方向: 基于 GIS 的生命周期评价[J]. 化工学报, 67(6): 2195-2201.

全国环境管理标准化技术委员会. 2009. 产品生态设计通则: GB/T 24256—2009[S]. 北京: 中国标准出版社.

全国环境管理标准化技术委员会. 2009. 环境管理 将环境因素引入产品的设计和开发: GB/T 24062—2009[S]. 北京: 中国标准出版社.

全国环境管理标准化技术委员会. 2015. 生态设计产品标识: GB/T 32162—2015[S]. 北京: 中国标准出版社.

全国环境管理标准化技术委员会. 2015. 生态设计产品评价通则: GB/T 32161—2015[S]. 北京: 中国标准出版社.

谢明辉, 满贺诚, 段华波, 等. 2022. 生命周期影响评价方法及本地化研究进展[J]. 环境工程技术学报, 12(6): 2148-2156.

解振华. 2018. 高度重视环境标志制度作用 加快推动生产和消费方式绿色转型: 解振华"创新引领助推绿色生产和消费论坛"特邀主旨报告[J]. 环境与可持续发展, 43(1): 5-10.

于达维. 2011. 浙江晶科能源就污染引发聚众事件致歉[EB/OL]. (2011-09-20)[2022-01-18]. http://finance.sina.com.cn/chanjing/gsnews/20110920/135010509501.shtml.

Change I P O C. 2007. Climate change 2007: The physical science basis[J]. Agenda, 6(7): 1-18.

Hauschild M Z, Wenzel H. 1998. Environmental assessment of products. Volume 2: Scientific background[J].
　　Chapman&Hall, 316-329.
Heijungs R，Guinée J，Huppes G，et al. 1992. Environmental life cycle assessment of products: Guide and
　　backgrounds(part 1)[R]. Leiden: Centre of Environmental Science.

第7章　清洁生产审核

学习目标
①熟悉清洁生产审核的法规。
②掌握清洁生产审核的思路、环节、影响因素、审核程序。
③掌握清洁生产水平评价方法。
④掌握清洁生产审核报告的编写方法，了解典型行业清洁生产审核的实例。
⑤熟悉清洁生产效益的计算。
⑥了解工业园区清洁生产审核框架

事件："推进中国清洁生产"项目（B-4 子项目）

1992～1994 年我国在联合国环境规划署和世界银行的支持下进行了"推进中国清洁生产"项目（B-4 子项目）。该项目是由世界银行贷款，巴黎工业与环境活动中心派专家在中国推进清洁生产的单项项目。项目的收获之一是：对 27 家企业的 29 个项目进行清洁生产审计（审核），撰写了清洁生产审计报告，发现和确定了 690 项清洁生产方案，其中无费或低费（无低费）方案 411 项。无低费方案平均每万元投资削减 COD 54.2 t/a，创经济效益 101.6 万元/a；设备更新方案平均每万元投资削减 COD 0.60 t/a，创经济效益 0.91 万元/a（以净现值计）；无低费方案的投资偿还期平均为 4 个月，设备更新技术的投资偿还期平均为 40 个月。

7.1　清洁生产审核概述

清洁生产是污染控制的最佳模式，这是国内外很多年来污染预防工作基本经验的结晶，其目标是"节能、降耗、减排、增效"，清洁生产不仅适合工业领域，同时也适合农业、服务业、建筑业、交通运输业。实施清洁生产的途径、手段和工具多种多样，对企业而言，清洁生产审核是最基本、最简单、最易行的手段。清洁生产审核从企业的现状出发，理出存在的问题、找出薄弱环节、抓住主要对象、解决主要矛盾，清洁生产审核是企业迈向清洁生产成功之路的第一步，清洁生产审核是实施清洁生产的前提和基础，也是评价各项"节能、降耗、减排、增效"措施实施效果的工具。

7.1.1　清洁生产审核的法规

1. 《中华人民共和国环境保护法》

《中华人民共和国环境保护法》于 1989 年 12 月 26 日第七届全国人民代表大会常务委员会第十一次会议通过并施行；于 2014 年 4 月 24 日第十二届全国人民代表大会常务委员会第八次会议修订通过，自 2015 年 1 月 1 日起施行。

该法第四十条规定：国家促进清洁生产和资源循环利用。国务院有关部门和地方各级人民政府应当采取措施，推广清洁能源的生产和使用。企业应当优先使用清洁能源，采用资源利用率高、污染物排放量少的工艺、设备以及废弃物综合利用技术和污染物无害化处理技术，减少污染物的产生。

2. 《中华人民共和国清洁生产促进法》

《中华人民共和国清洁生产促进法》于 2002 年 6 月 29 日第九届全国人民代表大会常务委员会第二十八次会议通过，自 2003 年 1 月 1 日起施行；于 2012 年 2 月 29 日第十一届全国人民代表大会常务委员会第二十五次会议进行修正，自 2012 年 7 月 1 日起施行。

该法共六章 42 条，第一章总则：包括立法目的、清洁生产定义、适用范围、管理体制等；第二章清洁生产的推行：规定国务院有关部门和地方政府推行清洁生产的责任；第三章清洁生产的实施：规定生产经营者的清洁生产要求；第四章鼓励措施：规定政府对实施清洁生产的政策和鼓励措施；第五章法律责任：规定违反强制性规定应承担的法律责任；第六章附则：规定法律开始实施的时间。

修正后的《中华人民共和国清洁生产促进法》，强化政府推进清洁生产的工作职责，扩大对企业实施强制性清洁生产审核范围，明确规定建立清洁生产财政支持资金，强化政府部门、企业、评估验收部门的清洁生产审核法律责任，强化政府监督与社会监督作用。

《中华人民共和国清洁生产促进法》以对清洁生产进行引导、鼓励和支持保障的法律规范为主要内容，不是以直接行政控制和制裁性法律规范为主。

3. 《中华人民共和国循环经济促进法》

《中华人民共和国循环经济促进法》于 2008 年 8 月 29 日第十一届全国人民

代表大会常务委员会第四次会议通过，自 2009 年 1 月 1 日起施行；于 2018 年 10 月 26 日第十三届全国人民代表大会常务委员会第六次会议进行修正并施行。

该法第四十四条规定：国家对促进循环经济发展的产业活动给予税收优惠，并运用税收等措施鼓励进口先进的节能、节水、节材等技术、设备和产品，限制在生产过程中耗能高、污染重的产品的出口。具体办法由国务院财政、税务主管部门制定。企业使用或者生产列入国家清洁生产、资源综合利用等鼓励名录的技术、工艺、设备或者产品的，按照国家有关规定享受税收优惠。

4. 《中华人民共和国大气污染防治法》

《中华人民共和国大气污染防治法》于 1987 年 9 月 5 日第六届全国人民代表大会常务委员会第二十二次会议通过，1995 年 8 月 29 日第八届全国人民代表大会常务委员会第十五次会议进行第一次修正，2000 年 4 月 29 日第九届全国人民代表大会常务委员会第十五次会议第一次修订，2015 年 8 月 29 日第十二届全国人民代表大会常务委员会第十六次会议第二次修订，2018 年 10 月 26 日第十三届全国人民代表大会常务委员会第六次会议第二次修正，自 2016 年 1 月 1 日起施行。

该法第四十一条规定：燃煤电厂和其他燃煤单位应当采用清洁生产工艺，配套建设除尘、脱硫、脱硝等装置，或者采取技术改造等其他控制大气污染物排放的措施。国家鼓励燃煤单位采用先进的除尘、脱硫、脱硝、脱汞等大气污染物协同控制的技术和装置，减少大气污染物的排放。

5. 《中华人民共和国固体废物污染环境防治法》

《中华人民共和国固体废物污染环境防治法》于 1995 年 10 月 30 日第八届全国人民代表大会常务委员会第十六次会议通过，2004 年 12 月 29 日第十届全国人民代表大会常务委员会第十三次会议第一次修订，2013 年 6 月 29 日第十二届全国人民代表大会常务委员会第三次会议第一次修正，2015 年 4 月 24 日第十二届全国人民代表大会常务委员会第十四次会议第二次修正，2016 年 11 月 7 日第十二届全国人民代表大会常务委员会第二十四次会议第三次修正，2020 年 4 月 29 日第十三届全国人民代表大会常务委员会第十七次会议第二次修订，自 2020 年 9 月 1 日起施行。

该法第三条规定：国家推行绿色发展方式，促进清洁生产和循环经济发展。国家倡导简约适度、绿色低碳的生活方式，引导公众积极参与固体废物污染环境防治。第三十八条规定：产生工业固体废物的单位应当依法实施清洁生产审核，合理选择和利用原材料、能源和其他资源，采用先进的生产工艺和设备，减少工业固体废物的产生量,降低工业固体废物的危害性。第六十八条规定(部分):产品和包装物的设计、制造,应当遵守国家有关清洁生产的规定。国务院标准化主管部门应当根据国家经济和技术条件、固体废物污染环境防治状况以及产品的技术要求,组织制定有关标准,防止过度包装造成环境污染。

6. 《清洁生产审核办法》

《清洁生产审核办法》2016 年 5 月 16 日国家发展改革委、环境保护部令第 38 号公布,自 2016 年 7 月 1 日起正式实施,替代了 2004 年 8 月 16 日颁布的《清洁生产审核暂行办法》。

该办法对清洁生产审核的定义、范围、实施、组织管理、奖励和惩罚等方面提出了具体规定。

7. 其他规章制度

清洁生产审核的其他规章制度,可在生态环境部网站(https://www.mee.gov.cn/)、国家发展和改革委员会网站(https://www.ndrc.gov.cn/)、工业和信息化部网站(https://www.miit.gov.cn/)进行查阅。各省、自治区、直辖市也都颁发了相关的法规和政策。

7.1.2　清洁生产审核的定义

依据《清洁生产审核办法》第二条:本办法所称清洁生产审核,是指按照一定程序,对生产和服务过程进行调查和诊断,找出能耗高、物耗高、污染重的原因,提出降低能耗、物耗、废物产生以及减少有毒有害物料的使用、产生和废弃物资源化利用的方案,进而选定并实施技术经济及环境可行的清洁生产方案的过程。

7.1.3　清洁生产审核的原则

清洁生产审核应当以企业为主体,遵循企业自愿审核与国家强制审核相结合、企业自主审核与外部协助审核相结合的原则,因地制宜、有序开展、注重实效。

1. 以企业为主体

清洁生产审核是针对生产和服务过程中能耗高、物耗高、污染重的问题而进行的,而企业就是依法从事生产、流通和服务性活动的经济主体。

2. 自愿审核与国家强制审核相结合

1）自愿审核

国家鼓励企业自愿开展清洁生产审核。对实施自愿性清洁生产审核并通过评估的企业在申报绿色制造系统集成、绿色工厂（园区）、绿色信贷、先进制造业发展、中小企业发展等专项扶持资金时，各级工业和信息化主管部门应优先推荐；应优先支持通过自愿性清洁生产审核筛选确定的中高费清洁生产项目申请重大节能、节水、清洁生产与基础工艺绿色化改造项目扶持资金；自愿性清洁生产审核评估、验收所需费用由组织评估、验收的部门纳入同级政府预算，企业无须向承担评估、验收工作的部门和机构缴纳相关费用。

2）国家强制审核

依据《清洁生产审核办法》第八条：有下列情形之一的企业，应当实施强制性清洁生产审核：①污染物排放超过国家或者地方规定的排放标准，或者虽未超过国家或者地方规定的排放标准，但超过重点污染物排放总量控制指标的；②超过单位产品能源消耗限额标准构成高耗能的；③使用有毒有害原料进行生产或者在生产中排放有毒有害物质的。

其中有毒有害原料或物质包括以下几类：第一类，危险废物，包括列入《国家危险废物名录》的危险废物，以及根据国家规定的危险废物鉴别标准和鉴别方法认定的具有危险特性的废物。第二类，剧毒化学品、列入《重点环境管理危险化学品目录》的化学品，以及含有上述化学品的物质。第三类，含有铅、汞、镉、铬等重金属和类金属砷的物质。第四类，《关于持久性有机污染物的斯德哥尔摩公约》附件所列物质。第五类，其他具有毒性、可能污染环境的物质。

来自 127 个国家、11 个联合国专门机构、4 个政府间组织、68 个非政府组织的 600 多人于 2001 年 5 月参加了在瑞典斯德哥尔摩举行的关于持久性有机污染物斯德哥尔摩公约全权代表大会，并达成公约文本并将公约命名为《斯德哥尔摩公约》（共分 30 条、6 个附件）。2004 年 6 月 25 日，第十届全国人民代表大会常务委员会第十次会议决定：批准于 2001 年 5 月 22 日在斯德哥尔摩通过、同年 5 月 23 日中国政府签署的《关于持久性有机污染物的斯德哥尔摩公约》；同时声明，根据《公约》第 25 条第 4 款的规定，对附件 A、B 或者 C 的任何修正案，只有在中华人民共和国对该修正案交存了批准、接受、核准或者加入书之后方对中华人民共和国生效。2014 年 4 月 4 日环境保护部办公厅颁发了环办〔2014〕33 号文"关于发布《重点环境管理危险化学品目录》的通知"。2020 年11 月 25 日，生态环境部、国家发展和改革委员会、公安部、交通运输部、国家卫生健康委员会令第 15 号公布了自 2021 年 1 月 1 日起施行的《国家危险废物名录（2021 年版）》。

3. 企业自主审核与外部协助审核相结合

由于企业对自身的原辅材料及能源、产品、废物、工艺技术、设备、过程控制、管理状况比较熟悉，因此《清洁生产审核办法》第十五条提出：清洁生产审核以企业自行组织开展为主。企业可以组织掌握清洁生产审核方法并具有清洁生产审核咨询经验的技术人员进行自主审核。但对于应该实施强制性清洁生产审核的企业，《清洁生产审核办法》第十六条规定：协助企业组织开展清洁生产审核工作的咨询服务机构，应当具备下列条件：①具有独立法人资格，具备为企业清洁生产审核提供公平、公正和高效率服务的质量保证体系和管理制度；②具备开展清洁生产审核物料平衡测试、能量和水平衡测试的基本检测分析器具、设备或手段；③拥有熟悉相关行业生产工艺，技术规程和节能、节水、污染防治管理要求的技术人员；④拥有掌握清洁生产审核方法并具有清洁生产审核咨询经验的技术人员。

如果企业没有足够的能力自主审核，可以聘请外部专家或者委托咨询服务机构，寻求指导和帮助。

4. 因地制宜、有序开展、注重实效

由于众多企业在原辅材料、工艺技术、设备、产品种类、废物类型等方面都存在着差异，因此应该根据每个企业的具体情况，因地制宜，注重实效地开展审核工作，不要流于形式。

7.1.4　清洁生产审核的思路

清洁生产审核的总体思路见图 7-1。包括 3 个步骤：问题在哪里（where）产生？为什么（why）会产生这些问题？如何（how）解决这些问题？当完成了一轮审核后，体现企业清洁生产水平的指标得到了提高或改善，然而清洁生产水平指标值是一个动态体系，只有更好，没有最好，企业的清洁生产水平不是通过一轮审核就一劳永逸的，而新的问题会不断产生，在不同时期会有不同的问题，当然也就有不同的解决方案。因此，应该使清洁生产活动在企业内长期、持续地推行下去。通常认为每个生产（服务）过程都包括了 8 个主要方面，即原辅材料和能源、工艺技术、设备、过程控制、管理、员工、产品、废物。生产过程影响因素框架图见图 5-1。

1. 问题在哪里产生

对生产和服务过程进行调查和诊断，通过已有的资料及现场调查和物料平衡找出废物产生源在哪里，即资源能源在哪里流失或者浪费，以什么样的污染物排

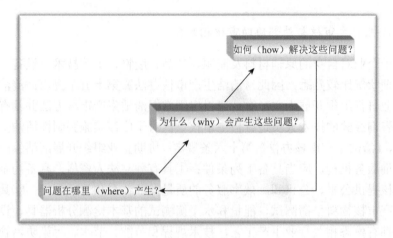

图 7-1　清洁生产审核总体思路图

放？特性怎样？数量是多少？单位时间及单位产品的物耗、水耗、能耗负荷强度是多少？

2. 为什么会产生这些问题

找出能耗高、物耗高、污染重的原因，为什么会产生废物并形成排放？是否合理？能否削减？可从生产过程的 8 个方面寻找原因。

（1）原辅材料的采购供应商选择、品控措施和实际质量状况；清洁的类型、节能情况。原辅材料的特性，例如，纯度、毒性、难降解性、可再生性等。在一定程度上会直接影响到生产过程的污染程度及产品的组分，燃煤、燃油、天然气、蒸汽、火电、水电、核电等能源在使用过程中会直接或间接地排出污染物。

（2）工艺技术水平及实际状况、实际工艺效率。先进的工艺技术水平可以提高原辅材料的利用率，减少废物的产生，生产稳定性差可能导致产生过多的污染物。

（3）设备的设计水平、型号及其布置、设备维修保养情况。设备的自动化水平对原辅材料的利用率及废物的产生会带来的明显的影响，设备是否破漏、设备的布置情况、设备功能与工艺匹配性也会对污染物产生造成影响。

（4）过程控制水平及实际状态。工艺参数是否处于最优状态，计量检测分析仪表准确度、参数控制精度对原辅材料利用率、产品的产率和污染物的产量具有较大的影响。

（5）企业管理、生产效率、过程控制、现场管理等状况。管理制度制订与执行情况也是导致原辅材料和能源浪费及废物增加的一个主要原因。

（6）员工状况，包括：操作技能、清洁生产意识、责任心等。任何生产过程都离不开人的参与，因此员工的素质和积极性是原辅材料和能源的利用、废物的产生的重要影响因素。

（7）废物、副产品的成分及数量。废物的特性直接关系到其是否可以循环再生利用，当废物有再生利用的价值时，便成为资源，排放的废物也就减少了。

（8）产品品种及其特性。产品的品种及种类与原辅材料、工艺技术和设备密切相关，因而也会影响到废物的种类和数量。此外，产品的包装和储运，报废后的处置都与能源的使用、废物的产生相关。

3. 如何解决这些问题

针对问题的产生原因，依靠企业清洁生产审核工作小组、全体员工及外部专家，提出降低能耗、物耗、废物产生和减少有毒有害物料的使用、产生及废物资源化利用的方案，进而选定并实施技术经济及环境可行的清洁生产方案的过程。

例如，输入物料的替代和调整、工艺技术水平提高、设备功能改善、过程控制的改进、管理改善、员工教育培训、废物循环利用、产品变更。

7.1.5　清洁生产审核程序

《清洁生产审核办法》第十四条规定：清洁生产审核程序原则上包括审核准备、预审核、审核、方案的产生和筛选、方案的确定、方案的实施、持续清洁生产等。

1. 审核准备

企业高层领导对清洁生产审核工作的支持和参与是清洁生产审核能够顺利开展的关键，在此基础上企业应该建立清洁生产审核小组，制定审核计划，开展清洁生产宣传教育和培训等。主要包括 4 个步骤：①取得领导支持；②组建审核小组；③制定工作计划；④开展宣传教育。

2. 预审核

预审核工作的重点是在企业范围内进行调研和考察，试图得到企业的污染源清单，所有废物的产生部位和数量（强度），在此基础上，进行清洁生产水平评价与潜力分析，对企业在工艺技术与装备、资源能源利用效率、产污排污水平、废物回收与综合利用、产品、人员素质与管理等方面的清洁生产潜力进行分析，选定企业备选审核重点，依据选定的审核重点，制定切实可行且能够完成的清洁生产目标。定性地分析污染源产生的原因，并针对这些原因发动全体员工提出清洁生产方案，特别是无低费方案，可行的方案应该马上实施。主要包括 7 个步骤：①进行现状调研；②进行现场考察；③评价产污排污状况；④企业的清洁生产水平现状评估；⑤确定审核重点；⑥设置清洁生产目标；⑦提出和实施清洁生产方案，特别是无低费方案。

3. 审核

审核应针对审核重点进行深入调研和分析，通过审核重点的物料平衡，发现物料流失的环节，找出废物产生的原因，查找物料储运、生产运行，管理及废物排放等方面存在的问题，针对审核重点，根据能耗、物耗及废物产生原因分析，提出清洁生产方案。主要包括 5 个步骤：①准备审核重点资料；②实测输入输出物流；③建立物料和能量平衡；④分析废物产生的原因；⑤提出清洁生产方案。

4. 方案的产生和筛选

清洁生产方案的数量和可实施性直接关系到企业清洁生产审核的成效。企业应广泛发动群众征集、产生各类方案。属于强制性清洁生产审核的企业，应针对纳入强制性审核的原因，重点征集清洁生产方案。采用简单比较方法或权重总和计分排序法进行方案的初步筛选和排序，从而得出可行的无低费方案和初步可行的中高费方案及不可行的方案三大类。主要包括 3 个步骤：①产生方案；②分类汇总方案；③筛选方案。

5. 方案的确定

对初步可行的中高费方案进行进一步研制，明确方案的基本内容，对方案进行技术、环境、经济三方面的可行性分析与比较，从中选择和推荐最佳的可行方案，明确方案的实施计划。主要包括 5 个步骤：①确定方案基本内容；②技术评估；③环境评估；④经济评估；⑤推荐可实施方案。

6. 方案的实施

对已经推荐为可以实施的无低费方案的投资费用、实施时间、环境效益和经济效益进行汇总。对已经推荐为可以实施的中高费方案的实施进度、投资费用、实施时间、环境效益和经济效益进行汇总。说明清洁生产方案实施后对企业单位产品能耗、物耗、水耗和污染物产生及排放量的影响，清洁生产目标完成情况，对比企业审核前后的清洁生产水平。组织落实有关方案，主要包括 3 个步骤：①汇总已实施的清洁生产方案的实施情况及成果；②分析总结已实施方案对企业的影响；③组织方案实施。

7. 持续清洁生产

清洁生产是一个动态的、相对的概念，同时也是一个渐进和持续改进的过程，清洁生产审核也是如此。只有继续完善清洁生产工作的管理制度、制定持续推进清洁生产的工作计划，才能做好持续清洁生产工作。主要包括 4 个步骤：①完善清洁生产管理机构；②完善清洁生产管理制度；③制定持续清洁生产计划；④持续实施清洁生产计划；⑤编制清洁生产审核报告。

7.2　清洁生产水平评价

根据企业现状，对照现行有效的行业清洁生产评价指标体系或清洁生产标准进行水平评价。未有上述评价指标体系和标准的，应根据行业实际情况，参照行业准入条件、行业规范、产业政策等，选择在生产工艺与装备指标（如工艺水平、设备先进性、自动化控制水平等）、资源能源消耗指标（如单位产品综合能耗、单位产品取水量、单位产品原辅材料消耗等）、资源综合利用指标（如余热余压利用率、工业用水重复利用率、工业固体废物综合利用率等）、污染物产生指标（如单位产品废水/COD/CO_{2-eq}产生量、单位产品特征污染物产生量等）、产品特征指标（如产品合格率、有毒有害物质限量等）、清洁生产管理指标（如环境法律法规执行情况、清洁生产管理制度、环境管理体系认证等）等方面与行业内先进企业指标进行分析比较，或根据企业历史最佳水平进行客观分析比较。并给出详细评价说明。

7.2.1　清洁生产评价指标体系

为贯彻《中华人民共和国环境保护法》和《中华人民共和国清洁生产促进法》，提高资源利用率，减少和避免污染物的产生，保护和改善环境，指导行业编制清洁生产评价指标体系，2013 年 6 月 5 日国家发展和改革委员会、环境保护部和工业和信息化部联合发布了《清洁生产评价指标体系编制通则（试行稿）》[①]，为制定清洁生产评价指标体系或清洁生产评价标准提供了一个框架。已发布的清洁生产评价指标体系，包括试行的和等待审批的征求意见稿，部分指标体系行业名称见表 7-1。

---

① 正式版于 2023 年 11 月 27 日发布，2024 年 3 月 1 日实施。

表 7-1　已经发布的部分清洁生产评价指标体系行业名称一览表

序号	行业名称	序号	行业名称	序号	行业名称
1	氮肥行业	27	平板玻璃行业	53	钢铁行业（铁合金）
2	淡水养殖行业（池塘）	28	电镀行业	54	再生铜行业
3	铬盐行业	29	铅锌采选行业	55	电子器件（半导体芯片）制造业
4	烧碱/聚氯乙烯行业	30	化学原料药制造业	56	合成纤维制造业（氨纶）
5	铝行业	31	生物药品制造业（血液制品）	57	合成纤维制造业（锦纶6）
6	煤炭行业	32	电池行业	58	合成纤维制造业（聚酯涤纶）
7	包装行业	33	镍钴行业	59	合成纤维制造业（维纶）
8	轮胎行业	34	锑行业	60	合成纤维制造业（再生涤纶）
9	铅锌行业	35	再生铅行业	61	再生纤维素纤维制造业（粘胶法）
10	陶瓷行业	36	垃圾焚烧行业	62	印刷行业
11	涂料制造业	37	肥料制造业（磷肥）	63	铜冶炼行业
12	住宿餐饮业	38	电解锰行业	64	铅冶炼行业
13	纯碱行业	39	涂装行业	65	钛冶炼行业
14	机械行业	40	合成革行业	66	锡行业
15	黄磷行业	41	光伏电池行业	67	再生汞行业
16	锗行业	42	黄金行业	68	电解铝行业
17	生物制品制造业（生物制剂）	43	制革行业	69	甲苯二异氰酸酯行业
18	稀土冶炼行业	44	环氧树脂行业	70	苯乙烯行业
19	再生橡胶行业	45	1，4-丁二醇行业	71	发酵行业（黄原胶）
20	硫酸行业	46	有机硅行业	72	发酵行业（酵母）
21	水泥行业	47	活性染料行业	73	发酵行业[木糖（醇）]
22	光伏电池行业	48	洗染业	74	发酵行业（味精）
23	锑行业	49	钢铁行业（烧结、球团工序）	75	玻璃纤维制造
24	电力行业（燃煤发电企业）	50	钢铁行业（高炉炼铁）	76	印染行业
25	制浆造纸行业	51	钢铁行业（炼钢）	77	煤炭采选行业
26	稀土行业	52	钢铁行业（钢压延加工）	78	硫酸锌行业

行业清洁生产评价指标体系由一级指标和二级指标组成。其中，一级指标包

括生产工艺及装备、水资源消耗、原/辅料资源消耗、资源综合利用、污染物产生与排放、产品特征和清洁生产管理等九类指标，每类指标又出若干个二级指标组成，其中限定性指标应进行标示。行业清洁生产评价指标体系框架、行业清洁生产评价指标体系编制程序及内容框架等参见《清洁生产评价指标体系编制通则》。

7.2.2　清洁生产标准

国家环境保护总局（2008 年 3 月升格组建为环境保护部）2003 年至 2010 年发布多项清洁生产标准，并于 2008 年 4 月 8 日发布《清洁生产标准　制订技术导则》（HJ/T 425—2008）。为更好地贯彻落实《中华人民共和国清洁生产促进法》，形成统一、系统、规范的清洁生产评价文件体系，指导和推动企业依法依规实施清洁生产，国家发展和改革委员会、生态环境部和工业和信息化部联合对已发布的一些行业的清洁生产评价指标体系（试行）和清洁生产标准进行整合修编，新制定了一批清洁生产评价指标体系。因此在新的清洁生产评价指标体系发布之后，相关的清洁生产标准停止实施。迄今为止，部分仍在实施的清洁生产标准行业名称见表 7-2。

表 7-2　部分仍在实施的清洁生产标准行业名称一览表

序号	行业名称	序号	行业名称	序号	行业名称
1	酒精制造业	13	煤炭采选业	25	乳制品制造业（纯牛乳及全脂乳粉）
2	铜电解业	14	淀粉工业	26	铁矿采选业
3	铜冶炼业	15	味精工业	27	氮肥制造业
4	宾馆饭店业	16	石油炼制业（沥青）	28	基本化学原料制造业（环氧乙烷/乙二醇）
5	铅电解业	17	电石行业	29	电解铝业
6	粗铅冶炼业	18	化纤行业（涤纶）	30	甘蔗制糖业
7	废铅酸蓄电池铅回收业	19	白酒制造业	31	纺织行业（棉印染）
8	氯碱工业（聚氯乙烯）	20	烟草加工业	32	啤酒制造业
9	纯碱行业	21	彩色显像（示）管生产	33	食用植物油工业（豆油和豆粕）
10	氧化铝业	22	镍选矿行业	34	制革行业（猪轻革）
11	葡萄酒制造业	23	钢铁行业（中厚板轧钢）	35	炼焦行业
12	印制电路板制造业	24	人造板行业（中密度纤维板）	36	石油炼制业

清洁生产标准规定在达到国家和地方环境保护标准的基础上，根据当前的行业技术、装备水平和管理水平，相关企业清洁生产的一般要求，清洁生产标准分为三级，一级代表国际清洁生产先进水平，二级代表国内清洁生产先进水平，三级代表国内清洁生产基本水平。

7.2.3 行业相关政策

1. 行业准入条件（标准）

为加快推动行业产业升级，规范行业生产秩序，引导行业公平竞争，促进结构调整、遏制低水平重复建设和产能盲目扩张，保护生态环境，推进节能减排，提高资源、能源利用水平，促进行业可持续发展，工业和信息化部同国家发展和改革委员会、生态环境部等制定并发布行业准入条件或行业准入标准，部分行业准入条件（标准）行业名称一览表见表7-3。

表7-3 部分行业准入条件（标准）行业名称一览表

序号	行业名称	序号	行业名称	序号	行业名称
1	轮胎行业	15	废钢铁加工行业	29	黄磷行业
2	焦化行业	16	钼行业	30	印染行业
3	电石行业	17	葡萄酒行业	31	氯碱（烧碱、聚氯乙烯）行业
4	铸造行业	18	铅蓄电池行业	32	乳制品加工行业
5	二硫化碳行业	19	岩棉行业	33	平板玻璃行业
6	建筑防水卷材行业	20	磷铵行业	34	铅锌行业
7	合成氨行业	21	镁行业	35	钨行业
8	石墨行业	22	氟化氢行业	36	锡行业
9	玻璃纤维行业	23	日用玻璃行业	37	锑行业
10	木材防腐行业	24	多晶硅行业	38	电解金属锰行业
11	稀土行业	25	水泥行业	39	铁合金行业
12	轮胎翻新行业	26	纯碱行业	40	铜冶炼行业
13	废轮胎综合利用行业	27	粘胶纤维行业	41	萤石行业
14	再生铅行业	28	农用薄膜行业	42	耐火粘土（高铝粘土）行业

行业准入条件在生产布局、工艺与装备、产能/产值、产品质量、能源消耗、环境保护、安全生产、职业健康等方面进行了要求或限定。

2. 行业规范条件

为进一步加快产业转型升级，促进行业技术进步，提升资源综合利用率和节能环保水平，推动行业高质量发展，工业和信息化部制定并发布行业规范条件，部分行业规范条件行业名称一览表见表 7-4。

表 7-4　部分行业规范条件行业名称一览表

序号	行业名称	序号	行业名称	序号	行业名称
1	循环再利用化学纤维（涤纶）行业	14	建筑垃圾资源化利用行业	27	废矿物油综合利用行业
2	石墨行业	15	稀土行业	28	光伏制造行业
3	焦化行业	16	钨行业	29	再生化学纤维（涤纶）行业
4	废旧轮胎综合利用行业	17	铅蓄电池行业	30	汽车动力蓄电池行业
5	铝行业	18	铁合金、电解金属锰行业	31	水泥行业
6	镁行业	19	锡行业	32	平板玻璃行业
7	铅锌行业	20	废塑料综合利用行业	33	耐火材料行业
8	铜冶炼行业	21	电镀行业	34	海洋工程装备（平台类）行业
9	印染行业	22	内燃机行业	35	玻璃纤维行业
10	新能源汽车废旧动力蓄电池综合利用行业	23	锂离子电池行业	36	制革行业
11	粘胶纤维行业	24	高强度紧固件行业	37	船舶行业
12	工业机器人行业	25	热处理行业		
13	再生铅行业	26	钢铁行业		

行业规范条件是在行业准入条件的基础上进行制定的，其主要内容与行业准入条件基本相似，包括企业布局、工艺装备、质量管理、资源消耗、环境保护、安全生产、职业健康、社会责任、规范管理等。新的行业规范条件发布后，旧的行业准入条件将停止使用。例如，《废旧轮胎综合利用行业规范条件（2020 年本）》替代了《轮胎翻新行业准入条件》和《废轮胎综合利用行业准入条件》。

3. 产业政策

产业政策是政府为了实现一定的经济和社会目标而对产业的形成和发展进行干预的各种政策的总和。产业政策由国家或地方政府制定，目的在于引导国家或地方产业发展方向、引导推动产业结构升级、协调产业结构、使国民经济健康可持续发展。产业政策除了行业准入条件（行业规范条件）外，还包括产业目录、产业发展政策、专门规定、综合性文件等。我国的产业政策极少以法律的形式出现，主要为"规划""目录""纲要""决定""通知""复函"之类的文件，例如，《产业结构调整指导目录》《鼓励外商投资产业目录》《汽车产业发展政策》《钢铁产业发展政策》《造纸产业发展政策》《固定资产投资项目节能评估和审查暂行办法》《关于抑制部分行业产能过剩和重复建设引导产业健康发展的若干意见》《"十四五"全国清洁生产推行方案》等。这些产业政策体现了以下三种类型。

1）产业组织政策

产业组织政策是指为了获得理想的市场效果，由政府制定的干预市场结构和市场行为，调节企业间关系的公共政策。由于市场力量无法避免过度竞争，也不能防止大规模企业凭借其垄断地位，采用共谋、卡特尔和价格歧视等不正当手段来获取高额利润、抑制竞争。为了维持正常的市场秩序，促进有效竞争，政府有必要制定相关政策，规范企业的市场行为。通常是从鼓励竞争、限制垄断、鼓励专业化和规模经济、限制过度竞争的角度制定相关的产业组织政策。包括市场结构控制政策和市场行为控制政策，通过法律、行政和经济途径进行体现。

2）产业结构政策

产业结构政策是指政府制定的通过影响与推动产业结构的调整和优化来促进经济增长的产业政策，可分为产业调整政策和产业援助政策两类，前者的目标在于产业结构合理化，后者的目标是使产业结构高级化（高度化）。产业结构政策既是经济增长的内在要求，又是各国经济发展战略的体现。无论是合理化还是高级化，都离不开技术创新的支持，因此，产业结构政策的核心是推动技术创新。

3）产业技术政策

产业技术政策是指国家对产业技术发展实施指导、选择、促进与控制的政策总和。当产业技术的投资风险无法由企业来独立承担时，国家有必要对产业技术进行管理和政策介入。对于具有公共产品性质的技术成果，国家必须有相关政策进行保护和支持。对技术开发资金不足或重复投资的问题，为了防止技术创新的中断，实现资源最优配置，国家应该以适当的经济手段对技术开发进行有效的指导、扶持和协调。产业技术政策可分为指导政策、组织政策和奖惩政策。指导政策是指产业技术的发展目标、具体规划和指导各技术进步主体的行为的相关政策；组织政策是指政府主持或参与旨在加速推进产业技术进步的各种组织制度与组织形式的安排；奖惩政策是指政府通过制定直接或间接的经济刺激和制裁政策，对民间科研机构、企业的研究开发及技术引进、扩散工作进行激励，对技术进步迟缓或缺乏技术进步具体规划和措施者实施经济惩罚。

7.3　清洁生产经济效益

清洁生产的目标是：节能、降耗、减污、增效。注重从源头寻找使污染最小化的途径，减少或消除污染物排放，从而节省污染物控制设施的投资，通过节能、降耗、减污就可以直接或间接地从各方面提高经济效益。

企业的目标之一是追求利润最大化，因此企业实施清洁生产的内驱力之一就在于清洁生产审核后能否取得较好的经济效益，企业清洁生产审核期间所实施的清洁生产方案就是企业进行清洁生产活动的具体体现。因此通过核算企业实施清洁生产方案前后的经济效益变化，就可以获得清洁生产的直接经济效益，当然也存在着潜在或间接经济效益。

7.3.1　经济效益的统计方法

清洁生产突破了传统的"末端"管理模式，注重从源头寻找使污染最小化的途径，减少或消除污染物排放，节省了污染物控制设施的投资，当然也伴随着节能降耗，这些都直接或间接地从各方面提高了经济效益。

1. 直接经济效益

（1）生产成本的降低。设备维护费用的减少，原辅材料、能源和水耗的减少，原材料替代引起的费用减少，废物减少引起的处理费用减少，从废物中回收利用有用资源的经济效益、人员精简引起的费用增加。

（2）销售的增加。产品合格率增加的收益，回收副产品的收益，优质产品和绿色产品的增值。

（3）其他收益。企业声誉提高，扩大市场占有率等。

2. 间接经济收益

（1）环境保护的效益。污染物达标排放使企业可以正常经营带来利润；污染物排放量减少可以降低企业的污染物应纳税额，减少排放污染物导致污染所造成的经济损失。

（2）其他收益。生产环境质量的提高、绿色产品的应用将会提高企业员工及产品使用者的健康水平，等等。

7.3.2　主要经济评估指标

经济评估是以项目投资所能产生的效益为评价内容，通过分析比较，选择效益最佳的方案，为投资决策提供依据。经济评估的方法主要采用现金流量分析和动态盈利能力分析方法。主要经济评估指标如下。

$$总投资费用（I）= 总投资-补贴$$

$$= 建设投资 + 建设期利息 + 流动资金-补贴$$

$$净现金流量（F）= 现金流入-现金流出$$

$$= 营业收入-经营成本-各类税 + 折旧费$$

$$= 净利润 + 折旧费$$

$$投资偿还期（N）= 总投资费用/净现金流量$$

净现值（NPV）指项目经济寿命期内（或设备折旧年限内）将每年的净现金流量按规定的折现率折算到同一时间（一般为投资期初）的现值总和与总投资费用的差值，计算公式如下：

$$\text{NPV} = \sum_{j=1}^{n} \frac{F}{(1+i)^j} - I$$

式中，i 为折现率；n 为项目寿命周期（或折旧年限）；j 为年数。

内部收益率（IRR）指使投资方案在整个经济寿命期内（或折旧年限内）累计逐年现金流入的总额等于现金流出的总额时的折现率，即投资项目在计算期内，使净现值为零的折现率。计算公式如下：

$$\text{NPV} = \sum_{j=1}^{n} \frac{F}{(1+\text{IRR})^j} - I = 0$$

计算内部收益率的简易方法可用视差法：

$$\text{IRR} = i_1 + \frac{\text{NPV}_1(i_2 - i_1)}{\text{NPV}_1 + |\text{NPV}_2|}$$

式中，i_1 为净现值 NPV_1 为接近于零的正值时的折现率；i_2 为净现值 NPV_2 为接近于零的负值时的折现率；NPV_1、NPV_2 分别为试算折现率 i_1 和 i_2 时对应的净现值。i_1 和 i_2 可查表获得，i_1 和 i_2 的差值不应当超过 1%～2%。

经济评估准则如下。

（1）投资偿还期（N）应小于定额投资偿还期（视项目不同而定）。定额投资偿还期一般由各个工业部门结合企业生产特点，在总结过去建设经验统计资料基础上，统一确定的回收期限，有的也是根据贷款条件而定。一般：中费项目 $N<$（2～3）年；较高费项目 3 年$\leqslant N<$5 年；高费项目 5 年$\leqslant N<$10 年。

（2）净现值＞0。

（3）内部效益率＞基准收益率（或行业收益率，或银行贷款利率）；当有多个方案比较时，应选择内部收益率最大值者。内部收益率（IRR）是项目投资的最高盈利率，也是项目投资所能支付贷款的最高临界利率，如贷款利率高于内部收益率，则项目投资就会造成亏损。因此，内部收益率反映实际投资效益，可用以确定接受投资方案的最低条件。

7.4　企业的清洁生产审核报告编制

《清洁生产审核指南　制订技术导则》（HJ 469—2009）列出"企业清洁生产审核报告内容框架"，一些省、自治区、直辖市也颁发了清洁生产审核报告编制技术导则或指南，例如，北京市地方标准《工业企业清洁生产审核报告编制技术规范》（DB11/T 1040—2013）、北京市地方标准《服务业清洁生产审核报告编制技术规范》（DB11/T 978—2013）、湖南省地方标准《工业企业自愿性清洁生产审核报告编制技术规范》（DB43/T 1129—2015）、北京市地方标准《农业企业清洁生产审核报告编制技术规范》（DB11/T 1406—2017）、《广东省清洁生产审核报告编制技术指南》、《甘肃省清洁生产审核报告编制指南》、《上海市清洁生产审核报告编制技术导则》等。

7.4.1　清洁生产审核报告总体要求

（1）清洁生产审核报告应包括封面、扉页、目录、正文等。

（2）报告封面应注明审核企业名称、本轮审核起止时间、企业形象的照片、编制单位名称、编制时间。

（3）报告扉页应包含企业与审核咨询服务机构的承诺。企业应承诺在审核过程中提供的相关信息与数据真实可信，涉及的审核环节完整全面地覆盖了审核范围，同意审核结论公开；审核咨询服务机构应承诺审核报告编制真实、规范。企业与审核咨询服务机构在审核报告的扉页上加盖公章。

（4）清洁生产审核报告应真实、全面地反映企业的实际情况，体现企业的特点，数据采集应以企业统计报表、入库单、发票、审计报告等为依据。

（5）审核报告应体现清洁生产审核"发现问题、分析问题、解决问题"的总体思路。对能源、资源消耗等主要数据的表述，应做到"一表一图一分析"，即通过表格列出数据，以图示（柱形图、饼形图等）直观地反映出数据变化趋势或分布情况，结合企业实际分析原因并针对性地提出解决或改进的方案。

7.4.2　企业清洁生产审核报告编写要求及内容

企业清洁生产审核报告的内容包括前言、审核准备、预审核、审核、方案产生与筛选、方案确定、方案实施、持续清洁生产、结论、附件 10 个部分。

1. 前言

1）项目背景

概述企业基本情况，包括企业成立时间、主要发展历程、生产及经营范围、目前主要产品等基本信息。列入年度清洁生产审核名单的审核企业，应在本部分列出名单发布文件的名称及文号，注明属于"强制性清洁生产审核"或"自愿性清洁生产审核"性质。

对于已开展过清洁生产审核的企业，应描述上一轮清洁生产审核的实施情况（所列名单、审核咨询服务机构、审核重点、清洁生产目标）及评估验收情况（评估验收时间、审核结论），并重点阐述上一轮审核后持续清洁生产方案的完成情况等。

说明开展本轮清洁生产审核的背景、缘由及目的，企业存在的主要资源和环境问题，开展本轮审核所解决的主要问题等。

2）审核依据

列出企业清洁生产审核适用的相关法律、法规、规范性文件及标准。

2. 审核准备

叙述企业高层领导支持和参与清洁生产工作的主要做法，描述审核小组的组成、审核工作计划、宣传和教育情况、审核障碍克服等。

1）审核小组

清洁生产审核小组组长是一般由企业高层领导人兼任，小组成员数量根据企业的实际情况来定，通常由生产管理、环保、技术、设备、材料供应、质量保证和财务等清洁生产有关部门的审核重点车间的负责人、主要工艺技术人员组成。小组成员须至少有一名财务管理人员，各小组成员应明确职责分工，积极参与审核工作。

编制"清洁生产审核小组成员表"。

2）审核工作计划

审核工作计划应包括清洁生产审核各阶段的具体工作内容、时间进度、责任部门、职责分工等。审核工作计划应确保与实际工作情况相适应，工作安排及内容真实可信。

编制"清洁生产审核工作计划表"。

3）宣传教育与培训

应全面阐述企业在生产经营活动中对清洁生产理念的宣传，真实描述企业组织派员参加清洁生产审核师培训或其他相关活动的情况。阐述企业主要宣传内容、培训方法与途径及员工对清洁生产的知晓率。

4）障碍分析

企业在开展清洁生产审核工作过程中，不可避免地会遇到各种困难和障碍，应在报告中对其进行分析，并对清洁生产审核障碍表现及解决方法加以阐述。

5）建立清洁生产的激励机制

企业开展清洁生产审核应制定相应合理的清洁生产管理制度和激励机制，以保障清洁生产的有效持续进行。

3. 预审核

介绍企业基本情况、详细分析企业生产状况、环境管理状况、清洁生产水平，并分析确定审核重点和清洁生产目标。

1）企业基本情况

（1）企业生产经营概况。一般包括：①企业全称及报告中将要使用的简称；②生产经营活动场所地址及所在行政区、工业园区；③企业性质、注册资金、法人代表、建厂日期、占地面积等基本信息；④企业清洁生产工作联系人及联系方式；⑤企业所属行业及行业代码；⑥主要产品、产量、产值；⑦员工人数、年生产天数、班次等；⑧企业历史发展沿革及未来发展规划。

（2）企业组织机构。以图表和文字的形式描述主要职能部门的名称，所属主要职责，并明确能源、环保管理的主要职能部门名称。

绘制"企业组织架构图"和编制"企业各部门/车间主要功能/职责表"。

（3）地理位置。企业所在地的地理位置（生态环境）等基本情况及企业厂区周边情况。如企业地处水源保护区、准水源保护区或其他环境敏感区范围的，应予以注明。简述企业周边敏感环境目标分布情况。

绘制"企业所在地理位置示意图"。

（4）厂区布置。描述其厂区内的主要区域、车间及用途。如一个厂区内有多家企业的，应在平面图上对边界予以明确标注。厂区平面图应标明废气排口、废（雨）水排口、敏感噪声排放点位及一般固体废物、危险废物储存场所位置。

绘制"企业平面布置图"。

2）企业生产状况

（1）产品生产（或提供服务）与销售。明确阐述企业所生产的各类产品（或提供的各类服务）及近三年的产量与产值。对于仅从事销售或委外加工的产品，应与其他由企业自行生产加工的产品分开列举。对产品的包装、储存方式进行阐述。说明企业产品是否属于国家明令禁止或淘汰目录。

编制"近三年主要产品产量及产值情况表"。

（2）生产工艺。针对企业主要产品的生产工艺及过程控制状况采用工艺流程图（示意图）、说明表等形式加以描述和分析。工艺流程图标注输入输出，并明确生产过程中污染物名称及产生和排放部位。对照国家相关目录，说明企业是否采用国家明令禁止或淘汰的工艺等。

对于涉及重金属的工艺过程，应明确重金属投入环节及转化去向，并分析其可替代性。对于涉及使用和排放有毒有害物质的工艺过程，应明确有毒有害物质的投加与排放部位，并分析其可替代性。

绘制"主要生产工艺流程图（说明表）"。

（3）原辅材料种类与消耗。对应产品生产情况，列表说明企业所消耗的原辅材料名称及近三年消耗量，分析主要原辅材料（消耗量大、环境风险大、有毒有害物质）的单耗情况。具有行业/企业产品原辅材料单耗指标的，应对其产品的单耗指标进行描述和分析（如材料利用率、产品一次合格率等）。同时应明确是否存在我国法律法规禁用或限用的物质。

对于使用有毒有害物质为原辅材料的企业，应充分分析其所使用的有毒有害物质的种类、化学性质及对人体健康和环境的危害性、企业储存及使用过程中的管理状况等。

编制"近三年主要原辅材料使用情况表"和"主要原辅材料安全环境因素分析表"。

（4）水源消耗。详细阐述企业自来水、河道水等资源的消耗与管理状况。列表并分析近三年的水源消耗量及单耗变化情况。结合企业生产过程，绘制饼形图、比例表等，全面分析各部门水源消耗的分配比例、波动情况、单耗变化等。

编制"近三年用水情况表"，绘制"水平衡图"和"用水计量情况示意图"。

（5）能源消耗。详细阐述企业电力、蒸汽、天然气、柴油等各类能源的消耗与管理状况。列表并分析近三年的各类能源的消耗量及单耗变化情况，计算综合能耗时需注明所采用的折标系数。结合企业生产过程，绘制饼形图、比例表等，全面分析各类能源消耗的分配比例、波动情况、单耗变化等。分析企业余热产生及利用情况，并提出综合利用措施。阐述企业能源（资源）计量器具配备情况，对计量器具配备和管理状况进行评价。对于重点用能企业，审核小组应对企业的能源管理机构进行评价，是否有专职人员、专职管理机构及管理制度和体系等。

编制"近三年能源消耗情况表"，绘制"能源计量情况示意图"和"全厂能源流向图"。

（6）主要生产设施与设备。列表并阐述企业现有主要生产设备、辅助设施等，注明设备型号、功率、投用日期、年运行时间等，并分析其运行状况。明确是否存在国家明令淘汰的机电设备，如有国家明令淘汰的设备，应列出。其中需限期淘汰的，应在规定期限内淘汰；无淘汰期限的，应提出改造计划。

列举企业主要能耗设备，并根据其投用年限、设备型号、维护保养与管理水平等方面分析其能效状况。

3）环境管理状况

（1）企业环境管理现状。明确企业是否建立了环境管理体系并取得认证，全面阐述与评价企业日常环境管理、环保设施与污染物排放监控等环境管理水平状况。

对于取得 ISO 14001 管理体系认证的企业，应阐述其体系运行及认证有效性保持情况。列表说明企业已建立的环境管理体系（如法律法规的获取制度、建设项目环境评价制度、环境监测制度、环保培训制度、合理化建议制度、内审及管理评审制度等）。对于未取得认证的企业，应分析现有环境管理体系建立及执行情况，并督促企业建立完善环境管理体系。

（2）环保法规执行情况。梳理企业历年来的新、改、扩建项目，列表说明其环境评价与"三同时"制度执行情况，并注明审批单位、批复日期、批文号及批复产能。对于未能严格执行环境评价和"三同时"制度的，应客观说明具体情况。阐述企业排污许可证、环境监测、环保处罚、投诉、环境污染事故等方面的情况，企业排污许可证/环境评价批复总量的控制情况。如有环保处罚，应说明处罚时间、处罚部门、主要环境违法行为、处罚内容，采取的整改措施是否完成等。

编制"近三年排污费缴纳情况表""企业环保审批、验收手续履行情况表""执行环境标准与达标情况表""企业近三年污染物排放总量与控制情况表"等。

（3）环境风险与应急预案。企业近三年有无重大污染事故及处理情况。阐述企业环境风险管理和应急响应相关制度的建立和演练情况，明确企业环境应急预案备案情况。对于已经向环保主管部门备案的企业，列出其环境风险等级并描述环境风险防范措施的落实情况。对于尚未向环保主管部门备案企业，建议企业完成环境风险应急预案的建立和备案。

（4）产排污及环保设施。分别阐明企业废气、废水、固体废物、噪声等污染物产生与排放情况，说明主要污染因子（常规及特征因子），明确排放去向。分析阐述企业各环保设施的运行与维护保养情况，列出处理工艺流程，明确实际处理量与设计处理能力的关系并分析其处理效率，评价排放口规范化情况。明确列出企业应执行的污染物排放标准，并根据日常监测数据评价企业排放达标与否。具备在线监测条件的，应说明在线监测设备的运行状况及监测达标情况。列表说明企业一般固体废物和危险废物的种类、产生量、处理去向及其合规性等。对于储存、处置不当的，应明确整改要求。涉及重金属污染的企业应分析其重金属污染物的产生与排放环节，提出相应的整改或改进措施。涉及辐射许可的，应描述具体信息。

编制"污染物产生节点及原因分析表""废水污染物产生情况表""近三年废水排放水质监测情况表""近三年废水污染物排放总量情况表""废气污染物产生情况表""近三年废气排放监测情况表""近三年废气污染物排放总量情况表""近

三年固体废物产生量、种类及处理处置情况表""主要噪声源强度表""近三年厂界噪声监测情况表"等，绘制"废水处理工艺流程图"和"废气处理工艺流程图"。

4）清洁生产水平评价与潜力分析

对于已经发布清洁生产评价指标体系的行业，参照标准逐一对照，评定企业在行业内的清洁生产水平。

对于未发布清洁生产评价指标体系的行业，参照清洁生产评价指标体系中生产工艺及装备、资源和能源消耗、污染物产生、产品特征、清洁生产管理等指标进行企业现状评价。基准值可参考政府有关机构发布的能效指南、单位产品能耗限额、行业准入条件、行业统计数据进行分析比较，或根据企业历史最佳水平进行客观分析比较。应给出详细评价说明。

在上述工作的基础上，对企业在工艺技术与装备、资源能源利用效率、产污排污水平、废物回收与综合利用、产品、人员素质与管理等方面的清洁生产潜力作出分析结论。

编制"审核前企业清洁生产水平评价表"。

5）确定审核重点

依据前阶段的工作情况，选定企业备选审核重点。备选审核重点可以为某一分厂、某一车间、某一工段、某个操作单元，也可以是某一种物质（如原辅材料、污染物）、某一种资源（如水）、某一种能源（如蒸汽、电）等。从能耗高、物耗高、污染重、风险大、公众压力大、有明显清洁生产机会等多角度地、全方位地筛选出本轮清洁生产审核重点。审核重点的确定应理由充分，便于下阶段工作的开展，并符合企业清洁生产审核的关注重点与要求。审核重点的描述应界定该审核重点的边界。

"双超"企业、环保重点监控企业应把削减污染物排放浓度和总量作为优先考虑因素；超过单位产品能源消耗限额标准构成高耗能的企业、能耗重点监控企业应把节能作为优先考虑因素；"双有"企业应把减少有毒有害物质的使用和排放及潜在环境风险控制作为重要考虑因素。

确定审核重点的方法有简单比较法和权重总和计分排序法。

编制"备选审核重点比较/权重总和计分排序情况表"。

6）设置清洁生产目标

依据选定的审核重点，制定切实可行且能够促进企业完成企业清洁生产审核初衷的清洁生产目标。所确定的目标应符合国家、地方及行业对企业提出的节能减排指标的要求。

"双超"企业清洁生产目标设置应能使企业在规定的期限内达到国家或地方污染物排放标准、核定的主要污染物总量控制指标、污染物减排指标；"高耗能"企业清洁生产目标设置应能使企业在规定的期限内达到单位产品能源消耗限额标准；"双有"企业清洁生产目标设置应能体现企业有毒有害物质减量或减排要求。

对于生产工艺及装备指标、资源和能源消耗指标、产品特征指标、污染物产生指标、资源综合利用指标及清洁生产管理指标设置至少达到行业清洁生产评价指标三级基准值的目标。

设置原则如下。

（1）清洁生产目标既包括针对全厂的总体清洁生产目标，也包括针对审核重点的具体清洁生产目标。

（2）目标设置应定量化、可操作并有激励作用。要求不仅有节能、降耗、减污的绝对量指标，还要有相对量指标。

（3）明确近期目标与中远期目标。目标的设定应为清洁生产审核后期可进行考核或验证的。现状应选取启动清洁生产审核工作前一年的统计数据。近期目标的设定期限应考虑到方案的实施时段，并能够在此轮清洁生产审核过程中完成。中远期目标期限可根据实际情况确定，但原则上不应超过 5 年。

设置依据如下。

（1）根据外部的环境管理要求，如达标排放、限期治理、能耗要求等。

（2）根据本企业历史最高水平。

（3）行业清洁生产评价指标体系相关指标或标准的要求。

（4）参照国内外同行业、类似规模、工艺或技术装备的厂家的水平。

编制"企业清洁生产目标表"。

7）预审核阶段的清洁生产方案

预审核阶段，通过资料调研分析，特别是现场考察和座谈，针对全厂范围内发现的问题，提出清洁生产方案，多数为清洁生产无低费方案，可迅速采取措施即显而易行的方案。列表说明在预审核阶段已经提出或已实施的方案。

编制"预审核阶段清洁生产方案汇总表"。

4. 审核

针对审核重点进行深入调研和分析，采用物料平衡、能量平衡等方法定量地评价审核重点的物料流向、能量流向，对审核重点的物质流、能量流进行全面分析，发现生产过程中物料流失、能量损失及废物产生的环节，分析问题产生的原因及制定对策。重点是实测输入输出物料、能量，建立物料、能量平衡，进行物质流、能量流分析，发现问题并分析问题产生原因。

1）审核重点概况

绘制"审核重点平面布置图"，描述审核重点的工艺流程，分析工艺过程中的输入（物料、水、能量）及输出（产品、废物）的情况。绘制"审核重点生产工艺流程图"，标示工艺过程及进入和排出系统的物料、能量及废物的情况。

当审核重点包含较多的单元操作，而一张审核重点生产工艺流程图难以反映各单元操作的具体情况时，应在审核重点生产工艺流程图的基础上，绘制"各单元操作的工艺流程图（标明进出单元操作的输入、输出物质流）"和编制"功能说明表"。

2）输入输出物质流的测定

物料平衡和能量平衡应紧密结合审核重点的生产实际，物料或能源、资源输入输出数据应尽可能地争取条件进行实测。实测时应做到准备工作完善，监测项目、监测点、实测时间和周期等明确，样品采集、检测方法正确规范，并在报告中予以描述。

在不具备实测条件或短时间实测无法全面反应审核重点实际状况时，可采用企业统计数据建立平衡，但应确保采用的统计数据的准确性、全面性、时效性。对产品生产相对稳定的企业，可以采取从月报经核实取其平均值的方法。对产品变化较大的企业，应选择生产量相对较大的具有代表性的产品的数据。

如数据不完整应进行实测，实测要在生产周期内生产正常的情况下进行，数据要有代表性。

编制"审核重点主要输入输出物料统计表"等，将审核重点的输入和输出数据汇总成表。对于输入、输出物料不能简单加和的，可根据组分的特点自行编制类似表格。

3）物料平衡和能量平衡

在测量或统计数据的基础上，绘制"物料平衡图"，并分析各环节的输入输出情况；若审核重点为能量和水利用的，则应绘制"能量平衡图""水平衡图"，分析各环节的能量流、用水去向。

根据物料平衡原理和实测结果，考察输入、输出物质流的总量和主要组分达到的平衡情况。一般说来，如果输入总量与输出总量之间的偏差在 5％以内，则可以用物料平衡的结果进行随后的有关评估与分析，但对于贵重原辅材料、有毒物质等的平衡偏差应更小或应满足行业要求；反之，则须检查造成较大偏差的原因，可能是实测数据不准或存在无组织物料排放等情况，这种情况下应重新实测或补充监测。

工艺流程物料平衡图，以单元操作为基本单位，各单元操作用方框图表示，输入画在左边，主要的产品、副产品和中间产品按流程标示，而其他输出则画在右边。

在工艺流程物料平衡图的基础上，建立并绘制物料平衡（总）图，即用图解的方式将预平衡测算结果标示出来。物料平衡图以审核重点的整体为单位，输入画在左边，主要的产品、副产品和中间产品标在右边，气体排放物标在上边，循环和回用物料标在左下角，其他输出则标在下边。当审核重点涉及贵重原辅材料和有毒物质时，物料平衡图应标明其成分和数量，或每一成分单独编制物料平衡图。

水平衡是物料平衡的一部分。水若参与反应，则是物料的一部分，但在许多情况下，它并不直接参与反应，而是作为清洗和冷却之用。在这种情况下，当审核重点的耗水量较大时，为了了解水耗过程，寻找减少水耗的方法，应另外绘制水平衡图。

水平衡图、能量平衡图应以耗水、耗能部位为单元，从左至右或从上至下描绘水、能量在各个单元之间的流动与消耗。

4）进行物质流分析

在实测输入、输出物质流及物料平衡的基础上，寻找废物及其产生部位，阐述物料平衡结果，对审核重点的生产过程作出评估。主要内容如下。

（1）分析输入物料，可采用输入物料利用率、转化率等来衡量。

（2）分析产品输出物料，可采用产品合格率、得率等来衡量。

（3）确定物料流失部位（无组织排放）及其他废物产生环节和产生部位。

（4）分析废物（包括流失的物料）的种类、数量和所占比例及对生产和环境的影响部位。

若物料平衡和能量平衡方法不足以分析企业清洁生产审核重点的问题环节及其原因，或审核重点难以用平衡方法来表述，可在阐述审核重点物料转移基本情况的基础上，采用其他方法对审核重点深入进行定性和定量的分析，并应充分说明采用该方法的原因及阐述所用方法的原理。

5）问题产生的原因与清洁生产潜力分析

在上述分析的基础上，对审核重点数据进行分析，找出产生问题的关键点。对审核重点的问题分析应从原辅材料和能源、工艺技术、设备、过程控制、管理、员工、产品、废物8个方面加以阐述，且应结合企业和审核重点实际情况，有针对性地提出清洁生产方案。

编制"针对审核重点提出的清洁生产方案"。

5. 方案产生与筛选

1）汇总方案

（1）产生方案。清洁生产方案的数量、质量和可实施性直接关系到企业清洁生产审核的成效。企业应广泛发动群众征集、产生各类方案。属于强制性清洁生产审核的企业，应针对纳入强制性审核的原因，重点征集清洁生产方案。通过清洁生产审核，应推动企业建立清洁生产方案的产生机制，构建起企业内部产生、收集、评价、奖励清洁生产方案的渠道，鼓励员工真正地参与到清洁生产工作中。

"双超"企业、环保重点监控企业应把削减污染物排放浓度和总量作为优先考虑因素；超过单位产品能源消耗限额标准构成高耗能的企业、能耗重点监控企业应把节能作为优先考虑因素；"双有"企业应把减少有毒有害物质的使用和排放及潜在环境风险控制作为重要考虑因素。纳入国家或省节能减排规划、行动方案的企业，应有一个或一个以上有针对性的中高费方案。

（2）方案分类和汇总。对所有的清洁生产方案，不论已实施的还是未实施的，不论是属于审核重点的还是不属于审核重点的，均按原辅材料和能源替代、工艺技术改造、设备维护和更新、过程优化控制、产品更换和改进、废物回收利用和循环使用、加强管理、员工素质的提高及积极性的激励等方面列表简述其内容、投资额和实施后的预期效果。

编制"清洁生产方案分类和汇总表"。

2）筛选方案

可采用两种方法：一是用简单比较法进行初步筛选，二是采用权重总和计分排序法进行筛选和排序。

初步筛选可考虑技术可行性、环境效果、经济效益、实施难易程度及对生产和产品的影响等几个方面，采用简单比较法。

权重总和计分排序法适用于处理方案数量较多或指标较多，相互比较有困难的情况，一般仅用于中高费方案的筛选和排序。

根据上述筛选方案，按可行的方案、初步可行的方案和不可行方案列表汇总全部方案的筛选结果。

编制"方案筛选结果汇总表"。

6. 方案确定

在调研基础上进一步明确方案基本内容，对方案进行技术、环境、经济等方面的可行性分析与比较，从中选择和推荐最佳的可行方案。

1）确定方案

（1）市场调查。受市场影响的分析应对方案的实施可对企业产品的市场份额或经营销售情况产生的变化进行说明。

（2）确定方案基本内容。通过市场调查和需求预测，对方案中的技术途径和生产规模可能会作相应调整，最终确定方案的基本内容。每一方案中可包括2~3种不同的技术途径，以供选择。其内容应包括以下几方面：①方案工艺技术流程详图；②方案实施途径及要点；③主要设备清单及配套设施要求；④方案所达到的技术经济指标；⑤可产生的环境、经济等效益的预测；⑥方案的投资总费用及明细（设备费、安装费等）。

2）技术评估

技术评估应从技术角度分析方案的技术原理、改造前后的变化、技术成熟度和应用情况等，得出技术上是否可行的结论。

编制"方案技术可行性分析表"。

3）环境评估

环境评估应定性和定量描述方案实施前后的污染物排放、生产转化效率、能源资源利用效率、人员劳动效率、管理水平等方面的变化，得出环境上是否可行的结论。特别是对污染物的减排效果的评估需基于定量的理论计算，要有完整的计算过程，并明确数据来源。

编制"方案环境可行性分析表"。

4）经济评估

经济评估应根据方案投资与收益预期，估算方案投资回收期、内部收益率等指标，得出经济上是否可行的结论。

编制"方案经济可行性分析表"。

5）确定最佳可行方案

综合上述分析，汇总列表比较各投资方案的技术、环境、经济评估结果，对所产生的可行方案得出是否推荐实施的最终结论。

编制"方案可行性分析结果表"。

7. 方案实施

逐项阐述无低费方案和中高费方案的实际实施情况，统计汇总方案投资额、经济效益、环境效益等，评价其环境与经济效益是否达到预期，并对比企业审核前后的清洁生产水平，评价其绩效和清洁生产目标的达成情况。

1）方案的实施情况及成果汇总

（1）无低费方案的实施情况及成果汇总。应有方案实施的时间、投资明细、实施情况、环境效益、经济效益等。

编制"无低费方案实施进度表"，"无低费方案实施情况及成果汇总表"。

（2）中高费方案的实施情况及成果汇总。应有实施进度表，方案实施的时间、投资明细、实施情况、环境效益、经济效益等。

宜采用甘特图形式编制"中高费方案实施进度表"，编制"中高费方案实施情况及成果汇总表"。

方案实施的绩效应真实可信，阐明经济与环境效益的计算依据、数据来源及统计时间段。方案的投资应提供相应证据，经济与环境效益应能从相关书面材料、信息管理系统等途径加以证实。进行效益分析时应有合理统计依据与明确的计算过程，如无法定量计算的需说明效益评价的方法。

配置"典型清洁生产方案实施前后图片"。

2）实施清洁生产方案效果汇总

对方案实施的实际投资总额及实施后取得的经济与环境效益量化数据分别进行汇总。

编制"已实施方案经济效益和环境效益汇总表"。

3）已实施方案对企业的影响

依据审核后企业的产量、产值及能源、资源、原辅材料消耗等主要数据，对比审核前后企业单位产品指标的变化情况。企业产品结构、工艺、厂区布局等发生较大变化的，应结合指标变化予以分析、说明。重点考察审核后企业各项生产指标水平（物耗、能耗和水耗等）、有毒有害物质使用情况、产排污情况等的影响。

编制"审核前后企业各项指标对比表"。

依据清洁生产方案的实施成果，评价清洁生产目标的达成情况。对照预审核阶段的清洁生产水平评价，阐述企业清洁生产水平变化情况，评价审核后企业的清洁生产水平。相关目标达成情况应采用验收前最新数据。

编制"清洁生产目标完成情况表"和"审核后企业清洁生产水平评价表"。

8. 持续清洁生产

阐明企业持续开展清洁生产工作的组织机构、通过清洁生产审核得以完善的环境管理体系及持续开展清洁生产工作的制度保障、持续推进清洁生产的工作计划等。

1）建立和完善清洁生产组织

建立有固定机构、任务明确的持续清洁生产审核小组。

2）持续清洁生产组织与管理制度

已通过 ISO 14001 管理体系认证的企业，应将清洁生产相关管理制度纳入体系文件，将清洁生产工作制度化、程序化、常态化。未建立环境管理体系的企业，应建立和制定促进清洁生产工作持续、深入推进的组织机构和管理制度。

3）持续清洁生产计划

企业应结合本轮审核的实际成果，制定出今后几年的持续清洁生产计划，并明确具体项目，实施时间和负责部门。审核小组应结合政策导向，引导企业积极加强环保、能源、低碳等方面的管理，并实践实施行之有效的新型管理模式。

编制"企业持续清洁生产计划表"。

9. 结论

简明扼要概括企业本轮清洁生产审核的工作及所取得的成效，量化描述无低费方案和中高费方案的个数与投资、效益等汇总数据。企业审核后能耗、物耗和产污、排污现状所处水平及其真实性、合理性评价；是否达到所设置的清洁生产目标；企业清洁生产水平评价。本轮清洁生产审核工作中企业还存在的问题及持续改进建议。

结论应言简意赅且真实可信。数据统计口径应与报告正文保持一致。

10. 附件

附件应包括：①企业法人营业执照复印件；②企业排污许可证正本的复印件；③环境评价批复及环保验收文件复印件；④企业审核前与审核后的污染物排放监测报告复印件；⑤危险废物处理处置合同、处置单位资质证明及转移联单复印件；⑥企业实施方案的证明文件（相关合同、票据等复印件）；⑦企业清洁生产管理制度和激励制度复印件；⑧评估验收/验收申请表和审核绩效表；⑨其他必要的证明材料；⑩报告修改清单（实施稿）。

7.5　工业园区的清洁生产审核

工业园区是一个国家或区域的政府根据自身经济发展的内在要求，通过行政手段划出一块区域，聚集各种生产要素，在一定空间范围内进行科学整合，提高工业化的集约强度，突出产业特色，优化功能布局，使之成为适应市场竞争和产业升级的现代化产业分工协作生产区。工业园区可以由企业自发集中而形成，也可以由政府主导规划设计。我国的工业园区包括各种类型的开发区，如：国家级经济技术开发区、高新技术产业开发区、保税区、出口加工区及各类省级工业园区等。

7.5.1　工业园区清洁生产审核的进展

自 2012 年以来，我国在逐步推行工业园区清洁生产的政策引导工作方面出台了一些政策，截至 2021 年底，已经出台的主要政策见表 7-5。

表 7-5　我国颁布的工业园区清洁生产审核相关政策一览表

序号	相关政策名称	相关内容	时间
1	《工业清洁生产推行"十二五"规划》	"十二五"期间，省级以上工业园区企业清洁生产水平大幅度提升。	2012.03
2	《2017 年工业节能与综合利用工作要点》	研究推进中小企业清洁生产水平提升的实施方案，开展重点行业快速清洁生产审核和工业园区、集聚区整体清洁生产审核试点。	2017.03
3	《关于加强长江经济带工业绿色发展的指导意见》	鼓励探索重点行业企业快速审核和工业园区、集聚区整体审核等新模式，全面提升沿江重点行业和园区清洁生产水平。	2017.07
4	《关于深入推进重点行业清洁生产审核工作的通知》	积极探索行业、工业园区和企业集群整体审核模式，提升行业、工业园区和企业集群整体清洁生产水平，有条件的地区可开展政府购买第三方清洁生产审核服务试点；探索清洁生产审核制度与排污许可制度相衔接的模式，将排污许可证申领、登记与实施情况纳入审核内容，以清洁生产审核支撑排污许可证科学核发，促进排污许可规范实施与常态管理。	2020.10

续表

序号	相关政策名称	相关内容	时间
5	《"十四五"循环经济发展规划》	探索开展区域、工业园区和行业清洁生产整体审核试点示范工作。	2021.07
6	《"十四五"全国清洁生产推行方案》	选取100个园区或产业集群开展整体清洁生产审核创新试点，探索建立具有引领示范作用的审核新模式，形成可复制、可推广的先进经验和典型案例。	2021.10
7	《2030年前碳达峰行动方案》	以提升资源产出率和循环利用率为目标，优化园区空间布局，开展园区循环化改造。推动园区企业循环式生产、产业循环式组合，组织企业实施清洁生产改造，促进废物综合利用、能量梯级利用、水资源循环利用，推进工业余压余热、废气废液废渣资源化利用，积极推广集中供气供热。搭建基础设施和公共服务共享平台，加强园区物质流管理。到2030年，省级以上重点产业园区全部实施循环化改造。	2021.10
8	《关于做好"十四五"园区循环化改造工作有关事项的通知》	园区重点企业全面推行清洁生产，促进原材料和废物源头减量。	2021.12

在2012年之前，国家对整个工业园区清洁生产审核工作未作专门要求，未出台推进工业园区清洁生产审核的专门性政策，对园区清洁生产审核工作的要求不具体，缺乏指导性的标准规范或政策文件。审核主体依然是园区中的企业，通过提高被审核企业的清洁生产水平来促进整个工业园区的整体工业生态化水平。一些省、自治区、直辖市根据本地的实际情况，尝试开展工业园区的整体清洁生产审核工作，2013年江西省发布了《江西省省级清洁化工业园区创建管理试行办法》（赣工信节能字〔2013〕171号），河北省颁发了《关于开展清洁生产试点示范园区创建工作的意见》（冀工信节〔2013〕198号）；2016年广东省环境保护厅、经济和信息化委员会发布了《广东省电镀工业园区清洁生产评价指标体系（试行）》，等等。2016年四川省启动工业园区推进清洁生产审核试点示范项目，新津工业园成为省内首个整体纳入清洁生产审核试点的园区。以上这些工作都可为工业园区清洁生产审核模式提供借鉴。近年来，国家有关部门陆续发布涉及工业园区清洁生产审核的政策，突破了原有审核思路，要求将清洁生产审核的实施对象和适用范围进一步扩大到工业园区层面。随着《"十四五"全国清洁生产推行方案》的发布，新一轮工业园区清洁生产审核实践工作将在我国各地落实，然而《"十四五"全国清洁生产推行方案》没有涉及工业园区清洁生产审核的思路、原则、标准及规范等。

7.5.2 工业园区清洁生产审核框架

工业园区清洁生产审核是将工业园区作为一个整体，以园区内每个企业清洁生产审核为基础，综合运用清洁生产、生态工业园区和循环经济理论，评估工业园区整体清洁生产水平。工业园区清洁生产审核框架包括 4 个部分：①根据生态工业的特征：循环性、群落性、增值性和持续性，对园区内企业的类型进行分析和评价；②对园区内企业个体的清洁生产情况进行分析和评价；③对园区内各企业之间的物质、能量、信息高效利用的途径进行分析和评价，是否搭建生态工业链条和物质循环利用网络？是否建立园区能源及资源的集中供应设施？园区主要污染物是否集中处理？效率如何？④从"节能、降耗、减排、增效"的角度，定量地对工业园区整体的清洁生产水平进行分析和评价。工业园区清洁生产审核框架见图 7-2。

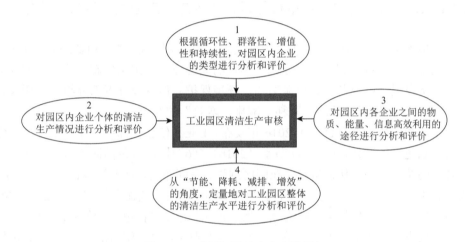

图 7-2　工业园区清洁生产审核框架

7.5.3　工业园区清洁生产评价指标体系

已经有一些地方标准或文件对工业园区清洁生产评价进行规定，例如，2014 年天津市出台《工业园区清洁生产评价规范》（DB12/T 525—2014），从资源能源、污染控制、经济技术、园区管理 4 个方面提出清洁生产的指标要求，但该标准已于 2022 年 4 月 20 日废止。2016 年广东省发布《广东省电镀工业园区清洁生产评价指标体系（试行）》（粤环〔2016〕48 号），提出电镀工业园区清洁生产评价指标项目、权重及基准值，其中一级指标包括生产工艺及装备指标、资源和能源利用指标、污染物集中治理指标、园区管理指标四类。从这些指标的内涵看，与现行的单一企业清洁生产评价指标体系差别不大，没有体现工业产业园的特点。

2022 年 1 月，广东省清洁生产协会对广东省《工业园区　清洁生产评价指标体系》、《电镀工业园区　清洁生产评价指标体系》、《纺织工业园区　清洁生产评价指标体系》及《陶瓷工业园区　清洁生产评价指标体系》共四项团体标准进行立项评审，在工业园区清洁生产评价指标体系的建立方面进行尝试。

本书认为，在构建工业园区清洁生产评价指标体系时，应依据产业生态学理论，注重从企业之间废物交换的角度出发，设定涉及园区内部物质资源能源利用率和企业关联度的评价指标，以突出园区作为整体进行清洁生产审核的优势。当然还应考虑清洁能源的利用情况、资源能源利用率、污染物排放水平、清洁生产技术的应用情况、产品绿色设计情况等。

7.5.4　工业园区清洁生产审核与绿色（生态）工业园区评价的比较

环境保护部于 2015 年发布《国家生态工业示范园区标准》（HJ 274—2015），根据生态工业的特征和生态工业园区建设的关键环节，国家生态工业示范园区标准由经济发展、产业共生、资源节约、环境保护、信息公开五部分组成，所包含的 32 个指标体现了"节能、降耗、减排、增效"的要求。

工业和信息化部办公厅于 2016 年发布《工业和信息化部办公厅关于开展绿色制造体系建设的通知》（工信厅节函〔2016〕586 号），绿色园区侧重于园区内工厂之间的统筹管理和协同链接，在园区规划、空间布局、产业链设计、能源利用、资源利用、基础设施、生态环境、运行管理等方面贯彻资源节约和环境友好理念，从而实现具备布局集聚化、结构绿色化、链接生态化等特色的绿色园区。《绿色园区评价要求》的基本要求之一是"园区重点企业 100 % 实施清洁生产审核"，评价指标体系包括：能源利用绿色化指标、资源利用绿色化指标、基础设施绿色化指标、产业绿色化指标、生态环境绿色化指标、运行管理绿色化指标等六类，所包含的 31 个指标同样体现了"节能、降耗、减排、增效"的要求。

根据《国家标准化管理委员会关于下达 2021 年第四批推荐性国家标准计划及相关标准外文版计划的通知》（国标委发〔2021〕41 号），国家标准《绿色工业园区评价通则》（20214727-T-339）由中国电子技术标准化研究院、中国社会科学院生态文明研究所负责起草。

2021 年上海市颁发上海市地方标准《绿色工业园区评价导则》（DB31/T 946—2021），基本要求和评价指标体系内容与工业和信息化部 2016 年发布的《绿色园区评价要求》基本类似。

2022 年浙江省颁发《浙江省绿色低碳工业园区建设评价导则（2022 版）》，基本要求和评价指标体系内容也与工业和信息化部 2016 年发布的《绿色园区评价要求》基本类似。

综上所述，无论是《国家生态工业示范园区标准》《绿色园区评价要求》，还是上海市《绿色工业园区评价导则》和《浙江省绿色低碳工业园区建设评价导则（2022 版）》，"园区重点企业 100 % 实施清洁生产审核"都是基本要求，指标体系都体现了"节能、降耗、减排、增效"的内涵。

本 章 小 结

1. 企业实行清洁生产的途径、手段和工具多种多样，清洁生产审核是最基本、最简单、最易行的手段；清洁生产审核是企业迈向清洁生产成功之路的第一步，清洁生产是企业防治污染的最佳选择；清洁生产审核从企业的现状出发，理出所有问题、找出薄弱环节、抓住主要对象、解决主要矛盾。

2. 清洁生产审核通常为自愿审核，但对"双超"及"双有"企业必须实行强制审核。

3. 清洁生产审核的思路：调查废物产生源—分析废物产生原因—确定预防废物解决方案。

4. 影响生产（服务）过程的 8 个主要方面：原辅材料和能源、工艺技术、设备、过程控制、废物、产品、员工、管理。

5. 企业清洁生产水平评价可采用指标体系、标准、行业准入条件、行业规范、产业政策、同行业比较、企业历史最高水平等。

6. 清洁生产审核报告通常包括：前言、审核准备、预审核、审核、方案产生和筛选、方案确定、方案实施、持续清洁生产、结论、附件。

7. 工业园区清洁生产审核的框架可以是：基于循环性、群落性、增值性和持续性的原则对园区内企业的类型进行分析和评价；对园区内企业个体的清洁生产情况进行分析和评价；对园区内各企业之间的物质、能量、信息高效利用的途径进行分析和评价；从"节能、降耗、减排、增效"的角度，定量地对工业园区整体的清洁生产水平进行分析和评价。

关键术语

清洁生产审核；节能、降耗、减排、增效；绿色工业园区。

课堂讨论

如何激励企业开展清洁生产？

作业题

1.企业做好清洁生产审核的基础是什么？说明原因。

2.企业进行清洁生产审核时，提出了"对污水处理厂进行提标改造"的方案，如何对该方案进行经济评估？

3.结合实例，说明学校的食堂应该如何开展清洁生产？

阅读材料

1. 国家发展和改革委员会, 生态环境部. 清洁生产审核办法[S/OL]. (2016-05-16)[2022-03-30]. https://www.gov.cn/gongbao/content/2016/content_5100040.htm.

2. 国家发展和改革委员会, 生态环境部, 工业和信息化部, 等. "十四五"全国清洁生产推行方案[S/OL]. (2021-10-29)[2022-03-30]. https://www.gov.cn/zhengce/zhengceku/2021-11/10/5650026/files/1fd3889305f548cda10af56deceb8a06.pdf.

3. Vieira L C, Amaral F G. Barriers and strategies applying cleaner production: A systematic review[J]. Journal of Cleaner Production, 2016, 113: 5-16.

参 考 文 献

广东省环境保护厅, 广东省经济和信息化委员会. 2016. 广东省电镀工业园区清洁生产评价指标体系(试行)[S/OL]. (2016-08-25)[2022-03-30]. https://gdee.gd.gov.cn/attachment/0/356/356565/2305188.pdf.

广东省经济和信息化委员会, 广东省环境保护厅. 2017. 广东省清洁生产审核报告编制技术指南[S/OL]. (2017-06-22)[2022-03-30]. https://view.officeapps.live.com/op/view.aspx？src＝https%3A%2F%2Fgdee.gd.gov.cn%2Fattachment%2F0%2F356%2F356618%2F2305300.doc&wdOrigin＝BROWSELINK.

国家环境保护总局科技标准司. 2001. 清洁生产审计培训教材[M]. 北京: 中国环境科学出版社.

刘晓宇, 周长波, 任慧, 等. 2022. 工业园区清洁生产审核推进现状与建议[J]. 中国环境管理, 14(3): 30-37.

上海市经济和信息化委员会. 2021. 上海市清洁生产审核报告编制技术导则[S/OL]. (2021-01-05)[2022-03-30]. https://view.officeapps.live.com/op/view.aspx?src＝https%3A%2F%2Fwww.sheitc.sh.gov.cn%2Fcmsres%2F5f%2F5f1b01448b3447069afa3c51aad1513f%2F9540700b88f278d00666cde8d032f5c5.docx&wdOrigin＝BROWSELINK.

上海市市场监督管理局. 2021. 绿色工业园区评价导则[S/OL]. (2021-06-01)[2022-03-30]. https://ebook.chinabuilding.com.cn/zbooklib/bookpdf/probation？SiteID＝1&bookID＝153805.

天津市市场和质量监督管理委员会. 2014. 工业园区清洁生产评价规范[S/OL]. (2014-08-04)[2022-03-30]. https://wenku.baidu.com/view/49d80ec517fc700abb68a98271fe910ef02daefb.html?_wkts_＝1703487821834&bdQuery＝DB12%2FT＋525%E2%80%942014＋%E5%B7%A5%E4%B8%9A%E5%9B%AD%E5%8C%BA%E6%B8%85%E6%B4%81%E7%94%9F%E4%BA%A7%E8%AF%84%E4%BB%B7%E8%A7%84%E8%8C%83&needWelcomeRecommand＝1.

魏峣, 罗斌, 周波, 等. 2017. 工业园区清洁生产审核的框架及关键点[J]. 四川环境, (S1): 17-21.

赵玉明. 2005. 清洁生产[M]. 北京: 中国环境科学出版社.

浙江省经济和信息化厅. 2022. 浙江省绿色低碳工业园区建设评价导则[S/OL]. (2022-01-30)[2022-03-30]. https://view.officeapps.live.com/op/view.aspx?src＝https%3A%2F%2Fzjjcmspublic.oss-cn-hangzhou-zwynet-d01-a.internet.cloud.zj.gov.cn%2Fjcms_files%2Fjcms1%2Fweb1585%2Fsite%2Fattach%2F0%2F812acc97ce3a4832b8a3b6ca2313f22d.doc&wdOrigin＝BROWSELINK.

中华人民共和国国家环境保护标准. 2015. 国家生态工业示范园区标准[S/OL]. (2015-12-24)[2022-03-30]. https://www.mee.gov.cn/ywgz/fgbz/bz/bzwb/other/qt/201512/W020151229415317224209.pdf.

第8章 清洁生产实践

学习目标
①熟悉高耗能、高排放项目清洁生产评价实践。
②了解工业产品及工厂绿色设计实践。
③熟悉燃料及原材料清洁替代案例。
④了解工业节能和节水技术与应用典型案例。
⑤了解农业及第三产业清洁生产线。
⑥熟悉清洁低碳改造或建设实践案例。

事件：阜阳化工总厂的清洁生产实践

阜阳化工总厂是中国-加拿大清洁生产项目示范企业，自 1977 年以来，在中国和加拿大专家的指导和工厂领导的重视下，该厂由采用末端治理改为清洁生产后，企业管理水平和经济效益得到了同步提高。通过实施尿素解析塔改造项目，年削减氨氮排放量 273.71 t，投入资金 20 万元，年创造经济效益 41.55 万元。通过实施加氯碱/PVC 清洁生产项目，年节水 128.2 万 t，减少污水排放量 137 万 t，减少 COD 排放量 1166 t、氨氮排放量 1124 t，回收氯 100 t，回收氯乙烯单体 165 t，取得直接经济效益 1264 万元。

8.1 工业清洁生产实践

8.1.1 高耗能、高排放项目清洁生产评价

"十四五"期间，国家将对钢铁、水泥熟料、平板玻璃、炼油、焦化、电解铝等行业高耗能、高排放新建项目严格实施产能等量或减量置换。对不符合所在地区能耗强度和总量控制相关要求、不符合煤炭消费减量替代或污染物排放区域削减等要求的高耗能、高排放项目予以停批、停建，坚决遏制高耗能、高排放项目盲目发展。

国家有关部门已经发布的与上述行业相关的部分清洁生产评价指标体系或清洁生产标准，详见表 7-1 和表 7-2。

1. 钢铁行业清洁生产评价案例

1）企业概况

河北省某钢铁企业主要建设内容为：2 台 400 m² 烧结机，年产烧结矿 777 万 t；1 条 200 万 t/a 球团生产线，年产球团矿 200 万 t；1 座 3700 m³ 高炉、1 座 3200 m³ 高炉，年产铁水 530 万 t；1 座 250 t 转炉、2 座 100 t 转炉，年产钢水 400 万 t；1 条 1780 mm 热轧生产线、1 条 3500 mm 中厚板生产线，合计年产热轧材 340 万 t；1 条 1750 mm 冷连轧生产线，年产冷轧卷 155 万 t。

江苏省某钢铁企业主要建设内容为：3 台 330 m² 烧结机，年产烧结矿 893 万 t；1 条 300 万 t/a 带式焙烧机球团生产线，年产球团矿 212 万 t；2 座 2400 m³ 高炉、1 座 2300 m³ 高炉，年产铁水 606 万 t；3 座 190 t 转炉，年产钢水 600 万 t；4 条精品棒材生产线、2 条切分高棒生产线、1 条单高棒生产线、1 条高速线材生产线，年产热轧材 567 万 t。

2）清洁生产水平分析与评价

根据相关的清洁生产评价体系，将项目的二级指标值与基准值进行比较，并通过计算获得清洁生产综合评价指数，评价结果见表 8-1。

表 8-1　钢铁项目清洁生产水平评价结果

指标体系	序号	江苏某钢铁项目		河北某钢铁项目	
		综合评价指数得分	清洁生产水平等级	综合评价指数得分	清洁生产水平等级
钢铁行业清洁生产评价指标体系	1	全部达到 I 级限定性指标要求，$Y_{g1}=88.0>85$	国际清洁生产领先水平	全部达到 I 级限定性指标要求，$Y_{g1}=88.0>85$	国际清洁生产领先水平
钢铁行业（烧结、球团工序）清洁生产评价指标体系	2	全部达到 I 级限定烧结性指标要求，$Y_{g1}=94.8>90$	国际清洁生产领先水平	全部达到 I 级限定性指标要求，$Y_{g1}=98.8>90$	国际清洁生产领先水平
	3	全部达到 I 级限定球团性指标要求，$Y_{g1}=98.6>90$	国际清洁生产领先水平	全部达到 I 级限定性指标要求，$Y_{g1}=98.0>90$	国际清洁生产领先水平
钢铁行业（高炉炼铁）清洁生产评价指标体系	4	全部达到 I 级限定性指标要求，$Y_{g1}=90.0=90$	国际清洁生产领先水平	全部达到 I 级限定性指标要求，$Y_{g1}=93.8>90$	国际清洁生产领先水平
钢铁行业（炼钢）清洁生产评价指标体系	5	全部达到 I 级限定性指标要求，$Y_{g1}=91.6>90$	国际清洁生产领先水平	全部达到 I 级限定性指标要求，$Y_{g1}=96.7>90$	国际清洁生产领先水平
钢铁行业（钢压延加工）清洁生产评价指标体系	6	全部达到 I 级限定性指标要求，$Y_{g1}=97.0>90$	国际清洁生产领先水平	全部达到 I 级限定性指标要求，$Y_{g1}=93.8>90$	国际清洁生产领先水平

2. 水泥行业清洁生产评价案例

1）企业概况

某大型熟料厂拥有 6 条熟料窑生产线，分别为 2 条日产 2500 t（1#和 2#窑）、1 条日产 5000 t（3#窑）、1 条日产 7200 t（4#窑）、2 条日产 4500 t（5#和 6#窑），年产 1137.87 万 t 熟料，配备了 18.3 MW、15 MW 和 18 MW 3 套余热发电机组，年发电量可达 4 亿 kW·h。6 条生产线都是新型干法工艺，通过窑外分解炉分解一大半燃料，这样使得窑内高温区燃料减少，进而削减窑尾废气的氮氧化物含量。生产原材料采用石灰石、硅质材料（高硅砂岩、低硅砂岩）、铁质材料（主要为磁铁土）配料，通过粉磨、均化后，与煤一起进入回转窑进行烧成制得熟料，全厂生产的商品熟料 28 天强度范围为 61.6～62.0 MPa。

2）清洁生产水平分析与评价

根据《水泥行业清洁生产评价指标体系》进行如下分析。

（1）限定性指标判定。评价体系的一级指标共分为 6 类，对应二级的 53 条指标，其中限定性指标 27 项。该企业涉及 47 项二级指标，含 22 项限定性指标 $x_{i\text{-}j}$（i 为一级指标，j 为二级指标）：$x_{1\text{-}5}$、$x_{1\text{-}6}$、$x_{1\text{-}10}$～$x_{1\text{-}15}$、$x_{2\text{-}1}$～$x_{2\text{-}3}$、$x_{2\text{-}5}$、$x_{3\text{-}4}$、$x_{3\text{-}5}$、$x_{4\text{-}1}$～$x_{4\text{-}3}$、$x_{5\text{-}1}$、$x_{5\text{-}3}$、$x_{6\text{-}1}$～$x_{6\text{-}3}$，经全厂调研对标可知，所涉及的 22 项限定性指标均满足 $Y_{g3}(x_{i\text{-}j}) = 100$，已达到Ⅲ级基准值水平；同时 22 项限定性指标亦满足 $Y_{g2}(x_{i\text{-}j}) = 100$、$Y_{g1}(x_{i\text{-}j}) = 100$，即达到Ⅱ级基准值和Ⅰ级基准值水平。

（2）核算综合评价指数。限定性指标均已满足三个基准值水平，但 2 条生产线规模为日产 2500 t（1#和 2#窑），故 $x_{1\text{-}4}$ 为Ⅱ级基准值；使用可燃废弃物燃料替代率＜5 %，故 $x_{3\text{-}2}$ 满足Ⅲ级基准值；低品位煤利用率＜20 %，故 $x_{3\text{-}3}$ 满足Ⅲ级基准值；75 %≤生态修复＜85 %，故 $x_{6\text{-}12}$ 为Ⅱ级基准值，有关计算结果见表 8-2。

表 8-2　水泥项目清洁生产水平评价结果

指标代号	一级指标	二级指标	Ⅰ级基准值（g1）	Ⅱ级基准值（g2）	Ⅲ级基准值（g3）
$x_{1\text{-}4}$	生产工艺及装备	单线水泥熟料生产/(t/d)	$Y_{g1}(x_{1\text{-}4}) = 80.92$	$Y_{g2}(x_{1\text{-}4}) = 100$	$Y_{g3}(x_{1\text{-}4}) = 100$
$x_{3\text{-}2}$	资源综合利用	使用可燃废弃物燃料替代率/%	$Y_{g1}(x_{3\text{-}2}) = 0$	$Y_{g2}(x_{3\text{-}2}) = 0$	$Y_{g3}(x_{3\text{-}2}) = 100$
$x_{3\text{-}3}$		低品位煤利用率/%	$Y_{g1}(x_{3\text{-}3}) = 0$	$Y_{g2}(x_{3\text{-}3}) = 0$	$Y_{g3}(x_{3\text{-}3}) = 100$
$x_{6\text{-}12}$	清洁生产管理	生态修复	$Y_{g1}(x_{6\text{-}12}) = 0$	$Y_{g2}(x_{6\text{-}12}) = 100$	$Y_{g3}(x_{6\text{-}12}) = 100$
综合评价指数	$Y_{g_k} = \sum_{i=1}^{m}\left[w_i \sum_{j=1}^{n_i} \omega_{ij} Y_{g_k}(x_{ij}) \right]$		$Y_{g1} = 99.94$	$Y_{g2} = 101.5$	$Y_{g3} = 103$

由于限定性指标全部满足 I 级基准值要求，且 $Y_{g1} = 99.94 > 85$，所以该企业清洁生产水平为 I 级。

3. 平板玻璃行业清洁生产评价案例

1）企业概况

某平板玻璃生产企业现有一条 600 t/d 浮法玻璃生产线，主要产品为厚度 2～6 mm 的透明玻璃。消耗的主要原材料有硅砂、纯碱、白云石、石灰石、长石、元明粉（芒硝）、碳粉、碎玻璃等，主要能源消耗是天然气、电。原材料配制、碎玻璃系统的提升、运输、混合等设备均采用机械化、连续化、自动化、设备密闭作业，大大减少了颗粒物的产生量；对颗粒物浓度较大或产尘点集中的地点设集中收尘系统，分散点设单机除尘器，颗粒物经处理后排放，生产线产生的碎玻璃、各生产环节除尘器排出的除尘灰，均作为原材料全部回用于生产，不外排。

2）清洁生产水平分析与评价

通过核查发现，该企业浮法玻璃生产线的多项指标达到国内领先水平，例如，平板玻璃单位产品综合能耗为 13.28 kg 标准煤/重量箱，取水量为 0.003 m^3/重量箱，自产废玻璃回收率 100 %，原材料车间粉尘回收利用率 100 %，对照《平板玻璃行业清洁生产评价指标体系》，两项资源能源消耗指标满足 II 级基准值要求，两项资源综合利用指标满足 I 级基准值要求。

由于该企业的玻璃生产线熔化能力为 600 t/d，仅仅达到 III 级基准值水平，熔化能力偏小，导致该企业单位产品综合能耗及取水量未能满足 I 级基准值要求。

4. 电解铝行业清洁生产评价案例

1）企业概况

某电解铝企业于 2010 年底投产，计划年产量 31.5 万 t，主产品为重熔合金铝锭。生产工艺采用熔盐电解法（Hall-Heroult 法）：溶解在熔融氟化盐电解质中的氧化铝在直流电的作用下，在阳极上析出 CO_2，在阴极上析出金属铝液。液态原铝经抬包拖车运至固定式电加热混合炉中，再经过搅拌、静置、扒渣、铸造等过程后，加印标记、堆垛和打捆，每块铝锭质量为（25.5±1.5）kg，每捆质量为 1078～1170 kg。核心设备包含 282 台 NEUI400 高能效预焙阳极铝电解槽，电解槽采用全石墨化阴极及优质内衬、母线设计，具有优化的电解槽"物理场"配置、新型管桁架上部结构技术、电解槽槽壳结构优化技术和优异的车间通风设计数值模拟技术等，可提升车间通风度、电解烟气集气效率及各项电解技术经济指标，与传统的铝电解槽相比可完全做到节能、减污、经济、适用。

2）清洁生产水平分析与评价

企业以《清洁生产标准　电解铝业》（HJ/T 187—2006）为依据进行清洁生产水平对标分析，见表 8-3。

表 8-3　电解铝清洁生产水平评价结果

清洁生产指标	《清洁生产标准　电解铝业》			企业现状评价	
	一级标准	二级标准	三级标准	实际情况	等级
氧化铝、氟化盐输送	浓相输送			超浓相输送	一级
氧化铝、氟化盐上料段	超浓相输送、计算机控制、自动化精确配料			氧化铝超浓相输送，氟化盐为人工添加	未达标
工艺与产能要求	电解铝预焙工艺，产能 10 万 t 以上（含 10 万）			电解铝预焙工艺，实际产能 30 万 t 以上	一级
电解电流强度/kA	≥200	≥160	<160	400	一级
电解烟气净化系统	全密闭集气，机械排烟、干法净化系统			部分电解槽集气罩板密闭性不好	未达标
电流效率/%	≥94	≥93	≥91	92.29	三级
原铝直流电耗/(kW·h/t)	≤13 300	≤13 400	≤14 000	13 344	二级
原铝综合电耗/(kW·h/t)	≤14 500	≤14 700	≤15 400	13 474	一级
氧化铝单耗/(kg/t)	≤1 930	≤1 930	≤1 940	1 923	一级
氟化铝单耗/(kg/t)	≤22	≤23	≤28	17	一级
冰晶石单耗/(kg/t)	≤4	≤5	≤5	1	一级
阳极单耗（净耗）/(kg/t)	≤410	≤420	≤500	458	三级
全氟产生量/(kg/t)	≤16	≤18	≤20	16.2	二级
粉尘产生量/(kg/t)	≤30	≤30	≤40	48.8	未达标
集气效率/%	≥98	≥96	≥95	99	一级
净化效率/%	≥99	≥98	≥97	99	一级
废电解质、废阳极	100 %回收并加工利用			100 %回收并加工利用	一级
冷却水	100 %循环利用			100 %循环利用	一级

由表 8-3 可知，该电解铝企业未达到《清洁生产标准　电解铝业》（HJ/T 187—2006）三级标准的指标有 3 项：①氟化盐上料方式为人工操作，未达标，但由于企业所在地区人力成本较低，而大型机械化设备价格较高，且改变之后相对经济效益不明显，因此对氟化盐上料方式进行更改的可能性较低；②企业部分电解槽集气罩板损坏，密闭性不好，车间内可见烟气泄漏，电解烟气净化系统未达标，需加强设备的维护；③企业电解生产过程中粉尘产生量过高，未达标。企业将已损坏的直型集气罩板更换为全新的弯型集气罩板后，解决了烟气泄漏、粉尘产生量过高的问题。

5. 焦化行业清洁生产评价案例

1）企业概况

某焦化厂 A 生产规模为 120 万 t/a 焦炭，焦化厂的原材料包括洗精煤和煤气，其中，洗精煤主要由该公司的选煤厂提供，燃料（焦炉煤气）利用焦炉在生产焦炭时同时产生的煤气净化后由焦化厂通过管道供给。焦化厂的主要辅助材料有双核磺化酞菁化合物、栲胶催化剂、92.5 %浓硫酸、40 %氢氧化钠、焦油洗油，全部采取外购的方式获得；某焦化厂 B 生产规模为 400 万 t/a 焦炭、20 万 t/a 甲醇、25 万 t/a 液化天然气（LNG）、13 万 t/a 炭黑，主要生产装置包括：备煤、焦炭、干熄焦（湿熄焦备用）、筛贮焦、化产回收等工艺装置。

2）清洁生产水平分析与评价

根据《清洁生产标准 炼焦行业》（HJ/T 126—2003），从生产工艺与装备要求（29 项指标）、资源能源利用指标、产品指标、废物回收利用指标、污染物产生指标（末端处理前）、环境管理要求 6 方面进行清洁生产水平评价。结果见表 8-4。可知，A 厂清洁生产指标中符合一级指标的有 50 项，占 58.1 %；二级指标有 20 项，占 23.3 %；三级指标 4 项，占 4.7 %；低于三级指标 2 项，占 2.3 %；企业的清洁生产整体水平接近国内基本水平。两项未满足三级指标分别是：企业工序能耗（标煤／焦）为 202 kg/t，大于三级标准 180 kg/t；吨焦耗电量 47.23(kW·h)/t，大于三级标准 40(kW·h)/t。B 厂清洁生产指标中符合一级指标有 66 项，占 76.7 %；二级指标有 18 项，占 20.9 %；三级指标 2 项，占 2.3 %；企业的清洁生产整体水平接近国内先进水平。

表 8-4　焦化项目清洁生产水平评价结果

指标类别	指标	A 企业指标水平				B 企业指标水平			
		一级	二级	三级	低于三级	一级	二级	三级	低于三级
生产工艺与装备要求	备煤工艺与装备（共 4 项指标）	3	1	0	0	4	0	0	0
	焦炭工艺与装备（共 15 项指标）	6	7	2	0	13	2	0	0
	煤气净化装置（共 10 项指标）	10	0	0	0	10	0	0	0
资源能源利用指标	工序能耗等（共 7 项指标）	1	3	1	2	6	1	0	0
产品指标	焦炭等（7 项指标）	4	3	0	0	4	3	0	0
污染物产生指标	气污染物（共 10 项指标）	1	—	—	—	3	7	0	0
	水污染物（共 6 项指标）	3	1	1	—	6	0	0	0

续表

指标类别	指标	A 企业指标水平				B 企业指标水平			
		一级	二级	三级	低于三级	一级	二级	三级	低于三级
废物回收利用指标	废水（共 2 项指标）	2	0	0	0	2	0	0	0
	废渣（共 6 项指标）	6	0	0	0	6	0	0	0
环境管理要求	环境法律法规标准等（共 19 项指标）	14	5	0	0	12	5	2	0
合计	共 86 项指标	50	20	4	2	66	18	2	0

备注：企业 A 污染物产生指标有 10 项数据未获得，其中包括气污染物 9 项指标，水污染物 1 项指标。

6. 炼油行业清洁生产评价案例

1）企业概况

某石化乙烯炼化一体化项目，炼油工程生产规模为 1000 万 t/a，采用较先进的加氢工艺技术，包括常减压装置、加氢裂化装置和焦化装置。加氢裂化装置的进料采用加氢处理后的物料，并配有气体脱硫、含硫污水气体及先进的硫磺回收装置，最大限度地降低污染物的排放量，燃料采用自产脱硫干气和天然气，采用多种切实可行的节能措施，从生产全过程的各个环节入手，控制和减少排污量。该项目的主要目的是为乙烯及芳烃装置提供原材料，同时生产部分汽油、航空煤油、柴油等产品。汽、柴油质量满足欧Ⅲ排放标准要求，航空煤油按 GB 6537—2018 生产 3 号喷气燃料。

常减压装置采用的节能措施包括：①优化常压塔和减压塔的中段回流取热，尽可能回收热量；②采用"窄点"技术对换热网络进行优化设计；③在适当的温位发生蒸汽供装置自用，减少装置蒸汽用量；④采用高速电脱盐技术，耗电量约降低 1/3；⑤采用闪蒸塔，在减少常压塔"卡脖子"负荷的同时，减少常压炉的负荷，降低燃料消耗；⑥常压塔气提段采用 6 层塔板提高气提效果，减少气提蒸汽用量；⑦采用专利技术减少减压塔转油线的压降及温降，降低减压炉出口温度，节省燃料油的用量；⑧减顶（即减压塔顶）采用蒸汽＋机械抽真空系统，使得抽空蒸汽用量显著减少，能耗降低；⑨加热炉系统采用新型高效节能火嘴、高效空气预热器和新型高效吹灰器，提高加热炉的热效率，减少燃料油的耗量；⑩采用节能泵和变频电机节省电耗。

加氢裂化装置采用的节能措施包括：①尽可能少设置加热炉。②对各股物流根据其温度情况进行换热安排，充分利用股物流的热量。③分馏塔采用中段回流方案。④加热炉设置联合余热回收系统，回收烟气余热。⑤反应系统注水可采用污水气提净化水，减少软化水用量。⑥采用节能电机，减少电负荷；采用新型脱硫溶剂，减少溶剂循环量；采用新型保温材料，减少散热损失。

加氢裂化装置采用的节水措施包括：①优化采用空冷器，减少循环水的用量；②焦化装置生产过程中产生的切、冷焦水，全部在装置内除油后循环使用；③含硫污水进入气提装置后，装置的净化水部分回注到常减压装置的电脱盐部分及加氢装置的高、低压分离器前注水；④含油污水经处理达标后大部分回用；⑤优化换热流程，尽量减少热进料，以减少冷却水的用量；⑥介质温度＜60 ℃可采用水冷，介质温度 60～90 ℃可采用空冷，介质温度＞90 ℃可以作为热源利用；⑦凝结水尽量回用；⑧污水经处理后回用。

焦化装置采用的节能措施包括：①提高渣油的换热终温，降低加热炉的热负荷，节省燃料用量；②加热炉采用高效空气预热器，降低排烟温度，提高炉子的热效率；③优化换热流程，利用分馏塔的过剩热量产出蒸汽，提供热源；④选择合适的机泵，避免浪费电耗；⑤优化焦炭塔和蒸汽往复泵的操作条件，节省蒸汽的消耗量。

2）清洁生产水平分析

（1）石油炼制业企业。按照《清洁生产标准 石油炼制业》（HJ/T 125—2003）对企业进行清洁生产水平分析，结果见表 8-5。

表 8-5　乙烯炼化一体化项目清洁生产水平评价结果

清洁生产指标		《清洁生产标准 石油炼制业》			企业现状评价	
		一级标准	二级标准	三级标准	实际情况	等级
生产工艺与装备要求		年加工原油能力大于 250 万 t；排水系统划分正确，未受污染的雨水和工业废水全部进入假定净化水系统；特殊水质的高浓度污水（如：含硫污水、含碱污水等）有独立的排水系统和预处理设施；轻油（原油、汽油、柴油、石脑油）储存使用浮顶罐；设有硫回收设施；废碱渣回收粗酚或环烷酸；废催化剂全部得到有效处置			年加工原油能力大于 1000 万 t；采用较先进的加氢工艺技术，催化裂化装置的进料采用加氢处理后的物料，并配有气体脱硫、含硫污水气体及先进的硫磺回收装置	一级
资源能源利用指标	综合能耗(标油/原油)/(kg/t)	≤80	≤85	≤95	64.59	一级
	取水量(水/原油)/(t/t)	≤1.0	≤1.5	≤2.0	0.89	一级
	净化水回用率/ %	≥65	≥60	≥50	59.9	三级
污染物产生指标	石油类/(kg/t)	≤0.025	≤0.2	≤0.45	0.06	二级
	硫化物/(kg/t)	≤0.005	≤0.02	≤0.045	0.006	二级
	挥发酚/(kg/t)	≤0.01	≤0.04	≤0.09	0.01	一级
	COD/(kg/t)	≤0.2	≤0.5	≤0.9	0.36	二级
	工业废水产生量/(t/t)	≤0.5	≤1.0	≤1.5	0.37	一级

续表

清洁生产指标		《清洁生产标准 石油炼制业》			企业现状评价	
		一级标准	二级标准	三级标准	实际情况	等级
产品指标	汽油	产量的 50 %达到《世界燃油规范》Ⅱ类标准	符合 GB 17930—1999 产品技术规范		满足欧Ⅲ排放标准要求	一级
	柴油	产量的 30 %达到《世界燃油规范》Ⅱ类标准	符合 GB 252—2000 产品技术规范		满足欧Ⅲ排放标准要求	一级

该一体化项目炼油部分综合耗能指标为 64.59 kg/t，低于一级标准 80 kg/t，说明一体化项目炼油部分在综合能耗方面达到国际先进水平。

（2）常减压装置。装置的资源能源利用指标和污染物产生指标与清洁生产标准的对比情况见表 8-6。

表 8-6 常减压装置清洁生产水平评价结果

指标		常减压装置状况	清洁生产标准			等级
			一级	二级	三级	
资源能源利用指标	综合能耗(标油/原油)/(kg/t)	9.687	≤10	≤12	≤13	一级
	新鲜水用量(水/原油)/(t/t)	0.029	≤0.05	≤0.1	≤0.15	一级
	原料加工损失率/ %	0	≤0.1	≤0.2	≤0.3	一级
污染物产生指标	含油污水单排量/(kg/t)	33.6	≤20	≤40	≤60	二级
	含油污水石油类含量/(mg/L)	150	≤50	≤100	≤150	三级
	含硫污水单排量/(kg/t)	29.4	≤27	≤35	≤44	二级
	含硫污水石油类含量/(mg/L)	75	≤80	≤140	≤200	一级
	加热炉烟气中的 SO_2 含量(标态)/(mg/m^3)	≤10	≤100	≤300	≤550	一级

（3）焦化装置。装置的资源能源利用指标和污染物产生指标与清洁生产标准的对比情况见表 8-7。

表 8-7 焦化装置清洁生产水平评价结果

指标		焦化装置状况	清洁生产标准			等级
			一级	二级	三级	
资源能源利用指标	综合能耗(标油/原油)/(kg/t)	24.92	≤25	≤28	≤31	一级
	新鲜水用量(水/原油)/(t/t)	0.073	≤0.12	≤0.20	≤0.30	一级
	原料加工损失率/ %	0	≤0.5	≤0.8	≤1.2	一级

续表

指标		焦化装置状况	清洁生产标准			等级
			一级	二级	三级	
污染物产生指标	含油污水单排量/(kg/t)	109	≤130	≤150	≤180	一级
	含油污水石油类含量/(mg/L)	150	≤200	≤300	≤500	一级
	含硫污水单排量/(kg/t)	43	≤50	≤100	≤180	一级
	含硫污水石油类含量/(mg/L)	200	≤400	≤800	≤1100	一级
	加热炉烟气中的 SO_2 含量(标态)/(mg/m^3)	≤10	≤500	≤600	≤750	一级

8.1.2 工业产品绿色设计

工业产品绿色设计主要体现在轻量化、无害化、节能降耗、资源节约、易制造、易回收、高可靠性和长寿命等方面。通过引导企业改进和优化产品和包装物的设计方案，减少产品和包装物在整个生命周期对环境的影响，有助于工业产品绿色设计的推行。

绿色设计是指在产品设计开发阶段系统考虑全生命周期各环节，最大限度降低资源消耗，减少污染物产生和排放，实现绿色发展的活动。一些发达国家推行绿色设计工作起步较早，在产品设计开发、原材料选择、生产制造、包装及运输、回收利用等方面均取得积极成效。2019 年，工业和信息化部发布了首批工业产品绿色设计示范企业名单，创建了一批绿色设计示范标杆，并在工业和信息化部网站对部分行业和企业的典型做法进行了介绍。下文为国内外部分行业和典型企业的经验做法，供相关行业及企业参考借鉴。

1. 钢铁行业工业产品绿色设计实践经验

生命周期评价是钢铁行业开展绿色评价的有效工具，通过开展钢铁材料生命周期评价，可以帮助钢铁企业跳出单个工序，站在全生命周期的角度来设计产品。例如，生产高性能电工钢、高强度汽车板等高附加值产品，在生产阶段会比普通产品消耗更多的能耗，但是在使用阶段节能降耗效果非常显著，根据生命周期评价结果对比，此类产品仍属于绿色产品。

包头钢铁（集团）有限责任公司（以下简称“包钢”）是我国千万吨级钢铁工业基地、世界最大的稀土工业基地，是首批绿色设计示范企业之一。在绿色设计方面，自主研究开发了集数据采集、运算分析、结果展示等功能于一体的钢铁产品生命周期评价在线系统。利用该系统，包钢进行了稀土、稀土钢等多个产品的全生命周期评价，并将评价结果应用于产品开发和工艺改进中。例如，通过评价发现钢铁产品的成材率是影响环境负荷的最关键因素，现场生产时着重保证成材率，以实现能耗和环境排放最低。在此基础上，包钢牵头起草稀土钢、铁精矿（露天开采）、烧结钕铁硼永磁材料等 3 项绿色设计产品评价标准，有 9 种产品纳入工业和信息化部绿色设计产品名单。通过开展绿色设计实践，包钢实现吨钢耗电下降约 4 %，吨钢耗新水下降约 19 %，烟粉尘排放量降低约 14 %，二氧化硫排放量降低约 74 %，绿色产品销售创造直接经济效益 9600 多万元，有效提升了企业的绿色影响力及产品知名度，取得了良好的环境和经济效益。

2. 汽车行业工业产品绿色设计实践经验

工业和信息化部确定的首批汽车行业绿色设计示范企业包括重庆长安汽车股份有限公司、北京汽车股份有限公司 2 家企业。在绿色设计方面，主要开展了以下工作。

（1）通过轻量化设计和动力系统改进，降低燃油消耗。示范企业通过车身结构优化、新材料新工艺集成应用等多项措施，有效降低燃油消耗，减少原材料获取、产品使用等阶段的碳排放。例如，通过提升高强钢、超高强钢等新材料应用比例，实现车身轻量化；通过研发应用高效超净燃烧系统、智能热管理系统、智能润滑系统等高效绿色节能技术，降低燃油消耗等。据估算，示范企业通过绿色设计，产品平均油耗降低约 10 %。

（2）通过提升燃烧效率和应用高效治理技术，减少尾气排放。以重庆长安汽车股份有限公司为例，通过建立完善的动力传动匹配系统开发与验证体系，有效应用推广"350 bar①高压缸内直喷""集成排气歧管""高滚流燃烧"等绿色先进技术，持续优化整车电喷程序和催化剂配方，提升缸内燃油雾化效果和燃烧效率，有效降低尾气排放浓度。

（3）通过选用绿色原材料和绿色技术，提高车内空气质量。汽车零部件和黏合剂易造成车内空气醛类或苯类含量超标问题，存在较大健康威胁。重庆长安汽车股份有限公司通过全生命周期评价（LCA）与优化机制，建立了包括 5 个整车级、70 个零部件和材料级等一系列技术标准和管控流程；应用塑封备胎技术、新风换气系统和森林空气系统等绿色工艺技术，实现车内空气质量管控全覆盖。北京汽车股份有限公司采用先进的车内异味排查试验设备（综合模拟验证环境舱）等措施，有效提高车内空气质量。

3. 电器电子行业工业产品绿色设计实践经验

工业和信息化部确定的首批电器电子行业绿色设计示范企业在产品设计阶段

---

① 1 bar = 10^5 Pa。

就从全生命周期各主要环节寻找绿色设计切入点，挖掘绿色潜力，构建绿色设计体系。主要做法如下。

（1）以限用物质数据库、能效数据库、废旧产品回收利用数据库等为基础，建立各自领域覆盖产品全生命周期的资源环境影响数据库；在此基础上利用生命周期评价方法和工具，提出产品绿色设计与绿色制造的改进方案，设计开发更多的绿色产品。近两年来示范企业设计开发的绿色产品超过百款。

（2）示范企业按照电器电子产品中有害物质管理要求，积极构建绿色供应链，定期评估供应商环境表现，对上游原材料进行严格管控，带动全产业链绿色低碳发展。部分示范企业在符合国内外有害物质管理法规要求基础上，主动限制其他有害物质，如聚氯乙烯、邻苯二甲酸酯、三氧化二锑等的使用，同时不断提高可再生生物基塑料等绿色材料在产品中的应用比例。

（3）示范企业高度重视绿色技术创新，以提高绿色制造水平和产品可靠性为目标，推行产品绿色设计与绿色制造并行工程，持续提升产品绿色化水平。例如，联想（北京）有限公司在行业内首次突破低温锡膏绿色制造工艺，与原有工艺相比碳排放量减少 35%。北京京东方显示技术有限公司完成空压机改造、热回收改造、阵列工艺节水改造、彩膜工艺节水改造等多项绿色制造技术改造，持续开展节能节水行动。

（4）示范企业积极落实生产者责任延伸制度要求，积极开展废旧产品回收利用、以旧换新等项目，降低产品废弃后的环境风险。例如，四川长虹电器股份有限公司在示范企业创建期间完成了 355 万台的废弃电器产品回收拆解，实现回收废旧塑料约 1.9 万 t、铜金属 0.35 万 t、玻璃 2.3 万 t，实现经济效益 4 亿元。

4. 包装行业工业产品绿色设计实践经验

工业和信息化部确定的首批包装行业绿色设计示范企业在绿色设计方面主要开展了以下工作。

（1）强化产品全生命周期评价。通过构建包装产品全生命周期评价系统，综合分析纸、塑料等包装产品在不同阶段的环境负荷参数与环境影响数据，从选材、生产、管理等环节改进设计方案，设计开发一批功能化、个性化、定制化的中高端绿色产品，提高产品质量品质，减少资源能源消耗和污染物排放。如浙江大胜达包装股份有限公司生产的易折叠、无胶带多功能快递包装纸箱等。

（2）研制绿色包装材料。注重采用无毒无害、可降解、易回收利用的绿色包装材料，从源头推动包装绿色化和循环利用。如深圳劲嘉集团股份有限公司研发的丝印麻布纹仿进口特种麻纹纸；芜湖红方包装科技股份有限公司使用"水基油墨＋UV 紫外光固化"替代传统的胶印印刷等。

5. 日化行业工业产品绿色设计实践经验

工业和信息化部确定的首批日化行业绿色设计示范企业在绿色设计方面开展了以下工作。

（1）研发绿色配方。示范企业采用植物衍生物等天然物质生产原材料，有利于减少各类活性剂和助剂的使用，生产的产品具有易漂洗、用量少、清洁力强、无残留等特点。如西安开米股份有限公司开发的餐具净、多功能中性洗衣液等产品选用椰油、棕榈油和玉米淀粉等植物衍生物作为生产原材料，具有良好的生物降解性，生物分解率达 92.5 % 以上。纳爱斯集团有限公司在研发的烷基糖苷（APG）洗衣液中添加了蛋白酶、脂肪酶、淀粉酶、纤维素酶等天然成分，比传统洗衣液节水量提高 40 % 以上。

（2）优化产品设计。示范企业通过系统分析产品使用、排放等阶段的资源环境影响，不断提升优化产品设计，减少使用过程中的资源消耗，促进绿色消费。如纳爱斯集团有限公司设计开发一款定量投放包装的高度浓缩洗衣凝珠，洗衣时只需一粒，有效减少洗衣液的用量和耗水量。

（3）注重绿色包装。通过优化设计包装形式，大幅度减少塑料、原纸等耗材消耗，节约运输和仓储空间。如纳爱斯集团有限公司推行包装大规格化、轻量化计划，每年减少使用塑料 3200 t、原纸 2100 t；上海家化联合股份有限公司减少覆膜生产工艺的使用，大幅降低了塑料、胶水和溶剂用量。

6. 电器电子企业绿色设计实践经验

荷兰皇家飞利浦公司（以下称飞利浦）的产品主要包括彩色电视、照明用具、电动剃须刀、医学影像诊断系统和病人监护仪器等。自 20 世纪 90 年代以来，飞利浦一直持续开展生命周期评价（LCA）工作，通过环境损益（EP&L）表来衡量企业对整个社会的环境影响，并运用生命周期评价结果指导产品绿色设计，获得绿色解决方案。主要做法如下。

（1）持续加大绿色设计产品与技术开发投入。2019 年绿色设计投资 2.35 亿欧元，不断提高产品中可再生、可循环利用原材料的使用比例，严格限制有害物质使用。开发的剃须刀、电动牙刷、空气净化器、母婴护理等新产品，能耗不断降低，且不含聚氯乙烯（PVC）和溴化阻燃剂（BFR）；开发的患者监护仪能耗较其前代产品降低 18 %，产品和包装重量分别减少 11 % 和 25 %。根据飞利浦年报，2019 年，飞利浦绿色设计产品收入 131 亿欧元，占销售总额的 67.2 %。

（2）加强绿色设计相关信息的宣传披露。在企业网站设置环境专栏，介绍绿色设计理念、产品与技术研发进展、工厂的绿色生产措施和排放数据等信息。定期发布年度报告，公开绿色产品的性能指标、对供应商的绿色要求、绿色创新与环境绩效影响等信息数据，鼓励公众参与和社会监督，积极引导绿色设计、绿色制造和绿色消费。

7. 建材企业绿色设计实践经验

拉法基集团是法国建材企业，业务领域涉及水泥、屋面系统、混凝土与骨料、石膏建材，该公司的绿色设计实践重点围绕采矿、采购、生产、服务等建材产品全生命周期的主要环节。在采矿环节，对生产场所进行四年一次的环境审核，制定和执行矿山恢复计划，同时对所有矿山进行生物多样性筛查，为环境敏感矿山制定和实施生物多样性发展计划。在采购环节，将环境绩效评估列入分包商和供应商的选择程序中，并严格遵守有关规定和程序。在生产环节，持续降低单位产品粉尘、氮氧化物、硫氧化物等污染物排放强度，探索建立水泥窑持久性污染物排放基准，推动不可再生资源使用最小化，危险废物和其他固体废物排放最小化，尽可能再利用和回收原材料，安全处置废物。在服务环节，与政府、消费者、下游企业广泛合作，持续提升产品绿色环保性能，力求减少建筑对人体健康和环境的影响。

据拉法基公布的社会责任报告介绍，该集团开发的水泥绿色设计产品，通过增加粉煤灰或炉渣、石灰石等物质的使用，产品环境足迹明显减少，与普通硅酸盐水泥相比，二氧化碳排放降低 50 % 以上；新石膏产品采用聚苯乙烯泡沫材料，提升隔热、隔音性能；采用超高性能纤维混凝土降低热传导性，产品可节能约35 %，抗压强度、抗折强度、耐久性均高于普通混凝土，且产品无配筋。在这些绿色建材基础上开发建设的桥梁，与普通钢混桥梁相比，原材料和一次能源分别节约 35 % 和 45 % 以上，二氧化碳排放降低 50 % 以上。

8. 制造业绿色设计实践经验

德国西门子股份公司（以下称西门子）在绿色设计方面致力于为汽车、电子、机械、化工、医药等行业制造企业开发绿色产品，提供绿色设计总体解决方案。主要做法是通过西门子硬件、软件无缝集成能力，结合自动化、智能化、工艺流程软件和数据分析，从产品、研发、生产管理、数字化应用等方面为客户提供一套全面掌握产品整个生命周期状况的绿色数字化解决方案，全方位打通工业产品绿色设计与绿色制造一体化的路径。

以西门子"数字孪生综合方案"为例，该方案重新定义了端到端的过程，帮助客户实现产品开发和生产规划的虚拟环境与实际生产系统、产品性能之间的闭环连接，实现产品绿色化水平的定量分析和持续优化，产品开发效率大幅提升，降低了生产和维护成本，目前已在汽车、电子等行业推广应用。

如某汽车企业基于西门子协作平台 Teamcenter 和生命周期管理解决方案 Polarion，建立包括设计、工艺、制造在内的整个产品生命周期完整的基础档案和数据档案，使各部门的各项信息保持同步。在生产线的设计建设阶段，西门子帮助该企业生产车间实体设备构建虚拟世界里的"数字孪生"，借助虚拟调试技术实现对整条产线的虚拟仿真调试和优化；在生产制造的执行过程中，西门子全集成自动化（TIA）技术遍布该工厂冲、焊、涂、总四大车间和 PLC、HMI、交换机、分布式 I/O ET200SP 等设备，能全方位采集各种生产数据，为产品生命周期评价提供全面的数据保障。

8.1.3　燃料原材料的清洁替代

为指导各地做好可再生能源供暖相关工作，及时总结推广可再生能源供暖的成功经验和做法，国家能源局组织编写了《全国可再生能源供暖典型案例汇编》（以下简称《汇编》）。提出了因地制宜推广各类可再生能源供暖技术，积极推广地热能开发利用，合理发展生物质能供暖，继续推进太阳能和风电供暖。《汇编》收集了 52 个工程案例，介绍了清洁能源的实际使用情况。

8.1.4　工业节能技术与应用典型案例

自 2009 年以来，工业和信息化部持续发布《国家工业节能技术装备推荐目录》，组织开展系列节能技术交流推广活动，加快高效节能技术装备产品推广应用，促进企业节能降耗、降本增效，实现绿色增长；发布《国家工业节能技术应用指南与案例》，对工业节能技术的特点及案例分别进行了介绍，内容包括流程工业节能改造技术、重点用能设备系统节能技术、能源信息化管控技术、可再生能源及余能利用技术、煤炭高效清洁利用及其他工业节能技术等。本节对部分技术的内容及特点、技术的使用单位进行分类归纳和整理，分别见附表 3～附表 7。

8.1.5　工业节水技术装备与应用典型案例

为加快推广应用先进适用节水工艺、技术和装备，提升工业用水效率，工业和信息化部于 2014 年发布《国家鼓励的工业节水工艺、技术和装备目录》（简称《目录》），之后在 2016 年、2019 年、2021 年和 2023 年陆续发布四批《目录》及部分相关的典型案例。本书对 2023 年的典型案例及相关技术进行了归纳和整理，有关内容分别见附表 8～附表 15，涵盖了共性通用技术、钢铁、石化化工、纺织印染、食品、有色金属、建材、电子、蓄电池、煤炭和电力等内容。

8.2　农业清洁生产实践

《"十四五"全国清洁生产推行方案》提出要加快推行农业清洁生产，重点做好以下三项工作。

1. 推动农业生产投入品减量

加强农业投入品生产、经营、使用等各环节的监督管理，科学地、高效地使用农药、化肥、农用薄膜（农膜）和饲料添加剂，消除有害物质的流失和残留，减少农业生产资源的投入。组织农业生产大县大市开展果菜茶病虫全程绿色防控试点，不断提高主要农作物病虫绿色防控覆盖率。

2. 提升农业生产过程清洁化水平

改进农业生产技术，形成高效的、清洁的农业生产模式。严格灌溉取水计划管理，大力发展旱作农业，全面推广节水技术，不断提高农业用水效率。深化测土配方施肥，推广水稻侧深施肥等高效施肥方式。全面推广健康养殖技术，推动兽用抗菌药使用减量。加快构建种植业、畜禽养殖业、水产养殖业清洁生产技术体系，大力推广种养加一体化发展模式。

3. 加强农业废物资源化利用

完善秸秆收储运服务体系，积极推动秸秆综合利用。加强农膜管理，推广普及标准农膜，推动机械化捡拾、专业化回收和资源化利用，有效防治农田白色污染。因地制宜采取堆沤腐熟还田、生产有机肥、生产沼气和生物天然气等方式，加大畜禽粪污资源化利用力度。在粮食主产区、畜禽水产养殖优势区、设施农业重点区和特色农产品生产区等农业废物资源丰富区域，以及洞庭湖、丹江口水库、太湖、乌梁素海等重点流域湖泊水库周边区域，深入推行农业清洁生产，形成一批可推广、可复制的典型案例。

2022 年 11 月 16 日，农业农村部颁发《到 2025 年化肥减量化行动方案》和《到 2025 年化学农药减量化行动方案》。推进化肥农药减量化是全方位夯实粮食安全根基，加快农业全面绿色转型的必然要求；也是保障农产品质量安全、加强生态文明建设的重要举措。

8.2.1 化肥农药减量化的案例

1. 陕西省汉中市水稻化肥减量增效技术模式

陕西省汉中市水稻耕种面积为 117.4 万亩，化肥施用折纯量 2.6 万 t，总产量 62.5 万 t，水稻平均投入化肥折纯量 22.1 kg/亩。采用水稻化肥减量增效技术模式后，单位面积化肥用量明显减少，增产效果显著。

1）选择适宜海拔高度的水稻品种

品种的选择对水稻充分利用土壤养分、预防病虫害发生有一定影响作用。种植适宜区域土壤、气候环境的品种，不仅可以增加产量，还能减少过量施肥的现象。在汉中市海拔 700 m 以下地区主推全生育期 150～165 d 的中籼迟熟杂交稻品种；在海拔 700～900 m 地区主推全生育期 140～150 d 的中籼中熟杂交稻品种；在海拔 900 m 以上地区推广 D 优 162、汕优窄 8 号等全生育期 135～140 d 的早熟杂交稻品种。

2）推广测土配方施肥技术

根据水稻需肥规律、不同地形土壤养分含量状况及目标产量，推广测土配方施肥技术，坚持稳氮肥、增磷肥、补钾肥、配微肥，保证养分平衡，将水稻氮磷钾肥的施用总量控制在合理范围内。2016 年测土配方施肥技术已覆盖汉中市 80 万亩水稻田，全市肥料利用率平均提高 0.5 个百分点，平均每亩节本增效 30 元。

3）应用秸秆还田技术

农作物秸秆是农业生产中的宝贵资源，秸秆中有机碳含量通常在 40 %～50 %，每千克秸秆含氮 5～6 g、磷 3～4 g、钾 5～8 g，连续几年的秸秆还田，能明显地改善土壤的理化性状，提高土壤的保肥保水能力。汉中市农作物秸秆年产量为 230 万 t，每年秸秆还田量约 113.3 万 t，占秸秆资源总量的 49.26 %。秸秆还田方法包括：机械粉碎直接还田、堆沤腐熟还田、覆盖还田等。还田量一般依据农田上季作物产量确定，在汉中市小麦秸秆还田量为 350～500 kg/亩、油菜秸秆还田量为 150～300 kg/a。

4）增施有机肥

有机肥在提高土壤养分的同时还能改善土壤理化性质，平衡养分，增加微生物群落多样性，提高土壤酶活性，培肥土壤。根据汉中市有机肥资源状况和土壤养分状况，在水稻秧田管理上，秧田每亩施入腐熟农家肥 1000～2000 kg，移栽后每亩用过筛细粪土 300 kg 覆盖。在一般中等肥力水平田块目标产量为 600 kg/亩时，需每亩增施农家肥 1000～1500 kg 或生物有机肥 80 kg。

5）施用新型肥料

新型肥料发展方向主要有两种类型：一种是施用包膜型和脲甲醛型的控、缓释肥料，另一种就是通过添加肥料增效剂来提高肥料利用率和功能的稳定性长效肥料。控、缓释肥的料应用能够降低肥料流失，控制其对土壤、水体环境的破坏作用。汉中市水稻种植的试验表明，在不影响水稻产量及不增加农业成本前提下，施用硫包衣型缓控氮肥，较常规尿素肥料可以降低 5 % 左右的总施氮量。

6）绿肥翻压还田

绿肥是指利用其生长过程中产生的全部或部分、直接或间接翻压到土壤中作为肥料的绿色植物。由于绿肥比较鲜嫩，翻压后腐解矿化快，能迅速释放出养分供作物吸收利用，绿肥还田可有效增加土壤有机质、氮、有效磷和速效钾的含量，连年翻压绿肥则能够降低土壤紧实度，增强土壤团聚结构稳定性，提高土壤中细菌、真菌和放线菌的数量及土壤微生物碳的含量。绿肥-水稻轮作模式还能解决汉中市水稻田冬闲期撂荒问题。具体做法是在水稻收获后每亩播种 2 kg 左右紫云英种子，次年 4 月份在紫云英盛花期通过机械翻压还田，大约 1 个月以后即可进行水稻灌水插秧。

2. 河北省承德市农药减量增效示范

自 2017 年以来，河北省承德市围绕农药减量增效工作，建立 5 类 19 个农药减量增效示范基地。至 2021 年，承德市农田农药使用量年降低率均在 2 % 以上。实现 100 %绿色防控，减少农药使用量 30 %。采取的主要技术措施如下。

1）生物农药、新型农药及植保技术的应用

包括：①利用苦参碱、溴氰虫酰胺防治虫害；②利用黑农膜覆盖除草、宽窄行栽培、膜下滴灌技术，减少病害发生。

2）添加新型农药增效助剂

防治虫害时添加农药增效助剂，增加植株叶面着药率和吸收率，提高农药利用率，减少农药用量。

3）应用新型植保机械

应用四轮转向、驱动自走式喷杆喷雾机和植保无人机进行全程防治。

4）采用绿色杀虫方法

每 50 亩地安装 1 盏杀虫灯；每亩安装黄板 25 块；每亩安装性诱剂 1 个；每亩安放红糖、醋、酒、水比例为 1∶4∶1∶16 的液盆 1 个。

8.2.2 提升农业生产过程清洁化水平的案例

浙江省虽然水资源丰富，但不少地区仍存在水质性缺水的问题。多项研究发现，采用传统的灌溉及施肥模式，普遍存在磷、氮肥仅被农作物吸收约 30%～40%，剩余部分会流入河道，造成一定程度的农业面源污染，对养殖水产的品质和产量造成一定影响。浙江省德清智能节水灌溉示范园位于浙江省湖州市德清县洛舍镇，总面积为 395 亩，总投资约 2700 余万元。示范园围绕"节水优先"的方针，以智能灌溉与节水控制中心为核心，应用"智能泵站、水肥一体、节水灌溉、品质灌溉、中水回用、科学试验"等六项技术，建成水田 80 亩、果蔬旱地 120 亩、鱼塘 120 亩、温室大棚 25 亩、中水池 45 亩等五大板块，被评为"国家级节水灌溉标准化示范区"。示范区内，种植水稻、玉米、番茄、辣椒等作物，养殖青鱼、鲈鱼、河虾等水产，通过智能节水灌溉系统，探寻节水、护水、增效的科学方法。

1. 采用智能节水灌溉系统

园区的灌溉系统是一个封闭式的储存灌溉内循环系统，能避免灌溉用水外溢到河道。粗细不一的各种供水管道从智能泵站向外延伸，通向不同的种养板块。通过 5G 及物联网技术与分布在各板块的数百个传感器连接，对各类植物、鱼虾的用水情况进行实时感知和精准计量。通过收集园区每一类植物的全生命周期数据，智能节水灌溉系统将众多作物的生长数据，结合气象参数等进行综合分析，叠加农业专家的宝贵经验，形成数学模型和灌溉方案，然后通过互联网将方案自动下载到智能水肥一体化管理设备，由设备自动控制进行定量灌溉和施肥。同时，通过种植结果的反馈，系统能持续对专家模型和方案进行优化和调整，实现模型与方案的可复制、可推广。

2. 设置智能土壤检测仪

深入土壤底部的智能土壤检测仪，能对不同深度的土壤含水量、温度进行动态检测；孢子检测仪，能检测空气中的细菌；虫情测试仪，能自动给虫子拍照识别。这些仪器相当于给园区装上了神经末梢，能感知周围环境的变化，并通过内置的数据处理模块将信息传送到园区控制中心，管理人员只需要看一眼监测数据，就能有针对性地做出判断，进行灌溉、施肥、除虫等操作。

3. 效益明显

据测算，在同等面积、相同种养种类的情况下，与传统灌溉模式相比，该园区每年能节省 30% 的灌溉用水。采用传统大水漫灌的方式，洛舍地区一季水稻每亩所需灌溉用水达 450 t，而采用智能节水灌溉模式，每亩仅需 350 t。土壤养分传感器能够自动测量土壤的 pH 及氮、磷、钾含量，工作人员根据监测数据就可以知道何时施肥及施肥量。精准施肥不仅可以节省肥料支出，而且可以减少残留，每年减少化肥用量约 28%。

8.2.3　加强农业废物资源化利用的案例

1. 肥料化工程

西南大学研究人员基于土壤结构、水分性能和养分供应，以秸秆预处理产物为主材，以膨润土和聚丙烯酰胺（PAM）为调控剂形成秸秆改良材料配方体系。将秸秆沙质土壤改良材料施入土壤后，土壤有机物含量提高了 12.5 %～19.4 %，1～5 mm 团聚体数量提高了 45.0 %～73.2 %，持水量提高了 21.4 %～31.4 %，土壤有效氮、磷和钾分别提高了 13.7 %～24.67 %、10.9 %～26.2 % 和 9.61 %～28.2 %，土壤对氮、磷和钾的保持能力明显提高，作物产量提高了 8.2 %～21.0 %，表现出高效的和稳定的土壤改良效果。

2. 基料化利用

江苏华绿生物科技股份有限公司以麦秆、玉米芯、玉米秸秆等农作物秸秆为主要原材料，通过现代生物技术、工业技术的有机结合，实行标准化、机械化、自动化的食用菌工厂化栽培，最终将农作物秸秆"变废为宝"，转化为营养价值高、绿色、健康的食用菌鲜品。关键技术包括：适合食用菌栽培的配方研发、食用菌数字化栽培环境中央监控系统建立、热能交换技术在调节温度湿度方面的应用、液体菌技术在工厂化瓶栽金针菇规模化生产中的应用。以麦秆、玉米芯、玉米秸秆等农作物秸秆作为栽培食用菌的原材料，其中，每吨玉米芯和玉米秸秆可用于生产 0.8 t 鲜金针菇及 0.8 t 有机肥，每吨麦秆可用于生产双孢菇 0.3 t 及 0.8 t 有机肥。

3. 能源化利用

内蒙古自治区赤峰市阿鲁科尔沁旗新能源产业集中园占地面积 200 亩，包括预处理、沼气发酵、分离提纯、有机肥料生产、办公管理等区及种植、绿化、原材料堆放、生物肥堆放等区。能源化利用项目共有 12 个发酵罐，单体发酵罐容积 5000 m³，总发酵容积 6 万 m³。提纯后的生物天然气一部分注入城镇天然气网管，供居民使用；一部分压缩罐装进入加气站，作为出租车和公交车的车用燃料。该项目年消纳农作物秸秆 3.43 万 t，年产生物肥 11.4 万 t，年产液态生物二氧化碳 7300 t。项目总投资约为 1.1 亿元。

关键技术包括秸秆快速化学预处理技术、高效秸秆厌氧发酵技术、环境友好的沼气提纯技术及沼渣沼液综合利用技术等。厌氧消化产生的沼气的成分是 50 %～65 % 的 CH_4、30 %～38 % 的 CO_2、0 %～5 % 的 N_2、小于 1 % 的 H_2、小于 0.4 % 的 O_2、500 ml/L 的 H_2S，此外还含有一定量的水分。经提纯后的沼气满足国家车用天然气标准《车用压缩天然气》(GB 18047—2017),高位热值≥31.4 MJ/m³,硫化氢≤15 mg/m³,二氧化碳≤3.0 %,氧气≤0.5 %。

4. 材料化利用

中国林业科学研究院木材工业研究所以麦秆、稻草等主要农作物为原材料,以异氰酸酯树脂为胶粘剂,采用热压工艺制造无醛或低醛人造板,工艺流程:秸秆→切断→单元制备→干燥→筛分→施胶→铺装→热压→裁边→成品。

通过集成秸秆原材料与处理技术、秸秆纤维分离与制备技术、二次纤维分离技术及单元化的复合处理技术等关键技术,采用自动化和连续化生产设备,开发出绿色无醛环保型建材,实现了农作物秸秆剩余物的材料化利用。

5. 饲料化利用

河南宏翔生物科技有限公司研发了隧道式固体发酵玉米秸秆生产蛋白饲料工程,关键技术包括:①以组合野生发酵菌和构建生物工程菌的方法使玉米秸秆经过发酵后的饲用价值提高;②设计先进的隧道式固态发酵设备,建立节能高效的发酵工艺,使玉米秸秆发酵生物饲料的营养价值得到提高;③建立玉米秸秆发酵过程精细化控制,通过各种糖类的产量、活菌数量和 pH 变化情况确定发酵过程变化。

养猪试验证明使用秸秆发酵生物饲料饲喂猪只,猪只的繁育和生长速度优于全精料饲喂,发病率低于全精料饲喂,养殖成本降低 20 %以上,猪肉经权威部门检测完全符合国家有机猪肉的标准。

8.2.4　农膜回收处理案例

山丹县位于甘肃省西北部河西走廊中段,常年播种面积 60 万亩,农膜覆盖面积达到 23 万亩,亩均使用农膜 6.7 kg,农膜使用量达 1540 多吨。农膜回收处理涉及农户捡拾、网点回收、企业加工三个环节。目前已经扶持建立废旧农膜回收加工企业 3 个,高标准废旧农膜回收利用网点 14 个,2020 年全县回收废旧农膜 2700 多吨,废旧农膜回收利用率达到 82 %以上。对回收网点和回收企业进行专项资金补助。目前废旧农膜回收只能解决地表残膜,无法回收耕作层的残膜。由于农膜老化速度快,易破碎,特别是玉米和葵花地中农膜与根茎、泥土混杂在一起,回收难度大、效率低。废旧农膜回收加工经济效益低。废旧农膜回收有一定季节性,企业生产不稳定。

回收再生应用循环模式为:①废旧农膜回收;②清洗;③粉碎;④熔炼;⑤挤压;⑥塑料再生颗粒。

8.3　其他行业清洁生产实践

8.3.1　建筑业清洁生产实践

1. 装配式建筑智能制造

上海市宝业集团股份有限公司在预制建筑领域实施超过 4000 万 m²，在装配式建筑方面处于领先地位。特色技术包括：夹心保温叠合体系成套产品技术融合主结构技术、外立面与内装全面的工业化集成技术等。

在住宅设计中通过维护结构的保温性能、气密性等措施及采用地源热泵、太阳能等可再生能源，大大节省空调采暖的能耗，减少 70 % 以上二氧化碳排放量，同时住宅本体 60 % 的材料可循环再利用，拆除时，不会产生传统住宅的大量不可回收垃圾。

2. 建筑垃圾资源化项目

粤港澳大湾区某建筑垃圾资源化项目，该项目位于广东省惠州市大亚湾经济技术开发区，设计规模如下：①拆除垃圾：50 万 t/a；②工程渣土及泥浆建筑垃圾：170 万 t/a；③装修垃圾：30 万 t/a；④再生产品：再生混凝土、再生压制砖。拆除垃圾采用"初筛分＋磁选＋人工拣选＋初级风选＋破碎＋筛分＋精风选"的处理工艺。装修垃圾采用"预处理综合分选＋骨料类再生建材制备＋可燃物垃圾衍生燃料（RDF）制备/外运焚烧＋惰性物外运填埋"处理工艺。工程渣土及泥浆建筑垃圾采用"初筛分＋滚筒化浆＋螺旋洗砂＋轮斗洗砂＋浓缩压滤"的处理工艺。

8.3.2　服务业清洁生产实践

1. 厨余垃圾资源化

山东省某市餐厨垃圾处理项目处理能力为 200 t/d，收运范围覆盖该市主城区学校食堂、企事业单位食堂、饭馆和酒店等餐饮单位 800 余家，已累计处理餐厨垃圾 3.41 万 t，产出毛油 450 t、沼气 188.55 万 m³。餐厨垃圾处理工艺流程如图 8-1 所示。

2. 绿色交通项目

江苏省镇江市京杭运河镇水上服务区旨在全国率先打造"绿色港航"示范基地，改造结合服务区本身特点，重点建设了移动接收柜、生活污水固定接收设施、船舶生活垃圾智能接收终端、粉尘在线监测系统、智能化污水回收处理系统、船舶岸电充电桩，达到节能减排、污染防治的效果。

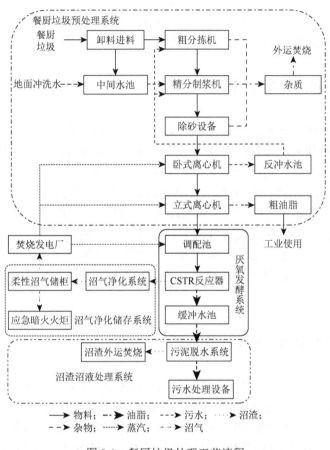

图 8-1　餐厨垃圾处理工艺流程

8.4　清洁低碳案例

8.4.1　北京 2022 年冬奥会和冬残奥会的低碳实践

张北柔性直流电网试验示范工程于 2020 年投入运行，将张北地区丰富的风能、光能等清洁能源送至北京，通过北京冬奥会跨区域绿电交易机制建立实施，赛时实现所有场馆 100 % 使用绿色电力。通过优化设计、废旧材料回收利用、可再生能源使用等减少碳排放。所有新建室内场馆全部达到《绿色建筑评价标准》（DB11/T 825—2021）三星级标准，既有场馆通过节能改造达到《既有建筑绿色改造评价标准》（GB/T 51141—2015）二星级标准。北京冬奥会在 4 个冰上场馆使用全球增温潜能值（GWP）为 1 的二氧化碳制冷剂。鼓励观众优先选择高铁、地铁、公交出行；在各赛区推广电动汽车、氢能源汽车的使用，并通过智能交通系统和管理措施，提高车辆运行效率。充分利用 OA 办公系统、视频会议系统等现代化办公手段，减少纸张使用和参会人员交通出行所产生的碳排放。

8.4.2　广东状元谷电子商务产业园

广东省广州市状元谷电子商务产业园首次在我国亚热带地区大型仓储建筑中运用蒸发冷却降温设施。对建筑进行局部绿色低碳改造，办公楼层采用玻璃幕墙，充分利用自然光，仓库库房采用水帘蒸发冷却新风设备和风压降温循环系统，建筑降温节能率达 80 %，实现夏天不开空调也能达适宜仓储温度。园区内屋顶全部安装光伏电板，园区照明均使用无极灯、LED 灯等节能灯，并配有自动感应节能控制系统。实现能源的智慧监测和精细化管理，提升园区运营效率和智能化管理水平。建设无负压节能集中供水系统、水循环处理系统和雨水收集系统。园区内采用清洁能源电力叉车、清洁能源电力炉灶、能源充电桩，鼓励员工低碳出行。

8.4.3　内蒙古鄂尔多斯零碳产业园

鄂尔多斯零碳产业园基于当地丰富的可再生能源资源和智能电网系统，构建以"风光氢储车"为核心的绿色能源供应体系，实现高比例、低成本、充足的可再生能源生产与使用。园区中 80 %的能源直接来自风电、光伏和储能，另外 20 %的能源基于智能物联网的优化，通过"在电力生产过多时出售给电网，需要时从电网取回"的合作模式，在沙漠布局建设大型风电光伏基地。发展绿氢制钢、绿氢煤化工、生物合成等下游产业，减少鄂尔多斯化工行业的煤炭消耗量。通过管理平台进行数据采集跟监控，直观反映出能源的利用效率，实现企业能源信息化集中监控、设备节能精细化管理、能源系统化管理。

8.4.4　浙江杭州格力"零碳＋直流"园

格力电器（杭州）有限公司在园区搭建"柔性直流配网＋氢电耦合＋氢冷热电联供＋储能调峰＋分布式光伏＋直流暖通系统＋格力 G-IEMS 能源互联网平台"七维一体互联互通、多向流动新型源网荷供应系统，同时兼顾电网调峰、新能源消纳、氢能利用等功能。利用光伏与电网谷电制备氢气和氧气,最大供氢量每天可达到 200 kg,供园区内氢燃料大巴车和物流车使用;氧气供空调生产焊接助燃;系统运行产生的余热可供高温注塑使用。

8.4.5　重庆 AI city 园区

重庆 AI city 园区主要通过打造零碳建筑推动园区应用转型,实现园区能源自给,减少园区碳排放。此外,园区构建“智能大脑”,推动园区管控数字化转型,实现智慧化、节能化管理运营。通过在建筑之间分散式部署智慧杆塔、智能座椅,在建筑屋顶铺设光伏,实现园区能源自给,从而减少建筑碳排放。智慧杆塔集智能照明、环境监测、绿色能源、设施监管等功能于一身。一方面,自带光伏,能够执行公共智能照明并充当汽车充电桩、USB 手机充电装置给园区用户电动汽车和手机充电,实现绿色能源供给,降低碳排放。另一方面,建筑采用节能环保材料并铺设屋顶光伏,提升园区能源自给率。

8.4.6　广西百色华润新型建材产业园区

华润新型建材产业园区通过打造的数据中台,对生产线各类设备进行 5G 监控与分析,实现能源精准计量、能耗统计、用能分析等,找到能耗异常原因,降低原材料研磨、预分解炉、水泥车间用电水平,提升能源利用效率,降低整体能耗成本。利用机器视觉训练算法,实现料口堵料识别、皮带损伤识别、冒灰扬尘识别等重污染环境下自动监测功能,下料口断料检测准确率达到 93.5%,皮带跑偏分析准确率达到 92.3%,降低劳动力成本,减少资源消耗。同时,实施矿山运输 5G 远程/无人驾驶,实现车辆在厂内物流的智能管理,减少车辆等待时间,减少仓储空间及能耗,基地智能物流发运能力提升 34.2%,煤渣车间效率提升 29%。

8.4.7　德国柏林欧瑞府能源科技园

欧瑞府能源科技园作为欧洲的首个零碳智慧园区,以能源转型赋能零碳智慧园区建设,实现了从百年前的煤气厂向零碳智慧园区转变。2014 年实现了德国联邦政府制定的 2050 年二氧化碳减排的气候保护目标(二氧化碳减排 80%)。在园区内安装光伏板、风机,产生清洁电力,再改造成集分布式供能、本地用能、能源存储于一体的智能电网系统,实现最大比例使用光伏、风能、沼气等可再生能源。通过外购农业沼气实现每年发电量 2 MW·h,可满足 1300 户家庭用电需求,发电余热则用于园区供暖。回收退役电池组成电池存储设备，形成高达 1.9 MW·h 的电池储能系统。建设 1 座德国最大的新能源电动汽车充电站，通过在充电站顶棚安装光伏板，为园区 170 余个电动汽车充电桩提供能源，园区交通运输工具采用电动汽车、共享单车，实现零碳交通。园区内所有新建建筑均为绿色节能建筑，并获得绿色建筑 LEED 白金认证，所有建筑物都可通过智能电表连接电网，办公照明系统通过日光传感器进行自动控制。利用小型热电联供能源中心完成园区内供暖、制冷和供电，建设能源消耗管理平台，实现能源管理过程可视化。发电余热则能将水加热至 90 ℃，通过 2.5 km 的供热管线满足园区取暖需求。创新利用藻类生物反应器，助力智能园区环境转变，建筑外壁悬挂大片的藻类生物反应器，通过光合作用，每年可生产藻类 200 kg，吸收 400 kg 二氧化碳。

本 章 小 结

1. 加强高耗能、高排放项目清洁生产评价。钢铁、水泥熟料、平板玻璃、炼油、焦化、电解铝等行业新建项目严格实施产能等量或减量置换。

2. 将绿色设计理念和低碳发展要求纳入企业发展战略，开展产品生命周期碳足迹、水足迹和环境影响分析评价，建设绿色设计基础数据库，研究先进设计工具与方法，提高绿色设计应用转化能力。

3. 有效推广燃料及原材料清洁替代，节能、节水技术，绿色低碳园区建设在高耗能、高排放项目的清洁低碳改造中的应用。

4. 推进农业清洁生产，转变农业发展方式是建设现代农业的必然趋势。

5. 第三产业对环境的污染和对资源的消耗日趋严重，应扩大第三产业清洁生产的实施范围。

关键术语
高耗能、高排放；绿色设计；清洁低碳；实践案例。

课堂讨论
1. 清洁生产技术与绿色低碳的关系？
2. 哪些因素可能会影响清洁生产技术在实践中的推广？

作业题
1. 论述清洁生产是高质量发展的有效手段。
2. 论述清洁生产技术在企业绿色发展中的作用。

阅读材料

1. 孙德林, 张芸, 杨秋颖, 等. 2021. 基于耦合关系的石化行业清洁生产技术评价方法研究[J]. 环境污染与防治, 43(6): 753-758.

2. 王璇, 杨立焜, 许宏宇, 等. 2022. 新时期高耗能高排放项目选址研究: 以临汾为例[J]. 城市发展研究, 29(7): 18-36.

3. 闫萌, 李涛, 杨晨, 等. 2023. 面向机电产品绿色设计与评价协同的生命周期评价参数计算方法[J]. 中国机械工程, 34(12): 1453-1464.

4. Cao H B, Zhao H, Zhang D, et al. 2019. Whole-process pollution control for cost-effective and cleaner chemical production: A case study of the tungsten industry in China[J]. Engineering, 5(4): 768-776.

5. 陈柱康, 张俊飚, 何可. 技术感知、环境认知与农业清洁生产技术采纳意愿[J]. 中国生态农业学报(中英文), 2018, 26(6): 926-936.

参 考 文 献

国家能源局. 2021. 全国可再生能源供暖典型案例汇编[G/OL]. (2022-11-18)[2022-11-18]. http://www.nea.gov.cn/download/kzsnydxan2021.pdf.

胡小刚. 2014. 清洁生产在焦化行业的应用: 以韩城市龙门工业园为例[J]. 中国人口(资源与环境), (S3): 28-31.

科学技术部, 农业部. 2015. 农业废弃物(秸秆、粪便)综合利用技术成果汇编[G/OL]. (2015-10-09)[2022-11-18]. https://www. most.gov.cn/xxgk/xinxifenlei/fdzdgknr/qtwj/qtwj2015/201510/W020151020341009539871.pdf.

马玉聪. 2021. 平板玻璃企业清洁生产审核案例分析[J]. 建材世界, (1): 95-98.

沈忱, 周长波, 李旭华, 等. 2014. 电解铝行业清洁生产案例分析及推行建议[J]. 环境工程技术学报, (3): 237-242.

项俦丽, 王欣, 孙晓蓉. 2011. 石油炼制行业清洁生产分析: 以某石化乙烯炼化一体化项目炼油工程为例[C]//2011 中国环境科学学会学术年会, 加快经济发展方式转变: 环境挑战与机遇, 147-153.

叶波. 2018. 嘉善县秸秆综合利用技术案例分析[J]. 浙江农业科学, 59(7): 1297-1299.

张大伟. 2020. 水泥行业清洁生产评价体系的应用研究: 以某大型熟料厂为例[J]. 能源与环境, (4): 85-89.

赵鹏飞. 2021. 河北承德市农药减量增效示范基地建设与成效[J]. 农业工程技术, 41(20): 53-54.

周建华, 陈锋. 2020. 某典型餐厨垃圾综合处理项目实例[J]. 环境工程, 38(8): 47-51.

周扬, 李盈语, 严彬. 2021. 我国钢铁行业清洁生产评价体系发展历程探讨[J]. 能源环境保护, 35(1): 43-48.

附 表

附表 1 国家重点行业清洁生产技术

编号	技术名称	主要内容	行业	效果	技术类别	解决的关键技术问题
1	尾矿再选生产铁精矿	利用磁选厂排出的废弃尾矿为原料，再经磁选及磁力粗选得到粗精矿，经磨矿单体充分解离。	冶金	减排	末端循环	采用磁力粗选从废弃尾矿中选出粗精矿
2	小球团烧结技术	通过改变混合机工艺参数，延长混合料在混合机内的有效滚动距离，加雾化水，将烧结混合料制成直径大于 3 mm、数量占 75%以上的小球，通过加布料刮刀等，实现厚料层，提高料层厚度等方式，偏析布料，低温、匀温、高氧化性氛烧结。通过这种方法烧结出的烧结矿，上下层烧结矿质量均匀、烧结矿强度高，还原性好。	冶金	节能减排	过程减量	烧结工艺参数的优化
3	烧结环冷机余热回收技术	通过对回收冷却设备进行技术改造，再配套除尘器、循环风机等设备，可充分回收烧结矿冷却过程中释放的大量余热，将其转化为饱和蒸汽使用。同时除尘器所捕集的烟气，可返回烧结利用。	冶金	节能减排	末端循环	冷却设备结构的技术改造
4	干熄焦技术	用循环惰性气体做热载体，由循环风机将冷的循环气体输送到红焦冷却室，将炽热红焦冷却，高温循环气体吸收红焦显热后经高温气体导入废热锅炉回收热量，如此循环冷却红焦。除尘后经风机返回冷却室。循环气体冷却，温度降至 250 ℃以下排出。产生蒸汽。	冶金	节能减排	末端循环	用循环惰性气体做热载体
5	焦炉煤气 H.P.F 法脱硫净化技术	H_2S、HCN 先在氨介质存在下溶解、吸收，然后在催化剂作用下被湿式氧化成元素硫，催化剂得到空气氧化再生。硫氰酸盐和硫酸盐经焦炉过程中再生。	冶金	减排	末端循环	催化剂在元素硫、硫氰酸盐形成过程中的应用
6	石灰窑废气回收液态 CO_2	以石灰窑质排放出来的含有约 35%左右的 CO_2 的窑气为原料，经除尘和洗涤后采用 "BV" 法，将窑气中的 CO_2 分离出来，得到高纯度的食品级的 CO_2 气体，并压缩成液体装瓶。	冶金	减排	末端循环	添加了硼酸盐和有机酸盐的碳酸钾溶液 "BV" 法
7	高炉富氧喷煤工艺	通过在高炉冶炼过程中喷入大量大量的煤粉并结合适量的富氧，达到节能降耗、提高产量，降低生产成本和减少污染的目的。目前，该工艺的正常吨铁喷煤量为 200 kg/t-Fe，最大能力可达 250 kg/t-Fe 以上。	冶金	节能降耗	源头削减	富氧鼓风强化风口区煤粉的燃烧，提升间接还原强度

续表

编号	技术名称	主要内容	行业	效果	技术类别	解决的关键技术问题
8	LT法转炉煤气净化与回收技术	转炉煤气经过蒸发冷却器，粗颗粒的粉尘沉降下来，此后将烟气导入设有四个电场的静电除尘器，得到精净化（含尘 10 mg 每标准立方米）。高温净煤气进入煤气冷却塔喷淋降温至约 73 ℃，而后送入煤气储柜要供给用户使用。	冶金	节能减排	末端循环	转炉煤气的静电除尘技术
9	LT法转炉粉尘热压块技术	将收集的粉尘按粗、细颗粒，加入同转炉内进行氮气保护，当加热至 580 ℃时，即可输入辊式压块机，在高温、高压下压制成重新入炉冶炼。成品块温度降至约 80 ℃，装入成品仓内，定期用汽车运往炼钢厂重新入炉冶炼。	冶金	减排	末端循环	粉尘压块工艺技术及参数
10	轧钢氧化铁皮生产还原铁粉技术	铁皮中的氧化铁在高温下逐步被碳还原，而碳则气化成 CO。通过二次精还原提高铁粉的总铁含量，降低 O、C、S 含量，消除海绵铁粉碎时所出现的加工硬化，从而改善铁粉的工艺性能。主要工序有：还原、破碎、筛分、磁选。	冶金	减排	末端循环	氧化铁还原工艺技术及参数
11	高炉余压发电技术	将高炉剖产煤气的压力，热能转换为电能，既回收了由高压阀组释放的能量，又净化了煤气，降低了由高压阀组控制炉顶压力时产生的超高噪声污染。	冶金	减排	末端循环	炉顶高压操作技术
12	双预热蓄热式轧钢加热炉技术	采用蓄热方式（蓄热室）实现炉窑废气余热回收，同时大幅度提高炉窑热效率。预热至高温，从而同时将燃烧空气、煤气预热至高温。	冶金	节能减排	末端循环	蓄热式技术及设备结构优化
13	转炉复吹溅渣长寿技术	采用"炉渣金属磨菇头"生成技术，在炉衬长寿性，保护炉底供气元件在全炉役始终保持良好的透气性，使底吹供气元件的一次性寿命与炉龄同步，复吹比100 %，提高复吹溅钢工艺的经济效益。	冶金	降耗增效	过程减量	黏渣、挂渣和溅道、菇头气幕带、放射气孔带、迷宫式弥散飞孔带
14	高效连铸技术	以高拉速为核心，实现高连浇率、高作业率的连铸系统技术与装备。包括接近凝固温度的浇铸、中间包整体优化、结晶器及振动高优化、二冷水动态控制与铸坯变形优化。引锭、电磁连铸六大方面的技术利装备。	冶金	节能增效	过程减量	连铸技术及设备工艺优化
15	连铸坯热送热装技术	将原有的冷坯输送改为热坯输送至轧制车间热装进行轧制，大大降低了轧钢加热炉加热连铸坯的能源消耗，同时减少了钢坯的氧化烧损，并提高了轧机产量。	冶金	节能增效	过程减量	工序间的协调稳定；相关技术要求，计算机管理系统
16	交流电机变频调速技术	改变变流器的输出电压（或频率），即可改变交流电机的速度，达到调速的目的。	冶金	节能增效	源头削减	电机变频技术
17	转炉炼钢自动控制技术	通过完善控制软件，实现转炉炼钢从吹炼条件、吹炼过程控制、直至终点动态预测和调整，吹炼设定目标自动提高转炉的全程计算机控制，做到快速出钢，提高钢水质量。	冶金	降耗增效	过程减量	自动控制技术

续表

编号	技术名称	主要内容	行业	效果	技术类别	解决的关键技术问题
18	电炉优化供电技术	对各项电气运行参数进行分析处理，可得到电炉供电自主回路的短路电抗等基本参数，进而制定电炉炼钢的合理供电曲线。	冶金	节能 增效	过程减量	通过处理电气运行参数改进供电技术
19	炼焦炉烟气净化技术	采用有效的烟尘捕集，转换连接，布袋除尘等设施，出焦过程中产生的烟尘有效净化。	冶金	减排 增效	末端循环	集尘和除尘技术改进
20	洁净钢生产系统优化技术	采用高炉出铁槽脱硫，转炉脱磷，铁水包脱硫，复吹转炉冶炼，100%钢水精炼。	冶金	降耗 增效	过程减量	钢水除杂精炼技术改进
21	铁矿产磁分离设备永磁化技术	采用高性能的稀土永磁材料，经过独特的磁路设计和机械制成的高场强磁分离设备，分选磁场强度最高达1.8 T。	冶金	节能 降耗	源头削减	磁分离技术和设备开发
22	长寿高效高炉综合技术	通过采用系统技术，人工智能控制技术，现代项目管理技术等，严格规范高炉设计、建设、操作及维护，从而确保一代高炉寿命达到15年以上。	冶金	增效	过程减量	高炉建设技术和管理方法
23	转炉尘泥回收利用技术	回收转炉尘泥，制成化转炉渣返干，可有效缓解转炉炉渣干，减少粘枪事故，提高氧枪寿命，改进转炉顺行。	冶金	降耗 增效	末端循环	转炉尘泥制备化渣剂技术
24	转炉汽化冷却系统向真空精炼供汽技术	将转炉汽化冷却系统改造之后，使之具有"一机两用"功能，既能优先向真空泵供汽，又能将多余蒸汽外送。	冶金	增效	过程减量	汽化冷却系统改造技术
25	利用焦化工艺处理废塑料技术	废塑料在高温、全封闭和还原气氛下，转化为焦炭、焦油和煤气，使废塑料中有害元素氯以氯化铵可溶性盐方式进入炼焦氨水中，不产生有害气态污染物，实现废塑料大规模无害化处理和资源利用。	钢铁	减排 增效	过程减量	废塑料除杂利用技术
26	冷轧盐酸酸洗液回收技术	将冷轧盐酸酸洗废液经净化加压后与净化煤气混合燃烧，使废液中的盐酸做功，生成Fe_2O_3和HCl高温气体（可转化为再生盐酸）。	钢铁	减排 降耗	末端循环	盐酸酸洗液焚烧处理技术
27	高炉煤气等低热值煤气高效利用技术	高炉等副产煤气经净化后与空气混合燃烧，产生的高温烟气进入燃气轮机做功，燃气轮机组做功后的高温烟气进入余热锅炉，产生蒸汽再进入蒸汽轮机做功，带动发电机组发电，形成煤气-蒸汽联合循环发电系统。	钢铁	节能 减排	末端循环	煤气-蒸汽联合循环发电系统
28	转炉负能炼钢工艺技术	氧气顶吹转炉工艺，产生的主要副产物为煤气和蒸汽，通过必要的手段对其进行回收，再利用。折算副产钢材的热值到标准煤，其值与炼钢时消耗的电能比较，大于为负能。	钢铁	节能 减排	末端循环	副产物煤气回收再利用技术

续表

编号	技术名称	主要内容	行业	效果	技术类别	解决的关键技术问题
29	新型顶吹沿浸没喷枪富氧熔池熔炼技术	将一根特殊设计的喷枪插入熔池中，在炉内形成一个剧烈翻腾的熔池，空气和粉煤燃料从喷枪的末端直接喷入熔体中，强化了反应利于传热传质过程，加快了反应速度，提高了熔炼强度。	有色金属冶金	节能 降耗 减排	源头削减	炼锡炉结构改进
30	300KA大型预焙槽加锂盐铝电解生产技术	在铝电介质预焙槽电解工艺中加入锂盐，降低电解质的初晶点，提高电解质导电率，降低电解质密度，使生产条件优化，产量提高。	铝电解	节能 降耗	源头削减	铝电介质预焙槽电解工艺改进
31	管-板式降膜蒸发器装备及工艺技术	采取科学的流场和热力场设计，开发应用方管结构；利用分散、均化技术，简化布膜结构；引入外循环系统改变蒸发器液资料参数。	有色金属	节能 降耗 减排	源头削减	蒸发器结构改进
32	无钙焙烧红矾钠技术	将铬矿、纯碱与铬渣粉碎至200目后，按配比在回转窑中高温焙烧 使 $FeO\text{-}Cr_2O_3$ 氧化成铬酸钠。将焙烧后的熟料进行湿磨、过滤、中和、酸化，使铬酸钠转化成红矾钠（重铬酸钠），蒸发（酸性条件）后得到红矾钠产品。	化工	减排	源头削减	铬渣的回收利用新技术开发
33	节能型隧道窑焙烧技术	以煤矸石或粉煤灰为原料，使用宽断面隧道窑"超烧焙烧"过程，实现降低焙烧周期，提高能源利用效率。设置快速焙烧程序和"超速焙烧"过程。	建材	节能 降耗 减排	源头削减	焙烧技术改进
34	煤粉强化燃烧及劣质燃料燃烧技术	采用了热回流技术和浓缩燃烧技术，使煤粉迅速燃烧，特别有利于燃烧劣质煤、无烟煤等低活性燃料。	建材	节能 减排	源头削减	燃烧技术改进
35	少空气快速干燥技术	采用低温高湿方法，使湿坯体在低温段由于坯体表面蒸气压的不断增大，阻碍外扩散的进行，吸收内部的热量用于提升坯体内部温度，使预热阶段缩短，等速干燥阶段借助增强制排水的方法。	建材	节能	源头削减	干燥技术改进
36	石英尾砂利用技术	新型提纯石英尾砂的"无氟浮选技术"，工艺产生的废水经水处理后返回生产过程循环使用。	建材	减排	末端循环	石英砂提纯技术改进
37	水泥生产粉磨系统技术	采用"辊压机机床浮动压辊轴承座的摆动机构"和"辊压机折页式复合结构的夹板"专利技术。	建材	节能	源头削减	粉磨技术及设备改进
38	水泥生产高效冷却技术	将篦床划分为足够小的冷却区域，每个区域由若干封闭式篦板梁和盒式篦板构成的冷却单元（通称"充气梁"）组成，用管道供以冷却风。	建材	节能	源头削减	冷却系统结构改进

续表

编号	技术名称	主要内容	行业	效果	技术类别	解决的关键技术问题
39	水泥生产煤粉燃烧技术	在煤粉燃烧的不同阶段，控制空气加入量，确保煤粉在较低而平均的过剩系数条件下完全燃烧，有效控制一次风量，同时减少有害氮氧化物的产生。	建材	节能减排	过程减量	煤粉燃烧技术改进
40	煤矿瓦斯气利用技术	把目前向大气直排瓦斯改为从矿井中抽出瓦斯气，经收集、处理和存储、调压输送到城镇居民区，提供生活燃气。	煤炭	节能减排	末端循环	瓦斯气利用技术
41	柠檬酸连续错流变温色谱提纯技术	新工艺用80℃左右的热水，从吸附了柠檬酸的饱和树脂上将柠檬酸洗脱下来。用热水代替稀碱洗脱液，彻底消除酸、碱污染。	化工	减排	过程减量	柠檬酸洗脱技术
42	香兰素提取技术	利用纳滤膜不同分子量的截止点，在压力作用下使化学纤维浆废液中低分子量的木质素磺酸钠和树脂绝大部分留存，将香兰素几乎全部通过，而高分子（5000以上）的木质素素质分开。	轻工	减排	末端循环	膜分离技术
43	木塑材料生产工艺及装备	将废旧塑料和木质纤维（木屑、稻壳、秸秆等）按一定比例混合，添加特定助剂，经高温、挤压，成型可生产木塑复合材料。	轻工	减排	末端循环	废旧塑料和木质纤维复合技术
44	超级电容器应用技术	牵引型电容器比能量10 Wh/kg，比功率600 W/kg，循环寿命大于50 000次，充放电效率大于95%，充放电效率大于99%。启动型电容器比能量3 Wh/kg，比功率1500 W/kg，循环寿命大于20万次，充放电效率大于99%。	电池	减排	源头削减	取代铅酸电池作为电力驱动车辆的电源
45	对苯二甲酸的回收和提纯技术	针对涤纶纺织物碱减量处理，采用二次加酸反应，经离心分离后，回收粗对苯二甲酸，对其二次加酸回收率大于95%（当浓度以COD计大于20 000 mg/L时）。处理后尾水呈酸性，可以中和大量碱性印染废水。	纺织	减排	末端循环	对苯二甲酸回收技术
46	上浆和退浆液中PVA（聚乙烯醇）回收技术	利用陶瓷膜"亚滤"设备对COD高达4000~8000 mg/L的上浆废水和退浆废水进行浓缩处理，回收PVA并加以利用，同时减少废水污染。	纺织	减排	末端循环	膜分离技术
47	气流染色技术	织物由湿气、空气与蒸汽混合的气流带动在专用管路中运行，在无液体的情况下，织物在有机内完成染色过程，当中无须特别注意。	纺织	节能降耗减排	源头削减	染色新技术
48	印染业自动调浆技术和系统	通过计算机自动配比，用工业控制机自动将染料对应阀门定位到电子秤上，并按配方要求自动调浆，实现高精度配比。	纺织	节能降耗减排	源头削减	染色新工艺

续表

编号	技术名称	主要内容	行业	效果	技术类别	解决的关键技术问题
49	畜禽养殖及酿酒污水生产沼气技术	污水经过预处理后进行厌氧处理，副产沼气，再经耗氧处理后，达标排放。沼气经尾水分离及脱硫处理以后送储气柜，通过管网引入用户，作为工业或民用燃料使用。	环境保护	减排	末端循环	废水处理工艺
50	含硫污水汽提氨精制	从汽提塔抽出的富氨气逐级降温、降压、高温分水，低温固硫进入脱硫剂脱硫罐，经脱硫剂脱硫后的氨气经压缩、经冷却成为产品液氨外销和内用。	化工	减排	末端循环	废水处理工艺
51	淤浆法聚乙烯母液直接进蒸馏塔	母液直接进塔，无须先进行离心机分离处理，这样则可以使母液的温度不下降，这样则可以到了节能的效果；同时也可以防止沉淀在蒸馏塔内，母液直接进塔可增加汽提塔的处理能力。	化工	减排 节能	末端循环	废液处理工艺
52	合成氨原料气净化新工艺	在合成氨生产工艺中，同时利用原料气中CO、CO_2和H_2合成，生成甲醇或甲基混合物。把甲醇化、甲烷化作为原料气的净化精制手段，既减少了有效氢消耗，又副产甲醇，实现变废为宝。	化工	减排 降耗	过程减量	废气处理工艺
53	合成气体净化新工艺——NHD技术	有效成分为多聚乙二醇二甲醚的混合物的有机溶剂，对天然气、合成气等气体中的酸性气（硫化氢、有机硫、二氧化碳等）具有较强的选择吸收能力，能使净化气中的酸性气达到生产合成氨、甲醇、制氢等的工艺要求。	化工	减排 降耗	末端循环	废气处理工艺
54	天然气换热式转化新工艺及换热式转化炉	将加压蒸汽转化的方箱式一段转化炉改为换热式转化炉，一段转化所需的反应由二段转化出口高温气来提供，不再由原料气来提供，在二段炉必须加入富氧空气或纯氧。	化工	节能	末端循环	换热器技术改造
55	水煤浆加压气化制合成气	德士古煤气化炉是以高浓度煤水浆（煤浓度达70%）进料，液态排渣的加压纯氧气流床气化炉，它可直接获得经含量很低（CH_4含量低于0.1%）的原料气，适合于合成氨、合成甲醇等。	化工	减排	源头削减	合成气制备新工艺
56	磷酸生产废水封闭循环技术	二水法磷酸生产中的含氟含磷污水，经多次串联利用后，进入盘式过滤机冲洗滤盘，冲盘污水经过二级沉降，分流出大颗粒和细颗粒，底流进入稠浆槽作为二洗液返回盘式过滤机，清液作为盘式过滤机冲洗水的闭路循环。实现冲盘污水的封闭循环。	化工	减排	末端循环	废水处理工艺
57	磷石膏制硫酸联产水泥	用磷石膏、焦炭及辅助材料按照配比制成生料，经净化、干燥、转化，在回转窑内发生分解反应。含7%~8%二氧化硫的窑气经除尘、净化、转化、三氧化硫吸收等过程制得硫酸。生成三氧化硫、三氧化二铝、三氧化二铁等发生矿化反应形成水泥熟料。	化工	减排 降耗	末端循环	固废资源化技术

续表

编号	技术名称	主要内容	行业	效果	技术类别	解决的关键技术问题
58	利用硫酸生产中产生的高、中温余热发电	利用硫铁矿"沸腾炉"炉气高温（约900 ℃）余热及 SO_3 转化成 SO_3 后放出的中温（约200 ℃）余热中压生产过热蒸汽，配套气轮发电机发电。	化工	减排 降耗 节能	末端循环	废热利用技术
59	气相催化法联产三氯乙烯、四氯乙烯	将乙炔、三氯乙烯分别经氯化生成四氯乙烷或五氯乙烷，二者混合后经气化进入脱 HCl 反应器，生成三氯乙烯、四氯乙烯，未反应的物料返回脱 HCl 反应器，循环使用。新工艺比皂化法工艺成本降低约10 %，同时消除了皂化工艺造成的污染。	化工	减排	源头削减	三氯乙烯、四氯乙烯制备新工艺
60	利用蒸氨废液生产 $CaCl_2$、$NaCl$ 产品	氨碱法生产纯碱后的蒸氨废液中含有大量的 $CaCl_2$ 和 $NaCl$，其溶解度随温度而变化，经多次蒸发将 $CaCl_2$ 和 $NaCl$ 分离，制成产品。	化工	减排	末端循环	废液处理工艺
61	蒽醌法固定床钯触媒制过氧化氢	以 2-乙基蒽醌等混合溶剂一起配制成工作液，将工作液与氢气一起通入一个装有钯触媒的氢化塔内，进行氢化反应，得到相应的 2-乙基蒽醌。2-乙基蒽醌再被空气中的氧氧化恢复成原来的 2-乙基蒽醌，同时生成过氧化氢。利用过氧化氢在水和工作液中溶解度的不同及工作液再次氧化得到过氧化氢的水溶液，后者再经溶剂净化处理，得到不同浓度的过氧化氢产品。	化工	减排 降耗	源头削减	过氧化氢制备新工艺
62	碱法硫酸盐法制浆黑液碱回收	稀黑液需进入蒸发工段浓缩，使黑液固形物含量达55%以上，浓黑液送燃烧炉利用其热值再燃烧。燃烧后有机物转化为热能回收。无机物以熔融状流出燃烧炉进入水中形成绿液，澄清后的滤渣进入苛化器与苛灰反应，转化为 NaOH 及 Na_2S。	轻工	减排	末端循环	废液处理工艺
63	射流气浮法回收纸机白水技术	压力溶气浮法经减压释放出直径约为 50 μm 气泡的气-水混合液与含有悬浮物的废水（如纸机白水中的纤维及填料）混合，形成气-固复合物进入气浮池进行分离。	轻工	减排	末端循环	废水处理工艺
64	多圆式真空过滤机处理纸机白水	滤盘表面覆盖着滤网，为了回收白水中细小纤维，预先在白水中加入一定量的长纤维作预挂浆。滤盘在液槽内转动，预挂浆在网上形成一定厚度的浆层，并依靠水退落差造成的负压（或抽真空），高压喷水把浆层剥落，滤盘周而复始工作，白水中细小纤维和化学物质得到回收，同时也净化了白水。	轻工	减排	末端循环	废水处理工艺
65	超效浅层气浮设备	运用了浅池理论和"零速"原理，通过精心设计集凝聚、气浮、撇渣、沉淀、刮泥于一体，是一种水质净化处理的高效设备。	轻工	减排	源头削减	废水处理工艺

续表

编号	技术名称	主要内容	行业	效果	技术类别	解决的关键技术问题
66	玉米酒精糟生产全干燥蛋白饲料	玉米酒精糟液固相分离，分离后的液部分分用，部分蒸浓缩至糖浆状，再将浓缩后的浓缩物与分离的湿糟混合，干燥制成全干燥酒精蛋白饲料（DDGS），其蛋白质含量达27%以上，其营养值可与大豆相当，是十分畅销的精饲料。	轻工	减排	末端循环	废液处理工艺
67	差压蒸馏	该技术在丙烯以上的生产工艺中使用，各塔在不同的压力下操作，第一效蒸馏直接用蒸汽加热，塔顶蒸汽作为第二效蒸釜用蒸汽再沸温度器的加热介质，它本身在再沸温度釜中冷凝，依次逐渐进行，直到最后一效塔顶蒸汽用冷却水冷凝。	轻工	节能	过程减量	蒸馏新工艺
68	薯类酒精厌氧-好氧处理	薯类酒精通过厌氧发酵，既可去除有机污染物，产生沼气（甲烷含量>56%）用于燃料、发电等，又可以把废液中植物不能直接利用的氮、磷、钾转化为可利用的有机肥料。	轻工	减排	末端循环	废渣处理新工艺
69	啤酒酵母回收及综合利用	将啤酒发酵过程中产生的废酵母泥进行固液分离分离出啤酒和酵母。分离后的啤酒应用膜分离技术进行微孔精滤，去除杂菌及酵母菌，精滤后啤酒清澈透明，以1%的比例兑入成品啤酒中，不影响啤酒质量。酵母饼经自溶、烘干、粉碎得到酵母粉。	轻工	减排	末端循环	废液处理工艺
70	饱和盐水转鼓腌制法保存原皮技术	饱和盐水转鼓腌制法克服了传统撒盐法由于原皮带有的污染或类似对盐腌皮质量产生的不利影响，以及被污染的现场地和引盐污染造成的损害。	轻工	降耗减排	源头削减	原皮保存技术
71	含铬废液补水无铬鞣液直接循环再利用技术	将含铬鞣液废液收集后，经格栅、隔油、调节沉淀后直接送至复鞣工段利用，可节约铬粉30%以上，减少含铬废液排放50%以上，铬的利用率在95%以上。	轻工	降耗减排	末端循环	废液处理工艺
72	味精发酵液除菌体浓缩电点提取谷氨酸——浓缩废母液生产复合氨基酸钾液技术	等电点提取谷氨酸避免菌体及其破裂后的残片释放出的胶质，核蛋白和核糖核酸影响谷氨酸的提取与精制，加酸调节含谷氨酸的发酵液的pH至含氨酸呈过饱和状态而结晶析出。（pH=3.22），使谷氨酸呈过饱和状态而结晶析出。	轻工	减排	末端循环	废液处理工艺
73	转移印花新工艺	利用分散染料将预先绘制的图案印到纸上（80 g/m² 新闻纸），再利用分散染料加热升华及合成纤维的膨胀特性，通过加热，加压将染料转移到合成纤维，冷却后达到印花的目的。	纺织	减排	源头削减	印花新工艺
74	超滤法回收染料	采用聚砜超滤膜组装成超滤器，在压力0.2 MPa下，对氧化后的还原染料残液进行过滤、回收。	纺织	减排	末端循环	废液处理工艺

续表

编号	技术名称	主要内容	行业	效果	技术类别	解决的关键技术问题
75	涂料染色新工艺	采用涂料着色剂（非致敏性）和高强度黏度黏合剂（非醛类交联剂）制成轧染液，通过浸轧均匀渗透并吸附在布上，再通过烘干、焙烘，使染料（涂料和黏合剂）交链、固着在织物上，常温自交链黏合，不需要焙烘即可固着在织物上，染后不需水洗可直接出成品。	纺织	降耗减排	源头削减	染色新工艺
76	涂料印花新工艺	采用涂料（颜料超细粉、着色剂超细粉）、色浆料即可成印花，通过印浆、固色、烘干、焙诸多工序，节约了水、气、电。	纺织	降耗减排	源头削减	印花新工艺
77	棉布前处理冷轧堆一步法工艺	采用高效练漂助剂及碱氧一步法工艺，使传统处理工艺退浆、煮炼、漂白三个工序合并成经浸轧堆置水洗一道工序，成品质量可达到三道工序的质量水平。	纺织	降耗减排	源头削减	印染新工艺
78	酶法水洗牛仔布织物	采用纤维素酶水仔布（布料自成成衣），可以达到采用火山石磨洗效果。	纺织	降耗减排	源头削减	水洗新工艺
79	丝光浓碱回收技术	丝光时采用250 g/L以上的浓碱液（NaOH）浸轧织物。通过采用过滤（去除纤维等杂质）、蒸浓（三效黄宝蒸发器）技术，丝光后产生50 g/L的残碱液浓缩至260 g/L以上，再回用于丝光。	纺织	减排	末端循环	废液处理工艺
80	红外线定向辐射器代替普通电热元件及煤气	利用双孔石英玻璃壳体（背面镀金属膜），直接反射能量，提高热效率。采用高温电热合金材料为激发元件的发热体和冷端处理工艺，延长了辐射器的使用寿命，热惯性小，升温快，辐射表面温场分布均匀。	纺织	节能减排	源头削减	加热新工艺
81	酶法退浆	利用高效淀粉酶（BF-7658酶）代替烧碱（NaOH）去除织物上的淀粉浆料，退浆效率高，无污染织物，减少对环境的污染。	纺织	减排	源头削减	印染新工艺
82	用高效活性染料代替普通活性染料，减少染料使用量	采用新型双活性基团（一氯均三嗪基团和乙烯砜基团）代替普通活性染料，提高染料上染率，减少废水中染料残留量。	纺织	降耗减排	源头削减	染色新工艺
83	从洗毛废水中提取羊毛脂	在连续式五槽洗毛机中，利用逆流漂洗原理，在第二、第三槽加纯碱及洗涤剂以去除羊毛所含的油脂并用碟片式离心机将含油脂分离出来。第四、第五槽清洗液不断向第一、第二、第三槽补充。大大减少洗毛废水排放量和新鲜用水量。	纺织	降耗减排	末端循环	废水处理工艺
84	涤纶仿真丝绸印染工艺碱量工段废碱液回用技术	涤纶碱减量废液中，含有对苯二甲酸钠盐、乙二胺及较大量碱残留液，通过适度冷却采用专用的加压过滤设备，使碱液保留在净化液中，经过补碱重新回用于生产中。	纺织	降耗减排	末端循环	废液处理工艺

续表

编号	技术名称	主要内容	行业	效果	技术类别	解决的关键技术问题
85	铸态球墨铸铁铸造技术	通过控制铸件冷却速度、加入合金元素、调整化学成分，采用复合孕育等措施，使铸件铸态达到技术条件规定的金相组织和机械性能，从而取消正火或退火等热处理工序。取消热处理工序后，每吨铸件可节省100~180 kg标准煤。	机械	节能减排	源头削减	—
86	铸铁型材水平连续铸造技术	合格铁水，注入保温炉内，然后流入等截面形状的水冷石墨型结晶器，经冷却表面形成有足够强度的凝固外壳，由牵引机拉出，定时向保温炉内注入定量铁水，反复冷却一凝固，如此冷却一凝固连续工作生产出所需产品。	机械	减排增效	过程控制	铸造新技术
87	V法铸造技术（真空密封造型）	借助真空吸力将加热呈塑性的塑料薄膜覆盖在模型及型板上，喷刷涂料，放上特制砂箱，并加入无黏结剂的干砂，借助砂型内外压力差，使砂紧实，起膜后制成砂型。	机械	增效	过程控制	铸造新技术
88	消失模铸造技术	采用聚苯乙烯（EPS）或聚甲基丙烯酸甲酯（PMMA）泡沫塑料模型代替传统的木制或金属制模型。EPS珠粒经发泡、成型、组装，制成实型模型，浸敷涂料并烘干，充填无黏结剂的干砂，震实，在真空条件下浇注，金属液浇占据型腔位置，凝固后形成铸件。	机械	降耗增效	过程控制	铸造新技术
89	离合器式螺旋压力机和蒸空模锻锤液动力头装备	与加热、削压、切边和传送装置配套。适用于批量较大的精锻件生产。用电液动力头蒸空替换锻锤汽缸，离合器式高能螺旋压力机比蒸空模锻锤节材10%~15%，节能95%，模具寿命提高50%~200%。	机械	节能减排	源头削减	铸造新技术
90	回转塑性加工与精密成形工艺及设备	回转塑性加工成形主要包括辊锻、楔横轧、摆碾、轧环等，既可用于直接生产锻件，也可与精密成形设备组合，采用复合工艺生产各种实心轴、空心轴、汽车前轴、连杆曲轴、摇臂、轿车传动轴、喷油器等精密零件。	机械	增效	源头削减	锻造新技术
91	真空加热油冷淬火、常压和高压气冷淬火技术	在冷壁式炉中支离炉件的真空加热，油中淬火和在1~20巴（bar）①压力下的中性或惰性气体中的冷却，可使工模具、飞机零件获得无氧化、无脱碳的光洁表面、数倍延长其使用寿命。自攻螺丝搭丝板用真空淬火代替盐浴，完全杜绝废盐、废水排放。	机械	节能减排	过程控制	机械加工新工艺
92	低压渗碳和低压离子渗碳真空气冷淬火技术	使用真空炉+有条件地提高渗碳温度（从900~930℃提高到1030~1050℃）。在工件和电极上施加电场进一步发挥低压渗碳的优越性，并使在低压下使用甲烷渗碳成为可能。生产过程中水电消耗少。	机械	节能降耗减排	过程控制	机械加工新工艺

① 1 bar = 10^5 Pa。

续表

编号	技术名称	主要内容	行业	效果	技术类别	解决的关键技术问题
93	真空清洗干燥技术	用加热的水系清洗液、清水、防锈液在负压下对零件施行喷淋、浸泡、搅动清洗、随后冲洗、防锈和干燥。在负压下，清洗液的沸点比常压低，容易冲洗干净和干燥。此方法可代替碱液和氟氯烷溶剂清洗，能实行废液的无处理排放，不使用破坏大气臭氧层物质。	机械	降耗减排	源头削减	清洗新技术
94	机电一体化晶体管感应加热淬火成套技术	采用新型电子器件 SIT、IGBT 全晶体管感应电源，将三相工频电流通过交一直—交转换和逆变形成稳定的大功率高频电流，电效率比电子管式电源由 50%提高到 80%。由于加热快、用水基小质冷却，完全无污染。一条 PC 钢棒调质生产线，年处理 3000~5000 t，创利达 600 万~1000 万元。	机械	节能	源头削减	机械加工新工艺
95	埋弧焊用烧结焊剂成套制备技术	将按一定配比要求的矿石粉和铁合金用液体黏结剂制粒后，经分筛处理即成成品焊剂，经低温（200~300℃）烘干、高温（700~950℃）烧结后，生产上述类型烧结焊剂按年产 2000 t 计算，年可获利 110 万元，2~3 年收回成本，比炼铸焊剂节电 50%~60%，无污染。	机械	节能	源头削减	烧结焊剂制备新技术
96	无毒气保护焊丝双线化学镀铜技术	采用可靠的镀铜前脱脂除锈工艺，如砂洗、电解热碱洗、电解酸洗等，再采用优化的镀铜液，确保化学反应稳定可靠。比氰化电镀铜在环保上有明显优势。最终使镀铜质量达到国家镀铜丝质量优等标准。该技术无任何毒性。	机械	减排	源头削减	化学镀新工艺
97	氯化钾镀锌技术	氯化钾镀锌技术无氰无铵，镀液中对锌具有络合作用，但它主要是起导电作用，槽液无氰无毒无铵，减少污染，废水处理费用低。氯的存在有助于阳极溶解。	机械	减排	源头削减	电镀新工艺
98	镀锌层低铬钝化技术	低铬钝化液与高铬钝化液不同，它的钝化膜不是在空气中形成，而是在溶液中形成。因此，其钝化膜致密，耐蚀性高。低铬钝化度低，因而铬的流失率低，可使清洗水中流失的铬酸浓度减少 80%，降低原料成本；废水中六价铬浓度低，处理费用低，同时也减少污染。	机械	减排	源头削减	电镀新工艺
99	镀锌镁合金技术	镀锌层在大陆性气候条件下防护性较好，但在海洋性气候条件下，耐蚀性能差。镉层在海洋性气候中易被腐蚀，但镉的毒性大、污染严重。锌镁合金层具有良好的防护性，防护性能高，可焊性好、毒性降低，减少污染。且可减少氢脆和脆性。锌镁合金的生产成本较低，减少污染。	机械	减排	源头削减	电镀新工艺
100	低铬酸镀硬铬技术	通过将硬质镀铬液中铬酐浓度由 250 g/L 降低至 150 g/L 以下，严格控制工艺，获得硬度 HV900 以上的铬层，节省资源。低铬酸镀硬铬工艺产生的铬雾含量减少 1/3 以上，处理费用降低，有利于环境保护。带出液中含铬量减少 1/3 以上。	机械	减排	源头削减	电镀新工艺

续表

编号	技术名称	主要内容	行业	效果	技术类别	解决的关键技术问题
101	闪速法炼铜工艺技术	粉状铜精矿经干燥至含水分低于0.3%后,由精矿喷嘴高速喷入闪速炉反应塔中,在塔内的高温和高氧化气氛下精矿迅速完成氧化造渣过程,继而在下部的沉淀池中将铜锍和炉渣澄清分离,含高浓度二氧化硫的冶炼烟气经余热锅炉冷却后送烟气制酸系统。	有色金属	减排	源头削减	炼铜新工艺
102	诺兰达炼铜技术	采用诺兰达卧式可转动的圆筒形炉,连续加入精矿,在炉内产生气、固、液三相反应,生成铜锍,熔炼产物靠近渣端沉淀分离,烟气经冷却制酸。金、银和铜的回收率高,综合能耗低。	有色金属	减排节能	炼铜新工艺
103	双保钻井液技术	采用毒性小、生物降解性好的环保型钻井液控制技术,可从源头控制生产过程中污染物的产生,最大限度地减少钻井废物量,降低钻井污染。	石油	减排	钻井新技术
104	新型干法水泥采用低挥发份煤技术	采用新型大推力多通道煤粉燃烧器,强化煤粉与空气的混合;采用部分分离线型分解炉,使初始燃烧区有较高的氧浓度和燃烧温度,适当加大分解炉温度,延长煤粉停留时间;提高煤粉细度,缩短燃尽时间。"保护油层的"双保"钻井液控制技术,可从源头控制生产过程中污染物的产生,	建材	减排	源头削减	水泥制备新技术

附表 2　一些行业清洁生产技术推行方案

编号	技术名称	主要内容	行业	效果	技术类别	关键技术
1	乙炔氧氯化生产聚氯乙烯	乙烯在含铜催化剂存在下经过氧化反应生产出二氯乙烷。纯净的二氯乙烷经过裂解生成二氯乙烯和氯化氢，氯化氢再与乙烯氧氯化反应生成二氯乙烷，二氯乙烷经裂解生成氯乙烯，氯乙烯经聚合形成聚氯乙烯。	聚氯乙烯	①乙烯原料路线相对电石乙炔原料路线来说，生产工艺没有电石渣等废物产出；②不使用汞触媒，排放物少。	过程控制	含铜催化剂的应用
2	低汞触生产技术配套控氧干馏法回收废触媒中的 $HgCl_2$ 及活性炭的新工艺及一体化技术	低汞触媒的氯化汞含量为 6%左右（高汞触媒的氯化汞含量为 10.5%~12%），采用多次吸附氯化汞及多元络合助催化剂，大大提高了催化剂的活性，降低了汞升华的速度，从而使氯化汞的消耗量和排放量均大幅度下降。这项技术有效利用废汞触媒中的氯化汞，并使活性炭重复利用，整个生产工艺完全做到了密闭循环，没有废气、废液和废渣的排放。	聚氯乙烯	①降低了汞的消耗量及汞的排放量，汞消耗量下降 50%；②回收氯化汞；③提高了汞的回收效率，达到 99%以上，高于传统的废汞触媒氯化汞回收率 70%左右；④实现氯化汞循环，使电石法聚氯乙烯行业汞消耗量下降 70%，汞排放量下降 90%；⑤回收工艺无"三废"排放。	源头减	汞触媒生产与回收技术
3	干法乙炔发生配套干法水泥技术	干法乙炔发生是用略多于理论量的水以雾态喷在电石粉上产生乙炔气，同时产生的电石渣为含水量 1%~15%干粉，不用产生电石渣浆废水。干法乙炔水泥生产方法，是解决干法乙炔发生产生的电石渣排放有效的方法，同时干法乙炔发生产生的电石渣水分含量低，从而省去了压滤和烘干步骤，可以节省大量的能源。	聚氯乙烯	①解决了电石渣的排放，把原产生的石膏改变为石灰粉，并用于水泥生产；②干法乙炔发生不产生电石渣废水；③采用干法电石渣水泥工艺可以使每吨 PVC 降低水泥 3 t，产生的电石渣生产水泥更加节能；④节煤 21%以上，相当于减少 0.18 t 标准煤/t。	源头减	干法乙炔生产工艺
4	低汞触媒应用配套高效汞回收技术	氯化汞固定在活性炭有效孔隙中的一种新型催化剂，降低了汞升华的速度，提高了催化剂的活性，重金属污染物汞的消耗量和排放量均大幅度下降，PVC 生产过程中升华的氯化汞蒸气随着氯乙烯气体进入汞吸附系统，采用高效吸附工艺及吸附剂，可回收大部分氯化汞。	聚氯乙烯	①降低汞的使用量与排放量；②减少排放的废水、废渣中的汞的含量；③低汞触媒的价格比较低，降低 PVC 成本；④可回收再利用氯化汞。	源头削减	低汞触媒生汞回收技术
5	盐酸脱吸工艺技术	氯乙烯混合气中混有约 5%~10%的 HCl 气体，经过水洗后成为一定量含汞副产盐酸，采用盐酸全脱吸技术，将废汞盐酸重新回收到水洗工序，从而充分利用了氯化氢资源，且保证了含汞废水的汞流失。	聚氯乙烯	①回收利用氯化氢，降低对环境的污染；②降低废酸中的汞对环境的污染。	末端循环	氯化氢脱吸及回收利用技术

续表

编号	技术名称	主要内容	行业	效果	技术类别	关键技术
6	PVC聚合母液处理工艺	PVC聚合母液是聚氯乙烯行业的主要废水，COD约为300 g/t，生化处理技术可以使母液中的COD降到30 g/t以下，膜处理技术主要是通过纳滤膜+反渗透，母液回收率在70%左右。	聚氯乙烯	①降低排放污水中的COD含量；②废水综合利用，减少了母液碱的排放。	末端循环	废水处理工艺
7	新型浓缩连续等电提取工艺	对含氢酸发酵液采用连续等电、二次结晶与转晶及喷浆造粒生产复混肥等技术，本工艺的实施降低了能耗、水耗及化学品消耗，提高了产品质量，并减少了产生废水产生的排放。	发酵	解决传统工艺产污强度高、用水量大、能耗高、酸碱用量高等问题。	末端循环	废水处理工艺
8	发酵母液综合利用新工艺	将剩余的结晶母液采用多效蒸发器浓缩，再经雾化后送入喷浆造粒机内造有机肥，至此发酵母液完全得到利用，实现母液的零排放。利用非金属导电复合材料的静电处理设备处理喷浆造粒中产生的具有较强异味的烟气，处理效率可达95%以上。	发酵	①将剩余发酵母液完全利用，且具有投资小、生产及运行成本低、经济效益好的特点；②解决了由喷浆造粒过程产生的烟气的污染问题。	末端循环	废水处理工艺
9	新型分离提取技术	将柠檬酸发酵液经除菌、除杂后得到清液，利用色谱分离的原理，根据进料各组分对固定相具有不同的亲和力及料液中各组分通过树脂床的速度不同进行提取分离，达到分离纯化的目的。提取后的柠檬酸清液再经除杂、浓缩，结晶后得到柠檬酸晶体，提取率可大于97%，且无固体废弃物的产生，并减少了95%二氧化碳排放，达到了清洁生产的目的。	发酵	①产品收率提高到97%以上；②解决了传统钙盐沉淀法产生大量硫酸钙和CO₂问题，基本实现了硫酸钙和CO₂的零排放；③降低了化学品消耗和能耗，减少了废水的产生和排放，大幅度降低了生产成本。	末端循环	废水处理工艺
10	发酵废水资源再利用技术	通过厌氧反应器，在活性厌氧菌群的作用下，将废水中90%以上的COD转化为沼气和厌氧活性颗粒污泥，同时将沼气经脱硫生化反应器，由生物菌将沼气中的有害的硫化物分解为单质硫，降低了沼气燃烧时对大气的污染。	发酵	将COD转化成沼气和厌氧活性颗粒污泥，沼气可用作锅炉燃烧或发电，厌氧活性颗粒污泥可作为厌氧发生器的菌种进行出售，降低废水治理成本。	末端循环	废水处理工艺
11	阶梯式水循环利用技术	将温度较低的新鲜水用于结晶等工序的生产环节，通过提高过程水温度的降幅，降低能耗；将冷却器冷却水水质较好，可供锅炉车间利用；糖车间废发冷却水及各种冷却水采冷却水回用，又降低水质较好，可供蒸汽消耗，实现废水回用，减少了废水的排放。本工艺通过对生产工艺技术改造及合理布局，加强各生产工序水之间合理协调，实现了水循环节之间的循环使用，降低了水的利用量。	发酵	节约用水、减少水的消耗，改变企业内部各生产环节用水不合理现象，对破企业现生产进行了技术改造，打破企业内部用水无规划现状，对生产用水进行协调，降低企业综合新鲜水用量，并利用ASND技术治理综合废水，实现废水回用，减少了废水排放。	源头削减 过程控制 末端循环	节水管理；好氧同步硝化-反硝化技术

续表

编号	技术名称	主要内容	行业	效果	技术类别	关键技术
12	苏氨酸高效生产新技术与新工艺	苏氨酸生产过程中存在生物耗和能耗高、高氨氮污水排放量高等问题，利用代谢工程技术结合诱变与高通量筛选技术定向选育出产酸高转化率高、副产物少及遗传性状稳定的菌株。建立菌体分离再利用（偶联苏氨酸提取）工艺。在发酵稳定期进行连续的菌液分离，菌体循环利用，降低原料使用量及发酵周期，上清液用于后续产品提取。提取后母液通过浓缩喷浆造粒获得有机复合肥，实现了高氨氮废水的综合利用及零排放。	发酵	采用本技术可使苏氨酸产酸和转化率分别提高到150 g/L以上和60%以上，提取收率提高到88%以上，原料玉米消耗量降低5%～8%，能耗降低10%～15%，COD产生量减少15%～20%，高氨氮废水零排放，实现清洁生产。	过程控制、末端循环	生产工艺集成技术
13	冷却水封闭循环利用技术	将冷却水降温后循环使用，因冷凝水温度较高，将其热量回收后，直接作为工艺补充水使用。	发酵	①减少了新鲜水的用量，降低了柠檬酸单位产品的用水量，降低了污水的排放量；②通过对热能的吸收再利用，可降低生产中的能耗，达到节能的目的。	末端循环	冷凝水、冷却水封闭回收利用技术
14	低压煮沸、低压动态煮沸	将常压煮沸锅改为低压煮沸锅，配套压力自控装置。回歇煮沸仍为常压，更新内加热器，加热效率有保证。	啤酒	①缩短煮沸时间40～60 min，蒸发率下降4%～6%；②可使麦汁煮沸过程节约蒸汽30%～35%，对全过程来说，蒸汽（煤）消耗量可降低12%以上。	源头削减	压煮设备性能及结构的改进
15	煮沸锅二次蒸汽回收	利用热交换把热能储存在闭式循环储能系统中，在需要的时候再把热能释放到加热环节中。改用低压煮沸后，二次蒸汽可由煮沸锅自动输出，冷凝过程放出热以加热水，用此热水加热过程的麦汁至温度80℃和95℃形成自循环，二次蒸汽的冷凝水还可以用于其他的预热。	啤酒	全部回收二次蒸汽中的热能。	末端循环	热交换工艺技术
16	麦汁冷却过程真空蒸发回收二次蒸汽	将煮沸麦汁在冷却（95℃→7～8℃）前经过一次真空蒸发，热麦汁以切线方向进入真空罐，压力突然下降，麦汁沸点降低，形成大量二次蒸汽，回收利用真空蒸发产生的二次蒸汽（2%～2.5%蒸发量）。	啤酒	①缩短煮沸锅蒸发时间，之后的过程可自动运行时需真空机械外，②除真空蒸发有利于排除不良气味再需动力；③麦汁真空蒸馏（DMS）等，可提高产品质量；④真空蒸发降低了麦汁温度（95℃→86℃），节约了冷却过程的冷却电耗。	过程控制、末端循环	真空蒸发技术

续表

编号	技术名称	主要内容	行业	效果	技术类别	关键技术
17	啤酒废水厌氧处理产生沼气的利用	①沼气经过脱硫处理后，直接送入煤粉炉燃烧；②沼气燃烧产生热空气用于湿原料烘干（湿废酵母泥和湿麦糟）；③沼气送入直燃制冷机用于制冷；④沼气发电；⑤沼气双重发电和制冷。	啤酒	①避免环境污染，并且实现节能减排；②沼气利用率逐项提高，形成合理的资源循环。	末端循环	沼气的利用技术
18	提高再生水的回用率	①专设回用管道网；②再生水用作冷却水；③将再生水用活性炭吸附和二氧化氯消毒处理后回用，但不能作为直接和产品接触的工艺用水。	啤酒	回收使用再生水可直接减少取水量，且减少污染。	源头削减 末端循环	再生水利用技术
19	浓醪发酵技术	①提高料液糖化度，同时采取同步糖化发酵技术，提高发酵过程中酵母细胞浓度；②改造设备输送能力等，发酵终了时酒精含量在15%左右。	酒精	①料水比从1:2.8提高到1:2，减少一次用水量和醪液特别是废水产生量；②减少蒸汽用量，减少冷凝水量。	源头削减 过程控制	酒精发酵技术
20	酒醪离心清液回配技术	离心后的酒糟清液35%以上回配成干拌料。	酒精	大幅减少糟液处理量和废水排放量直接到零排放。	末端循环	回配工艺技术
21	白酒机械化改造技术	整个流程利用机械化酿酒工艺代替传统的人工作坊式生产工艺，实现全机械化的流水线生产模式，利用自动化控制技术对物料入泡粮、输送、蒸煮、加曲、糖化、冷却、发酵、蒸酒整个酿造过程的信息化标准控制，提高工作效率，实现白酒品质的稳定。	酒精	①降低粮耗10%；②节约人力成本75%；③提高出酒率4%；④有害成分高级醇类物质降低33%；⑤吨酒煤耗降低33%；⑥吨酒污水排放量减少44%。	源头削减 过程控制	生产工艺改造
22	黄酒清洁化生产工艺	在保持传统酿造工艺基础上，蒸饭机的余热回用，采用标准化仓储替散装（简易袋子包装），生曲及熟曲的自动化连续生产，发酵单罐冷却、密闭式自动化压滤机，自动化洗坛灌酒装备、中水回用及沼气产权等清洁生产技术。深度应用于粮食原料处理、制曲、发酵、压榨、煎酒等酿造生产线关键技术。	酒精	①提高酒曲质量60%；②约小麦用量0.5%；④约小麦用量30%；③提高酒代率6.3%；⑤吨酒标准煤耗降低70%；吨酒用水节约70%；	过程控制 末端循环	生产工艺改造
23	糟液水全糟处理技术	玉米酒糟液离心后的废IC（internal circulation）工艺和薯类酒糟全糟厌氧处理技术。	酒精	①提高有机物的降解和转化作用，提高沼气产量；②BOD去除率≥90%，减少废水排放量。	末端循环	废水处理工艺
24	间接蒸汽蒸馏技术	蒸馏时加热蒸汽与被加热物料不接触，进而减少入糟液水。	酒精	减少蒸馏后的糟液量，吨酒精可减少约3t糟产生量。	过程控制	蒸馏技术

续表

编号	技术名称	主要内容	行业	效果	技术类别	关键技术
25	氨碱厂白泥用于锅炉烟气湿法脱硫技术	将白泥制成液体作为烟气脱硫剂，脱硫效率达到95%；白泥脱硫后产物作水泥制备材料（用于水泥中的工业副产石膏）。或利用海水对硫酸钙的溶解性，将白泥脱硫后的冷却水箱产物向排放入海。	纯碱	废渣白泥综合利用；同时对燃煤锅炉运行产生的烟气中的SO_2进行脱硫处理，实现白泥一SO_2双向治理。	末端循环	固废废物综合利用技术
26	联碱不冷碳化技术	通过不冷碳化工艺专利技术，取消传统碳化塔生产过程中必须使用的冷却水箱，实现不冷碳化。	纯碱	①增大碳化取出的结晶粒度，降低晶浆分离难度，降低碱烧蒸汽消耗；②延长首级碱化作业周期，大幅度降低洗塔次数，大幅度降低污水排放量。	过程控制	不冷碳化工艺专利技术
27	回收锅炉烟道气CO_2生产纯碱技术	不改变纯碱生产工艺，采用变压吸附，回收锅炉烟道气CO_2用于生产纯碱。	纯碱	氨碱厂可减少石灰石用量；减少CO_2排放，节约能源和资源。	末端循环	CO_2用于生产纯碱
28	干法蒸馏技术	在氨碱法制造蒸馏回收氨的工艺操作中，直接以生石灰粉末分解结合氨，其余部分分解结合正压蒸馏操作。	纯碱	回收了制备石灰乳时生石灰和水的反应热，用于蒸馏的同时减少了蒸馏废液含量。	过程控制	蒸馏技术
29	外冷变换气制碱清洗工艺	有阀阀外冷式变换气制碱工艺在生连续作业一个月左右后，碳化塔均需高温停塔煮洗，再换复一组；每台塔作业数天后，逐台轮流清洗；碳化塔III及部分碳化尾气加压后，送入制碱塔组成；清洗塔排出的氨母液II送入制碱塔制得。该项技术已取得发明专利，专利号为：ZL200710050017.8。	纯碱	不产生煮塔洗水，根治联碱废水排放，真正实现废水零排放；同时也避免了停塔煮洗造成的减产损失。	源头削减	外冷变换气制碱清洗工艺专利技术
30	多喷嘴对置式水煤浆气化技术	水煤浆经阀膜泵加压，通过四个对称布置在气化炉中上部同一水平面的工艺喷嘴，与氧气一起对喷进入气化炉进行气化反应。气化炉内的流场结构由射流区、撞击流区、回流区、折返流区和管流区组成，通过喷嘴对置、优化炉型结结构及尺寸，在炉内形成撞击流、强烈混合和良好的工艺与工程效果。	化肥	提高行业清洁生产水平，提高原料及能源利用效率，减少固体废物的产生与排放，避免了工艺废气中含碳物、一氧化碳的产生与排放。	源头削减 过程控制	煤气化技术
31	经济型气流场分级气化技术	原料（水煤浆、干煤粉或者其他含碳物质）通过给料料机构和燃料喷嘴进入气化炉的第一段，与纯氧富氧氧等气作作为气化剂，可以采用其他气体如CO_2、N_2、水蒸气等作为气化剂，使第一段气化炉在无部分氧或富氧空气，调节介质作第二段氧气比例的加工艺下；在气化炉第二段炉所持在灰熔点以上，使第二段的灰度达到煤的灰熔点以上并完成全部的气化过程。	化肥	提高行业清洁生产水平，提高原料及能源利用效率，减少固体废物的产生与排放，避免了工艺废气中含硫碳的气化过程中含碳物、一氧化碳产生与排放。	源头削减 过程控制	煤气化技术

续表

编号	技术名称	主要内容	行业	效果	技术类别	关键技术
32	HT-L 航天炉粉煤加压气化技术	原料煤经磨煤干燥后，加压输送到气化炉内，采用环形水冷壁，煤粉顶部单烧嘴，多路煤粉单一氧和水蒸气在高温下发生反应，生成主要含一氧化碳和氢气的粗煤气。	化肥	提高行业清洁生产水平；提高原料及能源利用效率；减少固体废物的产生与排放；避免了气化过程中含硫化物、一氧化碳的工艺废气排放。	源头削减 过程控制	煤气化技术
33	气体深度净化技术	常温精脱硫工艺技术：应用特种脱硫剂，将合成氨原料气中 H_2S、COS 及 CS_2 等硫化物脱至各种催化剂所要求的精度（ρ_s <0.1 mg/L）。JTL-1 型（吸附一水解组合）和 JTL-5 型（吸附一水解一转化吸收组合）；脱羰基金属、脱氯、脱氨、脱油技术：应用特种吸附剂，在常温约 300 ℃、常压约 15.0 MPa 条件下将气体中微量 $Fe(CO)_5 + Ni(CO)_4$、HCl 脱除至小于等于 0.1×10^{-6} mg/L，微量 NH_3 脱除至小于等于 0.5×10^{-6} mg/L。	化肥	①常温精脱硫工艺技术解决了甲醇合成、氨合成催化剂因硫导致寿命短的问题；②脱羰基金属、脱氯、脱氨、氯、氢、油的中毒问题，延长了催化剂使用寿命。	末端循环	气体脱硫、脱羰金属、脱氯、脱氨、脱油技术
34	合成氨原料气醇烃化精制新工艺	变换、脱硫后的原料气首先通过醇醚化或醇醚副产粗甲醇或醇醚混合物，将气体中 $CO + CO_2$ 降至 0.1%~0.3%，然后经醇烃化利用，少量 CO、CO_2 转化为甲烷。反应后气体中 $CO + CO_2$ 小于等于 10 mg/L。醇醚化和醇烃化的压力范围为 5~30 MPa，可以低于合成氨合成压力。	化肥	替代铜洗法气体净化工艺，可将原料气中必须除去的 CO、CO_2 大部分转化为甲醇，实现废物的综合利用，一方面降低了合成氨生产的成本，另一方面调节了含微量 CO、CO_2 净化后气体工序稀氨水的产生与排放。CO_2 避免了合成氨脱除工序稀氨水的产生与排放。	源头削减 过程控制	微量 CO、CO_2 脱除新技术
35	全自热非等压醇烷化合成氨原料气净化新工艺技术	在不同压力下设置醇化和烷化，将中压醇化、高压醇化及氨合成四个子系统有效组合。首先经中压醇化系统对原料气进行初步净化，使其中的 CO、CO_2 转变为甲醇，然后将原料气加压后，送入高压醇化子系统进一步净化（同时副产甲醇），再经后级醇化后气体中 $CO + CO_2$ 小于等于 200 mg/L，再经高压烷化将 $CO + CO_2$ 变为 CH_4。中压醇化以产甲醇为主，高压醇化及高压烷化以净化为主。	化肥	替代铜洗法气体净化工艺，可将原料气中必须除去的 CO、CO_2 大部分转化为甲醇，实现废物的综合利用，一方面降低了合成氨生产的成本，另一方面调节了含微量 CO、CO_2 净化后气体工序稀氨水的产生与排放。CO_2 避免了合成氨脱除工序稀氨水的产生与排放。	源头削减 过程控制	微量 CO、CO_2 脱除新技术

续表

编号	技术名称	主要内容	行业	效果	技术类别	关键技术
36	先进氨合成技术及预还原催化剂	ⅢJD氨合成塔系统：内件采用三径一轴内冷绝热反应式，采用分流工艺，高压容器利用率高、催化剂利用系数高、操作弹性大；内件采用多段直通式，可自卸催化剂。GC型轴径向低阻力大型氨合成反应技术：采用鱼鳞筒径向分布器，使径向气流阻力进出催化剂器，最低限度减少催化剂死角，以及鱼鳞筒的切线方向再分布器，埋子催化剂加以控制，径向分布有较均匀。采用菱形气体分布器，孔径及孔隙，以及菱形筒便于装卸；催化剂上下贯通便于装卸，冷热气体混合和再分布层间，催化剂在下贯通便于装卸，冷热气体混合和再分布均匀。JR型氨合成塔系统：采用独特的换热结构反应工艺流程，无分利用氨触媒具有的发热结构和高活性的特点，采用多段绝热方式进行氨的合成，触媒利用充分。氨净值比冷激式其他工艺提高2%以上；反应热利用充分，反应余热率较低，减少了冷量及冷却水消耗。XA201-H预还原氨合成催化剂：催化剂生产厂在高空还适宜温度、高净化度原料气条件下还原催化剂（氢气）在原后的催化剂再经合少量空气生成氧化惰性气（氮气）氧化，在催化剂颗粒表面生成还原氨合成催化剂氧活性组分与空气隔绝。制得的预还原氨合成催化剂装入氨合成塔后，经简单还原即可投入使用。	化肥	①氨净值高、热利用率高、副产蒸汽多，放空量少，解决了氨合成废热的回收利用问题和传统氨合成技术氢净值低、放空量大的问题；②应用预还原氨合成催化剂，缩短了催化剂还原时间，减少了还原期间废气的产生量与排放量；③提高了生产运行周期，同时大幅减少了上游产气、净化等工序省了了上游产气、净化等工序消耗和催化剂生产性时间，保证了催化剂的高活性。	源头削减 过程控制	氨合成新技术
37	氮肥生产污水零排放技术	①造气循环冷却水微涡流塔板澄清技术；②"888"等碱液半水煤气脱硫技术；瓶泡沫连续塔筛、DS型碱泡沫过滤机过滤技术；③醇烃化、醇烃化替代铜洗技术；④氨水逐级浓缩回用技术，无动力氨回收技术；⑤远东脱压尿素水解"等尿素工艺冷凝液水解技术；⑥甲醇残液、新型一塔三脱脱盐水系统，反渗透脱盐水技术；⑦废水的清洁分流，分级使用技术；⑩含氨污水处理新工艺—A/SBR短程硝化工艺等末端处理及排水口在线监测等。	化肥	①实现造气循环冷却水系统的闭路循环；②杜绝了脱硫工段含氨、含硫泡沫水的排放；③实现了原料气净化的清洁生产，避免了稀氨水、再生气的产生与排放；④杜绝了稀氨水的排放；⑤回收了尿素工艺冷凝液中的氨和二氧化碳；废水回用；⑥避免了甲醇残液、尿素解吸废液的排放；⑦减少碱液的排放，无酸碱废水排放；脂再生过程碱的利用率，⑧提高再生废水回用；⑨减少含污染物废水排放；⑩末端废水治理及回用：⑪增强环保监测能力，保护周边环境。	源头削减 过程控制 末端循环	废水处理技术
38	循环冷却水超低排放技术	将反渗透脱盐水作为循环冷却水系统的补充水，在保证循环冷却水水质的前提下，大大提高水的浓缩倍数，使循环冷却水做到基本不排放。	化肥	降低补充水含盐量，大幅度提高水的浓缩倍数，减少水冷却水废水排放量，实现循环冷却水废水的超低排放。	末端循环	膜分离技术

续表

编号	技术名称	主要内容	行业	效果	技术类别	关键技术
39	氨肥生产废气废固处理及清洁生产综合利用技术	氨肥生产废物治理集成技术：①全燃式造气吹风气余热回收系统；②三废混燃炉系统；③尿素造粒塔粉尘洗涤回收技术；④脱碳闪蒸气变压吸附回收氢气技术等。	化肥	①造气吹风气余热、造气炉渣余热回收利用，减少CO废气的排放，减少废固的排放；②洗涤回收技术将造粒塔尾气中的尿素粉尘含量从100 mg每标准立方米以上降到30 mg每标准立方米以下；氨含量由50 mg每标准立方米以上降到10 mg每标准立方米以下；③回收碳酸丙烯酯等溶剂法脱碳气中蒸气中的H_2，降低碳酸丙烯酯等溶剂的消耗。	过程控制　末端循环	废物回收利用技术
40	氨法钢炉烟气脱硫技术	在脱硫塔内，以氨水为吸收剂，吸收锅炉烟气中的SO_2，形成亚硫酸铵溶液。亚硫酸铵溶液再经空气氧化生成硫酸铵溶液，硫酸铵溶液利用锅炉烟气热量进行蒸发浓缩，经结晶、分离得脱硫副产物（硫酸铵）。	化肥	①综合利用氨肥企业的稀氨水、废氨水，减少氨氮排放；②脱除锅炉烟气中的二氧化硫。	末端循环	SO_2废气处理技术
41	LH型等蒸发式冷却（冷凝）器技术	高温介质在管内水平流动，空气、水与水蒸气同时在管外被风机强制流动，换热管内热介质与管外的水膜进行热交换，靠水的蒸发以潜热的形式带走管内的热量，管内高温介质被冷却或冷凝。强化了传热传质过程。	化肥	替代传统的"水冷式冷却器+冷却塔"热交换系统组合，实现节水、节能，节约占地和占地面积。	源头削减　过程控制	传热技术
42	氨肥行业工业冷却与锅炉系统节水及废水近零排放技术	高浓缩倍数（5倍以上）循环冷却系统的运行技术实施方案；针对菌藻滋生开发配套处理和处理信息集中监测与智能化控制平台；优选出浓缩倍数提高到5倍运行的具体技术实施方案。工业钢炉零排污工况的建立及其系统平衡技术的系列化开发及优化；工业钢炉传热面金属腐蚀改性与核态清洗技术的系列化开发及优化；凝结水防污染和回收技术开发；成套技术模块化实施工艺开发；工业蒸气锅炉（压力≤2.45 MPa）节水与废水近零零排放技术关键技术开发；规模化反工业钢炉用户信息动态数据库开发。	化肥	通过集成化工程化关键技术的突破，提高行业工业冷却用水的浓缩倍数，提高系统的循环水量；甲醇行业；通过减少工业钢炉用水来减少水排放，提高钢水浓缩倍数和回收凝结水来实现氨肥、甲醇两种有效途径充水用量，节约用水。	源头削减　过程控制　末端循环	工艺集成化技术
43	尿素CO_2脱氢技术	精脱硫后的原料气CO_2配入适量空气或纯氧气，经压缩机升压后送入高压CO_2加热器，加热至120～200 ℃进入脱氢反应器将H_2脱至小于50 mg/L。	化肥	彻底消除H_2与O_2积累的爆炸事故；减少尿素生产尾气放空量，降低污染。	过程控制	CO_2脱氢技术
44	磷石膏综合利用技术	①悬浮态高气流高比快速煅烧技术分解磷石膏；②流化煅烧工艺生产高强石膏粉；③制石膏砌块、石膏制新型墙体材料、石膏砌块黏结剂等。	化肥	①多途径、高效、节能制取半水β石膏；②开发更多的石膏利用途径，制取各种产品。	末端循环	废渣资源化利用技术

续表

编号	技术名称	主要内容	行业	效果	技术类别	关键技术
45	（回收生产）无水氢氟酸	利用磷酸生产过程中回收的氟资源生产高价值的无水氢氟酸，继而生产氟化工产品。	化肥	节约萤石资源，具有经济效益、环境效益和社会效益。	末端循环	采用基于"浓硫酸法"的一步法工艺，将氟硅酸直接分解为氟化氢和二氧化硅
46	碘回收利用技术	采用 H_2O_2 作氧化剂将磷酸中的碘离子催化氧化成碘离子分子，通过空气吹出法将取中的碘离子以气相离子形式带入 SO_2 循环吸收液中，当吸收液中碘离子浓度达到 30～70 g/L 后，以 $CaCO_3$ 和铝盐絮凝剂为净化磷吸收液，碘离子再次被氧化为分子，经液固分离即得到碘产品。	化肥	稀缺碘资源化的回收，当碘总回收率约为 70% 时，回收成本在 15 万元/t。	末端循环	矿石资源化利用技术
47	磷石膏场防渗、筑坝治理技术	高密度聚乙烯防渗膜（high density polyethylene impermeable membrane）辅膜防渗治理技术是消化吸收美国先进的磷石膏渣推荐技术。	化肥	解决磷化工生产副产品磷石膏渣浆堆存。	末端循环	防渗治理技术
48	湿法磷酸净化技术	对大型湿法磷酸装置分级利用磷酸，通过磷酸净化提取出工业级磷酸、食品级磷酸及其高附加值的磷化工产品，其余磷酸生产二铵和一铵。	化肥	①可替代高能耗的热法黄磷生产磷酸，吨磷酸能耗降低 4700 kW·h 以上；②对湿法磷酸磷酸的合理经济利用，延伸磷复肥企业产业链。	过程控制	磷酸净化技术
49	磷铵料浆浓缩技术改进	根据不同中和度的磷铵料浆在不同温度条件下的流动性特点，采用磷酸多次中和，酸性或半酸性料浆多效浓缩技术。	化肥	减少蒸汽消耗，改善产品质量，减少废气排放，降低蒸汽消耗量 40%～50%，提高磷铵产品强度与透明度。	过程控制	浓缩技术
50	醇烃化、醇烷气体浓度净化工艺技术	醇烃化：氢合成原料气中需要除去的 CO、CO_2，微量 CO、CO_2 与 H_2 反应生成副产甲醇产品，微量 CO、CO_2 转化为烃类等物质后分离除去的气体净化技术。醇烷化：氢合成气合成工段减少了不凝气体的放空，也降低了需要除去的 CO、CO_2 与 H_2 反应生成副产甲醇产品，微量 CO、CO_2 转化为以甲醇为甲烷的气体净化技术，生成副产的甲烷气体在合成过程中需要被放空，所以气耗较高。	化肥	①综合利用对氢合成催化剂有毒有害作用的 CO、CO_2，降低了合成氨生产成本；②醇烃化、醇烷化过程不使用氨，也无氨的产生，替代铜洗工艺，消除了过程稀氨水排放问题。	源头削减 过程控制	生产工艺技术

续表

编号	技术名称	主要内容	行业	效果	技术类别	关键技术
51	尿素工艺冷凝液水解解吸技术	水解解吸技术替代解吸技术，将排放废液中氨和尿素的含量降至 5 mg/L 及以下。	化肥	尿素排放废液中氨、尿素含量分别由解吸工艺的 0.07 %、1.5 %降至水解解吸工艺的 5 mg/L、5 mg/L 以下，大幅度减少总氮排放。	源头减量过程控制	生产工艺技术
52	高浓度有机废水制取水煤浆联产合成气技术	高浓度有机废水制取水煤浆，合成气用于合成氨、甲醇生产或制氢等。	化肥	废水资源化利用，合成气用于合成氨，破解了水环境容量限制工业发展的难题。	末端循环	废水资源化利用技术
53	电解锰电解后序工段连续抛刷逆洗及自控技术	①实现电解极板从出槽、浸油和入槽的一体化清洁生产技术；②实现阴极板挟带液及清洗液的减量化、人工剥片的自动化；③实现该技术的设备化和自动控制。	电解锰	①实现精准度±1 mm 左右的机械手控制和操作；减少电解车间工人数量 50 %左右；②分别削减阴极板挟带电解液、重铬酸钾钝化挟带液洗水用量 60 %～80 %；③阴极板从出槽到开始钝化的时间控制在 40 s；④洗板工序用水量与工艺水平衡相匹配，实现废水中氨和锰铬离子的循环利用；⑤剥离工序人工剥片的自动化。	过程控制	电解锰集成技术
54	电解锰粉铬酸浸液二段酸洗液滤压一体化技术	①以隔膜压滤机作为反应器，用阳极液进行穿流式带压二段酸液浸泡，洗液进行逆流洗涤；②在隔膜压滤机上实现二段酸液、洗液、压滤的一体化和自动控制及精细化。	电解锰	①将锰渣残留率由 3 %～5 %降低到 1.3 %以下，并实现锰渣中硫酸铵回收率大于 30 %及重金属离子的富集分离；②提高锰资源的富集分离率，减少高锰渣对环境造成的安全隐患。	源头削减过程控制	电解锰集成技术
55	电解锰行业锰渣制砖工艺技术	①锰渣预处理技术；②锰渣制灰砂砖免烧免蒸砖技术。建材产品浸出毒性和放射性指标均在国家规定的安全范围之内（《危险废物鉴别标准 浸出毒性鉴别》GB 5085.3—2007，《建筑材料放射性核素限量》GB 6566—2001①，性能达到国家砂砖标准《混凝土普通砖和装饰砖》NY/T 671—2003，《蒸压灰砂砖》GB/T 11945—1999②等标准要求。	电解锰	①消除锰渣大量堆存和埋造成的安全隐患；②减少锰渣中氨氮、可溶性锰和重金属离子对环境的污染；③免烧免蒸砖和蒸砖中锰渣添加比例大于 30 %，实现锰渣的综合利用。	末端循环	锰渣制砖工艺技术

① 现已被 GB 6566—2010 替代。

② 现已被 GB/T 11945—2019《蒸压灰砂实心砖和实心砌块》替代。

续表

编号	技术名称	主要内容	行业	效果	技术类别	关键技术
56	电解锰废水铬锰离子回收技术	①电解锰废水铬锰离子高选择性富集回收技术；②电解锰废水铬锰离子一次性水分离回用技术；③电解锰废水铬锰离子稳定达标技术。	电解锰	① $\rho_{Mn^{2+}}$ <2.0 mg/L，$\rho_{Cr^{6+}}$ <0.5 mg/L；② Mn^{2+} 和 Cr^{6+} 的回收率均达到 97% 以上，实现回收 Mn^{2+} 浓度达到 30 g/L 以上，回收 Cr^{6+} 浓度达到 7 g/L 以上的直接回用。	末端循环	废水铬锰离子回收技术
57	新型、环保、节能型电解槽	①采用电绝缘性好、强度、刚度高，焊接性能优良的电解槽；②采用传导率高的薄壁金属管外加表面耐酸耐碱绝缘处理；③采用阳极液自动断流装置。减小因电解槽老化而出现的渗漏、泄漏及电能流失造成的电能损耗。	电解锰	①减少流失液中所含高浓度的 Mn^{2+}、NH_4^+ 及 SeO_2 等对环境的污染；②降低金属制造成的电能损失；③减少阳极液带走定的电能损失 99%。	源头削减	电解槽结构设计
58	烧结烟气循环富集技术	指将烧结总废气流中一部分返回烧结工艺的技术。可大幅度减少废气排放量，并实现了废热再利用，减少 CO_2 排放。实现分段废气循环、组合废气循环或选择废气循环。	钢铁	大幅度减少废气排放量，节省对粉尘、重金属、二噁英、SO_x、NO_x、HCl 和 HF 等末端治理的投资和运行成本。	过程控制末端循环	废气处理技术
59	焦炉废塑料、废橡胶利用技术	废塑料、废橡胶，使其在高温、全封闭原气氛下，焦化为焦炭、焦油和煤气，焦来中废塑料及废橡胶配入量为 0.8%~1.2%。	钢铁	①废塑料及废橡胶资源化利用；②节约炼焦煤消耗，减排 CO_2。	源头削减过程控制	废塑料、废橡胶利用技术
60	高炉喷吹废塑料技术	对回收废塑料经过颗粒加工预处理，类似高炉喷煤进高炉喷吹；质地较硬的废塑料采取直接破碎造粒的方法加工预处理；质地较软的废塑料采取格融造粒的方法。	钢铁	①废塑料及废橡胶资源化利用；②减少煤粉消耗，减排 CO_2。喷吹废塑料 1 kg 废塑料，相当于 1.2 kg 煤粉；喷吹废塑料 100 kg/t 煤粉，可降低渣量 30~40 kg/t 废塑料。高炉每喷吹 1 t 废塑料可减排 0.28 t CO_2。	源头削减过程控制末端循环	废塑料利用技术
61	氯化钛白生产技术	沸腾氯化生产四氯化钛技术；四氯化钛氧化工艺技术；钛白后处理工艺技术；氯化残渣无害化处理技术。	钢铁	①提高钛白产品质量；②污染物产生量少且排放，约为硫酸法的 15%。	源头削减过程控制末端循环	氯化钛白生产技术
62	尾矿高浓度浓缩尾矿堆存技术	尾矿深锥浓缩机浓缩、高浓度输送、尾矿干堆。	钢铁	①减少尾矿储存占地，降低基建投资，抑制尾矿扬场；②无需防止污染地下水和土壤；③溃坝可能性小，安全性高。	过程控制	尾矿资源化技术
63	焦炉分段（多段）加热技术	在燃烧室全分段喷入空气，防止产生局部高温。	钢铁	减少氮氧化物产生量约 30%。	源头削减过程控制	加热技术

续表

编号	技术名称	主要内容	行业	效果	技术类别	关键技术
64	烧结烟气循环工艺	将来自烧结机全部或部分风箱的烟气收集、循环返回到烧结料层。	钢铁	减少氮氧化物约40%、烟（粉）尘约45%和二噁英产生量约60%，同时使二氧化硫富集、易于硫减净化。	末端循环	烟气再循环技术
65	黑体强化辐射传热节能新技术	在不改变炉膛结构的前提下，仅通过设置众多黑体元件，由他们自身的面积集合，获得大幅度增加辐射传热面积的显著效果。	钢铁	提高加热炉热效率10%~15%，降低燃料消耗，可减少20%以上的废气排放量。	源头削减	传热技术
66	焦炉煤气HPF法二级脱硫脱氰技术	以HPF为脱硫剂，在原有HPF法上多增加一级脱硫（即多增加一个脱硫塔和再生塔），再次去除荒煤气中的硫化氢。	钢铁	使焦炉煤气净化后的硫化氢含量从目前约200~300 mg每标准立方米降到100 mg每标准立方米以下。	末端循环	煤气净化技术
67	焦炉煤气NNF法脱硫脱氰技术	以苦味酸为脱硫剂，去除荒煤气中硫化氢。	钢铁	使焦炉煤气净化后的硫化氢含量从目前约200~300 mg每标准立方米降到10 mg每标准立方米以下。	末端循环	煤气净化技术
68	干熄焦技术	以冷惰性气体（通常为煤气）冷却红焦，吸收了红焦热量的惰性气体作为二次能源，在热交换设备（通常是余热锅炉）中含出热量而重新变冷，冷的惰性气体再去冷却红焦。	钢铁	改善焦炭的质量；减轻湿熄焦熄焦煤作对环境的污染、湿熄焦工艺将焦水0.5 t左右，采用干熄焦可显著降低熄焦水耗。	源头削减 过程控制 末端循环	炼焦技术
69	煤调湿技术	通过换热装置将炼焦煤料在装炉前剔除去部分水分，该技术可降低炼焦过程余热量，控制入炉煤水分的技术，并稳定减少焦化废水产生量，同时能够提高焦炭产率量和质量。	钢铁	减少焦化废水产生量。装炉煤水量每下降1个百分点，少排氨废水8~10 kg/t。	源头削减 过程控制	炼焦技术
70	焦化废水深度处理回用技术	焦化废水采用预处理、生化处理、深度处理（吸附、电氧化、电氧化等）、脱盐处理工序，处理焦化废水。	钢铁	可以部分解决焦化企业因采用干熄焦技术、无法消纳焦化废水的问题、扩大干熄焦在焦化企业的应用。	末端循环	焦化废水处理技术
71	焦化脱硫废液处理技术	可以采用提盐或制酸工艺处理脱硫废液。①提盐工艺：利用蒸发法在负压状态下蒸气加温浓缩脱硫液，提取废液中的盐，处理后的废液回用。②制酸：脱硫废液及低品质硫磺经预处理、焚烧、余热回收、净化、转化、吸收等工序生产硫酸。	钢铁	湿式氧化法脱硫废液污染物浓度高，不能采用生物方法处理，大部分焦化企业将脱硫废液兑入配煤系统。解决脱硫废液不易处理的问题，减少脱硫废液对设备的腐蚀及对环境的污染。	末端循环	焦化废水处理技术
72	静电除尘器软稳高频电源技术	智能跟踪实现对电场内始终处于最佳电晕放电状态，软稳高频电源保持最佳放电性能功能。	钢铁	增加了电场内粉尘的荷电能力，与传统工频电源相比可以减少排烟（粉）尘50%以上。	源头削减 过程控制	静电除尘技术

续表

编号	技术名称	主要内容	行业	效果	技术类别	关键技术
73	烧结烟气污染物协同控制技术	湿法脱硫和湿式静电除尘设施一体化成套，采用电场及双层电源技术等湿烟气深度净化系统。	钢铁	烟气脱硫效率达80%以上，湿烟气细颗粒物去除率可达60%以上，并可去除二噁英70%以上。	末端循环	烟气处理技术
74	转炉干法除尘技术	将转炉一次高温烟气经发冷却器降温，调质及粗除尘，通过圆筒型静电除尘器进行精除尘。	钢铁	提高烟（粉）尘净化效率，烟、粉、尘浓度由湿法的100mg每标准立方米降到10mg每标准立方米以下。	末端循环	烟（粉）尘处理技术
75	电袋复合除尘器	将电除尘和布袋除尘两种除尘技术有机地结合，前端电除尘阻力小，能够去除70%~80%的粉尘，减少后端袋式除尘的过滤负荷，提高了去除效率。	钢铁	除尘效率达99.9%，使外排粉尘浓度由80mg/m³以上降至30mg/m³以下。	末端循环	烟（粉）尘处理技术
76	覆膜滤料袋式除尘技术	采用聚四氟乙烯材质的覆膜滤料替代传统袋式除尘器的普通滤袋，延长布袋的使用寿命，降低系统阻力。	钢铁	粉尘排放浓度小于10mg/m³，控制PM$_{2.5}$排放。	末端循环	烟（粉）尘处理技术
77	原料系统棚化、仓化技术	采用全密闭的料仓或料棚替代传统的露天料堆。	钢铁	减少原料的损失和外溢的无组织粉尘，改善厂区环境。	源头削减过程控制	无组织粉尘控制方法
78	尾矿加气混凝土综合利用技术	尾矿制加气混凝土等建材产品生产技术，典型技术内容包括：配料、注模、切割、入釜蒸养、成品。	钢铁	减少尾矿排放，减少污染物。	末端循环	混凝土制备技术
79	洁净钢生产系统优化技术	优化炼钢企业有冶金流程系统，采用铁水包全量脱磷，复吹转炉精炼，100%钢水精炼，中间包冶金后进入高效连铸机浇铸，生产优质洁净钢，提高钢材质量，降低消耗和成本。	钢铁	①提高钢材质量，降低消耗和成本；②吨钢石灰消耗下降约20%~30%，总量减少20%~30%。	源头削减过程控制	洁净钢生产集成技术
80	转炉炼钢自动控制技术	在转炉炼钢三级自动化控制设备基础上，开发和应用计算机通信自动恢复程序、副枪或动态模型技术，实现转炉炼钢从吹炼条件、吹炼过程控制，直至终点自动预测和调整，吹炼设定的终点目标自动碰枪的全程计算机控制。	钢铁	①实现转炉炼钢终点成分和温度达到双命中，做到快速出钢，提高钢水质量，提高劳动效率，降低成本；②吹炼氧耗降低4.27标准立方米/(t·s)，钢水氧化铁损耗降低1.7kg/(t·s)，年经济效益可达千万元以上。	源头减量过程控制	炼钢自动控制技术
81	转底炉处理含铁尘泥生产技术	将含铁尘泥加上结合剂按照配比进行润磨混合，造球，利用炉内约1300°C高温还原性气氛及球团中的碳产生还原反应，将氧化铁还原为金属化铁，同时将氧化锌产生的大部分还原为金属锌，并回收。	钢铁	每生产1t金属化球（尘泥），可减少粉尘（尘泥）排放量1.5t，可回收Zn、Pb等有价金属，使含铁尘泥中约90%以上的金属铁被回收。	末端循环	含尘泥资源化处理技术

续表

编号	技术名称	主要内容	行业	效果	技术类别	关键技术
82	废水膜处理回用技术	钢铁企业废水深度处理后再生回用。	钢铁	①改善废水回用水质，提高废水再生回用率；②废水回用率稳定达到75%以上。	末端循环	膜分离技术
83	改良复合催化剂湿式氧化法脱硫脱氰技术（HPF法）	以HPF（对苯二酚、双环酰氰酮六磺酸铵、硫酸亚铁）为催化剂，在原有HPF法上多增加一个脱硫废塔和再生塔），去除焦炉煤气中的硫化氢。	钢铁	使焦炉煤气净化后，硫化氢含量从现有技术的200～300 mg 每标准立方米降到100 mg 每标准立方米以下。	源头削减过程控制	脱硫脱氰技术
84	苦味酸催化剂湿式氧化法脱硫脱氰技术（NNF法）	以苦味酸为催化剂，去除荒煤气中硫化氢。	钢铁	使焦炉煤气净化后，硫化氢含量降到10 mg 每标准立方米以下。	末端循环	脱硫脱氰技术
85	高温干法除尘生产技术	矿热炉高温煤气经重力沉降后，采用金属间化合物多孔膜材料为过滤芯的除尘装置，在550℃以上进行高温干法除尘。	钢铁	过滤精度达0.1μm，净化气体含尘量5～10 mg 每标准立方米，烟生回收率达到99.99%，有利用矿热炉热煤气高效利用。	末端循环	高温干法除尘生产回收技术
86	钢渣微粉生产技术	为了实现渣与钢的分离，采用选矿生产中常用的预磨技术；为了实现钢渣微粉的分离，采用风力分级与磁选相结合的工艺路线。	钢铁	①解决了钢渣中铁金属的回收利用；②为钢渣尾渣找到了规模化、高附加值利用的最佳途径。	末端循环	渣与钢的分离与磨技术和分级磁选技术
87	WFS废水选矿技术	将硫酸生产排出的酸性废水用于磷矿石浮选。	硫酸	节约磷矿石浮选工艺使用的硫酸和新鲜水，解决硫酸生产酸性废水的处理和排放。	末端循环	废水资源化技术
88	活性焦法烟气脱硫	利用活性焦法对硫酸生产尾气、锅炉排放烟道气处理，脱除烟气中二氧化硫，并回收二氧化硫再利用。	硫酸	降低排放烟气中SO_2的含量，同时回收硫资源。	末端循环	废气脱硫技术
89	国产高效硫酸钒催化剂生产新技术	应用新配方，采取新的混合、暖压和干燥工艺等新技术，提高催化剂效率，从源头上减少尾气二氧化硫排放量。	硫酸	提高国产催化剂质量并替代进口催化剂，同时减少硫酸行业二氧化硫排放量。	源头削减过程控制	催化剂生产新技术
90	硫酸尾气脱硫技术	利用过氧化氢法脱硫技术、超重力脱硫技术等处理硫酸尾气。	硫酸	解决硫酸尾气二氧化硫排放超标、尾气吸附副产物的要求与运行处理的问题。	末端循环	废气脱硫技术
91	硫酸酸洗工艺	对硫酸铁产制酸废水洗净化以稀酸循环利用等改造。	硫酸	解决矿酸净化过程设备、稀酸循环、稀酸利用等问题，耗水量由每吨酸10 t 下降到7 t。	源头削减过程控制	酸洗净化工艺技术

续表

编号	技术名称	主要内容	行业	效果	技术类别	关键技术
92	二苯醚类除草剂原药生产废水中有利用价值的物质回收利用技术	①对三乙胺盐酸盐废水处理，并经精馏后制备三乙胺回用于生产系统；②通过添加特殊的催化剂和溶剂，能够有效的将渣液中三氟羧草醚提取出来，并用于三氟羧草醚原药的生产；③废酸经过处理后吸附生成高浓度硫酸用于生产。	农药	①优化三乙胺盐酸盐处理工艺，筛选精馏塔的设计与操作参数；②高效回收三氟羧草醚浆中的三氟羧草醚，并优化其工艺参数；③优化吸收三氧化硫生成高浓度硫酸的工艺。	末端循环	废物回收利用技术
93	常压空气氧化技术生产二苯醚酸	采用新型的复合催化剂和自行设计的塔式反应器，以空气代替氧气，在常压下完成氧化反应。	农药	工艺收率可达98%，产品含量达97%，有效减少三废排放。	源头削减 过程控制	氧化技术
94	加氢还原生产邻苯二胺技术	通过购置氢气柜、加氢还原釜、高真空泵等设备，采用浙江工业大学开发的加氢还原工艺建设邻二胺生产装置。	农药	产品收率由97%提升至99.5%，且无废水产生。	源头削减 过程控制	还原技术
95	农药中间体菊酸酰氯化合成清洁生产技术	将菊酸氯气合成反应尾气中二氧化硫先冷凝分离，再和HCl分步吸收，得到盐酸和纯的亚硫酸钠回用，节约处理所用的碱，变废物为可利用的资源的同时，废水重大大降低，无固体废渣产生。	农药	①采用旧生产工艺时，每吨产品处理酰化碱、产生合成反应尾气2.5 t、30%液碱，要消耗约45 t的高含盐废水和0.5 t的废碱；②采用清洁生产工艺后仅消耗1.9 t、30%液碱，只产生0.2 t废水、无固体废渣产生。	源头削减 过程控制	生产工艺技术
96	拟除虫菊酯类农药清洁生产技术	通过负压蒸馏及精馏得精制甲醇；经皂化及蒸馏回用精制三乙胺；由负压蒸馏及萃取取得精制吡啶；精制THF。	农药	①改变了以往水溶性物质不可回收的状况；②采用了负压薄膜蒸馏技术，大大降低了能耗；③采用干极性溶剂，根据溶解度、通过调节pH大大增强了回收率。	源头削减 过程控制	生产工艺技术
97	乐果原药清洁生产技术	采用混合溶剂控制脱水、双井流脱膜脱溶、优化合成条件等手段，使合成总收率由64%提高至76%。	农药	总收率由64%提高至76%，主要原材料消耗下降18%，每吨产品COD总量下降45%。	源头削减 过程控制	生产工艺技术
98	草甘膦母液资源化回收利用	通过膜技术，对草甘膦母液进行综合利用。	农药	大大降低企业生产成本。	末端循环	膜分离技术
99	除草剂莠灭净的一锅法绿色合成新工艺	研究开发了高效相转移催化剂，使三步反应在一个反应设备内以一种非极性溶剂连续反应完成，大大缩短了工艺流程，降低了物耗、能耗，减少了设备投资及人员用工费用。	农药	生产每吨产品可将污水降低到原来的10%以下，COD浓度降低至原来的10%以下，每吨产品可降低成本近1000元。	源头削减 过程控制	生产工艺技术

续表

编号	技术名称	主要内容	行业	效果	技术类别	关键技术
100	不对称催化合成精异丙甲草胺技术	研究开发了超高效不对称加氢催化剂，有效地抑制了无效异构体的生成，使产品有效异构体原药约为达到国际先进水平。解决了获得手性化合物的最佳技术方案。	农药	①原料利用率提高了60%；②所得单一异构体的活性是传统异构原药的1.7倍；③所得产品的拆分工艺仅为传统拆分工艺的20%。	源头削减过程控制	生产工艺技术
101	高品质甲基嘧啶磷清洁生产技术	甲基嘧啶磷是粮食仓储中的自选药剂，组合液相法合成原药。	农药	总收率由58%提高到72%，主要原材料消耗下降24%，产品质量由90%提高到95%，超过FAO标准，COD排放总量下降20%以上。生产成本较之前低三分之一。	源头削减过程控制	生产工艺技术
102	甲又法酰胺类除草剂生产技术	采用甲又法生产甲草胺、乙草胺、丁草胺。	农药	废水产生量少，产品含量高，收率高；避免使用致癌物（醚）。	源头削减过程控制	生产工艺技术
103	草甘膦副产氯甲烷的清洁生产技术	采用风机将各节点产生的含氯甲烷废气收集输送到缓冲罐，经水洗、碱洗及浓硫酸干燥等三步处理，再经冷凝成氯甲烷产品。	农药	基本杜绝草甘膦生产过程中副产氯甲烷的排放，回收后可用作为甲基氯硅烷单体等产品的生产原料。	末端循环	氯甲烷废气处理技术
104	高浓度含盐有机废水高温氧化及盐回收技术	通过鳞板式焚烧炉对高浓度含盐有机废水进行焚烧处理。鳞板式焚烧炉分上下两部分：上半部分鳞板内倾式设计，防止物料挂壁；下半部分鳞板的焚烧温度为700～750℃。立式炉的焚烧温度为800～850℃，有机物焚烧变成二氧化碳和水，盐焚烧后为热态盐，通过在鳞板上运行转变为冷态盐，对冷态盐进行回收形成工业盐。	农药	在处理高浓度含盐有机废水的同时实现了磷酸钠、硫酸钠、氯化钠、溴化钠等工业盐的回收利用，大幅减少高浓度盐水的排放，解决了含盐废水治理及资源化利用的难题。	末端循环	废水处理技术
105	草甘膦母液资源化处理工艺	采用分级氧化、分级资源化处理技术，用于草甘膦母液的资源化和固废。氧化除磷（TP）分别降至180～250 mg/L，80～110 mg/L和总氮（TN）和3 mg/L以内，再经生化处理后，其排水完全达到国家污水综合排放一级标准。	农药	在污染得到治理的同时生产了具有价值的十二水磷酸氢二钠、精盐水、固体盐、磷酸氢钙等品粗副产品。达到变废为宝、节能增效的目的，有效解决了草甘膦母液处理成本较高和资源化出路的问题，有效降低草甘膦母液处理成本，实现了循环经济。	末端循环	废液资源化技术
106	草铵膦清洁生产技术	甲基亚磷酸二乙酯现行生产基本是通过迈氏反应制备，存在高温高压带来的安全风险。在常温常压条件下采用氯甲烷三氯化铝原料反应得到三元络合物，络合物在双元催化剂的作用下由铝铝反应及氯化铝钠还原，再与乙醇反应，加成，水解等制备草铵膦。以三氯化铝计算收率达到53.2%，比国内现有工艺路线的成本降低超过18 000元/t。	农药	消除了高温高压反应带来的安全风险，减少处置投资；制备的甲基亚磷酸二乙酯纯度可达到99.6%以上，对提高产品甲基亚磷酸二乙酯的作用有显著的作用。高纯度的甲基亚磷酸二乙酯很好地解决了传统工艺副配方产品多，不易得到结晶产品的问题，后处理变得较为简化，废水量大幅降低，每吨产品废水排放量为8t，比传统工艺降低30%以上，清洁化程度高。	源头削减过程控制	生产工艺技术

续表

编号	技术名称	主要内容	行业	效果	技术类别	关键技术
107	新烟碱类杀虫剂相关键中间体2-氯-5-氯甲基吡啶清洁生产技术	通过新型催化剂的筛选与制备、二甲基甲酰胺(DMF)的用量由1.4 t减少至0.2 t,避免了大量DMF进入废水体系;生产1 t 2-氯-5-氯甲基吡啶产生的废水量由8.33 t减至2 t;处理成本废水COD由180 486 mg/L减少到33 000 mg/L大幅度降低。	农药	新工艺用全新型的氯化试剂替代三氯氧磷,避免了大量的COD浓度高、酸性强的含磷废水的产生。	源头削减 过程控制	生产工艺技术
108	联苯菊酯清洁生产技术	通过3-氯-2-甲基苯聚甲醛的格氏基酯化技术、多溴苯的转位技术、溶剂及醇的回收套用直接酯化技术等研究,与原工艺相比,实现联苯菊酯的循环及废弃物的回收利用、资源的循环利用,可再生资源的回收利用,进一步提升联苯菊酯生产全过程的清洁生产水平。	农药	以800 t/a联苯菊酯产业化装置计算,每年可回收四氢呋喃690 t、48%氢溴酸530 t、氯化镁1200 t、30%盐酸220 t;与原工艺相比,氯化物消耗少了新工艺废水量5997 t,减少了44%;同时新工艺废水中丁吡啶避免了吨丁吡啶避免的使用,具有显著的经济效益和社会效益。	源头削减 过程控制	生产工艺技术
109	染颜料中同体加氢还原等清洁生产制备技术	①采用连续硝化技术替代传统回歇硝化工艺;②采用连续加氢技术替代传统铁粉、硫化碱、水合肼还原工艺;③采用三氧化硫磺化技术替代硫酸磺化工艺。	染料	①解决了废水、废渣排放量大的问题;②解决了处理废水产生的中和右灰废渣落问题;③实现了过程余热利用,副产物物料级利用;④提高产品收率和产品质量。	源头削减 过程控制	生产工艺技术
110	染料膜过滤、原浆干燥清洁生产制备技术	从工艺源头开始实施染料合成全过程的清洁生产:①采用相转移催化等技术,提高反应转化率;②优化合成工艺配比;③通过过膜过滤,提高染料料浆浓度及含固量;④染料不经压滤机水洗、直接将料浆机发干燥。	染料	优化工艺配比、提高反应的转化率,避免各副产物生成,达到合成染料不经盐析后经工序,直接干燥或经滤膜过滤后自接干燥的产化。	源头削减 过程控制	生产工艺技术
111	有机溶剂替代水介质清洁生产制备技术	选择最佳反应配比和装置设计,用有机溶剂做介质,在有机溶剂中进行反应,提高收率、有机溶剂回收再用。	染料	减少合成工艺废水产生,用有机溶剂替代产生大量芳胺排放,同时提高副产物收率和产品质量。	源头削减 过程控制	生产工艺技术
112	6-氯-3-氨基苯-4-磺酸(CLT酸)绿色制造技术	采用连续催化加氢还原新工艺生产CLT酸,实现催化剂的分离与循环套用。利用连续反应设备取代传统的间歇磺化设备,生产过程采用自动控制系统和安全系统等技术及装备,实现全过程的资源综合利用。	染料	解决了铁粉还原过程产生的大量泥污染问题,同时节约了大量的铁粉;反应效率提高50%,收率提高大约3%,消除磺化反应过程中甲苯的挥发,节约丁氯和硝酸用量;确保反应稳定和系统安全。每吨产品可减少40%废水的产生。	源头削减 过程控制	生产工艺技术

续表

编号	技术名称	主要内容	行业	效果	技术类别	关键技术
113	1-氨基-8-萘酚-3,6-二磺酸（H酸）绿色制造工程	克服了同歇生产工艺带来的配比不准而导致的收率低及质量下降；采用精萘为主原料，经过磺化、脱硝、苯酐、加氢还原、离析、过滤、碱析、干燥等工艺路线，提高了收率，降低了能耗，减少了排放。且采用先进的DCS系统自动控制生产，降低了劳动成本，提高了市场竞争力。	染料	节约了大量中和氢水，而且减少了丁丁酸离析废水的产生；采用封闭式反应和自动控制废气、废液的泄漏，杜绝了废气、废液的泄漏。可使产品收率提高约3%，每吨产品废水量较原工艺下降70%左右，按年产4万t（H酸计），每年可减少约6万t以上铁泥的产生。	末端循环	生产工艺技术
114	高含盐、高色度、高毒性、高COD染料废水治理及综合利用技术	①针对对酸母液，预处理采用脱色、氧化等技术去除浓缩结晶母液中的有机物，蒸发工序采用机械蒸汽再压缩浓缩结晶技术（MVR技术）②采用氢中和副产硫酸钠/氯化钠，提免采用浓危险废料，实现净化废水资源综合利用；③针对碱性废水，采用碳化、钠离子回收、苯取、蒸馏、精馏等工艺，有效回收资源，实现废水资源循环利用，并实现了生产过程中碱级循环利用的零排放。	染料	该技术解决了染料生产过程中产生的大量低浓度含盐废酸废水造成的污染治理难题，彻底解决分散染料生产中钾钠无机盐回收利用，尽可能将碱性污泥中的钾钠进行回收，解决了碱性工业酸料废液回收及碱泥产生，在解决环保压力的同时，降低了生产治理成本。	末端循环	废水治理及综合利用技术
115	染颜料清洁生产自动化、连续化控制技术	传统颜料处理使用大量酸、碱，传统染料清洗产生大量废水，物耗，对生产过程产生较大差距。根据各类染颜料特性，对生产过程进行优化和配套综合改造，建设过程监控系统，反应过程采用高效液相色谱跟踪，建设集成控制智能制造颜料生产线，生产效率提高30%以上，酸化过程废水采用梯级循环利用技术。	染料	通过生产工艺、装置的技术改造，建立集成自动控制系统，提高原材料的利用率，削减污染物。通过项目的实施，可减少废水使用40%以上，减少废水产生量20%，降低废水中污染物浓度15%以上，削减COD排放量20%以上，含氨尾气回收率提高20%以上，可节约水溶性染料9万t。	源头减量过程控制末端循环	生产工艺技术
116	2-氨基-4-乙酰氨基苯甲醚（还原物）清洁生产集成技术	还原物是分散染料重要的中间体原料，传统工艺铁粉还原技术会产生大量铁泥和酸性废水。采用连续铁汽化，催化加氢工艺；硝化稀酸经净化后进行资源化利用。	染料	该技术可明显降低原料消耗和能耗，提高产品收率10%以上，消除了铁泥污染，稀硫酸资源化利用避免了大量酸性废水排放及相应的中和废渣的污染，可减少废水排放量96%。	源头削减过程控制末端循环	生产工艺技术
117	低浓酸含盐废水循环利用技术	通过特殊的工艺技术和设备，对生产过程中产生的含盐酸浓废料经高效蒸发、分离、精制回收再利用。	染料	解决大量低浓度含废酸水处理中产生的污染问题，降低了生产成本，节约0.2 t石灰/t废水。	末端循环	含酸废水处理技术
118	可控气氛热处理技术	可控气氛渗碳（含碳氮共渗），可控气氛保护淬火、回火、正火、退火。	热处理	实现无氧化脱碳，提高产品质量和合格率，节约原材料，减少热处理加工中废气有害气体排放，节能效果明显。	源头减量过程控制	热处理技术

续表

编号	技术名称	主要内容	行业	效果	技术类别	关键技术
119	加热炉全纤维炉衬技术	采用全纤维保温材料作为热处理加热炉炉衬。	热处理	全纤维保温材料导热率低，可有效减少炉体蓄热、减少炉体热量损失。	源头削减 过程控制	保温材料利用
120	高效节能型空气换热器	采用强化传热技术，改变流体的流动状态和边界层，加大旋转流动、引发二次流。提高了换热效果。	热处理	①节约水资源；②延高转热效果，比水冷换热器节约能耗30%。	源头削减 过程控制	传热技术
121	IGBT晶体管感应加热电源技术	IGBT为全控器件，可通过门信号控制器件的开通与关断，即桥臂间的换流既可像晶闸管逆变器一样靠负载谐振回路实现换流，也可直接通过门极信号关断导通臂IGBT实现硬换流。	热处理	新型IGBT电源比老式电子管和发电机电源节能30%~40%。	源头削减 过程控制	加热技术
122	计算机精密控制系统	采用PID、PLC计算机控制技术。	热处理	提高产品质量和合格率，节能，避免了接触式控制系统由于控制精度不高，在加热过程中造成很大的能源浪费。	过程控制	控制技术
123	化学热处理催渗技术	在化学渗剂中添加一定的化学活性物质使环保钢表面钝化膜，提高钢表面活性，从而加速化学热处理时金属材料化学渗剂的反应速度。	热处理	提高生产效率和质量，减少有害气体排放90%；节能，综合节约5%。	源头削减 过程控制	热处理技术
124	真空清洗技术	采用对金属切削液、防锈油和淬火油等有良好溶解性的环保型碳氢化合物作为清洗剂，通过在真空状态下对溶剂和清洗剂蒸汽对工件进行有效清洗。然后真空负压状态下干燥工件，同时再生装置在真空负压状态下对清洗剂进行蒸馏，并冷凝回收清洗剂。废液分离后单独排出。	热处理	溶剂型清洗机和发泡式常温水清洗机的主要问题是：清洗效果差，在后续热处理过程中会产生大量的油烟，环境污染严重。	源头削减 过程控制	金属清洗技术
125	真空热处理技术	包括真空油气淬技术、真空渗碳技术、真空氮淬技术、真空高压气冷技术、真空热处理工艺智能控制技术、无氧化脱碳、减少热处理过程加工中废气和有害气体排放、节能。	热处理	①高效：工艺时间减少50%，产品返工和废品的效果明显。②优质：一次交检合格率可达到99%以上；③节能：可实现全行业总能耗节约5%；④节材：一次成品率提高8%，可实现全行业总能耗节约3%~5%；⑤无污染：真空热处理技术可实现热处理过程的零排放。	源头削减 过程控制	真空热处理技术
126	风送系统	该设备是将屠宰过程中产生的猪毛、肠胃内容物、牛皮等物质在密封管道内运送至污物储存处的输送系统，该设备可将上述污物在常规输送过程中存在的遗洒降低为零，有效解决对肉品的二次污染，减少进入冲洗水中的污染物质，使猪毛回收率达到95%以上，肠胃内容物回收率达到80%以上。	肉类加工	可减少屠宰过程中污染物的排放量。单位减排COD 7.5kg/t(活屠重)、氨氮0.4kg/t(活屠重)。	过程控制	物料输送技术

续表

编号	技术名称	主要内容	行业	效果	技术类别	关键技术
127	畜骨深加工新技术	提出畜骨加工"吃光用尽"的设想，做到零排放，即全价利用；工艺设备的改进包括，提高出品率，降低能耗，避免食品污染，主要改为蒸煮提取罐和浓缩机组的改进。	肉类加工	设备投资减少40%，节约能耗35%以上，节约水资源45%以上，大大降低了能耗，每加工1 t骨用水1.5 t，节电11 kW·h，有效避免畜骨作为屠宰固废排入环境。	过程控制末端循环	畜禽骨深加工新技术
128	节水型冻肉解冻机	该设备是在恒温、恒湿、恒流的条件下，以锅炉高温蒸气作为热源，通过降温、调温转化为低温水蒸气对冷冻原料肉进行解冻的设备。	肉类加工	每解冻1 t肉节水24 t，节水型冻肉解冻机节水效果显著，解冻1 t原料肉的用水量仅为流水解冻的0.5%。	源头削减过程控制	节水技术
129	猪血制蛋白粉新技术	包括建立相关的质量安全控制体系，实现真空采血和同步检验，通过添加一定量理想抗凝剂，采用低温分离条件，实现猪血血浆和血球的分离，改进完善分离技术对血清进行浓缩，提高超滤浓缩技术对血球进行浓缩。	肉类加工	①固形物浓度增大1~2倍，提高喷雾干燥设备的利用率；②可降低能耗40%，每加工1 t血可节能198 kW·h。	源头削减过程控制末端循环	猪血制蛋白粉新技术
130	现代化生猪屠宰成套设备	该设备包括同步接续式真空采血装置系统，自动控温（生猪）蒸气烫猪毛隧道、履带式U型打毛机、自动定位精确剥半条。该设备在生产中每小时达到300头时，每头猪屠宰标准节水100 kg。	肉类加工	节约水资源消耗，减少废水排放量，该设备的应用，可节约生产用水1100 kg/t（活屠重）。	源头削减过程控制	屠宰成套设备改进
131	新型节能塑封包装技术与设备	采用原料PVDC塑料薄膜自封设备彻底改变传统包装技术，利用新型研制开发包装设备单层薄膜接扎肉类加工工业传统包装消耗大量铝丝薄膜接扎的现状。	肉类加工	每根香肠节约铝丝用量0.3 g，可节约单位产品包装铝丝用量6 kg/t。	源头削减过程控制	包装技术
132	肉类产品冷冻、冷藏设备节能降耗技术	采用动态调节换热温差技术，按需除霜技术，将先进的自控技术引入冷藏、冷冻，夜间深制冷冷却等手段，将先进的冷冻效率，通过动态调节使机组运行更经济、稳定，合理地达到减少能耗，安全运行的目的。该技术节电能达到30%左右。	肉类加工	可实现每小时节电178 kW·h，有效改善冷冻、冷藏设备高能耗的现状。	源头削减过程控制	设备节能技术
133	三相流烧碱蒸发技术	将三相循环流化床技术与蒸发过程相结合，在蒸发器中形成汽、液、固三相流动体系。其基本原理是，依靠流化床中的流化固体颗粒对流动边界层的破坏，降低热阻、延长结垢的诱导期，实现蒸发器低电耗和防垢，从而降低了电耗，节约了能源。	烧碱	①防垢：由于能防止蒸发器结垢，故可延长清洗周期；②节能：由于三相循环流化床蒸发器可以采用自然循环操作，故可去掉传统蒸发器的强制循环泵，从而可以节电。吨碱降低电耗约25 kW·h。	源头削减过程控制	蒸发技术

续表

编号	技术名称	主要内容	行业	效果	技术类别	关键技术
134	超声波防除垢烧碱蒸发节能技术	超声波防除垢技术是利用超声波介质和与其直接接触介质中传播产生的一系列相关效应达到防垢、除垢的效果。蒸发器加热室硫酸钙热等结垢现象被缓解、有效延缓了盐结晶挂壁，同时由于超声波本身对设备的强化传热作用，应用设备传热系数都有明显地提高。	烧碱	①除垢防垢：通过超声波的一系列效应达到除垢与防垢目的；②节能：减少设备带垢运行带来的10%～50%能源浪费，也减少了蒸发设备清洗次数，吨碱节约0.4 t蒸汽。	源头削减过程控制	蒸发技术
135	国产化离子膜应用	山东东岳集团自主研发的离子膜工业化生产出了工业化产品。技术标准正完善中。项目组研发的高强度D988离子膜和低电耗D2801离子膜达到了目前市场使用的美国杜邦公司N966膜和N2030膜的标准。国产化离子膜将达到国外先进水平技术。	烧碱	①填补了我国离子膜生产技术的空白；世界烧碱用离子膜被杜邦、旭硝子和旭化成三家公司垄断，我国离子膜法烧碱的能力已经超过2000万t，占世界离子膜法烧碱的50%左右；②降低成本。	源头削减过程控制	全氟离子膜制备技术
136	烧碱用盐水膜法脱硝技术	利用过滤膜将硫酸根阻止在浓缩液中，再通过冷冻结晶分离出来，达到脱除硫酸根的目的并得到副产物芒硝（硫酸钠）。该技术应用后每吨烧碱可以减少15～25 kg的盐泥，盐泥排放量下降30%～50%，同时利用膜法脱硝技术不再使用有毒性的氯化钡。	烧碱	膜法脱硝技术是通过滤膜将硫酸根离子脱除，改变了传统加入氯化钡与硫酸反应生成硫酸钡沉淀的方法，从而大大减少了盐泥的排放量。	源头削减过程控制	膜分离技术
137	离子膜法烧碱生产技术	离子膜法制取烧碱是以离子交换膜为隔膜，采用电解法生产烧碱及氯气的生产方法。烧碱生产应用的离子膜有全氟磺酸离子膜、全氟羧酸膜和全氟羧酸膜磺酸膜复合膜，这种膜只允许钠离子通过，产生的烧碱液浓度高、质量好、能耗低、无污染。离子膜法烧碱较隔膜法烧碱电耗略低，主要是离子膜法烧碱直接就产出成品碱，不需要蒸发，从而能耗低。	烧碱	①解决了隔膜法烧碱石棉绒排放的问题；②离子膜法烧碱比隔膜法烧碱综合能耗低480 kg标准煤；③提高了烧碱产品质量，离子膜法烧碱纯度高、杂质含量低、溶液中含盐量及质量浓度均大低于隔膜法烧碱。	源头削减过程控制	烧碱生产技术
138	金属扩张阳极、改性隔膜技术	所谓金属扩张阳极，就是在钛网复合铜合棒上用弹簧片与两边的阳极片相连，使复合棒两边的阳极片可以张开与收缩。改性隔膜就是在制得膜过程中向石棉浆料中加入一定量的改性剂（目前一般用聚四氟乙烯纤维或乳液作为改性剂）及少量非离子表面活性剂，同时吸附在阴极网袋上，制成溥而均匀的石棉隔膜。	烧碱	通过改变极距和对隔膜改性，达到降低能耗的目的，每吨烧碱可节电100 kW·h以上。	源头削减过程控制	生产设备结构改进技术

编号	技术名称	主要内容	行业	效果	技术类别	关键技术
139	"零极距"离子膜电解槽	当电解单元的阴极阳极间距（极距）达到最小值时，即为"膜极距"，亦称之为"零极距"。零极距电解槽通过改进阴极侧结构，增加弹性结构，使得阴极网现向阳极靠，零极距电解槽操作方便，运行平稳，满足生产工艺要求，综合技术指标达到国际先进水平。	烧碱	原有电解槽阴极阳极的极距为1.8~2.2 mm，溶液电压降为200 mV左右。电极之间不同膜的厚度，与普通电解槽相比，同等电流密度下，零极距电解槽电压降低约180 mV，相应吨碱电耗下降约127 kW·h。	源头削减 过程控制	生产设备结构改进技术
140	三效逆流膜式蒸发技术	三效逆流蒸发工艺主要应用碱在不同压力下沸点不同的原理，使得三效蒸发器中产生的二次蒸汽得以利用工作，而且，设计当中还利用了成品碱（50%烧碱）温度较高的热量，将进一步减少了蒸汽的消耗量。	烧碱	三效逆流膜式蒸发装置的考核吨碱汽耗值为0.53 t，比普通的单效碱蒸发工艺可减少吨碱汽耗大于0.6 t，比一般的双效蒸发工艺可减少吨碱汽耗大于0.2 t。间接地降低了产生蒸汽而必须消耗的煤炭资源，同时也减少了烧锅炉时产生排放到大气的废气。	源头削减 过程控制	蒸发技术
141	氯化氢合成余热利用技术	在氯气气氢反应时伴随释放出大量反应热，这些热量相当可观，完全可以用来制产生蒸汽，在合成段顶部利用水冷壁的区域，对在高温区域容易受腐蚀的区段，采用石墨材料制作；采用这种方法既克服了石墨炉高强度和使用温度受限制的缺点，又克服了合成炉的顶部和底部容易腐蚀的缺点。	烧碱	①解决了氯化氢合成余热利用问题，使氯化氢合成的热能利用率提高到70%；②解决了传统氯化氢合成炉产生蒸汽压力太大无法充分利用，造成能源浪费的问题，1吨氯化氢可产生650 kg中压蒸汽，副产中压蒸汽压力可在0.2~1.4 MPa任意调节。	过程控制 末端循环	余热利用技术
142	微蚀刻废液再生回用技术	①开发出高效蚀刻专种药剂，对微蚀刻废液添加药剂进行预处理；②预处理后溶液余热泵入特殊专用溶析结晶器中，加入微蚀刻液添加剂，循环使用；③设计出特殊结构的微蚀刻槽，对各种成分的微蚀刻废液都可直接电积；④开发出新型微蚀刻液添加剂，添加到微蚀刻槽使用，微蚀刻废液循环利用。	印制电路	①电积效率高达80%~85%，产出纯度大于99%的致密铜板；②处理每立方米溶液（铜浓度按25 g/L计算）的利润为1000元，和直接外卖或传统的沉铜法比每立方米溶液多盈利240元；③处理完毕立方米溶液后，无废水、废渣、废气外排，减少直接处理成本400元。	末端循环	微蚀刻废液再生回用技术
143	废退锡水回收技术	①开发出新型减压蒸馏专用设备，废退锡水在70~75℃减压蒸馏，回收硝酸；②开发了高效沉锡剂，加入到蒸馏后溶液中，料液加试剂溶解，再电积提取金属锡；③合成出沉铅剂并加入滤液中，料液过滤，滤渣加入滤液并再生取金属废；④设计出混合分离成效良好的铜锡萃取槽，得到纯度电积铜工作，萃液进入萃余液无后回收锡中的硝酸、铅和锡余液作为再生产；⑤废退锡水中的铅、锡，整个再生过程无废液外排，原废液100%循环利用，无污染。	印制电路	①锡的沉淀率高达95%，锡沉溶解后通过电积制备纯度大于99.5%的金属锡；②沉铅剂的选择性强，铅沉淀后电积率高；③萃取效率高，萃出的致密金属铜品位高达99%；④处理利润为5000元（锡浓度按80 g/L计算）的硝酸盐的沉淀法相比多盈利1800元，和直接外卖或传统的沉淀法为零盈利；⑤处理每立方米溶液的沉淀法相比多盈利1000元。	末端循环	废退锡水回收技术

续表

编号	技术名称	主要内容	行业	效果	技术类别	关键技术
144	冷水机组余热回收	利用循环水机回收冷水机组传排放的废热。	印制电路	用回收来的热水对车间或者设备进行升温。	末端循环	余热回收技术
145	低含铜废液、蚀刻液减排	利用电解原理将微蚀刻废液中的铜分离回收，设备处理能力 3 m³/d；利用苯萃取和电解方法将蚀刻液中的铜回收，设备处理能力 3 t/d；利用蚀刻原理将蚀刻液回收，只需少量试剂补充使用，设备处理能力 2 m³/d。	印制电路	降低蚀刻液中的铜含量，利于后序处理，大幅减少蚀刻液的放量。	末端循环	低含铜废液处理技术
146	固体废弃物综合利用技术	利用物理干法分离，将废料中的金属铜与非金属部分分有效分离回收。非金属粉末可再生利用到防腐材料领域，加工托盘、井盖等。	印制电路	铜回收率达 94% 以上，铜粉纯度 90% 以上，非金属粉末含铜 2% 以下，大幅减少废料的外运量。	末端循环	铜废料回收利用技术
147	PCB 行业用水减量技术	①放废水主要污染成分为有回收价值的重金属离子以回收；②对水质比值两大类，具有回收价值的铜质较好的废水预处理后集中进入回用系统；③中水回用生产线上循环使用，以膜分离技术为核心回用工艺，且不发生相变，不产生副产品，适用范围广；④经过膜分离后的水可以作为线路板生产上的清洗用水。	印制电路	解决企业用水瓶颈，提供回用水 30% 以上，减排废水 30% 以上。	末端循环	水减量技术
148	染整高效前处理工艺	传统的前处理练漂工艺分为退浆、煮练、漂白。蒸煮、漂白工序生产，不仅工艺路线长、而且各种消耗增加。高效前处理工艺包括：①机织物退浆一浴法新工艺；②冷轧堆印染新工艺；③生物酶染整加工技术；④短流程工艺；⑤纯棉针织物平幅连续煮漂工艺。	纺织染整	高效前处理工艺与传统工艺相比，缩短了工艺流程，减少染化料的使用率大幅提升，从而减少了用水量，污水排放量和降低了印染废水的处理难度，具有非常明显的效果。	源头削减 过程控制	染整前处理工艺
149	棉短绿色制浆工程化技术	以棉短绒为原料，利用离子膜电催化作用及多元耦合低温催化作用，配以辅助药剂，使得天然高分子快速断裂反应，降聚反应时间由原来的 2 个多小时缩短到 20~30 min，降聚温度由原来的 165~170℃ 下降到 60~70℃。该反应过程可根据不同聚合度要求，通过改变药剂配比、催化反应时间、蒸煮器的温度来调节纤维素的聚合度，结晶状态等技术参数。主要技术指标：①综合能耗下降 30%~40%，吨浆节约用水 150~200 kg；②用水量下降近 50%，吨浆用水仅为 40 t；③吨浆 COD 排放量由 300 kg 削减到 150 kg，色度由 13500 下降到 4000，下降幅度 70% 以上。	纺织染整	①从根本上消除了制浆黑液的污染问题；②制浆过程由原来的高温、低浓，同氨过程变为低温、高浓、连续过程，缩短了过程反应时间，可实现节能节水、减少污染物排放。	源头削减 过程控制	生产工艺集成技术

编号	技术名称	主要内容	行业	效果	技术类别	关键技术
150	印染前处理环保助剂工艺	印染前处理环保助剂工艺是生物技术和化学工艺的相结合，可以有效替代传统精练漂白工艺中使用的多种有机助剂（烧碱、双氧水、精练剂、螯合剂等），可快速降解织物上的油脂、蜡质及杂质，去除棉籽和木质素、还原出棉纤维的本白，使织物的煮、练、漂在同一处理液中完成，满足织物前处理要求。	纺织染整	①不含烷基酚聚氧乙烯醚类化合物（APEO）等有害物质。②一般织物使用时不必添加烧碱、双氧水及其他化学助剂，特殊织物使用少量的双氧水。③可降低企业水、电、蒸汽及污水处理等成本，水洗温度由90℃降为60℃，单缸节约蒸汽0.45 t；双氧水浓度由50 g/L下降到10 g/L；可降低COD浓度30%~50%；可节约用水15%~20%；百米综合成本降低5元。	源头削减 过程控制	预处理工艺技术
151	高温高压气流染色技术	依据空气动力学原理，由高压风机产生的气流经特殊喷嘴后形成高速气流，牵引被染液进行循环流动。同时被染液以雾状均匀向织物，使得染液与织物在很短时间内充分接触，以达到匀染的目的。技术指标：①浴比：化纤织物≤1∶2，棉、毛等织物≤1∶4；②最高工作温度：140℃，最高工作压力：0.4 MPa。	纺织染整	①提高产品一次染色成功率；②与传统技术相比，可省水、蒸汽50%，节省染料10%~15%，节省助剂60%，减少污染物排放。	源头削减 过程控制	染色技术
152	高温气液染色技术	以循环气流牵引织物循环，组合式染液喷嘴进行染液与被染织物交换，完成染料对织物的上染过程。在循环染色过程中，织物首先与喷嘴单次循环进入气流染液，受到气流的均匀作用，然后经提布辊射流的扩展作用下，进一步提高织物的渗透性。织物离开导布管时，气流在自由射流的均匀分布作用下，可消除织物的绳状折痕。技术指标：①高档针织物浴比：1∶（2.5~3）；②最高工作压力：0.3 MPa；③最高工作温度：130℃。	纺织染整	①风机电耗与气流染色相比，可约50%以上；②提高产品一次染色成功率；③高档设备相比，可节水50%，减少染料和助剂消耗和污染物产生，实现印染过程的清洁化。	源头削减 过程控制	染色技术
153	苎麻生物脱胶技术	苎麻生物脱胶技术采用100%噬碱细菌脱胶工艺，辅以化学精练、再通过拷麻、漂洗、脱水等工序制成精干麻，该技术的重点是对苎麻类的脱胶。①可大量实现脱胶废液和纺织废水的重复利用；②可提升苎麻精干麻和化学精练纱质的品质量。传统苎麻脱胶常采用化学法，过程中涉及强碱、强酸，高温、高压煮练等工序，成本高，且对环境污染严重。	纺织染整	①化学脱胶用时约5 h；生物脱胶需要2 h；②化学脱胶需高温，生物脱胶只需常温；③化学脱胶废水（精练）中COD在10 000 mg/L以上，而生物脱胶废水中COD仅为1000 mg/L；④该技术可实现节能15%以上，节水30%以上，减少化学药剂使用量60%以上。	源头削减 过程控制	脱胶技术

续表

编号	技术名称	主要内容	行业	效果	技术类别	关键技术
154	无水液氨丝光整理技术	纤维织物在液氨作用下产生微观膨胀，使织物表面产生丝绸般的效果。氨处理主要不经降低纤维强度，比氢氧根更容易渗入织物内部。①以氨替代氢处理为纱线液，规则、中和丝绸氨，大幅减少了水的消耗和污染物的产生；③传统丝光整理会产生大量废碱无法回收利用，处理成本高，而用液氨工艺大幅降低了污染物产生及处理成本。	纺织染整	①解决了丝光整理废碱处理问题；②整个系统处于密闭动态，氨的回收率达95%以上，并可以循环使用。③与传统丝光工艺比，每100 m牛仔布减少用水95%以上，减少COD排放90%以上，降低综合成本15元左右。	源头削减 过程控制	整理技术
155	十四效闪蒸一步法提硝处理酸浴清洁工艺技术	采用一体化元明粉装置结晶，取消了以含有结晶水的硫酸钠，利用硫酸钠在32.4 ℃以上析出时不含有结晶水的特性，在闪蒸后酸浴结晶不低于35 ℃的情况下，将酸浴浓缩，使达到硫酸钠的饱和浓度，从而保障将硫酸钠在32.4 ℃以上析出。将析出的硫酸钠进行分离烘干，获得元明粉。	纺织染整	①工艺链短明粉，提高了循环酸浴浓度，并能够提取元明粉；②废水中不含硫酸钠，降低了废水处理难度和成本；③设备占地面积可减少40%，减少蒸汽20%，减少用水25%。	源头削减 过程控制	废水资源化处理技术
156	数码印花技术	是将数字化图案经编辑处理后，由纺织品数码印花系统将专用染料直接喷印到各种纺织物和织品，并通过互联网在线实现纺织品远程协同生产和定制服务。它具有流程短，反应快、弹性足、染色定量生产，精度高、色彩丰富等特点。①无须分色，按需定量生产；②图案花样修改方便，可实现个性化定制生产；③满足小批量生产和快速反应的需要；③图案色彩不受颜色数目和网版差准误差的影响，层次丰富，印刷精度高。	纺织染整	①数码印花喷印过程用水不用水。不用调制色浆。无版染整；②工艺流程短，反应快；③按需喷墨，染料几乎没有浪费，生产过程无废水，能耗、噪声低，低碳排放、高附加值。	源头削减 过程控制	印花技术
157	少水印染加工技术	小浴比染色、染化料自动配送系统、数码喷墨印花系统、涂料染色技术、泡沫整理技术。	纺织染整	提高了生产效率，提高了水和染化料的使用效率，降低了水耗，能耗和废水排放，与传统工艺相比，节能减排效果非常明显。	源头削减	优化设备性能
158	印染在线检测与控制系统	丝光浓碱度在线检测及控制装置、织物含潮率在线检测装置、气氛湿度控制装置、pH在线检测装置、双氧水在线检测及控制装置、布面非接触式温度在线检测装置、非接触式含水率在线检测及控制系统与生产过程智能信息控制系统。	纺织染整	通过对生产工艺关键参数的采集及部分反馈控制，确保工艺曲线稳定可靠，显著提升产品质量水平，减少染化料、助剂浪费。	过程控制	少水印染加工检测及控制装置
159	密闭电解槽防酸雾技术	阴极组件与阳极组件组合成电解槽密封。电解液由泵从进液端板压入，由出液端板压出进行循环，整个电解过程处于密闭状态之中，无酸雾气体挥发。	有色金属冶炼	①铜电极的电流密度可提高到300～500 A/m²，综合能耗比较常规电解槽降低10%；②无酸雾气体挥发。	源头削减 过程控制	防酸雾技术

续表

编号	技术名称	主要内容	行业	效果	技术类别	关键技术
160	永久阴极电解工艺	永久性阴极电解工艺采用不锈钢钢板做成阴极板代替传统的铜始极片，由于不锈钢钢板平直，生产过程中短路现象少，不但提高了产品质量，而且使用较高的电流密度和较小的极距，进一步提高了单位面积的产能。	有色金属冶炼	提高了单位面积的产能，降低残极率及能耗。残极率比传统始极片法低3%～5%，蒸汽消耗比传统始极片法低30%，生产自动化程度高、车间操作环境好，降低污染。	源头削减 过程控制	电极工艺技术
161	氧气底吹-液态高铅渣直接还原炼铅冶炼技术	以液态高铅渣直接还原取代高铅渣铸块、鼓风炉还原工序，包括氧气底吹熔炼一侧熔炼还原炼铅的氧气和氧气底吹原炼铅工艺（YGL法）。	有色金属冶炼	该技术还原炉排放SO_2比鼓风炉减少85%，且扬尘点大幅度减少，降低无组织排放铅尘量。	源头削减 过程控制	铅冶炼技术
162	有色冶金砷分离富集与回收技术	通过采用间化合物多孔膜材料为滤芯的高温气体除尘装置，实现有色金属反射炉高温气体中锑、砷的分离和富集回收，高温过滤精度可达0.1μm，可回收利用锑、砷。	有色金属冶炼	降低有色冶炼烟（粉）尘排放，同时回收砷和锑。	末端循环	废气除尘技术
163	有色金属精矿焙烧高温含硫烟气干法净化技术	通过采用以金属间化合物多孔膜材料为滤芯的高温气体除尘装置，对焙烧后的高温含硫烟气直接净化，除尘精度达到99.99%，过滤精度可达0.1μm。	有色金属冶炼	烟（粉）尘在布除尘由袋除尘工艺改为多孔膜材料过滤，大大降低烟（粉）尘排放，同时可拦截粒径大于0.1μm的有价金属，同时实现资源回收。	末端循环	废气净化技术
164	富氧直接浸出湿法炼锌技术	硫化锌精矿浸出技术，精矿中的硫、铅、回收元素硫，热滤，渣经浮选，同时产出硫化物的残渣及尾矿。	有色金属冶炼	①锌浸出率大于98%，有价金属综合回收率大于97%，元素硫的总回收率大于88%，②原料适应性强，与传统湿法炼锌方法相比，无需建设配套的焙烧车间和硫酸厂。	源头削减 过程控制	湿法炼锌技术
165	铅锌冶炼废水分质回用集成技术	采用"节水优化管理-分质处理回用-深度处理回用"集成技术处理回用铅锌冶炼废水，包括节水优化管理技术、分质处理回用技术、深度处理回用技术等。该技术按照清洁生产审核方法对冶炼企业用水、排水进行全面管理，以达到从生产过程减少废水产生、循环利用水资源、减少污染物排放的目的。	有色金属冶炼	通过全过程减排，废水排放量减少70%以上，显著降低了末端污水处理负荷，处理后废水水质满足生产工艺要求，水重复利用率达到96%以上。	源头削减 过程控制 末端循环	废水回用处理集成技术

续表

编号	技术名称	主要内容	行业	效果	技术类别	关键技术
166	重金属废水生物制剂法深度处理与回用技术	重金属废水通过生物制剂多基团的协同配合，形成稳定的重金属配合物，用碱调节pH，并协同脱钙；由于生物制剂同时兼有高效絮凝作用，当重金属络合物水解形成颗粒后很快絮凝形成胶团，实现重金属离子的同时深度净化。水解渣通过压滤机压滤后可以作为冶炼的原料对其中的有价金属进行回收。	有色金属冶炼	解决了目前化学药剂难以同时深度净化多金属离子（铜、铅、锌、镉、砷、汞等）和钙离子的同时高效净化。	末端循环	废水回用处理集成技术
167	采选矿废水生物制剂同氧化深度处理与回用技术	采用生物制剂同氧化工艺对采选矿废水中残留的药剂进行破坏，同时利用生物制剂的复合基团配合，实现重金属离子的高效净化。	有色金属冶炼	能够很好地解决采选废水中重金属超标的问题。废水经该技术处理后可回收利用，回收率70%以上。	末端循环	废水回用处理集成技术
168	锌锰电解过程重金属源削减物智能化成套技术及装置	①智能识别技术：利用双侧线扫描成像提取和双面视全重建三维轮廓等智能盐等能识别及干法去除技术。以非接触光学识别原理为基础，开发了重金属固相污染识别与资源化利用。②自控制污刷技术：开发了阴极板污染减量化削减输入源，极大地削减了重金属水污染物。③电解液原位回刷技术，使电解液对阴极板槽的液相原位控制。实现了重金属的源头控制	有色金属冶炼	传统锌锰电解同电解车间电解后处理系统工序多，设备水平落后，重金属废水产生量大、冶理难度高，该技术开发的高水平智能化源削减成套技术及装置一次性整体解决锌锰电解源产生的所有污染源问题，彻底取消了在电解锌电解锰行业使用了100多年的泡板车槽和70多年的高压水枪。	源头削减 过程控制 末端循环	废水回用处理集成技术
169	硫磷混酸协同高效处理复杂白钨矿新技术	①采用硫磷混酸协同处理钨矿，磷合钨稳定地控制在0.5%左右；②伴生有害杂质的深度去除；③有害杂质高效分离与综合利用；④仲钨酸铵（APT）的制备。	有色金属冶炼	①现有的钠碱压煮过程常压分解，大幅地降低了试剂成本，解决了有害钠盐排放问题；②母液循环，解决了冶炼废水排放10%以上；③选冶结合可使钨的回收率提高10%以上。	源头削减 过程控制 末端循环	废水回用处理集成技术
170	有机溶液循环吸收脱硫技术	铅冶炼烟气脱硫，吸收剂是由以离子液体或有机胺为主，添加少量活性剂、抗氧化剂和爱活剂组成的水溶液；该吸收剂对二氧化硫有良好的吸收和爱附能力，在低温下吸收二氧化硫，高温下将吸收剂中二氧化硫再生出来，从而达到脱除和回收烟气中二氧化硫的目的。	有色金属冶炼	减少二氧化硫排放量，同时去除部分重金属。	源头削减 过程控制 末端循环	烟气脱硫技术
171	活性焦烟脱硫技术	铅冶炼烟气脱硫：烟气通过活性焦吸附脱硫再生装置，通过加热使活性焦被净化。吸附饱和的活性焦靠重力流至解吸再生装置，释放出的高浓度二氧化硫混合气体送至烟气制酸装置用于生产硫酸。	有色金属冶炼	减少二氧化硫排放量，同时去除部分重金属。	源头削减 过程控制 末端循环	烟气脱硫技术

编号	技术名称	主要内容	行业	效果	技术类别	关键技术
172	纸浆无元素氯漂白技术	本技术是在满足高白度漂白纸浆产品需求的基础上,以不含元素氯的氧气、过氧化氢、二氧化氯进行的工艺技术,包括中浓氧脱木素技术、中浓压力过氧化氢漂白技术、中浓二氧化氯漂白技术。	造纸	采用本技术每吨漂白浆可减少废水排放量40%以上(约36 m³/吨浆)、减少化学需氧量产生量约50%(约50 kg/吨浆)、减少可吸附有机氯化物排放量2 kg。	源头削减 过程控制	漂白技术
173	置换蒸煮技术	通过立锅蒸煮前完成热置换,热量完全回收再用于置换蒸煮时省大量蒸汽,同时避免造成的环境污染。置换蒸煮系统包括预浸装料、初级蒸煮、冷喷蒸煮等工艺步骤。实施这技术,可以得到温度高、卡伯值波动小的浆料,同时浆料质量均匀,有利于后续清漂时减少化学药品用量,降低中段水污染负荷。	造纸	常规间歇蒸煮工艺蒸汽消耗量大,约2 t/吨浆,蒸煮后喷放时产每吨蒸汽风(废气),对环境空气造成较大污染,本技术生产每吨浆蒸汽消耗可减少到0.55~0.75 t,节约蒸汽;进入漂白工段的木素含量减少,漂白废水AOX排放量减少20%;	源头削减 过程控制	蒸煮技术
174	本色麦草浆清洁制浆技术	麦草经切断,筛选除尘后进入蒸锅,在高温环境中与蒸煮化学药品发生化学反应,绝大多数木质素及部分半纤维素被溶出的机械物理分解、氧脱木素、洗涤、筛选净化过程得到纸浆用于纸张的生产。溶出的木质素及部分半纤维素软件为废液进入资源化处理系统。	造纸	①降低纤维原料消耗10%;②提高除尘效果10%;③减少化学药品消耗5%;④降低蒸黑液消耗20%;⑤可约清水用量50%;⑥提高黑液提取率,黑液提取率>90%;⑦降低生产成本,实现废液资源化利用;⑧不产生有机卤化物(AOX)和二噁英。	源头控制 过程控制 末端循环	制浆技术
175	氧脱木素技术	氧脱木素是蒸煮脱除木素过程的延伸,蒸煮所得到的纸浆经过筛选、洗浆之后,进入氧脱木素系统,所得到的逆流滤液直接进入碱回收。主要设备有氧反应塔、刮板浓浆泵、混合器、反应器、混合器与加热器等。对木浆拓中浓浆和洗浆之后纸浆的硬度,然后通过氧脱木素降低浆的硬度,可获得较高的得率。	造纸	①提高木素脱除率;②降低纸浆卡伯值40%~50%,以满足现代型无元素氯(ECF)或全无氯漂白(TCF)的要求;③提高原料成本,降低水中AOX产生量50%~60%;⑤节约漂白化学品消耗40%~50%,减轻漂白废水污染负荷,COD排放量降低40%。	源头削减 过程控制 末端循环	木素脱除技术
176	镁碱漂白化机浆生产关键技术	对国外先进、成熟化机浆生产技术再创新,使之适应我国化机浆应用需求和生产工艺特点,利用镁碱(或直接利用氢氧化镁)部分替代烧碱和硅酸钠,用于各类漂白化机浆生产,在基本不影响成浆质量指标条件下,镁碱替代率达到30%~50%。	造纸	①降低COD产生量,吨浆COD产生量降低30%~50%;②减少悬浮物(SS)产生量,吨浆SS产生量下降15%以上;③提高制浆得率,吨浆节约水质资源约210~300 m³;④有效缓解高浓度、螺旋底料存结构问题;⑤解决碱回收法化机浆废液处理难住干扰问题。	源头控制 过程控制 末端循环	废水处理技术

续表

编号	技术名称	主要内容	行业	效果	技术类别	关键技术
177	白水循环综合利用技术	将造纸机排出的白水直接地或者经过白水回收设备回收其中的固体物料后再返回造纸机系统加以利用。该技术包括合理的生产工艺、合适的设备、智能化的DCS模拟控制系统和生产的节能优化方案几部分。根据不同产品和等多因素，综合考虑，协同利用，达到白水的高效利用。利用纸机白水代替清水，降低清水使用量和能量消耗。	造纸	①提高白水循环利用水平，降低造纸用水量10%~40%，吨纸水耗可以控制在小于10 t；②纤维填料留着率提高至95%以上；③纤维与填料节省10%~50%。	源头削减 过程控制 末端循环	废水处理技术
178	厌氧处理废水沼气利用技术	将厌氧处理所产生的沼气通过管道输送至沼气稳压柜，达到一定压力后进入沼气脱硫设备、脱硫后的沼气进入燃烧发电、净化系统净化，经过净化后的沼气副产物——沼气的综合利用，实现废水厌氧处理技术利用所带来的能源浪费和二次污染。	造纸	处理1 kg 五日生物需氧量（BOD_5）产生1 m³沼气，从而产生电1.5~1.6 kW·h。按照1 t化机浆产生五日生物需氧量50 kg计算，可发电75 kW·h；按照产生1 t废纸浆产生15 kg BOD_5计算，可发电22 kW·h左右。	末端循环	废水处理技术
179	制革和毛皮加工主要工序废水循环使用集成技术	制革和毛皮加工在水中进行，同时大量化工材料随废水排放。本技术结合清洁型化工材料和机械设备，实现制革和毛皮从浸水到铬释工序各工段的工序废水充分循环再生利用。	皮革	运用该技术可节水和减少污染物排放40%以上，分别节约脱毛剂、浸灰助剂、酸碱、铬鞣剂等化工料50%以上。	末端循环	废水循环利用技术
180	制革废毛和废渣制备制革用蛋白质白质的提取及应用填料技术	采用保毛脱毛工序产生的废毛、鞣制前产生的废渣，运用生物技术和化学方法相结合的方法进行蛋白质白质的提取和利用，制备皮革复鞣填充材料或者除醛剂等环境保护材料，实现再生利用。	皮革	回收废毛、废渣、制革固体废弃物的排放，减少了制革废液中的化学需氧量、氨氮等排放，节省了治污成本，同时将废渣、废液生产具有经济价值的材料，又实现了良好的经济效益。	固废资源化	固废资源化利用技术
181	无硫（低硫）、少灰保毛脱毛技术	采用酶脱毛/低硫脱毛技术，消除或减少制革的脱毛工艺中硫化钠和石灰的用量，同时达到良好的脱毛和胶原纤维分散效果。	皮革	该技术可以大大减少制革加工过程中产生的硫化物、废化物、化学需氧量、五日生物需氧量、氨氮、制革污泥的排放。	源头削减	脱毛技术
182	制革无氨、少氨脱灰、软化技术	传统脱灰技术是采用氯化铵的主要环节，脱灰废液中的氨氮浓度达到3000~7000 mg/L。本技术采用无氨或少氨的脱灰剂和软化剂替代传统的氯化铵、硫酸铵及含铵盐软化剂。	皮革	采用该技术替代传统脱灰技术，可使该工序氨氮产生量减少90%以上，减轻末端治理的压力，实现制革氨氮减排，同时不影响脱毛效果和产品质量。	源头削减	脱水、软化技术

续表

编号	技术名称	主要内容	行业	效果	技术类别	关键技术
183	高吸收铬鞣及其铬鞣废液资源化利用技术	①高吸收铬鞣技术：通过在铬鞣初期添加新型高吸收铬鞣助剂材料，在不影响皮革品质的前提下实现高吸收铬鞣。②废铬鞣液转化为甲酸铬和乙酸铬，沉淀物无须板框压滤可直接将其转化为甲酸铬和乙酸铬，直接回用于浸酸、铬鞣液经过源化利用；废铬鞣液经过源化调整，直接回用于浸酸工序。③废铬鞣液沉淀成铬泥，铬污泥经处理重新转化为铬鞣剂，实现再利用。	皮革	常规铬鞣方法中，三价铬的利用率为 70 %左右，高吸收铬鞣可减少铬用量 20 %以上，保持铬鞣终点 pH 在 4.2 以下，不降低皮革等级，铬鞣废液中铬含量低于 0.5 g/L。铬鞣废液资源化利用可以降低总铬排放量，同时节约盐的用量，降低废水的盐浓度。	源头削减过程控制末端循环	三价铬利用技术
184	制革准备与制革工段废液分段循环系统	分别独立收集制革过程中产生的浸水、浸灰、复灰、脱灰软化、浸酸鞣制废液。针对各废液中可有效再利用的物质（例如，浸水、石灰、硫化物、酶类、铬等）的含量和特点，加入相应的制剂，直接替代生产时的化料使用比例，不仅解决了废液直接循环生产时皮革新鲜水反复用于生产，废液增稠的难题，而且提高了皮革品质和品质代价。废液增稠的难题，而且提高了皮革品质代价。	皮革	节水减排：使制革业的主要污染工序，例如，浸灰、鞣制等工序不再产生废水，节省制革废水治理的高昂投资，同时也解决了制革废液直接循环生产时烂面循环生产次数难持久的困难，大幅削减制革废水的排放。	末端循环	废水循环利用技术
185	基于白湿皮的铬复鞣"逆转工艺"技术	开发两性无铬鞣剂和两性无铬染整助剂使无铬鞣制生产的白湿皮具有适当的吸收和固定作用。对现有复鞣染整材料具有良好的吸收和固定作用，白湿皮在复鞣染色加脂再进行复鞣，仅使制革湿工序的最后一步产生含铬废水。	皮革	采用此种工艺可大幅减少制革行业铬污染。	源头削减过程控制	生产工艺技术
186	铬鞣废水处理与资源化利用技术	将单独收集的铬鞣废水采用碱沉淀法处理，回收的铬泥经酸化、氧化处理，调整碱度，回用于皮革鞣制成复鞣、上清液用于浸酸、铬鞣。	皮革	①降低含铬废水排放量 100 %；②减少铬使用量 20 %；③节约盐用量 50 %；④减少铬危险废物处置费用；⑤降低综合污水中氯离子含量 1000~1500 mg/L。	末端循环	废水循环利用技术
187	少硫保毛脱毛及少氨无氨脱灰软化集成技术	通过控制不同化工材料对毛的作用条件，使脱毛剂主要作用于毛根而留下完整的毛，再通过循环过滤系将系统脱毛回收利用的毛，而不是脱毛回收；在脱灰软化段采用无氨化或低氨脱灰软化剂进行脱灰软化，通过采用酶辅毛脱毛技术并在护毛剂存在下的中性蛋白酶松动皮表面和毛，可进一步降低脱灰软化物的用量，硫化物减排效果更为突出。	皮革	①COD产生量降低 60 %~70 %左右；②硫化物产生量降低 50 %~80 %；③硫化氨氮产生量可降低 80 %左右。减轻末端水污染处理压力。	源头削减过程控制	生产工艺技术

续表

编号	技术名称	主要内容	行业	效果	技术类别	关键技术
188	少铬高吸收鞣制技术	主鞣采用高吸收铬鞣剂及改变鞣制条件等方法，提高铬与皮胶原的结合，铬的原吸收率可由 60 %～70 %提升至 90 %左右，铬粉的使用量由 8 %降低至 5 %，从而有效降低铬鞣废液中的总铬产生量及含铬污泥产生量。	皮革	通过提升铬的吸收率，降低鞣废液中总铬产生量及含铬污泥产生量。	源头削减过程控制	生产工艺技术
189	不浸酸高吸收鞣技术	不浸酸高吸收鞣技术包括不浸酸铬鞣剂及不浸酸鞣制技术和复鞣技术。该技术将完全避免铬鞣制过程中氯化钠等中性盐的使用，在复鞣过程中使用不浸酸铬鞣剂，可以促进其他有机复鞣剂、加脂剂和染料的吸收。	皮革	①提高鞣后吸收率 30 %～40 %，减少 40 %～50 %鞣后湿加工过程中铬的释放；②可大幅度减少制革行业中性盐和三价铬污染物，大幅度降低废水中 COD 和悬浮物等污染。	源头削减过程控制	生产工艺技术
190	制革无盐浸酸技术	传统的浸酸工序中，为了补制皮的酸膨胀，使用约 7 %～8 %次皮质量的氯化钠，氯化钠与皮浸酸工序结合，将全部随废水排放，废水中的盐污染处理难度大。本技术针对制革浸酸工序，用环保型无盐浸酸材料代替盐和浸酸，实现无盐浸酸。	皮革	采用该技术，在浸酸过程中减少 80 %～100 %的盐的用量，并能减少 10 %～20 %铬鞣剂在废水中的铬含量。	源头削减过程控制	浸酸技术
191	制革低挥发性有机化合物排放集成技术	制鞋生产的部件黏合用到大量胶黏剂，多数胶黏剂含有有机溶剂（溶剂型胶黏剂为 100 %有机溶剂），主要由头定型剂为 80 %左右的挥发性有机溶剂。本技术采用水基胶黏剂、热熔胶黏剂替代有机溶剂胶黏剂，实现制鞋部件黏合过程中低挥发性有机化合物的排放。	皮革	采用本技术可以减少低挥发性有机化合物排放 50 %以上。	源头削减过程控制	挥发性有机化合物控制技术
192	低碳低硫制糖新工艺	传统亚硫酸制糖法是以硫磺燃烧后的二氧化硫作为主要澄清剂的一种澄清工艺。该工艺的主要问题：①糖汁有色物质不能根本清除，造成产品色值高，且在储运过程中随着时间的延长，色值会继续升高，产品质量不稳定；②由于生产过程中大量硫磺的使用，产品中残留硫，影响食品安全；③提纯效果差，产品糖率低。采用低碳低硫制糖法即对工艺不但可以很好地解决以上述问题，还能减少糖厂二氧化碳和二氧化硫的排放。本技术的主要内容是采用低碳低硫制糖的亚硫酸法制糖工艺，即利用钠炉中烟道气中的二氧化碳净化提取纯的二氧化碳或酒精生产过程产生的二氧化碳，应用于甘蔗汁或糖浆的澄清过程，改造传统亚硫酸法中的部分二氧化硫，改造传统的亚硫酸法制糖工艺。	制糖	①糖产品色值可由目前 140 色值单位平均降低到 100 色值单位，降低 28 %以上，糖产品合硫磺由 20 mg/kg 降低到 10 mg/kg 以下，降低平 50 %以上，优、一级品率达到 100 %，吨糖平均售价提高 30 元。②产糖率提高 0.12 %对蔗；硫磺用量在原来（0.08 %对蔗）的基础上降低 30 %，每百吨甘蔗减少硫磺用量 24 kg，按照二氧化硫计算，减排二氧化硫 9.6 kg；按加灰量为 0.6 %对蔗计算，每百吨甘蔗减排 0.5 t 二氧化碳。	源头削减过程控制	制糖工艺

续表

编号	技术名称	主要内容	行业	效果	技术类别	关键技术
193	全自动连续煮糖技术	该技术的核心是连续煮糖罐，有立式和卧式两种类型。以立式连续煮糖罐为例，它是由多层带搅拌的结晶室至底部结晶室垂直叠加而成。糖浆在顶部排出，实现了连续化。此外，糖膏在罐内保持恒定的低液位，且有搅拌，故可采用后续蒸发罐汁汽未来煮糖，节能效果显著。	制糖	通过该技术的实施，制糖过程蒸汽消耗明显减少14%，按照一般工厂耗汽率为50%对蔗米计算，100 t甘蔗可节约0.263 MPa（绝对压力）、129 ℃的蒸汽7 t。连续煮糖循环好，加热蒸汽压力仅需0.09 MPa（绝对压力）即可满足生产需要。	源头削减 过程控制	制糖工艺
194	糖厂废水循环利用与深化处理技术	对制糖生产过程产生的废水采取"清浊分流、冷热分流、分别治理"的措施，实现废水的循环利用。该技术通过采用制糖生产过程废水的循环利用系统和制糖废水生化及深度处理技术，减少新鲜水的用量，降低废水及化学需氧量的排放。	制糖	改变企业内部各生产环节用水不合理现象，实现废水循环利用，减少了废水及化学需氧量排放量，应用该技术后，化学需氧量排放率降低39%，企业每年可节水50%；推广、企业水的循环利用率将达到90%以上。	源头削减 过程控制 末端循环	循环水处理技术
195	色谱分离技术在淀粉糖生产过程中的应用	①开发淀粉糖绿色清洁分离工程技术，设计并制造适用于多组分分离色谱系统，实现多组分的分离，可同时分离提纯结晶葡萄糖母液中葡萄糖、低聚糖和果糖，将结晶葡萄糖纯度的收率由85%提高至98%以上，原料利用率达99%以上；②对模拟移动床所用树脂进行优化选择，并对模拟移动床的树脂处理量、色谱进料浓度与温度、料水比和循环流量等运行参数进一步优化，使提取液达到技术指标要求。	制糖	实现淀粉糖生产过程中废母液中残存的有效成分的进一步分离提纯和高效利用，为淀粉糖母液的综合利用开辟一条新途径。该技术实施后淀粉糖吨产品COD产生量减少约20%。	末端循环	废液资源化技术
196	连续离交技术在淀粉糖精制过程中的应用示范	①对连续离交（ISEP）系统结构进行优化和操作控制，将离交柱串联或并联连接，树脂柱之间没有死角，可以充分发挥树脂的效能。在完成同样目标的情况下，可以显著减少树脂的用量；②对连续离交流速、连续离交过程再生液浓度等进行系统优化，以降低过程化学品和水的用量，并提高产品的收率，纯度和浓度。	制糖	连续离交技术可以有效解决传统离交技术存在的操作控制，树脂再生时间难以控制，树脂再生所需酸碱及冲洗水用量大、产生的废液量大，树脂易流失及物料品质不稳定问题。该技术的示范推广，可以显著减少树脂的用量和水、酸碱等化学品的消耗量，提高淀粉糖产品的收率，纯度和浓度，其中酸碱化学品消耗降减少30%；洗涤水消耗减少50%。	源头削减 过程控制	生产工艺集成技术

续表

编号	技术名称	主要内容	行业	技术类别	关键技术
197	甜菜干法输送技术	湿法输送是甜菜先卸入湿法甜菜容器（整条式），用 4～6 kg/cm² 压力的水通过水力冲卸器将甜菜冲卸到流送沟，在沟内菜和水靠升到甜菜输送的坡降自动流送入除草除菜机。本项技术是采用甜菜皮带输送机械将甜菜输送进入加工车间，取代现有耗水量大、废水泥砂含量大、化学需氧量浓度高的湿法输送技术。采用异形滚轮反破桥及流送水对甜菜储斗止甜菜水泥砂含量和流水的循环水利用，减少冲洗菜的循环流水量，提高特殊甜菜破损率；采用格棚式或特殊螺带式出料装置将特殊甜菜破损和流送甜菜破损的一整套自动控制装置，解决出料格塞和流送甜菜破损的调整，同时采用一整套自动控制生产设备，对各部甜菜储斗的调整，出料速适应要求运行监控并根据新生产工序要求适时调整，避免断料成超负荷。	制糖	源头减量 过程控制	物料输送技术
		采用干法输送可以解决以下问题：①消除了湿法输送的水力冲卸和甜菜输送过程对甜菜的冲击和损伤，降低蔗分损失约 0.15%；②由于采用了除土装置，甜菜带土量大大减少，提高了流送水循环利用，甜菜比由湿法输送的 1:7 可降为 1:5，节约新鲜水消耗约 30%；③降低甜菜破碎程度，甜菜在水中停留时间短，带土量少，流送水中的化学需氧量浓度和悬浮物浓度低，最终化学需氧量可减排可达 20%。			
198	铬铁碱溶氧化制铬酸钠	以冶金工业废渣（铬铁粉）和液体氢氧化钠为原料采用纯氧氧化、在热体系中实现碱性溶出、生产铬酸盐并副产铬铁系颜料。过程可充分利用自热反应，实现生产系统的连续、稳定、经济运行。有效解决了传统焙烧转容等设备庞杂、污染大、运行费用高、热能利用率较低的问题。	铬盐	源头削减 过程控制	铬酸钠制备技术
		吨产品可减排二氧化碳 4.556 t，减排二氧化硫 8 kg，减排六价铬污染物 50～120 kg；吨红矾钠能耗仅为 0.2 t 标煤。无六价铬渣排放，基本无废气、含铬废水排放；投资仅为有钙焙烧的 40% 左右。			
199	气动流化塔式连续液相氧化生产铬酸钠	以铬矿粉和烧碱（NaOH）为原料，利用专利设备气动流化塔、加压塔生产，清洁生产，实现连续、环保、经济运行。用加压塔代用钾碱。用加压塔代采用丁钾系亚塔法只能采用钾碱为原料生产铬酸钾，解决了同碱生产铬酸钾，不能直接生产铬酸钠及同碱生产等问题。	铬盐	源头削减 过程控制	铬酸钠制备技术
		生产强度提高 50%，能耗降低 50% 以上，投资降低 30% 以上。矿耗为 1.05 t/t 红矾钠，铬收率 98% 以上，碱循环使用，少量补充。排渣量为 0.5 t/t 红矾钠，生产中六价铬含量很低，日渣中六价铬废渣 1500～2000 元/t。吨产品减排二氧化碳 3.64 t，减排含铬废渣 2.3 t，减排二氧化碳 3.64 t，减排含铬废渣 2.3 t，减排六价铬污染物 50 kg，节省标准煤 1.3 t。			
200	碳化法生产红矾钠技术	采用工业窑炉尾气中二氧化碳（体积含量 20%～60%）应用于铬酸钠碳化法生产红矾钠，在前端无钙焙烧工艺基础上，用回收工业窑炉尾气中的二氧化碳代替目前传统工艺中的硫酸进行铬酸钠酸化生产红矾钠。	铬盐	源头减量 过程控制	重铬酸钠制备技术
		铬酸钠碳化率达到 95% 以上，避免使用硫酸，吨红矾钠纯碱消耗降至 350 kg，减排二氧化碳 500 kg，减排二氧化硫 3.76 kg，生产成本降低 20%。采用该技术吨产品可减排二氧化碳 0.5 t，二氧化硫 0.55 t，纯碱 0.55 t。			

续表

编号	技术名称	主要内容	行业	效果	技术类别	关键技术
201	钾系亚铬盐液相氧化法	采用湿法磨矿和液相氧化清洁生产工艺，不使用干磨和高温煅烧转窑，解决了传统焙烧法转窑等设备庞杂、热能利用率较差、污染大的问题。运用亚铬盐非常规小质介质反应体系，建立高效-清洁转化铬矿资源的亚铬盐拟均相原子经济反应/分离新过程，取代传统高温窑炉工艺，能耗下降20%。主反应温度由老工艺1200℃降至300℃。能耗下降20%。氧化焙清洁生产成本比传统工艺下降10%左右，从生产源头消除了铬渣、含铬粉尘污染	铬盐	铬回收率提高20%，铬收率为98%，矿耗为1.05 t/t（以红钒钠计），钾碱介质循环再生，少量芒硝。排渣为0.5 t/t（以红钒钠计），渣中总铬小于1%（以红钒钠计），较有钙焙烧的4%~5%，无钙焙烧的4%大大降低；水溶六价铬≤0.05%，副产品用于生产脱硫剂。无钙铬芒硝产生。吨产品可减排二氧化碳3.6 t，减排二氧化硫8 kg，减排二氧化碳447 kg，减排含铬废渣2.5~3.0 t，减排六价钙污染物50 kg	源头削减 过程控制	重铬酸钠制备技术
202	无钙焙烧技术	不添加石灰石、白云石，仅添加少量填料。无钙焙烧技术是指在生产过程中不添加含钙辅料，使得其焙烧物性与有钙铬渣迥异，进而使得渣的物性得到极大的改善，渣中无水泥组成物，无含六价铬溶化物，无会六价铬致密熟铬酸钙，排渣量大幅减少，无钙铬渣全部为冶铁基合金，实现铬渣零排放。低品位氧化铬(C_2O_3 40%)铬铁可利用，从而有效地解决了铬盐生产的清渣问题	铬盐	吨红钒钠铬渣由传统工艺的1.5~2.8 t降低0.65~0.8 t；渣中水溶六价铬含量降低90%，铬渣可全部为炼铬基合金，实现铬渣零排放，吨红钒钠铬耗(Cr_2O_3 50%计)由1.30 t降至0.95 t。碱耗1.15 t，碱耗0.9 t，酸耗（硫酸92.5%计）由0.49 t降至0.25 t，综合能耗降低10%；吨产品收率达到95.2%，生产二氧化碳1.12 t，减排含铬废渣1~2 t，节二氧化碳0.4 t	源头削减 过程控制	焙烧技术
203	氯化法钛白粉生产技术	①氯化法是采用含钛的原料，如天然红石石、入造金红石或氯化高钛渣等与氯气反应生成四氯化钛，经精馏提纯钛白，然后进行气相氧化、氧化，在速冷后经过分冷得到钛白粉，后处理等工段；②沸腾氯化是将固体颗粒悬浮起来进行氯化反应，关键设备是氯化炉；③研发大型（产能不小于6万t/a）氯化钛白粉集成技术发展；④开发适合国产钛矿钛的流化床氯化法技术，引领行业氯化法技术；⑤改进氯化炉结构，提高氯化率和产品质量；⑥改进正压末采用四氯化钛旋风收尘器——喷雾洗涤，提高氯化效率，提高洗涤效率；⑧完善沸腾氯化工艺和装置大型化，国产化，提高控制水平，实现减排技术；⑨采用沸腾氯化技术，实现减少废盐酸盐0.15 t/t产品	钛白粉	①打破国外对沸腾氯化技术的垄断和封锁，尽快提升国内氯化法钛白粉生产能力（发展大型化，可有效减少污染物的产生和排放）；②实现可持续发展；③解决氯化尾气和氯化盐气收集净化技术，可有效避免生产过程中有害废气污染物排放；④解决高钛渣资源利用率，实现有钙废渣的综合利用；⑤优化钛白粉生产标准化铬渣排放0.15 t/t产品；⑥每吨钛白粉节约标准煤0.43 t，减少废渣1.6 t，减少有害废气排放2000 m³，节水50 m³，节约钛精矿0.24 t，较铬盐代替法技术减少废盐盐排放量0.15 t	源头削减 过程控制	钛白粉生产技术

续表

编号	技术名称	主要内容	行业	效果	技术类别	关键技术
204	连续酸解技术	钛矿连续酸解技术：酸解过程控制利用调节，确保指标的稳定可控，酸、矿反应连续日放热均衡，反应平衡达到，酸解尾气生成均匀，瞬时气生成量小（0.5万~0.8万标准立方米/h），而传统间歇法瞬时量大（3万~4万标准立方米/h）；钛渣连续酸解技术：酸解浆料补料热模式研究，包活酸解浆料补热介质，酸解浆料补热模式及酸解装置及反应器，溶出装置等设备材质研究，钛渣连续酸解工艺研究、装置设计与开发。	钛白粉	①酸解反应连续、稳定，单位时间内产生的酸解尾气量较小，尾带的酸雾量小，可确保酸解尾气达标排放；②提高高废酸浓缩后实现废酸闭路循环，解决废渣处理难题；③钛渣连续酸解产生硫酸亚铁，并可降低优势外，可减少或不产生硫酸亚铁，实现钛渣连续酸解后节能减排效果：节能二吨钛白粉产生30%~45%，吨钛白粉产生清洁生产，吨钛白粉产生如下节能减排效果：节蒸汽耗量约0.024 t，节约水约16 m³，削减二约标准煤约0.028 t，氧化硫排放量0.028 t。	源头削减 过程控制	钛白粉生产技术
205	余热浓缩废酸技术	利用联产硫酸与钛白粉生产过程产生的余将硫酸钛白粉产生的特征污染物浓缩净化，废酸浓度可由3%~20%提高到60%左右。热能利用：①制酸系统高中低余热利用；②工业汽机发电；③制酸系统和硫酸浓液浓缩成可再利用的衡。废副处理适用技术：①废酸浓缩或硫酸精或硫酸镁；②焚硫炉设计和控制，除尘系统和设备设计和控制：②焚硫炉设计和控制；④热平衡设计和控制；④炉渣综合利用技术回收利用过程控制；⑤废酸回用技术。	钛白粉	①变废为宝，合理利用硫酸法钛白粉产生的废硫酸，每吨钛白粉产生中产生的6t浓度为20%的稀硫酸加工成2t浓度为60%的浓缩净化酸；②降低钛白粉产生过程中硫酸的消耗，使每吨钛白粉的硫酸消耗在3.5 t以下。	末端循环	节能及废酸回收处理技术
206	硫钛联产节能和废副处理技术	硫酸浓缩渣（主要含硫酸亚铁）处理比较困难，产出浓缩渣和硫酸精砂或硫酸镁钙，投入硫酸焚硫炉原料——铁精粉，变废为宝。硫酸法钛白粉生产的硫酸亚铁量非常巨大。将硫酸法钛白粉产生的硫酸亚铁结晶工序产生的硫酸亚铁按一定比例掺入焚硫炉中，生产硫酸和铁精粉，解决硫酸亚铁市场问题；将稀废酸通过预处理加入硫酸吸收系统制成高浓度硫酸，节浓缩成本。	钛白粉	每吨硫酸法钛白粉产生5~6t稀酸，废酸浓缩后产生1t主要含硫酸亚铁的废渣，碱性物质中和后产生，每吨废渣需消耗石灰400 kg，中和后处理处置难，使用本技术，将废渣和硫酸精或硫酸精钙，加入硫酸系统的焚硫炉，废渣转化成硫酸和铁精粉，既解决环保问题又节约资源。	过程控制 末端循环	节能及废酸回收处理技术

续表

编号	技术名称	主要内容	行业	效果	技术类别	关键技术
207	酸解黑渣回收利用技术	采用酸解残渣浮选钛矿技术包括将含二氧化钛（TiO₂）20%、三价铁（Fe³⁺）10%、硫酸（H₂SO₄）5%及杂质质的酸解残渣制浆分散后，加入浮选剂，而后通过选矿机，实现重质钛矿与废渣的分离，然后将所得的重质钛矿用干燥设备进行干燥，根据所得钛矿产地不同，对产选产品利用磁选设备进行磁选，进一步提高所选矿的品位；钛含量达到40%~50%；所得到的钛矿按5%~10%的比例与新矿一起进行干粉碎或单独粉碎后再进行混配，按照优化的工艺条件，使反应后的最高温度达到180℃以上进行酸解反应；由于回收的钛矿存在部分细粒子，酸解后难以实现钛液的净化，采用耐酸的过滤技术，达到钛液的净化，使净化后的钛液固含量小于30 mg/L以下，达到酸解分离，酸解渣得到充分利用。生产能够顺利脱水处理后与浓硫酸混合打浆，控制一定的酸渣比，送入酸解锅，用蒸汽引发反应。酸解液与浓硫酸液按一定比例混合再次沉降，分离后的泥渣送达沉淀过水站处理。	钛白粉	①利用降低残渣中游离硫酸利回收硫酸氧钛，将钛白粉酸解率提高1.5%，减少酸性废水对分散设备的腐蚀；②提高了钛资源利用率，将钛白粉的堆存环境问题0.50~0.6t；③提高了钛资源利用固体废弃物的堆存环境问题，每吨钛白粉的原子利用率提高4%以上，每吨钛白粉回收率提高3%，黑渣中钛回收利用率达到85%以上，生产每吨产品可回收钛矿约0.09t。	末端循环	废矿渣资源化技术
208	钛白副产石膏综合利用技术	①利用水洗低浓度废膏与石灰中和生产石膏；②利用"免煅烧脱硫石膏干粉砂浆技术"去除了传统生产工艺中的锻烧加工环节，直接采用二水脱硫石膏干粉砂浆，生产二水硫酸钙（CaSO₄·2H₂O），除去结晶水，变成β半水石膏，加压将β半水石膏转成α半水石膏以提高材料强度。	钛白粉	可消耗我国钛白粉生产中所产生的所有红、黄化学石膏副产品，达到物料零排放。生产工艺简化，生全行业清洁生产发展模式。硫酸法钛白粉生产工艺中产生的削磷废余热，将二般每吨生产1t钛白粉便产生的2~4t石膏。	末端循环	废矿渣资源化技术
209	磷钛联产技术	硫酸法钛白粉产生大量稀酸废水，稀酸回收利用，一般需要浓缩，耗费大量热能，处理成本高并产生较多中污泥，例如，石灰或电石渣处理，将处理废水浓缩，除去杂质后用于湿法磷酸生产工序。通过与湿法磷酸配酸达到50%以上浓度，除去杂质后用于"磷酸"的预处理工序。本技术包括：稀酸废酸和浓硫酸的配酸除杂工艺、设备设计、湿法磷酸操作参数，磷矿的预处理工艺流程、操作参数和设备选型。	钛白粉	节约了浓缩废酸所需能源，减少了硫酸消耗和酸性废水的处理费用。生产每吨硫酸法钛白粉使用天然酸性钛白废酸5t，节约浓缩废酸用石灰0.38t，可消化钛白稀废酸200 m³，减少酸性废水处理污泥1.75t。	末端循环	废酸资源化利用技术

续表

编号	技术名称	主要内容	行业	效果	技术类别	关键技术
210	钛白副产硫酸亚铁综合利用技术	采用硫酸亚铁提取技术和硫酸亚铁多用途综合利用技术。提取副产物硫酸亚铁并综合利用为有经济价值的产品：采用真空结晶技术分离出硫酸亚铁晶品、磁性材料、水处理产品、铁系颜料、水处理剂和饲料的原料。	钛白粉	硫酸法钛白粉生产工艺中每生产1 t钛白粉便产生1.5 t硫酸亚铁，令此种大量的固体变废为宝，合理利用废物解决了堆存环境问题，生产铁系颜料60万t，便可消耗亚铁120万t。	源头削减 过程控制	硫酸亚铁利用技术
211	溶剂型涂料全密闭式一体化生产技术	全密闭式一体化生产工艺就是采用密闭的拌和、密闭的管道、密闭的研磨、密闭的调漆、密闭的包装设备和工艺等。生产工艺：拌和配料→混料→分散→调漆→包装→成品。	涂料	解决粉料管道输送和计量问题，可减少排放粉尘和挥发性溶剂2%~3%，每吨涂料可减少有机溶剂排放量20~30 kg。	源头削减 过程控制	输送和计量技术
212	水性桥梁涂料清洁生产技术	采用耐候性等性能优异的水性树脂代替溶剂型树脂，生产工艺同一般水性涂料。减少生产、运输、使用及使用后环境的危害。	涂料	减少有机溶剂用量70%~80%，提高了桥梁涂料的清洁生产水平。每吨涂料可减少有机溶剂排放量约200 kg。	源头削减 过程控制	水性涂料生产技术
213	水性汽车涂料清洁生产技术	采用优异的水性树脂代替溶剂型树脂，电泳漆、中涂漆、面漆全部水性化，用水代替有机溶剂。生产工艺同一般水性涂料。	涂料	减少有机溶剂用量60%~70%，提高了汽车涂料的清洁生产水平，每吨涂料可减少有机溶剂排放量200 kg。	源头削减 过程控制	水性涂料生产技术
214	水性集装箱涂料清洁生产技术	采用耐磨性、耐溶剂性等性能优异的水性树脂代替溶剂型树脂，用水代替有机溶剂。生产工艺同一般水性涂料。	涂料	减少有机溶剂用量70%~80%，减少了对海洋的污染，每吨涂料可减少有机溶剂排放量约200 kg。	源头削减 过程控制	水性涂料生产技术
215	光固化涂料清洁生产技术	光固化涂料以紫外光固化技术为基础。生产工艺类似于一般溶剂型涂料，原料主要由光敏树脂、光引发剂和活性稀释剂组成。	涂料	该产品100%固化，无VOC排放，干燥速度快。吨涂料可减少有机溶剂排放量约300 kg。	源头削减 过程控制	水性涂料生产技术
216	水性木器涂料清洁生产技术	水性木器涂料以水取代溶剂型木器涂料的有机溶剂，其他能基本达到溶剂型涂料的要求，生产工艺同一般水性涂料。	涂料	减少有机溶剂用量60%~70%，每吨涂料可减少有机溶剂排放量500 kg。	源头削减 过程控制	水性涂料生产技术
217	涂料用氨基树脂清洁生产技术	通过对氨基树脂废水中的各组分进行提纯，然后针对各组分的不同用途，进行后续处理。废水处理工艺：沉降过滤、沉降处理，再精馏、再精馏，最后沉降。	涂料	整个处理过程可减少废水排放量的50%，每吨树脂可减少化学需氧量（COD）约0.6 t。	源头削减 过程控制	废水处理技术

续表

编号	技术名称	主要内容	行业	效果	技术类别	关键技术
218	黄磷尾气深度净化及利用技术	充分利用黄磷尾气中的一氧化碳价值，解决了黄磷尾气直接排燃烧、浪费能源、污染环境的问题。利用优先催化氧化净化黄磷尾气自主研发的"选择性优先催化氧化净化黄磷尾气脱磷工艺"，解决了黄磷尾气质问题。经处理尾气过程中硫磷相互影响不能有效脱除各种有害杂质的问题。经处理尾气达到深度净化、提纯，使尾气中硫磷氟砷等杂质含量均≤0.1 mg 每标准立方米，达到可用于生产高纯加值碳一化学品。	黄磷	净化前后尾气中有害杂质含量对比值为：磷化氢（PH₃）800/<0.1 mg 每标准立方米，硫化物1000/<0.1 mg 每标准立方米，砷化物10/<0.05 mg 每标准立方米，氟化物175/0 mg 每标准立方米。净化成本≤0.15 元/m³，较煤制气生产成本（价格较0.8 元/m³）降低≥0.65 元/m³。每吨黄磷减排粉尘1.43 kg，二氧化碳2.75 t，二氧化硫3.3 kg，磷化物1.43 kg，氟化物0.3 kg，砷化物0.017 kg。	末端循环	废气处理技术
219	黄磷电炉干法除尘替代湿法除尘技术	解决湿法除尘泥磷量大，含磷污水量大，处理设备庞大，运行费用高的问题。黄磷出口处安装静电除尘器，使炉气干法除尘去粉尘，冷凝回收率较低和干法除尘使炉气含冷凝前预先除去粉尘，冷凝回收率及黄磷质量，软件了部分设备，提高了磷回收率及黄磷质量，可解决国产电炉只能湿法除尘，不能干法除尘的问题。	黄磷	可除去电炉中98%以上的粉尘；磷回收率提高10%；有效利用尾气显热，产生蒸气，降低生产所用蒸气，吨产品可节电近干度，节水30 m³；节焦0.2 t/t 黄磷，减少水泥添加量0.2 t/t 黄磷，除杂的工艺及相关费用。磷炉运行费用降低1000 元/t 黄磷，折可省标准煤300 kg/t 黄磷。电除尘灰还可用作微肥。	末端循环	除尘技术
220	热熔磷渣生产微晶石技术	解决熔融磷渣直接水淬，热量不能利用，耗水量大，污染环境等系列问题。本项技术充分利用黄磷电炉中排渣高位热能，并利用磷渣生产微晶石，从而达到减少了水耗，能耗，节约了能源，减少了对环境的污染，同时企业经济效益增加。	黄磷	由于磷渣出渣日出渣时间短，热能利用率仍较低。目前尚存工程化的多种问题需解决。如热能利用较好，可实现节能0.5 t标准煤（t黄磷左右。减排二氧化碳2.3 t，减排二氧化碳0.02 t。	末端循环	磷渣资源化利用技术
221	尾气经处理后用于生产甲酸钠、甲酸	充分利用黄磷尾气中一氧化碳的价值，解决环境中的问题。黄磷尾气经初步净化后，进入合成反应器与高压泵供给综合的氢氧化钠溶液压缩至1.8～2.0 MPa进入合成器，经一氧化碳和氢氧化钠溶液混合，预热后进入合成器。出合成器的甲酸钠溶液再生干燥成产品。	黄磷	利用尾气生产甲酸钠可降低黄磷生产成本1500～2000 元/t 黄磷。每吨黄磷可减排二氧化碳2.75 t，粉尘1.43 kg，二氧化硫3.3 kg，磷化物1.43 kg，氟化物0.3 kg，砷化物0.017 kg。	末端循环	尾气资源利用技术
222	黄磷尾气综合利用技术	主要包括自动抽气及输送系统、燃气蒸发器，燃气净化及深加工利用。	黄磷	解决煤气综合利用水平低的问题，实现黄磷尾气净化及利用。减少碳排放。	末端循环	黄磷尾气综合利用技术

续表

编号	技术名称	主要内容	行业	效果	技术类别	关键技术
223	黄磷尾气治理及综合利用技术	采用干法除尘、湿法除尘等技术处理炉气。处理炉气采用自动抽取气及输送利用。	黄磷	有效降低粉尘排放，解决煤气综合利用水平低问题。	末端循环	黄磷尾气综合利用技术
224	尾气代煤作燃料	利用黄磷尾气中一氧化碳作燃料，节约能源，污染环境、浪费能源问题。利用黄磷尾气替代燃煤用作锅炉或成生产蒸汽的热源。该技术可产生下游产品的热源。化处理，才能使燃烧炉后达标排放。	黄磷	预处理后的尾气综合利用，实现尾气综合利用，降低黄磷生产成本。每吨黄磷生产成本降低1300～1400元，每吨黄磷可减排二氧化碳0.04t。	末端循环	尾气资源化利用技术
225	回转炉烟气余热综合利用技术	在回转炉尾气出口处安装余热锅炉，产生蒸汽供工艺使用，节能、减污，企业增效。	碳酸钡	回转炉烟气出口温度500℃左右，显热未能得到利用，同时对辅助设备运行损害较大，通过增加余热锅炉，利用了余热，节约了能源。采用本技术每吨碳酸钡可节省标准煤0.7t。	末端循环	余热利用技术
226	回转炉静电除尘技术	为解决除尘安全问题，在回转炉尾气余热发生器在还原性气氛下采用电除尘排放。确保烟气锅炉余热回收装置的出口处加装静电除尘器，使炉尾气进入脱硫装置前预先除去粉尘，提高了原料回收率，降低碳酸钡生产能耗。	碳酸钡	除去转炉烟气中98%以上的粉尘，大大减少了烟气中粉尘排放量，降低了脱硫装置的运行负荷，提高脱硫效率。每吨碳酸钡脱硫烟尘2.5kg。	末端循环	静电除尘技术
227	热风闪蒸干燥系统替代回转炉烘干炉	利用热风炉燃煤产生等热风与物料接触，烘干后形成碳酸钡成品，热利用效率高，能耗比回转炉烘干炉低。	碳酸钡	产品质量稳定，每吨碳酸钡可节省标准煤0.01t，废水产生量降低2t，二氧化硫排放量减少0.85kg。	源头削减　过程控制	烘干技术
228	低汞生产工艺	传统的生产工艺存在真空度低、杂质气体偏多等问题，通过该技术可提高灯管的真空度，改善阴极材料的激发特性，在保证正灯管激发特性的同时尽可能减少灯管中的汞使用量。在现用气态灯技术的基础上，通过设备改造，改进一氧化碳等气体的真空度，氧、氢、一氧化碳和氢化合物等气体的含量，降低氢蒸气，获得适合灯管设计的汞蒸气，改善阴极的活性灯管的性能。	荧光灯	削减生产过程中的汞使用和汞排放，达到低汞化的目的，同时提高光效，延长产品的寿命，可实现30W以下节能灯支汞含量低于1.5mg，30W以上节能灯支汞含量低于2.5mg。	源头削减　过程控制	低汞生产工艺
229	荧光灯用高性能固汞生产工艺	荧光灯用固汞，是汞与其他金属形成态存在。是汞在常温下以固态合金的形式固存在。通过生产单颗固态的均匀固混合物形成的均匀固态合金，使其含汞量（精密度）达到20%以内的高含汞量性能固态，未实现灯的性能要求，降低材料成本。	荧光灯	该技术实现了固汞颗粒的重量均一性，提高了微量汞（即汞合金）的性能，在降低国家对微量汞含量的同时，保证产品单支灯中汞含量低，微量汞荧光灯的启动特性合格，并满足各类型荧光灯产品性能和能耗要求。	源头削减　过程控制	低汞生产工艺

续表

编号	技术名称	主要内容	行业	效果	技术类别	关键技术
230	固汞为原料的生产工艺	为解决汞为原料的生产工艺中存在的汞入量不易控制、生产过程中汞排放量大等问题，采用固态汞为原料制备过程中与其他金属混合成汞工艺。金属汞已经在原料制备过程中与置入汞齐中的过程，注汞过程即为向灯管固定。相对于使用液汞，灯的含量已经固定，易于精准控制灯管中的含汞量，利于减少产品中的汞含量并大幅削减生产过程中的汞排放量。	荧光灯	在生产过程中向环境排放的汞可以控制在0.5 mg/支以下，同时，在制备汞齐时单颗汞齐中的汞含量易于控制且相对固定，更有利于实现灯管的低汞化要求。相对于使用液汞，节能灯的汞排放量可从3 mg/支削减至0.2 mg/支，其他类型荧光灯从15 mg/支削减至0.5 mg/支。	源头削减、过程控制	低汞生产工艺
231	荧光灯灯管纳米保护膜涂敷技术	传统的生产工艺没有涂敷保护膜，加速了灯管中汞原子向玻璃中的扩散。在荧光粉涂敷之前，采用喷涂纳米涂料（如氧化铝、氧化钛等）悬浮液作为保护膜，以保证涂层具有最佳有效的厚度值和均一性。	荧光灯	防止玻璃管中钠离子向放电空间的扩散和汞原子向玻璃管内部的扩散，降低燃点燃过程中的汞消耗、减少汞的用量。同时避免了灯管黑点的产生，提高灯管光通量维持率，单支荧光灯中的汞消耗量可减少约40%。	源头削减、过程控制	低汞生产工艺
232	水泥窑氮氧化	该技术采用新型结构，增加燃烧器风道，最内层风净风出口处装有可调换、角度不同可调换的旋流器，最外层从流净风层风端部装有一组可调换的环形喷嘴口。利用该技术降低火焰燃烧过程中的温度不均匀性，控制热力氮氧化物局部的高温而大量形成，减少氮氧化物的形成量。	建材	与传统工艺技术相比，该技术通过增加低氮燃烧器，使一次风量仅占燃烧空气量的8%～10%左右，实现能耗降低1%～3%，NOx削减效率可达5%～10%，可实现每吨熟料减排氨氧化物约1.2 kg（按排放浓度≤500 mg/立方米考虑）。	源头削减、过程控制	废气污染控制技术
234	分解炉分级燃烧技术	分解炉采用助燃空气分级或燃料分级燃烧技术，利用助燃风的分级燃料分级加入，降低分解炉内燃烧过程中NOx的形成，并通过过燃烧过程还原炉内的NOx，从而实现NOx减排。	建材	与原有工艺技术相比，该技术通过对分解炉燃烧方式的改进，实现在分解炉内燃烧过程中降低NOx的形成，NOx削减效率可达10%～30%左右。	源头削减、过程控制	燃烧技术
235	选择性非催化还原脱硝技术（SNCR）	设立氨水或尿素溶解液输送泵站。氨水或尿素溶解液经过滤后，经加压送入流量调节阀和流量计，经计量的溶液进入喷嘴，在喷嘴内压缩空气混合，雾化后在分解炉内的中下部（约850～1050℃）喷入，在有部分氧存在的条件下，发生定向还原反应，实现NOx减排。	建材	该技术通过在分解炉的中下部喷入氨水或尿素溶解液，与分解炉内烟气混合将其还原成氮气和水，大幅度地削减NOx的排放，NOx削减效率可达30%～50%。	末端循环、过程控制	脱硝技术

续表

编号	技术名称	主要内容	行业	效果	技术类别	关键技术
236	水泥窑协同处置生活垃圾技术	对垃圾进行预处理，预处理后的垃圾作为可替代燃料或其分解利用各种垃圾焚烧炉（包括气化炉）焚烧产生的气体（含有热量、飞灰）及灰渣，将其直接用于水泥新型干法工艺，吸收在焚烧垃圾处理过程中产生的二噁英等有害酸性物质，大幅度削减有害气质产生。同时焚烧产生的灰渣作为原料，煅烧进入水泥熟料中。	建材	利用水泥生产线协同处置垃圾，其投资比建一套同等处理规模的垃圾焚烧发电厂投资低。可实现吨熟料处置垃圾平均约80 kg，吨产品节约10.9 kg标准煤，吨产品减排CO_2约27.3 kg，吨产品减排SO_2约1.5 kg。	末端循环	生活垃圾资源化技术
237	水泥窑协同处置污泥化技术	利用水泥窑生产产生的余热干化污泥（直接干化技术或间接干化技术，将含水80%的污泥干燥至含水30%～40%），之后送入水泥窑焚烧。焚烧污泥过程产生的二噁英等有害气质，经水泥窑部分原料分解炉、预热器和生料磨系统的吸收处理后，大幅度削减。污泥中的重金属随焚烧灰渣作为原料煅烧进入煅烧进入水泥熟料而达到固化。	建材	减少城市污水处理厂污泥填埋对地下水及对城市环境的污染，是解决当前城市污泥污染的有效途径。可实现吨熟料处置污泥（干化）平均约100 kg，吨产品节约9.7 kg标准煤，吨产品减排CO_2约24.3 kg，吨产品减排SO_2约1.4 kg，吨产品减排NO_x约0.2 kg。	末端循环	生活污泥资源化技术
238	水泥窑降低氮氧化物技术	在保持窑炉系统不变的情况下，采用低氮燃烧器、通过分级燃烧分解炉、选择性非催化还原（SNCR）系统等低氮氧化物的排放，大大降低氮氧化物排放。	建材	使脱硝率达到60%以上，氮氧化物排放浓度降低到400 mg每标准立方米以下，氨逃逸指标小于10 mg/L。	过程控制	氮氧化物处理技术
239	水泥窑协同处置工业废物技术	①将工业废塑料、废橡胶、废皮革、酿造废渣等破碎、调配，替代部分燃料或原料窑尾烟室焚烧；②将工业废酸渣、废碱液、矿物油等调配，计量预处理后入窑头焚烧，有机溶剂（废弃农药）、乳化液、实现替代部分燃料替代；③将危险废物送入窑炉1100 ℃以上处置或部分焚烧，达到彻底焚烧效果的目的区域焚烧（窑尾烟室等）。	建材	与专业焚烧装置相比，在处置物类别范围内具有更低的建设投资（低约60%），更经济的运行成本（低约40%），更少的污染物排放。更高的热资源利用效率。实现吨熟料处置工业废物平均约50 kg，吨产品节约标准煤约6.1 kg，吨产品减排CO_2约15.3 kg，吨产品减排SO_2约0.9 kg。	末端循环	工业废物资源化技术
240	浮法玻璃窑炉零号喷枪全氧助燃技术	该技术应用全氧助燃系统，并调整生产线工艺参数，包括全氧燃烧系统配套技术及装备、管路和控制系统。	建材	利用全氧助燃系统，改善窑炉热效率，改善玻璃质量，烟气氮氧化物量大减少，烟尘减少10%～15%，粉尘减少20%。	源头削减过程控制	燃烧技术

续表

编号	技术名称	主要内容	行业	效果	技术类别	关键技术
241	窑炉烟气脱硫脱硝除尘发电一体化系统	该技术从回收烟气余热，再经选择性催化还原（SCR）脱硝脱硫烟气经余热利用后，经循环半干法烟气脱硫（RSD），脱硫烟气进入布袋除尘器除尘。	建材	二氧化硫去除率可达70%；烟尘含量小于50 mg 每标准立方米，脱硝效率在85%以上，氮氧化物浓度低于600 mg 每标准立方米。	末端循环	烟气处理技术
242	大型高效低阻袋除尘器	通过合理的气流分布设计、高性能、低阻力过滤材料的选用、高温度的清灰措施、卸灰控制及优化的除尘器本体设计，达到最优的布袋除尘效果。	建材	通过采取高效低阻袋除尘器技术，达到最好的改造效果。粉尘排放浓度可以控制在30 mg 每标准立方米以下。	末端循环	除尘技术
243	电除尘器改造成高效低阻袋除尘器技术	利用现有电除尘器壳体等空间，在电除尘器内部空间，通过优化组合、布置适当的滤袋，利用多孔袋状过滤元件从含尘气体中捕集粉尘。	建材	将电除尘器改造成高效低阻袋除尘器，以达到最好的改造效果。粉尘的排放浓度可以控制在30 mg 每标准立方米以下。	末端循环	除尘技术
244	水泥窑耐火材料使用无铬耐火材料（砖）技术	为消除由含铬耐火材料六价铬残留引起的环境污染风险，采用无铬镁铁（或镁铝，镁铁）复合尖晶石砖替代目前水泥行业常用的镁铬质耐火材料（砖），实现水泥窑衬使用无铬碱性耐火材料（砖）替代含铬耐火材料（砖）。	建材	可延长水泥窑衬使用寿命，提高窑的运转率约10%~20%，按每条窑高温带平均使用耐火材料约200 t 计，约60%使用镁铬质耐火材料，则平均每台窑可使用约120t。	源头削减 过程控制	水泥窑技术
245	三价铬镀铬	在镀铬铬液中用三价铬（Cr^{3+}）替代铬酐（Cr^{6+}）进行电镀铬的技术。	电镀	消除镀铬过程中六价铬（Cr^{6+}）的使用，每平方米铬镀层产生的废水中可减少六价铬排放量55.4 g，减少含铬污泥278 g；由于电流效率提高，可节能源耗降30%。	源头削减 过程控制	电镀技术
246	无氰预镀铜	利用非氰化物的铬合物和铜盐组成无氰铜液，满足一般质量要求的技术。该技术不增加处理成本，废水容易处理；废水不涉REACH法规关注物质（SVHC）。	电镀	通过采用无氰预镀铜溶液在钢铁件上预镀铜，可以避免无氰化物的使用。采用该技术替代氰化物预镀铜，每平方米镀铜可减少氰化物消耗量0.34 g。	源头削减 过程控制	电镀技术
247	激光熔覆技术	本技术是利用大功率激光束聚集能量将预制粉末熔覆到油缸上，再通过机械加工成成品。是指以不同的涂层材料，在被涂覆基体表面上放置选择一薄层同时熔化，并快速凝固后成合金的表面涂层。	电镀	本技术替代传统的油缸镀铬，从根本上消除了六价铬的使用，避免了镀铬过程中产生的铬雾。采用该技术每平方米覆盖层可减少六价铬排放量55.4 g，减少含铬污泥278 g。	源头削减 过程控制	涂镀层技术
248	钨基合金镀层	电沉积钨基系列合金或纳米晶态合金镀层是一种电沉积钨基系列非晶态合金或纳米晶合金镀层的技术，以硫酸亚铁、硫酸钴、硫酸镍、钨酸钠为主要原料，电沉积出钨基系列非晶态合金或纳米晶合金镀层。	电镀	本技术主要是通过使用钨基合金镀层替代合金非晶态镀层，消除了六价铬镀层污染或纳米晶合金镀层，采用该技术每平方米镀盖可减少六价铬排放量55.4 g，减少含铬污泥278 g。	源头削减 过程控制	涂镀层技术

续表

编号	技术名称	主要内容	行业	效果	技术类别	关键技术
249	非氰化物镀金技术	本技术是指采用"一水合柠檬酸一钾二(丙二腈合金(I)"等不含有氰化物的镀金材料进行镀金工艺中避免氰化物的使用。	电镀	实现了有毒物质源头替代，减少氰化物使用和污染物排放。通过该技术的应用，逐步替代氰化金盐。减少氰化物的使用。采用该技术每平方米镀金层可减少氰化物排放量0.34 g。	源头削减过程控制	电镀技术
250	无铅无镉化学镀镍技术	本技术是通过自催化反应，使溶液中的还原剂将镍离子在被镀基材表面利用化学还原作用而进行的金属沉积过程，在生产过程中不使用含铅、镉等有毒有害金属的添加剂。	电镀	本技术通过使用环保型化学镀镍生产中使用含铅、镉等重金属的添加剂问题，消除了含铅、镉等重金属物对环境的影响。采用该技术化学镀镍可减少铅、镉使用量1~2 mg/L。	源头削减过程控制	化学镀技术
251	镀铬溶液净化回用	本技术采用高强度、选择性高分子材料对镀硬铬溶液进行净化处理，清除其中的铜、镍、铁等多种有害金属杂质，净化后的铬镀液可直接全部回用于镀铬槽，循环使用的目的。	电镀	镀铬液回用率达到90%以上，提高槽液寿命周期，可实现全自动操作。节约铬酸酐的消耗量，减少各铬废水产生和排放的。	末端循环	电镀技术
252	非六价铬转化膜	本技术是指采用三价铬钝化无铬钝化剂替代六价铬进行锌镀层钝化处理技术。该技术在钝化剂中加入了其他金属及化合物，提高了三价铬的防腐蚀能力和耐蚀性。	电镀	本技术主要使用三价铬或无铬钝化剂代六价铬，避免使用六价铬，消除六价铬污染问题。采用该技术每平方米锌镀层产生废水中可减少六价铬18.3 g。	源头削减过程控制	电镀技术
253	电石炉气生产甲醇、二甲醚等化工产品技术	充分利用电石炉气中的一氧化碳，解决了一氧化碳燃烧等单一选择，电石炉气通过除尘干法除尘净化后，利用一氧化碳作为生产甲醇、二甲醚等化工的原料。	电石	每吨电石可回收利用300标立方米一氧化碳，节约标准煤0.142 t，减排二氧化碳0.589 t。	源头削减过程控制	一氧化碳资源化技术
254	空心电极技术	充分利用电石炉气中直接将原料石灰粉加入反应溶池，在实心电极中安装一根进入电石炉的反应区域成空心电极。焦粉和石灰粉通过空心气体输送→过滤→混合→螺旋输送→中空管→电极。工艺：配料→电极。	电石	解决了原料石灰粉处理过程中产生的粉末不能利用问题，降低了电石生产和炭粉的回收利用问题，降低了电石生产成本。每吨电石灰粉可减少电极糊消耗5 kg，减少石灰粉外排量90 kg、炭粉60 kg。	源头削减过程控制	电极技术
255	石灰窑尾气中的二氧化碳回收利用技术	将石灰窑产生的二氧化碳含量为30%左右的尾气进行净化，提纯后用于氮肥生产或生产食品级干冰等用途。	电石	减少石灰生产过程中含二氧化碳的废气排放。	末端循环	二氧化碳资源化技术
256	电石炉气净化处理和回收利用技术	通过布袋除尘、水洗除尘等方式去除炉气中的大部分粉尘和焦油。	电石	有效降低炉气中的粉尘含量，减少炉气排放对于周边生态环境的影响。	末端治理	废气冶理技术

续表

编号	技术名称	主要内容	行业	效果	技术类别	关键技术
257	酮连氮法ADC生产技术	包括酮连氮法制水合肼，连续化无酸缩合两项核心技术：①酮连氮法制水合肼技术是在丙酮存在下，与次氯酸钠、氨反应，生成的酮连氮在高压下水解生成水合肼；②连续化无酸缩合技术是将水合肼溶液与尿素在不加酸的条件下进行反应，其副产物氨返回水合肼生产工序。	ADC发泡剂	解决了传统尿素法生产水合肼物耗高、水合肼浓度低、废水成分复杂等问题；从根本上杜绝了酮连氮法制水合肼的产生和排放。每吨ADC产品可减少烧碱消耗量1.2 t，尿素消耗量0.9 t，不消耗硫磺，无高浓度氨氮废水产生和排放。减少氨氮产生量430 kg，从源头上削减氨氮产生量90%以上。	源头减量过程控制	水合肼生产技术
258	ADC缩合母液资源化利用技术	对缩合母液，采用多效逆流蒸发或通过汽提和加压精馏等物理分离过程，生产液氨、硫酸钠、氯化铵等产品，实现了缩合母液的资源化利用，回收亚硫酸钠，复分解得到硫酸钠等产品，减少了氨氮等污染物的排放，降低了末端治理的压力。	ADC发泡剂	采用多效逆流蒸发技术对缩合母液进行处理，每吨ADC产品可回收硫酸钠2.2 t，氯化铵1.15 t，减排氨氮0.3 t；采用气提和加压精馏技术对缩合母液进行处理，每吨ADC产品可回收液氨300 kg；采用二氧化硫缩合对缩合母液进行处理，每吨ADC产品可回收亚硫酸钠2.5 t，氯化铵1.1 t。	末端循环	废液资源化利用技术
259	生物法制备抗生素中间体清洁生产技术	以青霉素G或头孢霉素C为原料，采用酶法工艺，通过青霉素酰化酶、D-氨基酸氧化酶、GL-7-ACA酰化酶、青霉素C酰基转移酶及其他相关专属酶的单独或联合使用，获得系列用于β-内酰胺类抗生素生产的关键中间体，如7-氨基头孢烷酸（简称7-ACA）。	化学原料药	采用低能耗低污染的生物法替代高能耗高污染的化学法生产β-内酰胺类抗生素中间体工艺技术，可从源头大幅度减少COD的产生，吨产品可减少COD产生量6.5 t，节省标准煤14 t。	源头削减过程控制	原料药生产技术
260	Vc生产过程中溶媒回收更新技术	该项技术在各个溶媒易挥发的环节增加全密闭系统，将生产过程中挥发到的溶媒有效地引到吸附塔中，经过吸附剂吸附，送入解脱度分离溶媒。	化学原料药	可有效促进COD减排，促进溶媒节约与增效，改善工作环境。溶媒易散失地方溶媒浓度可由32 g/m³变为2 g/m³，吨产品可减少COD产生量0.26 t。	源头削减过程控制	溶媒回收技术
261	无机陶瓷组合膜分离技术	膜具有选择性分离功能，利用超滤、纳滤膜等无机陶瓷组合膜的选择性分离实现料液不同组分的分离、精制与浓缩，具有耐酸、耐碱、耐有机溶剂、耐高温高压、分离效率高等特点。	化学原料药	采用组合膜分离技术替代传统的板框过滤工艺，收率提高4%，新提取工艺中溶剂使用量削减85%，单位产品原料消耗减少20%，节电30%，节煤10%以上，COD削减量在10%以上。	源头削减过程控制	膜分离技术
262	发酵废水处理制备沼气资源综合利用技术	发酵废水等污水中含有大量有机物质，在厌氧条件下，经过微生物发酵产生沼气，沼气经脱硫等处理后，可作为清洁能源用作锅炉等燃料。	化学原料药	可削减发酵废水中90%的COD，使用沼气锅炉，每年可产生蒸汽数万吨，吨产品可减少COD产生量1.05 t，节省标准煤0.19 t。	末端循环	废水处理技术

续表

编号	技术名称	主要内容	行业	效果	技术类别	关键技术
263	绿色酶法催化合成工艺	抗生素酶法技术包括阿莫西林、头孢氨苄、头孢克洛等酶法工艺，利用青霉素 G 酰化酶反应合成；以及两间甲苯酚中间体二甲基苯丙胺（S-DMCPCA）2 步双酶催化法工艺，即通过体二甲基苯丙胺和 R 酰胺酶反应合成。维生素 C-2 磷酸酯酶法合成。	化学原料药	抗生素酶法技术实现了反应步骤较化学法显著缩短，杂质含量显著降低；有机溶剂使用量降低 90 %。S-DMCPCA 2 步双酶催化工艺反应步骤减少 6 步，收率提高 15 %～20 %，废水由 2000 t 减为 300 t 以下。	源头削减 过程控制	生产工艺技术
264	低碳低盐无氨氮稀土氧化物分离提纯技术	以自然界广泛存在的钙质镁矿物为原料，通过碳化反应制备高纯碳酸氢镁或碳酸钙溶液，并应用于稀土有机相工序；通过稀土捕收技术、煅烧和钢炉燃烧等环节中产生的 CO₂ 气体和稀土中产生的 CO₂，实现 CO₂ 资源化再利用；通过钙、镁等非稀土金属离子在碱化过程中的相互速作用，实现镁盐的循环再利用。	稀土	与统工艺相比，该技术可解决稀土精矿提取过程中的盐和稀土分离问题，从源头大量消除排放问题，减轻末端治理压力，在保证产品质量的同时，显著降低生产成本，提高稀土行业清洁生产水平。	源头削减 过程控制	稀土分离技术
265	稀土精矿"低温硫酸"化动态焙烧技术	稀土精矿采用浓硫酸分解、经熟化、水浸、净化等工序制备稀土浸出液（250～260 ℃）焙烧，回转低温含氟焙烧尾气采用碳酸氢铵分解氨气吸收处理；浸出液采用化学沉淀方法生产碳酸稀土。苯余液采用伯胺等萃取钍。	稀土	该技术可从源头上解决稀土精矿酸法生产过程产生的含氟废水、废气和含放射性废渣等问题；尾气中氟化氢回收制备副产品氟化氢氨，放射性元素钍得到综合回收利用，解决了稀土冶炼分离过程中的污染问题。	源头削减 过程控制	稀土分离技术
266	非皂化萃取分离稀土技术	为了解决稀土行业存在的氨氮污染问题，该技术采用具有原创性的协同萃取技术、稀土浓度梯度调控技术，突破了氨水皂化萃取分离稀土的传统方式。	稀土	该技术可消除萃取分离过程中因氨水皂化或钠皂化带来的氨氮或钠盐废水的污染，同时大幅降低生产成本。从源头消除氨氮废水污染，大幅降低氨氮排放。	源头削减 过程控制	稀土分离技术
267	模糊/联动萃取分离工艺	在分离过程中，将原料中的一个元素（或几个元素成几个元素（一个组分）的部分分离取出去，实现用少数几级萃取，对多组分原料中的元素预先粗分离后，再流入分馏萃取工艺进行细的分离。	稀土	该技术可降低酸碱消耗 30 %以上，提高单一稀土产品回收率，降低稀土分离成本，减少废水中氨氮排放量。	源头削减 过程控制	稀土分离技术
268	油气回收技术	采用吸附法、分级冷却等技术回收油库、油品装车、储罐、仓储等有机物。	化工、石化	回收了含挥发性有机成分的气体。	末端循环	油气回收技术

续表

编号	技术名称	主要内容	行业	效果	技术类别	关键技术
269	低温等离子、光氧催化治理废气等技术	通过低温等离子或氧光催化等方式,将废气中的分子转换为 CO_2、H_2O。	化工、石化	解决了低浓度、大风量废气中的挥发性有机物含量及臭浓度超标的问题。	末端循环	废气处理技术
270	RTO、RCO、臭氧氧化治理废气等技术	通过蓄热式催化热氧化(regenerative catalytic oxidation, RCO)、蓄热式热氧化(regenerative thermal oxidizer, RTO)或臭氧氧化等方式,将废气中的分子转换为 CO_2、H_2O。	化工、石化	解决了高浓度、大风量废气中的挥发性有机物含量及臭浓度超标的问题。	末端循环	挥发性有机物废气治理技术
271	泄漏检测与修复(LDAR)技术	采用固定或移动监测设备,监测化工企业易产生挥发性有机物泄漏处,并修复超过一定浓度的泄漏处,从而达到控制原料泄漏漏对环境造成污染。	化工、石化	解决因微量泄漏造成的挥发性有机物无组织排放的问题。	过程控制	挥发性有机物控制技术
272	氨法、双碱法等烟气脱硫技术	以氨水或 NaOH、CaO 等为吸收剂,循环吸收燃煤锅炉烟气中的二氧化硫,产生的副产物综合利用。	化工、石化	脱硫效率达到 90% 以上,将烟气中的 SO_2 回收并资源利用。	末端循环	烟气脱硫技术
273	化肥生产袋式除尘技术	采用防水防油效果良好的聚丙烯纤维滤料和处理化肥原料筛分、输送、化肥生产中的冷却机、烘干机等设备,处理化肥成品输送、包装等过程中的粉尘,该技术布袋清灰容易,不黏结灰尘,阻力小。	化工、石化	减少原料和成品损失和外溢的无组织排放粉尘。实现粉尘排放浓度<30 mg 每标准立方米。	末端循环	除尘技术
274	硫化橡胶粉常压连续脱硫成套设备	常压脱硫、降低能耗、生产过程无废水、废气排放。	化工、石化	解决"动态脱硫"工艺每罐产生的 4~8 m³, 2~4 MPa 废气排放。	源头减量 过程控制	脱硫技术
275	超克劳斯硫磺回收及余热利用技术	克劳斯法的原理是使硫化氢不完全燃烧,再使生成的二氧化硫与硫化氢反应生成硫磺。若空气与硫化氢混合比例适当,可使所有的硫化氢变成硫磺和水。	化工、石化	解决了普通克劳斯硫磺回收技术回收率 97% 的问题。热能回收率 85% 以上;硫磺转化率 97% 以上。	过程控制 末端循环	硫化氢处理技术

附表 3　流程工业节能改造技术内容及使用单位

行业	序号	技术名称	技术内容及特点	技术使用单位（地点）
建材	1	生活垃圾生态化前处理和水泥窑协同后处理技术	通过滚筒筛、重力分选机、圆盘筛、除铁器等一系列机械分选装置，分选出垃圾中的易燃、无机物等，并进一步破碎，制成水泥窑垃圾预处理可燃物（CMSW）、无机灰渣等原料。水泥窑垃圾预处理可燃物（CMSW）、无机灰渣等原料经一系列输送、计量装置，喂入新型干法水泥窑分解炉，替代部分燃煤、原料。水泥烧成化石燃料替代率>50 %；CO_2 减排率：375 kg/t 熟料。	华新水泥（河南信阳）有限公司
	2	高压力料床粉碎技术	采用成套稳定料床设备和装置（组合式分级机、"骑辊式"进料装置等）来解决入料中细粉含量较多时辊压机料床稳定性的问题，以增加辊压机的工作压力，从而提高其粉磨效率；同时通过对设备和系统的在线监测及智能化控制保障设备和系统按照既定方式运行，实现水泥粉磨的高效、低能耗、高品质的智能化生产。粉磨单产电耗降低 2(kW·h)/t；水泥台产增加率 10 %～20 %；熟料用量减少 0.5 %～1 %。	合肥东华建材集团股份有限公司
	3	煤矸石固体废物制备超细煅烧高岭土技术与装备	以煤矸石固体废物为原料，经粉碎、磨矿、干燥、解聚、煅烧、再解聚等，得到超细煅烧高岭土产品。核心技术是原矿粉碎粉磨技术与装备、超细加工技术与装备、煅烧技术与装备等。吨产品磨矿电耗 120 kW·h；煤耗 290 kg；产品细度<-2 μm 的占 90 %以上。	内蒙古超牌建材科技有限公司
	4	带分级燃烧的高效低阻预热器系统	通过预热器系统利用窑尾烟气对生料进行预热，在分解炉内对预热后的生料进行碳酸钙分解，减轻回转窑的负担，提高产量；通过集成创新，实现物料分散提高、气流速度降低、多级预热，达到系统的高效低阻，降低煤耗与电耗；通过分级燃烧技术降低窑尾烟气 NO_x 排放。降耗 2 kg 标准煤/t 熟料（五级），4 kg 标准煤/t 熟料（六级）；出口 NO_x <400 mg/m³。	泰安中联水泥有限公司
	5	智能连续式干粉砂浆生产线	利用特殊设计的三级搅拌系统、精准的动态计量系统及计算机控制系统，实现了干粉砂浆的连续式生产，生产效率高、能耗低。粉尘排放标准≤10 mg/m³；耗电量≤1(kW·h)/t。	南通邦顺建材科技发展有限公司
	6	水泥外循环立磨技术	物料从立磨中心开始喂料、落入磨盘中央，磨盘转动将物料甩向磨边，加压磨辊与磨盘之间进行物料研磨，研磨后的物料经过立磨刮料板刮出，从卸料口卸出，再经过斗提机喂入选粉系统与球磨机系统，可与球磨机配置成预粉磨或联合粉磨、半终粉磨，也可配置成终粉磨系统，能耗低，效率高。外循环立磨系统阻力降低 4000 Pa 以上，系统风机节电 40 %以上，系统电耗降低 3(kW·h)/t 以上。	鲁南中联水泥有限公司
	7	水泥熟料节能降氮烧成技术	采用"鹅颈管"结构的分解炉系统，增加了分解炉的固气比，同时对分解炉下部进行结构改造，使锥体区域形成煤粉燃烧的还原区，利用"非金属材质拢焰罩"低氮燃烧器，实现"正常火焰"的低氮煅烧，提高了窑内的热交换效率和熟料质量。熟料热耗在原有指标下降低 10～15 kg 标准煤/t 熟料；熟料综合电耗降低 3～5(kW·h)/t 熟料；氨水用量比原来减少 50 %～70 %。	中国建材集团中材甘肃水泥有限责任公司
	8	集成模块化窑衬节能技术	将轻量化耐火制品、纳米微孔绝热材料分层组合在一起，巧妙地利用不同材料的导热系数，将各层材料固化在各自能够承受的温度范围内，保证了使用效果和安全稳定性，减少热量损失。镁铝尖晶石材料体积密度≤2.75 g/cm³，热导率（1000 ℃）≤2.90 W/(m·K)；窑衬重量减轻 15 %以上；筒体表面温度降低 90～130 ℃。	洛阳中联水泥有限公司

行业	序号	技术名称	技术内容及特点	技术使用单位（地点）
建材	9	外循环生料立磨技术	采用外循环立磨系统工艺，将立磨的研磨和分选功能分开，物料在外循环立磨中经过研磨后全部排到磨机外，经过提升机使研磨后的物料进入组合式选粉机进行分选，分选后的成品进入旋风收尘器收集，粗颗粒物料回到立磨进行再次研磨，能源利用效率大幅提升，系统气体阻力降低 5000 Pa，降低了通风能耗和电耗。粉磨系统电耗降低 3～4(kW·h)/t；产量提升 10 %；投资额为新建辊压机系统的 50 %～60 %。	湖北京兰（永兴）水泥有限公司
	10	钢渣/矿渣辊压机终粉磨系统	以辊压机和动静组合式选粉机为核心设备，全部物料为外循环，除铁方便，避免块状金属富集，辊面寿命可达立磨的 2 倍，具有广泛的物料适应性，可以单独粉磨矿渣、钢渣，也可用于成品比表面积＜700 m²/kg 的类似物料的粉磨，系统阻力低，生产矿渣微粉时，系统电耗＜35(kW·h)/t。	邯郸市邦信建材有限公司
	11	陶瓷原料连续制浆系统	采用自动精确连续配料、原料预处理系统、泥料/黏土连续化浆系统、连续式球磨方法等关键技术，自动精确连续配料系统能够按设定比例精准控制每种原料的进料比例，实现对每种配比原料连续计重、间歇纠错、自动补偿的功能；原料预处理系统做到以破代磨，提高球磨速度；泥料/黏土连续化浆系统将黏土在研磨介质的作用下进行连续化浆，化浆后的泥浆通过分选机构将各部分分别利用。原料预处理系统：综合能耗≤4(kW·h)/t；连续球磨系统：综合能耗≤30(kW·h)/t；泥料化浆系统：综合能耗≤1.2(kW·h)/t。	山东名宇陶瓷科技有限公司
	12	带中段辊破的列进式冷却机	采用区域供风急冷技术并在冷却机中段设置了高温辊式破碎机，经过辊式破碎机，大块红料得到充分破碎，落入到第二段篦床的大部分熟料颗粒的尺寸已经基本控制在 25 mm 以内，经过第二段篦床的再次冷却后，以较低的温度排出，热回收效率高，可降低烧成系统热耗，平均每吨熟料节约标准煤 2 kg。	泰安中联水泥有限公司
	13	卧式玻璃直线四边砂轮式磨边技术	采用多轴伺服电机联动技术，精确控制各移动部件定位及磨轮相对于玻璃的移动速度，准确检测玻璃的移动位置及尺寸，能够同步打磨玻璃每一条边的上下棱边及端面，夹持机构的设置，能有效地减少玻璃自身的震动，可同时完成玻璃的四条边打磨，提升了玻璃棱边加工的效率。	广宇洛玻（北京）工业玻璃有限公司
	14	新型水泥熟料冷却技术及装备	采用新型前吹高效篦板、高效急冷斜坡、高温区细分供风、新型高温耐磨材料、智能化"自动驾驶"、新型流量调节阀等技术，高温热熟料通过风冷可实现对热熟料的冷却并完成热量的交换和回收，中置辊式破碎机将熟料破碎至小于 25 mm 粒度，同时步进式结构的篦床将熟料输送至下一道工序。热回收效率：＞74 %。篦冷机系统电耗：5.0～5.2 kW/t 熟料。	涞水冀东水泥有限公司
	15	利用高热值危险废弃物替代水泥窑燃料综合技术	液态高热值危废通过调配、过滤等手段预处理，打入防静电、泄压储罐再次过滤后，喷入水泥窑内焚烧；固态高热值废弃物通过增设的回转式固体废物焚烧炉燃烧，产生的热气、残渣进入分解炉，热量 100 %用于熟料煅烧，残渣中的无机物作为熟料替代，重金属固化于熟料晶格，可实现废弃物替代部分燃料，替代率达 23 %～25 %。	北京金隅北水环保科技有限公司
	16	钢渣立磨终粉磨技术	采用料层粉磨、高效选粉技术，集破碎、粉磨、烘干、选粉于一体，集成了粉磨单元与选粉单元；通过磨内除铁排铁、外循环除铁、高压力少磨辊研磨等技术，使得钢渣中的金属铁有效去除，钢渣立磨粉磨系统能耗降低至 40(kW·h)/t 以下。	南通融达新材料有限公司

行业	序号	技术名称	技术内容及特点	技术使用单位（地点）
建材	17	低导热多层复合莫来石砖	采用多层复合技术，产品由工作层、保温层、隔热层复合而成。技术通过对各层的化学组分、结构和产品的制作工艺进行优化，使产品使用性能优于传统制品，导热系数明显降低。产品应用于大型水泥窑过渡带，不仅能够满足水泥窑的使用要求，且保温隔热效果远优于硅莫砖、硅莫红砖及镁铝尖晶石砖，筒体外表温度明显降低。	南阳中联水泥有限公司
	18	建筑陶瓷新型多层干燥器与宽体辊道窑成套节能技术装备	开发内置式自循环干燥技术和接力回收窑炉冷却余热系统，实现了余热高效回收和循环利用，提高了热利用效率；优化多层干燥器和宽体辊道窑的耐火保温结构，提高了保温效果，降低了窑炉散热；通过风气精准比例控制技术、节能型蓄热式燃烧组合结构及五层自循环快干器与宽体辊道窑的有效组合，系统地增强了干燥和烧成温度场的稳定性，提高了干燥和烧成质量。	广东清远蒙娜丽莎建陶有限公司
化工	1	新型扭曲片管强化传热技术	裂解炉辐射段炉管安装扭曲片管段后，管内流体的流动形式由活塞流转变为旋转流，对炉管内壁形成强烈冲刷作用，大幅度减小了边界层厚度，增大了辐射段炉管总传热系数，从而降低了炉管管壁温度，降低了结焦速率，延长了裂解炉运行周期，降低了能耗。裂解炉辐射段炉管管壁温度下降 20 ℃以上；燃料用量下降 0.5 %。	中沙（天津）石化有限公司
	2	高效低能耗合成尿素工艺技术	通过合理控制 N/C 比，使 CO_2 转化率高达 63 %，并在全冷凝反应器副产 0.5 MPa（G）的低压饱和蒸汽，在汽提塔内将大部分未生成尿素的氨基甲酸铵分解。通过设置简捷中压系统，将部分汽提塔分解负荷转移至中压系统。然后经低压分解回收系统和真空系统将尿素溶液浓缩至 96 %以上进行造粒，并对装置产生的含氨工艺冷凝液进行处理净化，作为锅炉给水重复利用，实现原料回收和废水零排放。吨尿素耗原料液氨 568 kg；吨尿素耗原料 CO_2 735 kg；循环水耗 70 t；吨尿素耗电 25 kW·h；吨尿素耗蒸汽 750 kg。	山东华鲁恒升化工股份有限公司
	3	钛白联产节能及资源再利用技术	将钛白粉生产工艺与硫酸低温余热回收生产蒸汽并发电的工艺技术紧密联合，同时将钛白粉与钛矿、钛渣混用技术及连续酸解的工艺技术、钛白粉生产 20 %的稀硫酸的浓缩技术与硫酸铵及聚合硫酸铁的工艺技术、钛白粉生产水洗过程低浓度酸水与建材产品钛石膏的工艺技术等有机地联系起来，形成一个联合生产系统。锐钛型钛白粉综合单耗 606 kg 标准煤/t；金红石型钛白粉综合单耗 760 kg 标准煤/t；钛收率不低于 87 %。	山东东佳集团股份有限公司
	4	高温高盐高硬稠油采出水资源化技术	通过 MBF 微气泡气浮、核桃壳除油除悬浮物、高密度悬浮澄清器除硅、MVC 蒸发脱盐、树脂软化，最后得到高品质产品水应用于注汽锅炉。水质达到注汽锅炉用水标准；蒸发段吨水能耗低于 10 kW·h。	中石化新疆新春石油开发有限责任公司
	5	升膜多效蒸发技术	采用一体式升膜多效蒸发器和多效蒸发流程，将多个具备蒸馏和汽液分离功能有效地组合到一起，实现蒸汽热量的梯级利用，在正压或负压条件下完成蒸发，解决了蒸发过程中加热和蒸发不同步的难题，蒸汽使用量小，换热效率高，蒸发效率高。	山东齐都制药有限公司
	6	三效溶剂回收节能蒸馏技术	研发了三塔三效蒸馏工艺，一塔供汽，三塔同时工作，可根据溶剂特性确定进料方式，解决溶剂回收过程中结焦、起沫等问题。回收塔采用高效新型塔盘，提高了设备的抗堵性能，后一效的再沸器作为前一效的冷凝器，热能多次利用，节约蒸汽消耗，降低循环水用量，吨产品综合节能 60 %以上。	华熙生物科技（天津）有限公司

行业	序号	技术名称	技术内容及特点	技术使用单位（地点）
化工	7	用于制取优级糠醛的节能蒸馏技术	采用六塔连续蒸馏工艺技术，利用水洗工艺代替加碱中和工艺，保证除杂效果的同时，取消了纯碱（或烧碱）的应用，有效去除了粗糠醛中的有机酸及低沸点杂质，提高了产品质量，降低了生产成本。研发的糠醛废水高效蒸发技术，对蒸馏废水采用全蒸发处理，产生的二次蒸汽作为水解热源，节省水解工段的一次蒸汽消耗，实现了蒸馏废水零排放。通过回收塔将醛泥及脱水塔脱出的稀醛液中的糠醛进行回收，杜绝残醛流失现象，提高了糠醛产量。吨糠醛蒸汽耗量降低10 %，一次耗水量降低 40 %。	内蒙古恒昌化工有限责任公司
	8	无水酒精回收塔节能装置的研发技术	酒精通过原料泵的输送，经过预热进入蒸馏塔顶部进行蒸发，进入过热器进行过热后进入分子筛装置进行脱水，脱水后的酒精蒸汽进入冷凝器冷凝后得到无水酒精。分子筛脱水后留下的水分和酒精，利用真空泵抽负压进行解析，解析得到的淡酒进入淡酒暂储罐，再通过淡酒泵输送到蒸馏塔进行精馏浓缩，蒸馏塔通过再沸器间接加热。在此工艺中，回收塔一塔节省了蒸发器和回收塔冷凝器。吨无水酒精蒸汽耗量 0.65 t，节省蒸汽 48 %；吨无水酒精一次耗水量 2 t，节省一次水 33 %。	苏州九九化工有限公司
	9	硫酸铜三效混流真空蒸发技术	利用真空环境降低电解液的沸点原理，结合硫酸铜蒸发母液属性研究及电解液沸点与真空度关系，自主开发了一套硫酸铜三效混流真空蒸发工艺流程。电解液依次经过三效、一效和二效分离室在不同温度及真空度下蒸发浓缩，一效的二次蒸汽作为热源，一效、二效的二次蒸汽分别作为二效、三效的加热介质，充分利用各效余热，大幅度提高了硫酸铜的蒸发效率，电解硫酸铜蒸汽消耗下降 45 %。	西南铜业电解分厂
	10	自支撑纵向流无折流板管壳式换热器	采用高效三维变形管作为换热元件，替换了传统换热器中的折流板，对管内外流体进行变空间变流动的特殊设计，使得管内外流体呈纵向螺旋流动，实现纯逆向换热，提高换热温差，破坏了近壁面的传热边界层，并且依据强化传热原理，使得冷热流体的温度场、速度场、压力场达到最佳匹配，从而实现高效换热和节能减排。换热效率提高 20 %～50 %；换热管质量减少 20 %～50 %；换热器体积缩小 20 %～60 %。	广东中泽重工有限公司
	11	高效节能熔炼技术	利用余热快速蓄能直接生产氧化镁粉，通过气压平衡预判自动控制技术、密闭三级熔尘碳气分离资源化利用技术，实现流程工业适工况智能控制，解决菱镁行业高耗能、高污染、高浪费、喷炉喷花等问题。优质品率提高 25 %；节约矿产资源 20 %。	海镁集团金地矿业公司
	12	石墨烯机油添加剂	利用石墨烯材料低摩擦系数的特点，对二维石墨烯材料微观结构进行控制，在润滑油中表现出超润滑性能；纳米级尺寸石墨烯会修补摩擦产生的划痕，提高密封性，使燃油充分燃烧；设计特殊结构的石墨烯分散剂，在润滑油中能够均匀分散石墨烯，提高稳定性。	南京家升基础工程有限公司
	13	改性活性炭吸附、贫油吸收组合油气回收工艺技术	油气经过回收管道进入回收装置，随后流入碳床，碳氢化合物被活性炭吸附，当碳床中的活性炭吸附达到饱和状态后停止进气，通过真空泵所产生的低真空度，把碳床的饱和油气从活性炭中解吸出来，并输送到吸收塔，同时活性炭恢复到原来的吸附能力。装置内有两个碳床，分别交替工作和进行吸附—解吸—再生流程，从而形成持续的油气回收能力。油气回收处理效率：≥99 %。	深圳美视油库

行业	序号	技术名称	技术内容及特点	技术使用单位（地点）
化工	14	36 万吨/年高效宽工况硝酸四合一机组技术	该机组关联硝酸生产工艺前后过程，向系统提供能量，并从系统回收能量，使硝酸生产的主要能量消耗完全实现系统自给，在保证工艺系统运行的同时，将富余的高品质自产蒸汽输送到蒸汽管网，使能量得到综合利用。	万华化学集团股份有限公司
冶金	1	高辐射覆层节能技术	通过在蓄热体表面涂覆一层高发射率的材料，形成具有更高换热效率的复合蓄热结构，提高蓄热体蓄热、放热速率，提高炉窑热效率。提高蓄热体蓄热量 10%；综合降低煤气消耗 5%。	首钢京唐钢铁联合有限责任公司
	2	工业循环水系统集成与优化技术	从冷却水池、循环水泵组、输送管网、调节阀门、换热装置、冷却塔等整体系统入手，通过与最新标准对标，确定高能耗发生环节，采用智能化系统管控软件、更换高效节能设备、合理分配水量水压等。综合节电率达到 26.25%。	舞阳钢铁有限责任公司
	3	宽粒级磁铁矿湿式弱磁预选分级磨矿技术	采用宽粒级磁铁矿湿式弱磁预选、分级磨矿新工艺，解决了磁铁矿石粒级范围较宽而不能直接湿式预选的问题，通过选矿机预选抛出磁铁矿中的尾矿，减少入磨尾矿量，再利用绞笼式双层脱水分级筛对精矿和尾矿进行筛分，粗粒精矿进入球磨机，细粒精矿进入旋流器分级，粗粒尾矿作为建材综合利用，细粒尾矿改善总尾矿粒级分布，从源头上提高了充填强度和尾矿库安全性，节能效果明显。磨矿电量降低：217.35 万(kW·h)/a；建材产品增加：13.29 万 t/a。	马钢（集团）控股有限公司姑山矿业公司
	4	高能效长寿化双膛立式石灰窑装备及控制技术	采用石灰石双膛换向蓄热煅烧工艺，通过采取风料逆流和并流复合接触，窑内 V 形料面精准调节，周向各级燃料精准供给，基于燃料煅烧特性的最优换向控制，柔性拼装与强固砌筑衬体等关键技术，可实现石灰窑的节能化长寿化多重效益，能耗低至 96.07 kg 标准煤/t。	扬州恒润海洋重工有限公司
	5	焦炉加热优化控制及管理技术	采用炉顶立火道自动测温技术，对焦炉温度进行精细检测，采用自主研发的控制算法，对焦炉加热煤气流量及分烟道吸力进行精确调节，每两个交换周期调节 1 次，调节周期短，有助于减少炉温波动，改善了焦炉温度的稳定性，可节省焦炉加热煤气量 2%以上。	唐山中润煤化工有限公司
	6	汽轮驱动高炉鼓风机与电动/发电机同轴机组技术	采用高炉鼓风与发电同轴技术，设计汽轮机和电机同轴驱动高炉鼓风机组（BCSM），实现了汽电双驱提高能源转换效率 8%的功能，缩短汽拖机组 80%启动时间，保证复杂机组的轴系稳定性。设计高炉鼓风机与汽轮发电机同轴机组（BCSG），既实现了高炉备用鼓风机功能，又在备用鼓风机闲置期用于汽轮发电机组，同时解决了汽轮机驱动鼓风机启动时间长的问题，提高了高炉系统的能源利用效率。	山西襄汾星源钢铁集团有限公司
	7	转臂式液密封环冷机	以高刚度模块化回转体单元为核心运行部件，以水作为密封介质，台车栏板及环冷罩采用全密封全保温技术，并配备完善的运行安全检测及控制系统，解决了传统环冷机运行跑料及密封效果差造成的漏风漏料问题，可实现设备系统漏风率≤5%，冷却风机总装机容量降低 50%以上，余热利用效率提高 10%以上。	日照钢铁控股集团有限公司
	8	DP 系列废钢预热连续加料输送成套设备	开发了具有对流加热功能的振动输送和高效物料预热输送装备，改变电炉高温烟气在废钢预热通道内的流动方向，使高温烟气与废钢的热交换形式由辐射传热变为对流与辐射相结合的传热方式。该成套装备实现了电弧炉冶炼过程连续加料、连续预热、连续熔化和连续冶炼，大幅度降低了炼钢能耗，缩短了电炉冶炼周期，减少了烟气排放。①冶炼时间缩短 15～25 min；②产量提高 30%；③电极消耗降低 0.5～0.8 kg/t。	西宁特殊钢股份有限公司

行业	序号	技术名称	技术内容及特点	技术使用单位（地点）
有色金属	1	大螺旋角无缝内螺纹铜管节能技术	采用有限元模拟软件，分别建立了三辊行星轧制再结晶过程、高速圆盘拉伸状态模型、内螺纹滚珠旋压成形过程中减径拉拔道次、旋压螺纹起槽道次和定径道次的有限元模型，研发了一套基于铜管制造设备、工艺技术特点和生产实际的大螺旋角高效内螺纹铜管生产技术。冷凝传热系数提升17%；应用到空调系统中制冷量提高2%，电能节约5%。	美的集团股份有限公司
	2	高纯铝连续旋转偏析法提纯节能技术	采用侧部强制冷却定向凝固提纯新工艺，合理控制固液界面流动速度，精确调整结晶温度和结晶速度；提纯完成后用倾动装置将尾铝液体排出体外，再将提纯铝固体和坩埚快速放入加热装置中，将高温凝固的提纯铝固体短时间内再次熔化，熔化后铝液在提纯装置中再次进行提纯；重复操作，直到获得符合纯度要求的高纯铝。综合能耗2000～3000(kW·h)/t；铝烧损率<1%；产品合格率>98%。	河南中孚技术中心有限公司
	3	铜冶炼领域汽电双驱同轴压缩机组（MCRT）技术	将两个压缩机（空压机、增压机）集成在一个多轴齿轮箱上，采用三个入口导叶调节压缩机各段负荷，形成一个全新的空、增压一体式压缩机。将汽轮机通过变速离合器，与空增压一体机及电机串联在一根轴系上，机组启动前，离合器处于断开状态；主电机驱动压缩机旋转，产生的压缩空气送往空分装置进行空气分离，分离后的氧气送往冶炼装置，待反应炉产生高温尾气后，通过余热锅炉回收尾气中的热量，产生副产蒸汽，蒸汽带动汽轮机旋转，汽轮机转速达到啮合转速时变速离合器啮合，取消了汽轮机发电环节，减少能量转换过程的损失，压缩机多变效率最高可达88%，提高能量回收效率，提升了运行经济性。	广西南国铜业有限责任公司
	4	600kA级超大容量铝电解槽	研发的超大容量铝电解槽磁流体稳定性技术，突破了600 kA级铝电解槽磁流体稳定性技术瓶颈，为铝电解槽的高效、稳定运行奠定了基础；研发的热平衡耦合控制技术，对影响铝电解槽热平衡的全要素进行了综合优化配置，实现了600 kA级铝电解槽预期的热平衡状态；研发的铝电解槽高位分区集气结构技术，实现了超大容量铝电解槽罩内负压分布的均匀性，集气效率达到99.6%，污染物总量控制实现了超低排放的目标。	百矿集团德保马隘铝产业园
	5	铝电解槽智能打壳系统	在传统气缸的基础上，增加了气缸数据传感器和气缸运动控制阀，气缸数据传感器设置在气缸的出口处，气缸控制阀设置在气缸的进气口处，增加带有控制算法的工业控制器，对传感器采集的数据进行推算、分析；通过模拟计算对打壳气缸运动过程进行非线性动力分析，采用拟合和遗传等算法对测量的数据进行记录、过滤、分析、提取，总结出曲线变化规律，形成打壳气缸运动特征库和变化规律库。延长锤头使用寿命1.5倍；节约压缩空气使用量50%～60%。	魏桥集团惠民县汇宏新材料有限公司
轻工	1	低压法双粗双精八塔蒸馏制取优级酒精技术	采用多效热耦合蒸馏工艺，两塔进汽，八塔工作，将后一效的再沸器作为前一效的冷凝器，热量多次循环利用，最大限度地降低蒸馏过程中蒸汽和循环水消耗，各塔之间加热的再沸器采用降膜蒸发器原理，降低塔与塔之间的加热温差，节能效果明显。每吨优级酒精消耗蒸汽1.8 t；每吨酒精消耗一次水2.3 t；外接蒸汽压力0.35 MPa。	临沂金沂蒙生物科技公司

行业	序号	技术名称	技术内容及特点	技术使用单位（地点）
轻工	2	高效节能等离子织物前处理技术	采用连续稳定、均匀、致密、柔和的常压低温等离子体作用于织物表面，使织物表面发生一系列物理、化学改性，增强织物的亲水性、可染整性，很好地解决了低频放电技术在处理织物时织物被等离子流击穿形成破洞的难题，节水率可达90%以上，减少化学助剂35%，减少电能消耗15%，废水浓度降低25%，处理过程无二次污染。	广东省迪利安环保固色科技有限公司
	3	新钠灯照明节能技术	新钠灯采用钠和多种稀土金属卤化物作为发光物质，集中了高压钠灯和陶瓷金卤灯的优点，具有高光效、高显色性的特点，色温3000 K，140 W光效可达120～130 lm/W，照明效果等同于250W的高压钠灯，配套使用照明控制系统，相比于高压钠灯，节电效果明显。	山东省东营市利津县
	4	铜包铝芯节能环保电力电缆	对原材料（铜带和铝芯线）进行彻底的焊前处理，除去表面的油脂和氧化层，然后将高品质铜带同心地包覆在铝杆的外表面，铜带在多对垂直成型轮和水平成型轮的作用下，沿纵向逐步形成圆管状，并将铝芯线包覆其中，通过处理形成牢固的原子间的冶金结合，通过高速氩弧焊方法将圆管的纵缝焊接起来，形成铜包铝线坯，通过拉丝模拉拔形成规定直径的导线，最后通过热处理使铜包铝线的力学性能满足要求。在同等载流情况下，线缆温升低，线损小，减少电能损耗5%～10%，与单纯铜芯导体线缆相比价格降低，可降低采购成本20%以上。	中国建材集团有限公司、北方水泥有限公司、大连金刚天马水泥有限公司
	5	介孔绝热材料节能技术及应用	以介孔材料为主，辅以无机纤维及添加剂制备介孔绝热材料，利用介孔绝热材料的纳米孔道结构，从热传导、热对流及热辐射三个方面对热量传递进行有效阻隔，从而获得优异的绝热性能，节能效果显著。可节约能源25%～50%。	宁波中金石化有限公司
	6	双源热泵废热梯级利用技术	通过双源热泵充分利用洗浴废水废热制取热水，废热水通过换热器，将冷水从8～15 ℃提升至28 ℃左右，再经水源热泵（或空气源热泵）冷凝器二级加热，达到45 ℃左右，系统实现了废热水的废热梯级利用、水源与空气源互补，全年平均COP达5.5，节能效果显著，制热性能系数≥6.0。	淮阴师范学院
	7	城轨永磁牵引系统	城轨永磁牵引系统基于永磁控制技术，设备包括司机控制器、高压电器箱、滤波电抗器、VVVF逆变器、制动电阻、牵引电机、齿轮驱动装置及联轴节等。其中，牵引电机采用永磁同步电机，体积小、重量轻，具有功率因数高、效率高的特点。主要功能是将外部DC1500V/DC750V输入电源逆变成频率、电压均可调的三相交流电，为永磁同步电机供电，驱动永磁同步电机并使列车能够向前、向后进行牵引和制动，永磁牵引系统节能率高达30%，是下一代牵引系统的发展方向。	长沙市轨道交通集团
	8	地铁再生制动能量回馈关键技术与应用	采用全控型IGBT器件及PWM控制技术，将车辆制动产生的直流电能转换为交流电能，回馈到中压交流电网，供整条线路的车辆及车站负荷利用，系统通过电压判断出车辆是否处于制动状态，当检测到车辆制动时迅速开启逆变回馈状态，将制动能量回馈到交流电网，制动结束后切回待机状态，等待下一次制动，节能效果明显。满载效率≥97%；功率因数≥0.99（额定功率）。	郑州地铁集团有限公司
	9	板管蒸发冷却式空调制冷技术	采用板管蒸发式冷却及平面液膜换热技术，以板管蒸发式冷凝器取代传统的盘管型蒸发式冷凝器，改善流体流动状况，增大流体对冷凝器表面的润湿率及覆盖面积，提升蒸发式冷凝器传热与流阻性能，单位面积换热量提高15%，风机功率降低50%，设备体积节省30%。	广东科学中心

行业	序号	技术名称	技术内容及特点	技术使用单位（地点）
轻工	10	多模式节能型低露点干燥技术	通过压缩空气末级余热利用、常压鼓风深度再生、压缩空气吹冷流程与可视化独立控制体系，突破传统零气耗余热干燥常压露点-30℃局限，可在多变的环境工况下，智能适应常压露点-20℃到压力露点-40℃，实现多压力露点、多模式控制的独特性，压缩空气品质稳定，有效降低了设备运行费用，节能效果明显。	江苏一鸣生物科技根思乡厂区
	11	异步电机永磁化改造技术	将转子进行二次加工，开出一道弧形槽，在弧形槽内放入磁钢，然后用不导磁的不锈钢扁丝螺旋缠绕在磁钢表面，防止磁钢运行时飞出，实现了电机性能的改造，降低电机定子绕组中电流，减少绕组铜耗，减少能力消耗，提升电机能效水平，综合节电效果明显。	嘉兴市佳瑞思喷织有限公司
	12	特制电机技术	定子采用低损耗冷轧硅钢片、VPI真空压力浸漆技术，转子采用高纯度铝锭，优化设计风扇、通风系统、电机线圈绕组等降低了定子铜耗、转子损耗、铁耗、机械损耗、杂散耗等损耗，综合提升了电机效率，可满足各种空载、满载及变频系统需求，节电率8%～20%。	蒙牛高科乳制品（北京）有限公司
	13	智能磁悬浮透平真空泵综合节能技术	采用磁悬浮轴承技术，彻底消除摩擦，无须润滑；采用高速电机直驱技术，无机械传动损失；采用智能管理模式，根据工况自动调整真空度，实现了防喘振、防过载及异常工况下的高度智能化操作，极大地降低了操作和维护要求，相比传统水环真空泵节能效果显著，节水率近100%。	仙鹤股份有限公司
	14	卧式油冷型永磁调速器技术	透过气隙传递转矩，电机与负载设备转轴之间不需要机械连结，电机旋转时带动导体主动转子切割磁力线，在导磁盘中通过涡电流产生感应磁场，感应磁场和永磁场之间磁性的相互吸合和排斥拉动从动转盘，从而实现了电机与负载之间的转矩传输，代替传统的电子变频器、液力耦合器，节能效果明显。	国电镇江大港热电厂
	15	循环水系统节能技术	采用在线流体系统的纠偏技术，通过对原运行工况的检测及参数采集，计算系统的最佳运行工况点，定制与系统匹配的高效流体传输设备，配套自动控制设备，对温度、电流、压力、系统流量等性能参数进行实时监控，系统节电效果明显。	上海中石化三井化工有限公司
	16	低温空气源热泵供热技术	采用喷气增焓技术，将空气中低位能通过压缩机变为高位能产生热量，实现生活供热。相比电锅炉、电暖气等节电效果明显，同时采用霜水处理技术，解决了低温气候下普通型蒸发器霜水堆积结冰的难题，节能效果显著。	大北农实业公司
	17	旋转电磁制热技术	运用永磁旋转磁场切割导体产生的磁滞、涡流及二次电流产生的热功率，高效地将热能传给流体媒质使其快速升温，产生不高于100℃的流体媒质，在-40～40℃的环境温度下保持98%以上的热效率，相比于传统的供热锅炉技术，具有显著的阻垢抑垢和缓蚀效果，节能效果明显。	黑龙江省齐齐哈尔市拜泉县上升乡政府
	18	基于水力空化的汽车涂装车间低温脱脂节能技术	通过旁路引出脱脂槽中脱脂液，先经前置过滤设备除杂，再进入水力空化发生器进行水处理，处理后的槽液回到脱脂槽体使用，如此不间断循环处理与回用，通过水力空化器处理水体产生的系列效应，实现低温脱脂、低温除油、延长槽液使用周期、减少废液排放，降低涂装前处理环节能耗。关键设备是水力空化发生器，它是一个经过特殊设计的椭球腔，流体从椭球体的上部以一定的角度切向进入椭球体，形成自上而下的高速旋流，高速旋转的水流之间彼此剪切，将水的大分子团打碎成小分子团，从而使水的表面张力和黏性发生改变。	吉利杭州湾基地

附表 4　重点用能设备系统节能技术内容及使用单位

序号	技术名称	技术内容及特点	技术使用单位（地点）
1	复合结晶膜	先对基质材料表面进行预处理，使基质材料表面粗糙度达到 SA3.0 级，再把复合结晶膜浆料充分润湿基质材料表面。经干燥固化后，再随炉升温进行焙烧，形成致密的复合结晶膜，它主要作用在基质材料表面，提升材料耐腐蚀、耐高温氧化、耐磨损及传热性能。复合结晶膜为三层结构膜，内层保证足够强的附着力，中间层提高受热面的吸热能力及刚度和强度，外层表面能低，抑制积灰结渣。发射率：0.93~0.95；结合强度：1 级。锅炉水冷壁、后屏过热器等受热面涂覆复合结晶膜，锅炉效率提升了 0.5%。	新疆广汇集团
2	纳米远红外节能电热技术	利用纳米级合金电热丝产生热能，通过石英管转化远红外线，远红外线绝大部分渗透到料筒，小部分被反射的红外线经过裹敷纳米保温材料的反射层镜面多次往复反射，绝大部分能量被辐射进料筒加热，实现单向辐射，降低了热损失。电-热辐射转换效率≥50%；节能率≥35%。	长城汽车股份有限公司
3	特大型空分关键节能技术	利用低温精馏原理，采用以系统能量耦合为核心的工艺包、高效的精馏塔和换热器系统、高效的分子筛脱除和加热系统、高效传动设备等，实现空分设备的低能耗、安全稳定运行。换热效率提升 30%。	神华宁业煤业集团有限责任公司
4	大小容积切换家用高效多联机技术	多联机大小容积切换压缩机技术具有两种运行模式：双缸运行模式满足中、高负荷需求，单缸运行模式满足低负荷需求；单缸运行模式在减小压缩机工作容积的同时提升压缩机运行频率，使压缩机在最高效的运行频率下工作，减小输出和提升低负荷能效。低负荷（30% 负荷以下）时压缩机能效提升 5%~30.5%。	安徽新慧暖通科技有限公司
5	石英高导双效节能加热器技术	采用独创的结构设计和高导热金属材料，同时利用热传导和热辐射原理，提高了热能利用率。特殊的高导热金属超导材料增加了镜面反射装置，提高了热能一致性；可复制的结构单元对不同产品需求具有延展适应性；外层配置高效纳米隔热层，与镜面反射装置实现双重隔热，进一步提高了保温、节能效果。节电率 20%~66%；塑机外壳表面温度保持 70 ℃ 以下。	海天塑机集团有限公司
6	高效智能轻量化桥式起重机关键产业化技术	优化起重机主梁、端梁、小车架等主要结构件的设计，优化卷筒组、吊钩组、车轮组等关键配套件结构，通过主结构与其他关键部件的整体协调配套设计、减量化设计、结构自适应技术等，实现起重机自重减小 15%~30%，高度降低 15%~30%，总装机功率（能耗）降低 15%~30%。	河南卫华重型机械股份有限公司
7	永磁直驱电动滚筒技术	永磁直驱电动滚筒外壳设计为外转子，转子内部采用磁钢形成磁路，定子线圈固定在机轴的轴套上，机轴为空心轴，电源引线从接线盒由机轴的空心穿入与线圈连接，其外还有相应支撑的端盖、支座、轴承和油盖等主要零件及密封，紧固等标准件，由变频驱动器直接驱动滚筒，传动效率大幅度上升。节电率 20%~60%；系统振动减少 50%~85%；噪声低于 82 dB。	淮沪煤电有限公司丁集煤矿公司
8	新型球磨机直驱永磁同步电动机系统	采用新型球磨机用永磁直驱同步电动机系统替代原有的减速机＋异步电动机组成的驱动系统，减少系统传动节点，缩短传动链，降低故障率，提高传动效率，保证系统安全可靠运行。单位煤粉能耗降低 20%；煤产量可达 17 t/h。	邯郸金隅太行水泥股份有限责任公司
9	钎杆调质悬挂式蓄热式热处理技术	采用两侧整面式燃气蓄热墙作为加热载体，采用多点温度监控技术，通过布置在系统中的温度检测点，实时检测蓄热体温、排烟温度、工件淬火前温度、淬火液温度等，系统自动调整加热炉温度、淬火液温度、进出料节拍，保证工件质量的一致性，综合能耗由 500(kW·h)/t 降低至 350(kW·h)/t。	重庆欣天利智能重工有限公司

序号	技术名称	技术内容及特点	技术使用单位（地点）
10	新型固体物料输送节能环保技术	将物料从卸料、转运到受料的整个过程控制在密封空间进行；根据物料自身的物化特性，采用计算模拟仿真数据，设计输送设备结构模型，通过减少破碎实现减少粉尘产生、降低除尘风量，大幅度降低除尘系统风量和风压，实现高效输送、减尘、抑尘、除尘。节电率 10 %～30 %；岗位粉尘浓度≤8 mg 每标准立方米；排放粉尘浓度≤10 mg 每标准立方米；物料输送成品率提高，返矿率降低 30 %。	邢台德龙钢铁有限公司
11	全模式染色机高效节能染整装备技术	通过多模式喷嘴系统和超低浴比染液动力及循环系统，采用喷嘴与提布系统内置于主缸的超低张力织物运行技术，使主泵在气流雾化染色模式时高扬程低流量，在气液分流及溢流染色模式时低扬程高流量，保持高效率运行，并提升主泵汽蚀余量，有效降低了染色机的浴比，实现了低耗水量、耗电量和耗蒸汽量。耗水 30～40t/t 布，比传统染色机减少 70 %以上；污水排放减少 70 %以上；耗蒸汽量<2.5 t 蒸汽/t 布，比传统染色机节约 50 %以上；耗电量<250(kW·h)/t 布，比传统染色机节约 60 %以上；助剂用量减少 50 %以上；印染织物工艺周期时间由原来 8～10 h 缩短到 5.5～8 h，比传统染机提高效率 25 %以上。	绍兴锦森印染有限公司
12	国产高性能低压变频技术	控制单元与功率单元分开，控制单元使用 X86-CPU 作为核心芯片，功率单元采用 DSP 完成控制，通过以太网高速通信，采用实时多任务控制技术、整流器技术、同步电机矢量控制技术等实现高效稳定变频。节能效果明显。	宝钢湛江钢铁有限公司
13	高效过冷水式制冰机组	通过制冷主机产生的低温乙二醇溶液或制冷剂直接蒸发产生的冷量，将蓄冰槽里的水经动态制冰机组里的过冷却器换热降温−2 ℃过冷水，再通过制冰机组里的超声波促晶装置解除过冷生成冰浆，通过管道输送到蓄冰槽里；制冰过程依靠高速对流换热和热传导换热，传热系数大、换热时不制冰，制冰时不换热，换热和制冰分两步完成，制冰速度快且恒定。单吨冰耗电≤35(kW·h)/t。	烟台君恬果园
14	SAF 气流溢流两用染色机	通过风喷嘴吹出的风力带动布料运行进行染色，有效解决了厚克重、高密度、紧密梭织布等面料的染色问题，染色浴比只有传统溢流染色机的一半，最低可以达到 1:2.5，在拓展使用范围的同时大幅度减少了能耗和排污量。与气流染色机对比节电率 100 %～300 %；与溢流染色机对比节水 30 %～50 %；纯涤纶织物染色牢度 4 级以上。	浙江中纺控股集团有限公司
15	开关磁阻调速电机系统节能技术	基于开关磁阻电机研制出的新型高效节能电机系统，电机采用 12/8 极结构，极槽比例合理，增加了电感的重叠系数，磁拉力更大更均匀，有效降低了转矩脉动，减小电机本体的振动噪声；采用结合换相点 + 转子位置检测 + 电流幅值变化的实时控制技术，提升了电机效率。与传统电机相比可实现节电 7 %～72 %。	北京首钢股份有限公司
16	工业蒸汽轮机通流结构技改提效技术	在原高能耗工业汽轮机组的基础上，对其通流结构进行设计优化和改造，通过热力计算，增加原机组通流结构压力级、套缸体、优化叶片型线、更换汽封、优化喷嘴结构、配套隔板等辅助系统，提升运行效率，在同等工况条件下实现机组多做功、多出力、多产电。节能提效 8 %～12 %；汽耗值降低 8 %～12 %；产电量提升 8 %～12 %。	菏泽富海能源发展有限公司
17	循环水系统高效节能技术	通过对流体输送工况的检测及参数采集，建立水力数学模型，计算最优循环水输送方案，找到系统的最佳运行工况点，设计生产与系统最匹配的高效流体传输设备，同时配套完善自动化控制方式，使系统始终保持在最佳运行工况，实现循环水系统高效节能。节电率可达 20 %～50 %，平均节电率约 30 %；水泵效率提高 8 %～10 %。	上海中石化三井化工有限公司

序号	技术名称	技术内容及特点	技术使用单位（地点）
18	炉窑烟气节能降耗一体化技术	将尿素颗粒与催化剂充分混合后，喷入 750~960 ℃的锅炉炉膛，通过催化剂的作用，分别脱除掉 NO_x、SO_2。脱硫脱硝过程不需要空压机、循环泵、搅拌器、排出泵、氧化风机、声波清灰器、污水处理、废渣处理、危废处理等设备，节约电能、水资源。	黑龙江省青冈县金安热电有限公司
19	高温工业窑炉红外节能涂料技术	通过增加基体表面黑度，形成高发射率辐射层，从而减少热量流失，达到炉窑节能效果。涂层可改变传热区内热辐射的波谱分布，将热源发出的间断式波谱转变成连续波谱，从而促进被加热物体吸收热量，强化了炉内热交换过程，提高了窑炉能源利用率。	山东钢铁股份有限公司莱芜分公司
20	中央空调热水锅炉	采用中央空调余热多级回收制热水技术，将排到大气中的废热转变为可再生能源二次利用，在中央空调机组上安装一个高效的热回收设备及热泵接驳装置，利用高温的冷媒与自来水进行热交换，自来水通过多级热量回收中央空调高温冷媒的热量，可提供 55~80 ℃的热水，在制冷时降低了冷凝压力，同时提高机组制冷效果和制冷机组的效率，降低了空调机组电耗。	普宁金懋大酒店
21	超大型 4 段蓄热式高速燃烧技术	设计优化了排烟及空气换向系统，注入的燃料在贫氧状态下燃烧，采用低温有焰大火、低温有焰小火、高温无焰大火、高温无焰小火 4 段燃烧技术，有效提升热效率、降低污染物排放，可实现 NO_x 排放≤120 mg/m³，排烟温度≤130 ℃，节能效果明显。	河南神州精工制造股份有限公司
22	电极锅炉设计技术开发及制造	采用电极加热技术，添加一定数量电解质的纯水作为导体，当高压电（一般 6~25kV）三相电极放电时，电流通过水做功，从而产生可以控制并加以利用的热水和蒸汽，直接将电能转换为热能，配合智能控制系统，实现了电极锅炉系统及蓄热系统的全自动化控制，锅炉的热效率可达 99 %。	中国广核集团有限公司
23	燃煤锅炉智能调载趋零积灰趋零结露深度节能技术	采用"趋零积灰、趋零结露、变功率智能技术"和"活动列管式空气预热器"，利用积灰机制返积灰，以反冲刷方式自洁清灰，以控制烟气与受热面的交换大小来实现恒定排烟温度和变功率，配合互联网远程监控，可实现智能控制、自洁清灰、恒温抗露、调变负荷、飞灰自燃、炉内除尘功能，提高锅炉在线运行热效率 4 %以上。	秦皇岛市山海关鑫圣供暖有限责任公司
24	流程工艺风机及系统管网优化节能技术	通过单机高效设计、局部管道优化、系统管网优化及厂区流体设备群基于运行数据的能效诊断等技术手段，实现流程工艺风机及风机系统节能，主要创新性有三点：一是针对损失模型、预测方法不完善及评估方法定性等问题，通过补充模型、完善预测、定量评估等，形成离心风机高效宽工况设计方法，实现离心风机高效宽工况设计；二是对风机进、出口管道系统效应附加阻力的精准计算，有效避免了进、出口管道系统效应导致的阻力损失；三是针对流程工艺中量大面广的流体机械设备群，实现了基于运行数据的能效诊断。	阳谷祥光铜业有限公司
25	特大型高炉鼓风高效节能装置技术	采用叶型优化、多级动静叶匹配、轴向进气结构等设计技术，对鼓风机组性能进行了综合优化，提高了调节范围和效率；开发应用了高炉鼓风机防阻塞技术、微压控制保持技术、急速减压系统技术、动态双坐标修正的防喘振保护与最高压力限制保护技术，提高了大型高炉鼓风机组运行可靠性。	宝钢湛江钢铁有限公司
26	高效低碳微通道换热器技术	微通道换热器是一种紧凑式高效换热器，相比传统翅片管式换热器，空气侧换热系数大，全铝焊接无接触热阻，换热器综合换热效率提高 30 %以上，应用于制冷空调系统，可满足更高的能效要求，系统制冷剂充注量可显著降低，并且体积小、质量小，100 %可回收。	Nortek 公司

序号	技术名称	技术内容及特点	技术使用单位（地点）
27	等离子体点火及稳燃技术	等离子体点火技术是利用直流电流在介质一定气压的条件下接触引弧，并在专业设计的燃烧器中心燃烧筒中形成温度>5000 K、温度梯度极大的局部高温区，煤粉气流通过该等离子体"火核"受到高温作用，迅速吸热并释放出挥发物，使煤粉颗粒破裂粉碎，迅速燃烧。从而节约锅炉启动及低负荷稳燃所需的燃油。	广东国华粤电台州电厂
28	跨临界 CO_2 热泵的并行复合循环关键技术	热泵压缩机把低温低压气态 CO_2 压缩成高温高压的气态，与水进行热交换，高压的 CO_2 在常温下被冷却、冷凝为液态，再经过蒸发器（空气热交换器）吸收空气中的热能，由液态 CO_2 变为气态 CO_2，低温低压的气态 CO_2 再由压缩机吸入，压缩成高压高温气态 CO_2。如此往复循环，不断地从空气中吸热，在水侧换热器放热，制取热水。	察哈尔右翼前旗黄家村高速公路服务区
29	节能高效多级小焓降冲动式汽轮机	汽轮机转子通流部分经优化设计为单列调节级，区别于冲动式汽轮机转子的第一级多为双列速度级，并且设计多出 2~4 级压力级；汽轮机通流部分同时还优化了叶片、喷嘴、隔板喷嘴的型线设计，有效降低了汽轮机通流部分摩擦热损，从而提高了汽轮机机械转换效率。	昌乐盛世热电有限公司
30	开关磁阻电机驱动系统	采用柔性制动技术，通过综合识别制动转矩、电机绕组电流、开关角度等，自动调节制动功率，实现快速制动及正反转运行；采用开通角、关断角的自动调节技术，提高单位电流输出转能力、提高电机效率；研发了专用无位置传感器技术和控制策略，部分场合可省去传感器，提高了电机在油污、粉尘等恶劣环境下的适应能力，提高可靠性，降低成本；针对不同行业研发了能充分发挥电机优势的现场匹配技术，使电机性能指标更匹配现场需求，以降低能耗。	山东日发纺织机械有限公司和常熟色织公司
31	纯方波永磁无刷电机及驱动器节能技术	电机转子永磁体为钕铁硼稀土永磁材料并采用瓦形表贴形式，磁极具有较大的极弧系数，经过磁路设计，获得梯形波的气隙磁密，定子绕组采用集中整距绕组，感应反电动势为梯形波，驱动器采用电流峰值控制策略，控制周期为恒定值。当电流给定大于电机定子绕组中的电流时，同时开通上下桥臂的两个开关管，使电流上升；当电流给定小于电机定子绕组中的电流时，关断其中一个开关管，使电流下降，当时间达到一个控制周期时再次开通开关。通过电流峰值控制，能够使电机定子绕组中的电流跟踪电流给定。	西藏自治区那曲市
32	卧式油冷型永磁调速器	电机与负载设备转轴之间无须机械连接，电机旋转时带动导磁盘在磁场中切割磁力线，导磁盘中会产生涡电流。该涡电流在导磁盘上产生反感磁场，拉动导磁盘与磁盘的相对运动，从而实现了电机与负载之间的转矩传输。	镇江大港热电厂
33	新型热源塔热泵系统	以空气为热源，通过热源塔的热交换和热泵作用，实现制冷、供暖及生活热水等多种功能。智能化控制平台以数据驱动＋智能算法为核心，通过对用户末端的冷、热负荷预测，对管网水力平衡进行分析，优化群控策略实现热源塔热泵系统的自适应控制，从而提升控制精度，优化系统运行综合能效，实现热源塔热泵系统智能化稳定运行，降低运行成本，提高运行效率。	青岛"中欧国际城"能源站
34	全预混冷凝燃气热水锅炉	系统由变频风机、燃气比例阀、文丘里混合器、金属纤维燃烧器、热交换器及控制系统等组成。采用前预混进气，保持精确的空燃比，确保完全燃烧；采用表面低氮燃烧方式，火焰均匀，可避免局部高温，有效降低氮氧化物的产生；采用一体式冷凝逆向换热技术，充分吸收高温烟气中的显热和水蒸气冷凝后的潜热，减少排烟热损失及有害物质排放，提高热效率。	北京朝阳无限芳菁苑小区

序号	技术名称	技术内容及特点	技术使用单位（地点）
35	黑体强化辐射传热节能技术	根据红外物理的黑体理论及燃料炉数学模型制成集增大辐射室炉膛传热面积，提高辐射室炉衬发射率和增加辐照度等功能于一体的工业标准黑体元件，通过炉窑能耗检测与评估、炉窑炉衬黑体元件布局与安装、炉窑炉衬整体强化处理等技术，将众多的黑体元件安装于炉膛内壁适当部位，与辐射室炉膛共同组成一个发射率不衰减的红外加热系统。对于具有加热室，工艺加热温度在 700 ℃以上，以辐射加热为主要加热方式的工业加热炉，可通过黑体技术强化加热炉内的辐射传热效率，实现增产、节能、提高产品质量和延长炉衬寿命。	中新钢铁集团有限公司

附表 5　能源信息化管控技术内容及使用单位

序号	技术名称	技术内容及特点	技术使用单位（地点）
1	创新 5G 系统平台演进式多频多制式容量分布系统（eCDS）产品及技术	系统由射频容量接入转换单元/板卡、容量接入单元、演进式容量拉远单元、容量分配单元和集成 5G 微容量拉远单元组成，其中 CDU 及 pCRU 可根据工程实际应用配置选用。该技术应用使设备提高了效率，降低了单机能耗；改变了原有低效的组网方式，节省大量传统 RRU 设备。功耗大为降低，仅相当于传统方案使用的多 RRU 综合设备功耗的 50 %。	中国移动通信集团四川有限公司
2	电动汽车群智能充电系统	电动汽车智能充电系统由防护、通信、检测、计量、交互等多个方面的辅助功能组成，实现 10 kV 高压接入，经过 AC/DC 功率模块转换成直流电为电动汽车进行充电。通过高效散热、高压箱集成、高效 AC/DC 转换、负荷调度与智能充电等多项核心技术使系统具有很好的节能效果。设备整机效率：＞95 %；输入功率因数：＞0.99。	成都电动汽车群
3	精密空调节能控制技术	通过降低压缩机与风机的转速，使单位时间内通过冷凝器和蒸发器的冷媒流量下降，增加精密节能控制柜，使压缩机、室内风机的供电先经过节能控制柜，通过节能控制柜采集室内的温度信号，由控制器输出相应控制信号给总变频器，进而控制这两个器件的工作频率，达到降低能耗的目的。年节能率可达 30 %。	华北油田京南云数据中心
4	绕线转子无刷双馈电机及变频控制系统	无刷双馈电机是一种新型交流感应电机，由两套不同极对数定子绕组和一套闭合、无电刷、无滑环装置的转子构成。两套定子绕组产生不同极对数的旋转磁场间接相互作用，转子对其相互作用进行控制来实现能量传递；既能作为电动机运行，也能作为发电机运行，兼有异步电机和同步电机的特点。节电率 30 %～60 %。	中国石油化工股份有限公司武汉分公司
5	工商业园区新能源微电网技术	工商业园区新能源微电网是以自主研发的电能路由器、储能变流器、光伏逆变器等全系列电力电子一次产品为支撑，以微电网能量管理系统、中央控制器、运维云平台等二次产品为辅，构建的全生态链微网能量管理及运维系统。自发自用比例＞50 %。	西安产业园区
6	炼化企业公用工程系统智能优化技术	本技术包括氢气系统智能优化技术和蒸汽动力系统智能优化技术，提高了系统氢气利用效率，实现蒸汽产—输—用集成建模与优化。并在系统模拟基础上，开发实时监测、用能诊断、运行优化、排产和能耗管理等核心功能，辅助工艺人员优化系统操作、识别系统瓶颈，精细化日常管理。提高企业氢气系统氢气利用效率 5 %～15 %；降低企业蒸汽动力系统能耗 3 %。	中国石化集团金陵石油化工有限责任公司
7	流程型智能制造节能减排支撑平台技术	是一个 UNIX 版本的支撑实时仿真、控制、信息系统软件开发、调试和执行的软件工具，实现了生产工艺流程的全面在线监视、在线预警、在线诊断和优化，应用高精度、全物理过程的数学模型形成了系统节能减排的在线仿真试验床，支持设备系统在线特性研究、热效率优化和动静态配合等深层次优化控制问题的研究，研究确保产品质量和降低生产能耗的方法。	鲁南中联水泥有限公司

序号	技术名称	技术内容及特点	技术使用单位（地点）
8	直流互馈型抽油机节能群控系统	将同一采油（气）区块的各井抽油机电控逆变终端通过直流互馈型直流母线方式统一供电，充分发挥直流供电的优点和多抽油机的群体优势。将现代网络化无线通信管理方式与油井群控配置组态相结合，实现集群井间协调和监控管理。吨液生产节电率：15%～25%。	胜利油田东辛采油厂
9	同步编码调节智能节电装置	利用电磁平衡原理，通过对配电系统电能质量优化治理，如切断富余电压、电磁移项、抑制谐波、抗击浪涌、平衡三项等，通过同步编码调节控制，实现智能化和云端监视。节电率10%～32%。	泓林电力技术股份公司
10	基于电磁平衡原理、柔性电磁补偿调节的节能保护技术	应用电磁平衡、电磁感应及电磁补偿原理；采用动态调整稳定三相电压、电磁储能及特有的柔性补偿调节技术，提高功率因数、消减谐波、降低涌流影响、实现智能稳压旋流，从系统的角度实现节能降耗。同时电能质量的提高也有效改善了各种设备的运行环境，从而延长设备寿命，提高运行效率。空载损耗：≤0.7%；负载损耗：≤2%。	中国石油化工股份有限公司长岭分公司
11	基于云控的流线包覆式节能辊道窑技术	将尾部部分冷风抽出打入直冷区加热至170～180℃，将缓冷区抽出的高温余热送至干燥系统利用，利用非预混式旋流型二次配风烧嘴，调节窑内燃烧空气，保证温度场均匀性，通过预热空气和燃料，节省窑炉燃料，将设备信息引入互联网云端，实现在线监测，并接入微信和iBOK专用移动终端，实现窑炉产线的远程管理与协助。典型节能率16.64%。	山东远丰陶瓷有限公司
12	高炉热风炉燃烧控制模型	采用数学模型与专家系统相结合的方式处理复杂工况。在保证多阶段不同参数燃烧的基础上，在工况复杂多变的应用环境下满足烧炉需求，解决了热风炉非线性、大滞后、慢时变特性的复杂控制问题。通过更精确的空燃比控制、更完善的烧炉换炉机制，提供更合适的烧炉策略。节约煤气消耗2%～6.5%，提高热效率2%～9.5%。	江阴兴澄特种钢铁有限公司
13	基于边缘计算的流程工业智能生产节能优化控制技术	该技术具有自学习能力，能够实现在线建模功能，可针对不同装置、不同生产过程形成最适合的控制模型和优化模型，不但能够通过先进控制模块使各流程工业生产装置达到"快、准、稳、优"的最佳控制效果，而且能够通过优化模块使装置或整个系统达到最优的运行状态。物耗降低1%～5%，综合能耗降低5%～20%。	内蒙古君正化工有限责任公司
14	产业园区智能微电网平台建设与应用技术	智能微电网是集成先进电力技术的分散独立供能系统，靠近用户侧，容量相对较小，将分布式电源、负荷、储能元件及监控保护装置等有机融合，形成了一个单一可控单元；通过静态开关在公共连接点与上级电网相连，可实现孤岛与并网模式间的平滑转换；就近向用户供电，减少了输电线路损耗。	辽宁激光产业园
15	基于大数据的船舶企业智慧能源管控信息系统	利用物联网技术实现能耗数据的自动采集，利用大数据技术对数据进行聚类、清洗和分析，结合软计量模型对缺失的数据进行仿真计算，建立企业范围内的资源一能源平衡模型，设定评价指标体系，判定能效水平及损失主要环节，实现能源计划编制与跟踪、统计分析、动态优化、预测预警、报表服务、能源审计、反馈控制等功能，推动企业不断挖掘节能潜力，提升能源利用效率，年节约能源5%左右。	风帆有限责任公司徐水高新电源分公司
16	工业企业综合能源管控平台	由企业综合能源管控系统及电力抄表软件构成，电力抄表软件为后台处理子系统提供准确而可靠的数据，通过应用大数据、云计算、边缘计算和物联网等技术组建的能源管控系统，实现企业能源信息化集中监控、设备节能精细化管理、能源系统化管理等，降低设备运行成本。	南京利德东方橡塑科技有限公司

序号	技术名称	技术内容及特点	技术使用单位（地点）
17	中央空调节能优化管理控制系统	采用 i-MEC（管理＋设备＋控制）、模块化、系统智能集成、物联网等技术，对中央空调各个运行环节进行控制，并对冷源系统运行参数进行整体联动调节；通过管网水力平衡动态调节、负荷动态预测、分时分区控温、室内动态热舒适性优化调节，实现空调系统全自动化、高效运行，显著降低中央空调耗电量。	东莞市直属机关
18	能源消耗在线监测智慧管理平台	由能耗采集传输系统、数据中心、能耗监管平台软件、监控中心、客户端、远程服务端六大部分组成的能源消耗在线监测智慧管理平台，通过具有远传通信接口的智能计量器具对能耗数据进行采集，数据中心对数据进行综合处理，实现工厂—车间—生产线—重点用能设备能耗数据的可视化及工业企业多层级能效水平在线评价及多级用能监管，提升企业用能效率。	广州致远新材料科技有限公司
19	钢铁企业智慧能源管控系统	运用新一代数字化技术、大数据能源预测和调度模型技术，构建钢铁工业智慧能源管控系统，动态预测企业能源平衡和负荷变化，实现了钢铁企业水、电、风、气的一体化、高效化、无人化管理，有效提高能源循环利用和自给比例。	河南济源钢铁（集团）有限公司
20	企业能源可视化管理系统	采用"中心云＋边缘云"的云边协同解决方案，设计基于 Spring 开源架构，使用分布式消息系统等进行节点和服务的消息传递，数据存储使用单节点或分布式集群存储，可对设备进行实时监测、运行数据分析与故障预警，对工厂的能源数据进行采集和分析，集节能控制、碳管理于一体，综合节电率显著。	昆达电脑科技（昆山）有限公司
21	基于工业互联网钢铁企业智慧能源管控系统	采用大数据、云计算、人工智能等新一代信息技术，对能源生产全过程进行能耗能效评价分析、平衡预测分析和耦合优化分析，对能源产生量、消耗量进行精准预测，通过与数据共享、协同，建立能源流、铁素流、价值流及设备状态的动态平衡优化体系，有效降低能源损失，提高能源转化效率，可降低综合能耗。	鞍钢股份有限公司鲅鱼圈钢铁分公司
22	磁悬浮中央空调机房节能改造技术	集成应用高效磁悬浮冷水机技术、水泵变频技术、机房实时能效监测调控技术，根据系统工况及负荷需要，控制冷冻泵、冷却泵和冷却塔转速，降低辅机的用电，通过软件与设备连接，可实时采集用能数据并自动分析，智能化管控机房，实现高效制冷，与传统中央空调机房相比，节能效果明显。	广合科技（广州）有限公司
23	成品油管网智慧用能决策系统	以大数据、云平台为支撑，利用复合组网设备和技术实现完整和可靠的能耗数据自动采集。建立泵群优化决策模型和算法，并开发源网荷储一体化和多能互补管控平台，达到智慧用能决策的目标，提高管道运输企业能源综合自动化管理水平和能源利用效率，年节约能源不低于 2 %。	国家管网集团华南公司
24	基于边缘计算的流程工业智能优化控制技术	集成了数据处理、在线建模、先进控制、在线优化控制、智能控制等技术所形成的流程工业智能优化控制系统，具有自学习能力，能够实现在线建模功能，可针对不同装置、不同生产过程形成适合的控制模型和优化模型，通过通用先进控制模块使各流程工业装置达到"快、准、稳、优"的最佳控制效果，并通过通用优化模块使装置或整个系统达到最优的运行状态，从而实现节能、节水及资源综合利用。	内蒙古博大实地化学有限公司
25	直流母线群控供电系统	将同一采油（气）区块的各井抽油机电控逆变终端通过直流互馈型母线方式统一供电，各抽油机冲次根据井下工况优化调节，将现代网络化无线通信管理方式与油井群配置组态相结合，实现集群井间协调和监控管理，使各抽油机倒发电能通过直流母线互馈共享、循环利用，可实现以下几个功能：一是可以提高能效；二是直流供电线路压降低、损耗小、距离远；三是通过公共直流母线，使同一变压器和网侧整流器冗余容量为多台抽油机变频电控终端所共享，从而降低变压器台数和容量。	胜利油田东辛采油厂

序号	技术名称	技术内容及特点	技术使用单位(地点)
26	能源化工企业智慧工厂"123"体系冷源数字化节能技术	以有效能为主控制对象,应用物联网技术,将工厂建设为一个物联网络(主站)、两个可调控设备(电机和阀门)、三个能量流系统(冷、热和物料)的智慧体系,实现能量合理精准地配送,利用物联网和人工智能技术,达到"配置合理、运行协调、整体优化",整体上展现简约、自适应、最低能耗、透明可控等一系列外在健康属性,使工厂的运营变得简单,以最低的成本完成智慧工厂建设,实现节电约 30 %。	中国石油化工股份有限公司九江分公司
27	区域综合能源管控系统	拥有能源综合监控、能源优化调度、能效分析与诊断、能源智能运维等功能,支持多种类型能源数据接入,利用 Hadoop 分布式数据库、智能数据挖掘技术实现长期历史数据诊断、分析、评估,该系统能对综合能源系统大量用能数据进行类型划分,利用聚类分析方法对比待处理数据与对应类型的标杆值,进行用能异常突变判断,可发现用户能源消耗过程和结构中存在的问题,辅助优化综合能源系统用能策略。	天津北辰商务中心
28	智慧能源能效管控系统	通过对能源站的设备、管网等各类能耗数据进行精准采集和整理,借助自主研发的能效分析模型对整个能源系统进行能效分析及节能诊断,通过定制化的控制编程,实现控制逻辑的精准性,从而达到对设备进行精准控制和运行监测。该系统可确保各个设备之间高效耦合联动,做到供给和需求、机房和末端、外部负荷和设备本身等各方面的协同,力争整个能源站时刻精准高效运行,实现节能降耗。	众生药业
29	EcoSave 空压站智慧无损节能系统	通过深度学习及边缘计算,准确学习用户的用气规律并做出趋势预测,设定满足生产工艺需求的最低压缩空气系统总管压力,再通过无损恒压技术对总管压力实施精确控制,既降低总管压力又降低管路泄漏量,从而实现节能。在此基础上,利用无线智能联控技术对空压机系统实施联动控制,减少空压机系统末端恒压增多的卸载时间,从而优化整个系统的运行。	东电化电子(珠海)有限公司
30	基于 APC 中央空调智控节能技术	采用数据采集→建模→多变量控制→云端管控等方式,将所有中央空调前后端看作一个整体进行协同控制,通过现场数据建模,完成预测、优化反馈控制,实现中央空调设备的无人化智控,建立中央空调智能化、集散化"专家系统",可提高中央空调系统信息化与智能化水平,年平均节能 15 %~40 %。	湖西 721H11 冷冻站
31	智慧热岛—余热利用技术	以水为媒介,通过泵送至各个热量富余的生产装置或系统,以换热的方式收集余热(取热岛),然后输送给需要热量的装置或系统中(用热岛),替代用热岛中现有的蒸汽加热方式,达到节省蒸汽的目的。	中国石油化工股份有限公司茂名石化公司
32	iSave 中央空调 AI 节能控制系统	中心单元 ASP(大脑)依据室内温湿度及其变化曲率、室外温湿度及其变化曲率、系统运行数据及各设备运行状态,通过 AI 节能算法计算制冷站最佳的控制参数设定值。当接入末端空调机组时,AI 节能算法能够根据室内外环境及时间参数计算最佳的空调机组送风温度设定值和室内温度设定值等,实现中央空调系统的深度节能。	武汉市第九医院
33	一种组合式互联网节能型智慧空压站的集成设计及智能控制系统	利用物联网、大数据等技术将节能空压机、储气罐、节能冷干机、过滤器集成到智慧空压站中,该智慧空压站 24 小时远程监控并不间断地发送监控数据,自动报警,自动收集空压机数据并进行分析自动优化工作模式,可为用户提供所需的高品质压缩空气,相比于传统空压机节能 15 %~60 %。	湖北融通高科先进材料有限公司

附表 6　余能利用技术内容及使用单位

序号	技术名称	技术内容及特点	技术使用单位
1	石墨盐酸合成装置余废热高效回收利用技术	通过研发高导热石墨材料、炉体分段结构设计等技术，设计出副产段，采用纯水将氯化氢气体冷却的同时，利用合成反应热加热纯水副产出 0.8 MPa 的蒸汽，供用户并网使用。	安徽华塑股份有限公司
2	转炉烟气热回收成套技术开发与应用	基于能量梯级利用及有限元模拟计算分析，采用转炉烟道汽化冷却优化用能关键技术，通过一系列高效节能核心动力设备，实现了烟气的高效回收利用。蒸汽脱水率高达 99 %、排污热损失减少 50 %、除氧器排汽热损失减少 50 %。	本钢板材股份有限公司
3	球形蒸汽蓄能器	当转炉吹氧时，汽化冷却装置产生的多余蒸汽被引入球形蒸汽蓄能器内，随着压力升高，热水被加热同时蒸汽凝结成水，水位随着升高，完成了充热过程。在转炉非吹氧期或蒸量较小的瞬间，用户继续用汽时，球形蒸汽蓄能器中的压力下降，伴随部分热水发生闪蒸以弥补产汽的不足，水位开始降低并实现了放热过程（向外供汽）。散热损失减少 50 %。	联峰钢铁（张家港）有限公司
4	基于大型增汽机的热电厂乏汽余热回收供热及冷端节能系统	利用大型蒸汽增汽机（蒸汽喷射器），引射汽轮机低压缸排汽（乏汽），混合升压升温后的蒸汽作为加热蒸汽，进入热网凝汽器，加热热网水，阶梯式逐级加热热网回水，达到供热所需温度后，向市政热网供热水，实现了乏汽余热的回收利用。热利用由原来的 40 %左右提高到 80 %左右。	山西漳电国电王坪发电有限公司
5	基于喷淋换热的燃煤烟气余热深度回收和消白技术	在湿法脱硫后的烟道中设置直接接触式喷淋换热器，高湿低温烟气在喷淋换热器中与低温中介水直接接触换热，烟气温度降低至露点以下，烟气中的水蒸气冷凝，回收烟气的显热和潜热，同时回收水分，并吸收烟气中的 SO_2、NO_x 及粉尘等污染物；中介水作为吸收式热泵机组的低温热源，在喷淋换热器中升温，在吸收式热泵机组中放热降温；吸收式热泵回收的热量提供给热用户。烟气二次减排。进一步降低烟气污染物排放浓度，降低 SO_2 浓度 55 %、NO_x 浓度 8.8 %及部分粉尘含量。	中国石油化工股份有限公司北京燕山分公司
6	天然气管网压力能回收及冷能综合利用系统	该系统由螺杆膨胀发电机组、热泵补热系统、冷能综合回收系统等组成。上游管线的高压天然气，经旁通管路进入螺杆膨胀发电机组，单级或双级等熵膨胀后进入下级城市管网，膨胀过程中螺杆膨胀机驱动发电机发出稳定电能，膨胀过程中产生的冷能经载冷剂循环系统输送到制冰、空调、冷冻、冷藏等冷用单元。热泵补热系统同时将天然气加热到规范要求。	衢州市能源有限公司（浮石门站）
7	焦炉上升管荒煤气高温显热高效高品位回收技术	采用无应力复合间壁式螺旋盘管上升换热器结构，对焦炉上升管内排出的 800 ℃高温荒煤气进行高效高品位显热回收，降温幅度 150～200 ℃，回收热量可用于产生 ≥1.6 MPa 饱和蒸汽，或对蒸汽加热至 400 ℃以上，或产生 ≥260 ℃的高温导热油，可替代脱苯管式加热炉。	徐州华裕煤气有限公司
8	燃气烟气自驱动深度全热回收技术	基于最新的烟驱换热理论进行系统结构的优化设计，综合了热泵技术、高效相变换热技术、热质交换强化技术。采用三段式烟气全热回收器分段回收烟气中的热量，利用自身排出高温烟气的高品位热能做热泵的驱动能源，同时创造尾段烟气除湿的低温环境，深度回收热湿废气中的余热。	哈尔滨瀚清节能环保科技有限公司

序号	技术名称	技术内容及特点	技术使用单位
9	低温露点烟气余热回收技术	采用 REGLASS 玻璃板式换热器作为空气预热器的低温段，对烟气进行深度余热回收，同时依靠玻璃本身的耐腐蚀性，解决预热器低温酸露点腐蚀问题。氮氧化物及碳排放量减少1.5 %～10 %。	山东滨化滨阳燃化有限公司
10	循环氨水余热回收系统	采用一种直接以循环氨水作为驱动热源的溴化锂制冷机组，实现余热回收，可用于夏季制冷、冬季供暖。一方面实现荒煤气显热高效安全回收，另一方面还能对现有生产工艺改善、提高产能。	河南中鸿集团煤化有限公司
11	硫酸低温热回收技术	采用高温高浓酸吸收硫酸生成的热量，将吸收酸温提到180～200 ℃，硫酸浓度达到 99 %以上，然后在系统中用蒸汽发生器替代循环水冷却器，将高温硫酸的热量传给蒸汽发生器中的水产生蒸汽。每生产 1 t 硫酸节省循环冷却水 36 t。	四川龙蟒磷化工有限公司
12	基于向心涡轮的中低品位余能发电技术	采用有机朗肯循环（ORC）的热力学原理，将低品位余热转化为高品质清洁电能，通过有机工质的应用，适应余热资源不同温度范围的利用，采用向心涡轮技术，提高系统发电效率及系统运行的可靠性。	中国石油化工股份有限公司茂名分公司
13	高温热泵能质调配技术	以消耗一部分高品位能（电能、机械能或高温热等）为代价，通过热力循环把热能由低温物体转移到高温物体，利用逆向卡诺循环的能量转化系统。	山东京博石油化工有限公司
14	油田污水余热资源综合利用技术	针对油田污水的特点及原油特性，选取最优方案，确定最佳的参数，通过出水 100 ℃以上的高温压缩式热泵工艺设计，优化了污水余热利用系统流参数。节能率 25 %。	胜利油田有限公司河口采油厂埕东联合站
15	炼油加热炉深度节能技术	采用耐酸露点腐蚀的石墨作为主要材料，开发出具有耐腐蚀性能的新型石墨空气预热器，从根本上解决烟气露点腐蚀问题，深度回收烟气余热。排烟温度降低至 90 ℃，加热炉综合热效率提高 3 %。	中国石油化工股份有限公司荆门分公司
16	基于热泵技术的低温余废热综合利用技术	通过吸收式热泵技术，制出低温冷源，回收工艺装置余热；通过大温差输配，减少余热输配损失；通过吸收式换热，向用户传递热量，同时实现热量的品位匹配。供回水温差由60 ℃增加到 110 ℃。	中国石油化工股份有限公司北京燕山分公司
17	联碱工业煅烧余热回收应用于结晶冷却高效节能技术及装置	采用溴化锂装置制冷代替氨压缩机制冷用于降低联碱结晶温度，回收利用煅烧系统炉气废热，同时降低煅烧后工序冷却负荷，达到能源再生和合理利用，降低了系统能耗。采用预冷析装置，进一步降低冷 AI 温度，降低了结晶工段冷冻负荷，同时又解决了冷 AI 温度过低容易结晶堵塞换热器的问题。单位产品电耗下降 50 kW·h。	安徽德邦化工有限公司
18	高密度相变储能设备	通过研发的高密度纳米相变储能材料在相变过程中吸收或释放大量热能，通过封装相变材料封装储能设备，可利用谷值电或清洁能源产生的电能，通过空气源热泵、水源热泵、电锅炉等电转热装置制热，然后通过换热介质将热量存储于该设备中，待平峰时刻通过换热介质将设备中的热量释放出来，可用于用户供热及生活用水，平抑峰电电价。储能效率为 95.29 %。	天津滨海光热投资有限公司

续表

序号	技术名称	技术内容及特点	技术使用单位
19	带压尾气膨胀制冷回收发电技术	尾气在经过涡轮膨胀机后，由于叶轮高速旋转的离心力作用，使气体膨胀，温度降低，尾气中的有机物冷凝液化被分离回收，同时尾气压力能转化为机械能，传递给同轴的发电机进行发电，最后并网输出。替代系统冷源，节电率≥95 %。	湖南怀化双阳林化有限公司
20	锅炉烟气深度冷却技术	采用恒壁温热换器，控制换热面的壁面温度始终高于烟气的酸露点温度之上 10～15 ℃，解决常规换热器低温腐蚀的问题；实现了烟气换热后温度的精准控制，设备投资较低。使用该技术进行改造后，实现调节锅炉负荷波动时的烟气温度，确保经过低温热管换热器之后的烟气温度在一定范围内保持稳定，为后续除尘、脱硫、引风机等设备的运行提供稳定的工况，可提高锅炉的效率 2 %～5 %。	万华化学（烟台）氯碱热电有限公司
21	微型燃气轮机能源梯级利用节能技术	以微型燃气轮机发电机组为核心，采用布雷顿循环，将高压空气送入燃烧室与燃料混合燃烧，燃烧后的高温高压气体进入涡轮做功发电，排出的高温烟气通过后端余热利用设备组成多能源输出的联供系统，进行能源梯级利用，可实时调节热电比，提高系统综合能源效率。	兰溪市贝斯特铝制品有限公司
22	工业燃煤机组烟气低品位余热回收利用技术	采用燃煤烟气湿法脱硫系统余热回收技术，在湿法脱硫塔内设置若干间接取热装备，对湿法脱硫后饱和烟气、脱硫浆液或脱硫塔出口原烟气进行间接换热，回收湿法脱硫系统中气液两相的低品位余热，并将回收热量用于锅炉送风预热或锅炉除氧器补水预热，降低燃煤机组煤耗量。	新疆天富能源售电公司
23	工业循环水余压能量闭环回收利用技术	以三轴双驱动能量回收循环水输送泵组为核心，采用液力透平回收水余压能量装置，通过离合器直接传递到循环水泵输入轴上，减少电机出力，实现电机输出部分能量的闭环回收及循环利用，节能效果明显，延长了换热设备高效运行周期。	唐山建龙简舟钢铁公司
24	电厂用低压驱动热泵技术	吸收器和蒸发器互相连通，构成低压冷剂蒸汽流动通道；用热源加热溴化锂稀溶液，产生冷剂蒸汽，稀溶液逐级浓缩后变成浓溶液；各级发生器产生的冷剂蒸汽的冷却，使冷剂蒸汽凝结成液态冷凝水，并用冷凝过程中放出的热量来加热热水冷却水；吸收器用于溴化锂浓溶液吸收来自蒸发器的低压冷剂蒸汽，浓溶液稀释成稀溶液，并用吸收过程中放出的热量来加热热水冷却水；蒸发器用于低压液态冷凝水从低温热源（冷水）吸热后蒸发，产生出低压冷剂蒸汽，回收低温热源的热量。	鹤壁煤电股份有限公司
25	自回热精馏节能技术	自回热精馏节能技术（SHRT），是将精馏系统塔顶的低温蒸汽通过压缩机压缩，提高其温度及压力后送往再沸器加热塔釜料液并放热冷凝，系统运行仅通过压缩机维持精馏过程的能量平衡，系统利用少量电能提高塔顶蒸汽的热品位，高效回收了塔顶蒸汽的汽化潜热，减少塔釜料液加热的外加能源需求，降低了塔顶冷却水耗水量，实现精馏过程节能经济运行，能耗仅为传统精馏工艺的 60 %～80 %。	南通泰利达化工有限公司
26	升温型工业余热利用技术	以第二类溴化锂吸收式热泵作为主要设备，采用中温热源驱动，热泵循环中蒸发压力和吸收压力高于发生压力和冷凝压力，借助其与低温热源的势差，可吸收低品位余热（热水、蒸汽或其他介质），将另外一部分中温热提升到较高的温度，生产高品位热蒸汽或热水，实现能源品位的提升。	中海石油宁波大榭石化有限公司

序号	技术名称	技术内容及特点	技术使用单位
27	基于热能梯级利用的热电联产低位能供热技术	利用居民采暖的低品位热能需求，对汽轮机低压缸转子、凝汽器等关键设备进行改造。采暖期适当提高机组运行背压，以热网循环水作为机组排汽冷却水，回收机组低品位排汽余热作为热网的基础热源，加热循环回水后对外供热，供热不足部分由高品位中排抽汽进行尖峰加热，实现能源梯级利用，提升了机组发电出力，显著降低了供热耗能成本。	国电电力大连开发区热电厂
28	大腔体高温真空电热氮化烧结系统及余热利用技术	采用高强度大腔体炉，真空度、密封性和保温设计优良，产品装载量大，利用高温时射流均温系统缩小炉内分层温差，氮化率高，余热可充分回收利用，热利用率高；同时通过工业 DCS 控制系统及工业组态软件相结合，实现了大腔体氮化炉的加热升温、鼓风降温、送风排杂、射流均温、自动补氮、余热利用等智能控制功能。	中钢耐火天祝玉通科技新材料有限公司
29	污泥耦合发电技术	采用低温蒸汽式污泥干化装备，利用电厂低品位蒸汽干化污泥，提高污泥热值，干化尾气送入电厂锅炉热分解，回收利用干化尾气潜热的同时随锅炉尾气脱硝、除尘、脱硫后净洁排放，冷凝液经生物处理达标回用；再将干化污泥与燃煤混合后送入电厂锅炉混烧，燃烧灰渣作为建筑辅料，在无害化处理污泥的同时，耦合发电，实现资源化利用。	南京化工园热电厂
30	汽车轮毂生产线余热高效回收利用关键技术与应用	采用轮毂生产线低品位余热的高效提取及冷热双供技术，产出超低温冷水（7~12 ℃），供机组冷却循环使用；结合能源控制数据库和云平台，实现远程监控及调试、能耗实施跟踪、能源数据共享等功能；同时利用磁悬浮技术的低温余热发电机组将过剩的余热资源转化为电能，整机热电效率最高可达 13 %。	中信戴卡股份有限公司
31	锅炉烟气余热深度利用技术	利用尾部烟气余热加热凝结水及空预器入口冷风，尾部烟气余热利用位置可以在电除尘器或者脱硫塔之前，在利用位置安装 H 型鳍片管式换热器。电除尘尾部烟气分别经过一级和二级烟冷器，一级烟冷器管内工质吸收尾部烟气余热对汽机侧凝结水进行加热，二级烟冷器设置在一级烟冷器后，烟冷器管内工质吸收尾部烟气余热在暖风器内加热冷空气，可实现烟气温度降低 40 ℃，冷风温度升高 30 ℃，机组供电煤耗减少 2.5 g/(kW·h)。	天津国电津能热电有限责任公司
32	工业用复叠式热功转换制热技术	采用梯级换热和热泵集成创新技术，废水先经板换与清水换热，后经热泵机组降到室温后排放，具有一定热量的清水再经热泵机组加热后进入热水箱，可提取工艺废水余热中 75 %以上的能量，供生产使用，同时还可用于夏季废水降温，余热回收后的废水温度可降到 20~25 ℃。	江阴市华腾印染有限公司
33	工业企业能源节能降能耗及余能再利用技术	工业窑炉外排烟气经预处理后进入基于平板微热管阵列及平行流技术的烟气—水及烟气—空气换热器，该换热器体积质量只有传统的 1/10~1/5，成本低，可高效回收烟气温度低于 80 ℃的低温余热，换热器充分回收烟气热量后再外排烟气，显热换热效率可达 80 %，同时可利用谷电高效蓄冷蓄冰。	山东东佳集团股份有限公司

序号	技术名称	技术内容及特点	技术使用单位
34	智能全闭式蒸汽冷凝水回收系统	蒸汽经加热设备换热后产生不同压力的冷凝水，冷凝水通过系统可自行回流至冷凝水回收缓冲罐（微负压）内，然后进行汽水分离、引流；分离后的冷凝水通过高温回收水泵进行加压输送至锅炉房，吸气定压装置把闪蒸汽引射至冷凝水回收管网一并输送至锅炉房；高温冷凝水回收水泵无汽蚀问题，保证在整个闭式运行的系统中凝结水能稳定地输送。	常德芙蓉烟叶复烤有限责任公司
35	配套于大型催化裂化装置补燃式余热锅炉	应用了 FCC 催化剂再生烟气内嵌式 SCR 脱硝工艺，解决了受热面及管道露点腐蚀、高温腐蚀和积灰问题，延长了烟道长度，提高了热回收效率；采用独特的旁通烟道结构，第四烟道内的高温烟气温度恒定，避免温度过高造成催化剂烧结失活及烟气温度过低生成铵盐，有效延长了催化剂的使用寿命，降低了脱硝反应器的运行维护费用，提高了脱硝效率。	中国石油化工股份有限公司济南分公司

附表 7　其他节能技术内容及使用单位

序号	技术名称	技术内容及特点	技术使用单位
1	水煤浆气化节能技术	燃烧室衬里采用垂直悬挂自然循环膜式水冷壁，利用凝渣保护原理，气化温度可以提高至 1700 ℃，在燃烧室下部设置辐射废锅，通过独特的高效传热辐射式受热面结构回收粗合成气显热，有效避免结渣积灰问题，使气化炉在生产合成气的同时联产高品质蒸气，提高了能量利用效率。碳转化率>98.5%。	山西阳煤丰喜肥业（集团）临猗分公司
2	基于物联网控制的储能式多能互补高效清洁太阳能光热利用系统	采用全玻璃真空高效集热器将太阳能光热转换为热能，通过高容量热储能复合新材料、精准单向热水回流控制、多能互补系统和智能物联网管理平台等关键技术，稳定、高效、持续向用热末端供热。单位面积日均耗电量为 0.059 kW·h；谷电利用率为 56.6%；系统能效比为 12.77。	山西省阳曲县北小店乡政府
3	薄膜太阳能新型绿色发电建材技术	采用芯片镀膜、曲面封装、层压等工艺，将薄膜电池芯片与曲面/平面玻璃融合，打造发电建材产品，再通过电气等集成系统为建筑赋能，使建筑自身成为绿色发电体。光电转换效率≥16%。	奥林匹克森林公园科普展示中心
4	焦炉正压烘炉技术	利用专门的空气供给系统和燃气供给系统，通过向炭化室内不断鼓入热气，使全炉在整个烘炉过程中保持正压，推动热气流经炭化室、燃烧室、蓄热室、烟道等部位后从烟囱排出，使焦炉升温至正常加热（或装煤）温度，整个烘炉过程实现自动控制。	新泰正大焦化有限公司
5	一种应用于工业窑炉纳米材料的隔热技术	通过预压成型技术形成一种高孔隙率复合板材技术，复合料在混合机里面进行混合、分散之后下放到预压设备，预压设备预压之后送入压合机，压合机在常温、高压下将粉料成型，然后通过切割设备切割成需求的规格尺寸，再送入到烘干设备。常温导热系数≤0.018 W/(m·K)。	唐山国丰第一炼钢厂
6	高加载力中速磨煤机应用于燃煤电站百万机组的技术	磨盘带动的三个均匀分布在磨盘圆周上的磨辊转动，将煤碾压成细粉并在离心力的作用下溢出磨盘。由进入磨煤机的一次热风在对原煤干燥的同时将磨碎的煤粉输送至分离器中进行二次分离，合格的煤粉进入炉膛燃烧，粗粉返回重新磨制。	华能莱芜发电有限公司

序号	技术名称	技术内容及特点	技术使用单位
7	井下磁分离矿井水处理技术	通过投加混凝剂、助凝剂和磁种，使悬浮物在较短时间内形成以磁种为"核"的微絮凝体，在流经磁分离机磁盘组时，水中所含的磁性悬浮絮团受到磁场力的作用，吸附在磁盘盘面上，随着磁盘的转动，迅速从水体中分离出来，从而实现固液分离。分离出的污泥经刮渣和输送装置进入磁分离磁鼓，将这些絮团打散后通过磁鼓的分选，使磁种和非磁性物质分离出来，回收的磁种通过磁种投加泵打入混凝装置前端，循环利用。	山东泰山能源有限责任公司协庄煤矿
8	工业煤粉锅炉高效低氮煤粉燃烧技术	通过一次风粉通道的中心高浓度煤粉气流在回流烟气的加热下可迅速着火；助燃空气在燃烧器上由二次风通道径向分级给入，在燃烧过程初期使煤粉处于低氧富燃料气氛，大大降低氮氧化物的生成量；在三次风通道中通入适量的再循环烟气，通过降低中后期氧气浓度，减缓燃烧的强度，降低燃烧温度，降低了热力型氮氧化物的生成。	沈阳焦煤集团林盛煤矿公司
9	工业加热炉炉内强化热辐射节能技术	采用高新材料制作而成的集增加炉膛有效辐射面积、提高炉膛表面发射率和定向辐射传热功能于一体的加热炉辐射传热增效技术与装置。平均节能率10%以上。	邯郸钢铁集团有限责任公司
10	气化炉湿煤灰掺烧系统设备	以熔渣形式排出气化炉的煤灰，经水冷却、固化后通过锁斗泄压排放，并经捞渣机送出界区。系统排放的黑水送去闪蒸、沉降系统，以达到回收热量及黑水再生循环使用。	安徽昊源化工集团有限公司
11	高效工业富余煤气发电技术	高压蒸汽进入汽轮机高压缸做功后再通过锅炉加热到初始温度，加热后的低压蒸汽进入汽轮机低压缸做功，汽轮机带动发电机发电。做完功后的蒸汽变为凝结水再次进入锅炉进行加热变为蒸汽，从而完成一次再热循环的热力过程。煤耗292～330 g标准煤/(kW·h)。	联峰钢铁（张家港）有限公司
12	水处理系统污料原位再生技术	在过滤器/池内对失去过滤功能的滤料，使用压缩空气、高压水、超声波、专用再生介质等合适的方式快速恢复它的功能，使之达到重新利用的目的。运行节能减少耗电15%。	湖南华菱涟钢特种新材料有限公司
13	固体绝缘铜包铝管母线	利用集肤效应，合理搭配铜、铝管的厚度，提高铜的利用率，增大表面积，改善导体电流密度不均匀系数，使其额定电流温升降低，过载能力提高，降低损耗，节约电能。节电率23%～64%，节能铜材30%～70%。	安徽淮化股份有限公司
14	高效超净工业炉技术	通过对加热炉燃烧系统的多介质并流对烟气进行余热回收，实现加热炉烟气的超低温排放；通过换热系统的多段布置解决低温烟气对引风机的腐蚀问题；通过复合阻蚀剂系统解决烟气的低温硫酸露点腐蚀问题，解决燃料型氮氧化物的生成问题；通过低过剩空气系数下分级燃烧及烟气回流技术实现氮氧化物超低排放；通过冷凝水洗涤技术实现烟气颗粒物的超低排放。	金澳科技（湖北）化工有限公司
15	软特性准稳定直流除尘器电源节能技术	交流电经过可控缓冲整流滤波后，经BUCK电路进行斩波降压，将降压后的电压作为高频逆变器的输入，高频逆变的输出经过整流变压器变压后，串联到磁控软模块，磁控软稳模块的输出再经过整流输出至除尘器电场。可节电50%以上。	内蒙古京隆发电有限责任公司
16	快速互换天然气/煤炭双燃料燃烧技术	通过强化燃烧技术保证难燃燃料顺利着火及自主燃烧，其次通过对喷嘴、喷射角度、结构尺寸、流场分布等方面的设计，控制易燃燃料的燃烧过程。锅炉热效率可达91%以上。	济南热力有限公司浆水泉热源厂
17	600MW等级超临界锅炉升参数改造技术	通过重新分配锅炉各级受热面吸热比例，增加锅炉过热器系统受热面积，提高锅炉过热蒸汽温度。同时相应调整其他受热面积，保证锅炉排烟温度与改造前处于相当的水平或略优于改造前，并对相应过热器受热面材料进行升级，满足蒸汽温度升高的要求。	华润电力（常熟）有限公司

序号	技术名称	技术内容及特点	技术使用单位
18	反重力工业冷却水系统综合节能技术	将工业冷却水泵为了克服重力所产生的无效功耗，通过集成技术措施进行回收或利用。采用功率因数提高、富余扬程释放、系统流量匹配、真空负压回收、冷却塔势能回收等技术，提高了系统的整体效率，也提高了工业冷却水系统的自动化程度和运行稳定性。综合节能率达到 15 %～30 %。	江苏天音化工股份有限公司
19	工艺冷却水系统能效控制技术	通过实时测定循环水末端生产负荷变化、室外气象条件、循环水管网阻抗系数变化及耗能设备运行工况等相关参数，以满足生产热交换需求为控制目标，自动寻优最佳工况点。通过 PID 调节控制循环水系统中水泵、冷却塔、阀门等部件的运行参数和组合方式，在保证工艺需求的前提下达到系统整体能耗最低。系统整体节电率 25 %～70 %；减少冷却塔飘水 50 %以上。	山东荣信集团有限公司
20	机械磨损陶瓷合金自动修复技术	将陶瓷合金粉末加入润滑油（脂），在摩擦润滑的过程中利用机械运动产生的能量使陶瓷合金粉末与铁基表面金属发生反应，生成具有高硬度、高光洁度、低摩擦系数、耐磨、耐腐蚀等特点的陶瓷合金层，实现设备的机械磨损修复与高效运转，减少摩擦阻力，提高机械设备的承载能力，提高输出功率，提升设备的整体性能，节能 5 %以上。	北京顺丰速递有限公司
21	大型清洁高效水煤浆气化技术	将一定浓度的水煤浆通过给料泵加压与高压氧气喷入气化室，经雾化、传热、蒸发、脱挥发分、燃烧、气化等过程，煤浆颗粒在气化炉内最终形成以 CO、H_2 为主的合成煤气及灰渣，气体经分级净化达到后续工段的要求，灰渣采用换热式渣水系统处理，可实现日处理煤量 3000 t，综合能耗低、碳转化率高、废水排放量少，降低了合成气的生产成本。	内蒙古荣信化工有限公司
22	模块化梯级回热式清洁燃煤气化技术	将粗煤气中的大量余热用于产生高温气化剂，使反应的不可逆损失降至最低，冷煤气效率得到极大提升，并从源头上杜绝了焦油的产生，同时，该技术还可以通过配置飞灰强制循环模块与耦合气化模块等方式，对未完全转化的残炭进行二次利用，实现超高碳转化率。热效率：≥90 %；节能效率：≥20 %。	广西信发铝电有限公司

附表 8　工业节水共性通用技术典型案例

序号	案例名称	案例简介	技术名称	技术简介	阶段
			(一) 循环水处理及回收利用技术		
1	广汇新能源有限公司电化学水处理项目	该案例投运 5 套循环水电化学处理系统，合计处理量 11 350 m³/h。循环水系统浓缩倍数达到 12 倍，年节约新水用量约 58 万 m³，减少污水排放量；系统指标稳定，不结垢，不腐蚀，全自动运行，无人值守。	循环水电化学处理技术	该技术通过电解方式，利用阴阳电极作用，阴极区形成强碱性环境（pH>9.5），Ca²⁺、Mg²⁺与 OH⁻、CO₃²⁻形成氢氧化镁、碳酸钙，阳极区形成酸性环境（pH<3.5），产生 Cl⁻、OH⁻、H₂O₂、O₂、氯自由基等强氧化性物质，有效控制微生物生长。实现循环冷却水系统防腐阻垢。该技术可耦合膜、超声波除垢和臭氧杀菌技术，强化循环冷却水系统防腐阻垢效果，使循环浓缩倍数提高至 5～12 倍，可实现 30%～80%的节水效果。	推广应用
2	某石化企业循环水绿色无磷处理项目	该案例平均污水回用比 62.73%（最高月份超过 90%），平均浓缩倍数 5.41，平均试管的平均腐蚀速度 0.045 mm/a，平均黏附速度 5.31 mg/（cm²·月），节约新水 280 万 m³/a，减少磷排放量 10.89 t/a。	基于高污水回用比的循环水处理技术	该技术针对不同水质及污水回用比（0～100%）配置适用的高效低（无磷）腐蚀阻垢缓蚀剂及处理技术，解决循环水系统的腐蚀与结垢问题。采用常规杀菌结合高效生物黏泥剥离降解技术，有效降低菌结沉积而降低循环水系统的换热效率、剥离率、降解率，确保二次率和杀菌率分别达到 80%、80%和 99.9%，循环水系统长期稳定运行，并实现污水回用比下，吨水处理成本可降低 20%~45%。	推广应用
3	某 600 MW 火力发电厂化学结晶循环造粒流化床项目	该案例采用化学结晶循环造粒流化床技术，浓缩倍数达到 9 倍时循环水补水量可减少 160 m³，每年可减少新水 128.64 万 m³，循环水补水量下降至 543.6 万 m³/a，每年可节省运行成本 136.6 万元。	化学结晶循环造粒流化床技术	该技术可去除高水硬、高钙镁等各种硬度，对 Ca²⁺去除率可达到 90%以上，总硬度去除率达 50%～去除率可达到 90%以上，氟等污染物去除率优于《生活饮用水卫生标准》（GB 5749—2022）要求。该技术既节省空间又改善环境，在软化过程中产生的副产物（碳酸钙颗粒）可全部作为电厂脱硫剂回收利用。	推广应用
4	新能能源有限公司循环水系统节水型冷却塔项目	该案例配备一套高效开式节水型冷却塔，配水系统等设备。采用消雾装置、百叶窗、填料、收水器、风机、电机。采用一种大面积空冷器冷凝蒸发冷相结合的方式，冬季空冷，夏季空冷蒸发冷相结合，年均节水 50%以上。	高效开式节水型冷却塔	该装备采用冬季空冷、夏季空冷与蒸发冷相结合方式，解决工业循环水补水量大的问题；采用"顶部加装水平风门和垂直风门挡的干湿式冷却塔"，解决节水消雾冷却塔干冷段的配风问题；采用"能抗飞卸的卡扣式轻便型防冰管"，解决"能抗飞卸的卡扣式轻便型防冰管"，空气过滤装置易清洗更换、不易被灰尘飘絮堵塞等问题，可实现 50%以上的节水效果。	推广应用

续表

序号	案例名称	案例简介	技术名称	技术简介	阶段
5	安徽某公司新建循环冷却水系统项目	该案例新建的生产设备及机组，对冷却循环水系统的水质要求及节水效益要求较高，采用高效逆流式冷却塔，将高温循环冷却水热量再由空气吸收，喷淋冷却水热量再由空气吸收带走，达到良好降温效果，节水量约2万m³/a。	高效逆流闭式冷却塔	该装置将高温循环冷却水热量通过冷却塔喷淋冷却水吸收，喷淋冷却水热量再由空气吸收带走，达到良好降温效果，运行期间只需对喷淋冷却水进行维护管理，高温循环冷却水质不受影响，可实现10%～15%的节水效果。	推广应用
6	神华新疆化工有限公司第一循环水场冷却塔节水消雾改造项目	该案例采用空冷湿冷联合式节水消雾冷却塔，在每台塔上，塔阀门前增加同管冷路，将循环水引至塔体两侧新增的空冷装置，循环水回到空冷装置中，完成一部分冷却后回到原冷却塔布水管，继续执行与改造前一致的接触式水冷换热。实施后年节水量超56.4万m³/a，消雾率达85%以上。	空冷湿冷联合式节雾消雾冷却塔	该技术采用空冷器与湿冷单元进行串联、并联或混联的组合布置，既克服造价高、易结垢、易堵塞、高载大等问题，又解决大量冷凝模块的高能耗、高造价问题，可消除可见雾团，可实现20%的节水效果。	推广应用
7	上海申通地铁集团有限公司冷却水系统项目	该案例在5个地铁站点的冷却水系统中应用智能化环保型循环冷却水处理设备，其循环冷却水的平均细菌总数小于1000个/mL，符合国家标准规要求，代替原加化学药剂与电子除垢仪器造成的处理方法，消除化学品排放对水环境造成的污染，达到节水减排的目的。	智能化环保型循环冷却水处理设备	该设备采用先进的循环冷却水处理工艺，实现各单元有效安全控制，水的利用率可提高30%～35%，循环冷却水浓缩倍数可提高至8倍以上，实现24%以上的节水效果。	推广应用
8	湖州南太湖垃圾焚烧发电循环冷却水处理项目	该案例配备1套6400 m³/h循环量的机力通风冷却塔。系统浓缩倍数显著提升，年节水10.9万m³/a；系统换热效率大幅提升，发电机组产电出力提升168万(kW·h)/a；零药剂处理，无需化学加药费用。	零药剂循环冷却水处理系统	该系统是一种零化学药剂的纯物理法处理解决方案，采用电磁波法处理循环冷却水，有效控制结垢和腐蚀，管道的结垢、藻类滋生，制微生物、藻类繁殖。循环水水质超过同类物理法的技术性能，可提升循环冷却水的浓缩倍数，实现30%以上的节水效果。	推广应用
9	重庆渝盐化有限责任公司消雾节水冷却塔项目	该案例新建4台钢筋混凝土结构消雾节水冷却塔，单次使用冷却循环水3500 m³/h，4台冷却循环水自然蒸发水量140 m³/h，消雾节水冷却塔每小时可以节约蒸发水量的35%，年可节约蒸发水量约39.2万 m³。	冷却塔节水消雾技术	该技术通过在普通冷却塔上方增设节水消雾模块，可将淋水填料排出的湿热空气中的水组分冷凝回收，实现节水和湿雾；冷热流通气流流速均匀，不需额外空间。节水消雾模块内气流流速减少40%左右，总换热面积增加50%以上，节水效果提高25%，压降减少25%。	推广应用

序号	案例名称	案例简介	技术名称	技术简介	阶段
10	浙江桐乡泰爱斯环保能源有限公司机械通风冷却塔收水器节约项目	该案例对2座逆流式机械通风冷却塔进行新型旋流导叶节水装置及节水技术改造,淋水面积288 m²,改造后年增加节水量约137 149 m³;风机电机频率可降低满功率的60%~70%,单个电机每年节电约211 200 kW·h;其使用寿命比波纹极延长两倍以上,节约相应更换及维护费用约5万元/a。	工业冷却塔新型旋流导叶节水装备	该装备根据塔型、风速、温度、压力等流体工作状态,设计模块化,可定制装配的除水层系统,较传统波纹板收水器,节水效果可提高20%~30%,且提高使用寿命,降低维修成本。	推广应用

(二)废水处理及循环利用技术

序号	案例名称	案例简介	技术名称	技术简介	阶段
11	新疆宣泰环保能源有限公司50 t/h焦炭废水生化处理工艺包设计项目	该案例选择生物反应器内具有高生物浓度和高生物活性的流化床工艺,其中高浓度酚氨进水先经厌氧流化床降解大部分有机物后,和其他低浓度废水进入AO流化床进行有机处理,氨氮等污染物处理。生化出水化学需氧量≤150 mg/L,油≤3 mg/L,酚≤5 mg/L,氨氮≤10 mg/L。经深度处理工艺后,最终项目出水水质满足循环水回用要求。	基于合成微生物法的生物膜流化床技术	该技术基于合成微生物法,集合粉末填料载体和流化床制造等技术,包括微生物菌种、复合厌氧流化床、物膜流化床、同级曝气好氧流化床。厌氧流化床膜生物反应器(AnMBR)等集成设备,可实现废水低成本100%回收利用。生物反应器运行费用节省30%以上。	研发
12	清创人和(襄阳)10 000 t/a杂盐综合利用示范项目	清创人和(襄阳)10 000 t/a杂盐综合利用示范项目运用"高盐难降解有机废水资源化零排放技术及工艺",将煤化工、焦化、制药等化工行业在废水发生过程产生的含有毒有害成分的含盐废液或固体废盐进行资源化处理。项目正式运营后,每年可对10 200 t焦化废水处理产生的废盐实现资源化利用,等同于年处理200万t焦化废水,并全部用于企业生产,年节水量为200万t,按照目前循环补充水平均单价0.9元/m³,相当于可实现节水效益180万元/a。还可生产高纯度(99%)硫酸钠及氯化钠。	高盐难降解有机废水资源化零排放技术	该技术集成非均相催化氧化、高效臭氧催化氧化、多维电催化氧化等,对各类有机物降解率可达80%以上,在常温常压的环境下,不产生二次污染,实现废水中多相盐分离,产出符合国家副产盐标准的工业盐产品,同时降低运行能耗,废水综合处理费减少40%以上,再生水可全部回用于生产。	研发
13	中盐昆山迁建年产60万t纯碱项目污水回用及废水零排放项目	该案例采用膜污染控制技术对废水预处理后,经污染膜组合技术进一步浓缩,小微浓盐水采用蒸发工艺实现资源化回收利用。TDS年削减量44 451.2 t,化学需氧量年削减量约0.32 t,氨氮年削减量22.4 t,氯化物年削减量1 443.2 t,污水系统回收率高达95.04%。	高盐废水资源利用集成技术	该技术集成纳滤、反渗透、均相电驱动膜和双极膜等膜分离及膜浓缩工艺,对高盐废水进行分盐、浓缩、制酸制碱及盐的资源化再利用,实现废水近零排放、水和盐的资源回收,减少蒸发量,降低结晶品分离难度,实现废水分盐分别回收利用,硫酸钠净化水回收95%以上,结晶盐品质较好(硫酸钠和氯化钠)90%以上。	推广应用

续表

序号	案例名称	案例简介	技术名称	技术简介	阶段
		（三）非常规水利用技术			
14	榆次修文工业基地移动式污水处理站项目	该案例依托兼氧膜生物处理一体化技术，将发水处理与回用技术一体化，利用膜分离设备将生化反应池中的活性污泥和大分子有机物截留，使生化性污染物去除。日通过膜的分离技术大大强化生物反应器的功能，使活性污泥浓度大大提高，年节水量约57.60万 m³。	一体化兼氧FMBR膜污水处理设备	该设备针对城镇、医院污水领域，依托兼氧膜生物反应器，将生化反应池中的活性污泥和大分子有机物截留，强化生物反应器功能，使去除污泥浓度大大提高，再通过控制水力停留时间和污泥停留时间，去除废水中的化学需氧量、氨氮、磷等污染物，出水达到高品质再生水，综合成本降低50%左右。	推广应用
15	云南水富云天化有限公司制水装置尾水治理项目	该案例采用"收集＋高效沉淀分离＋深度浓缩再利用"的综合工艺，实现自动负荷调整。实现自动负荷调整功能，对削减水处理后尾水循环回用，实现年节水80万 m³。	制水厂"尾水"资源化利用技术	该技术采用"收集＋高效沉淀分离＋深度浓缩再利用"的综合工艺，通过推方式搅拌机和板框压滤机等设备，实现自动负荷调整，有效回收自来水及工业反冲洗、清洗等功能，实现水资源的循环利用，滤饼含水率可低于60%。	产业化示范
16	安吉旺能再生资源利用有限公司反渗透系统阻垢剂应用项目	该案例反渗透系阻垢剂替代原来使用的进口药剂，主要成分为磷磺酸三元共聚物、聚丙烯酸，有机磷酸，去离子水，反渗透化学清洗时间延长一倍，运行费用节约20%以上，经运行验证产品性能可靠，运行质量稳定，设备安全运行安全稳定。	海水及苦咸水淡化反渗透膜阻垢剂	该材料为海水淡化装置安全稳定运行的投加药剂，含磷磺酸三元共聚物、聚丙烯酸、有机磷酸、去离子水，制备方法简单，可替代进口药剂产品，提升海水及苦咸水淡化利用率，运行成本降低20%左右。	产业化示范
		（四）节水减污降碳协同技术			
17	新疆梅花氨基酸有限责任公司氨基酸蒸发浓缩项目	该案例将"壳管式换热器＋开式冷却塔"改造为"高效节能蒸发式凝汽系统"，换热模块采用高效节水的蒸发式凝汽技术，经多效蒸发器蒸发出来的一级换汽模块和二级换热模块进行换热。实现年节水约70万 m³。	高效节能水蒸发式冷凝技术	该技术将冷却水冷空冷、传热与传质过程融为一体，采用冷却水自循环，凝汽复用门的多级冷凝技术，将冷系统冷凝循环冷凝水回收二次喷水淋水使用，减少循环水排污处理，可实现20%～30%的冷凝效果，50%以上的节水效果。	推广应用
18	内蒙古晟源铝业有限公司节能型喷雾推进冷却塔改造项目	该案例由新增源生产用水为铝棒冷却炉和铝合金铸锭冷却循环水，采取直接冷却循环水的方式，闭路循环工艺。冷却水冷却水送至冷却塔降温，供循环使用，循环冷却水量为2100 m³/h。年用水量为168万 t。采用节能型喷雾推进冷却塔技术实现冷却水量5.04万 m³。	水驱动喷雾型节能冷却塔	该设备由塔体、内置风筒、淋水板、收水器及具有喷雾双重效果的喷雾推进雾化装置组成，利用循环冷却水泵的工作余压，在循环水的流动过程驱动喷雾旋转，将循环水雾送入塔体与雾进行热交换，再将热空气排入大气，达到循环冷却降温。相比传统冷却塔，20%的飘水率降低35%，可实现30%～50%的节水效果，20%的节水效果。	推广应用

续表

序号	案例名称	案例简介	技术名称	技术简介	阶段
19	双良硅材料(包头)有限公司单晶硅工业循环水冷却项目	该案例建设两台钢结构塔自然通风节水系统及装备,用于单晶硅生产中的工业循环水冷却。与常规干湿联合机力通风塔相比,具有节水和节电两部分的经济效益。该案系统干点设计温度更高,节水率达到83.4%。	钢结构塔自然通风节能节水型工业循环水系统	该装备基于空冷双层布置高效传热技术,将基于阵列光栅光纤技术中的智能化监控系统应用于大型工业循环水冷却,实现智能化控制,避免散器管束凝结损失,建设周期短,运行控制系统数字化,智能化程度高。与常规水冷塔相比,可实现50%以上的节水效果。	推广应用
20	内蒙古庆华集团阿格里精细化工有限公司数字循环水车间节水节能改造项目	该案例对己内酰胺生产分厂进行节水节能改造,建立数字循环水车间节水节能系统、数字安全系统、数字水质检测及排放系统、数字冷却塔调节优化系统等子系统组成。该系节水量50万m³/a。	数字循环水车间节水节能系统	该系统利用工业数据、二次建模、植入芯片计算和云计算生产',通过工业云计算,大数据算法、AI、5G和工业自控等技术,使工厂循环水管理实现数字化,节约循环水总补水量20%~30%,节能25%~30%,减排废水25%~35%。	产业化示范
21	某企业合成氨原料路线及节能碱排技术改造项目凝结水回收管理系统	该案例将车间10 bar压力的高温高压冷凝水和7 bar压力的高温高压冷凝水分别进入同一台闪蒸罐,通过该闪蒸罐将这两种高温高压冷凝水进行气液分离,共回产生4.2 bar的二次蒸汽并入4 bar蒸汽,4.2 bar二次蒸汽,供4 bar一次蒸汽,4.2 bar低压冷凝水,通过闭式机械冷凝水回收泵和倒吊桶疏水阀组合形式输送至锅炉房闭式水箱,实现能源梯度利用。	蒸汽及热能整体管理系统	该系统由疏水阀、冷凝水回收装置、闪蒸罐等组成。车间内的高温高压冷凝水引入闪蒸罐内进行气液分离,低压闪蒸汽经调节阀控压后并入低压蒸气管线低低压设备使用;闪蒸罐内低压冷凝水,通过机械冷凝水回收泵和疏水阀组合形式输送至锅炉房开式水箱,实现能源回收和水资源循环利用,提高系统节能效率25%,节水效果50%以上。	推广应用

(五) 智能用水管理技术

序号	案例名称	案例简介	技术名称	技术简介	阶段
22	宁阳县建制镇分布式污水站云平台	该案例将不同区域的建制镇污水站纳入云平台管理后,通过运行PHM系统,可查看、定量、直观掌握装备运行状态,大幅提升装备信息化水平、污水站出水达标率,降低排污能耗,保证了系统稳定运行,延长设备使用寿命。	工业水处理大数据运营管理云平台	该技术包括工业用水大数据、工业循环冷却水大数据和工业废水大数据等三个云平台,建立以工艺流程为核心的全过程信息采集,并将数据实时传输至云端服务器和运营管理云平台。云平台系统内设专业模型,对数据进行分类、聚集、比较、污染分析,自动输出分析结果(系统运行状况、处理措施精度、预警报警精度、处理曲线、报表、预警曲线、趋势曲线、处理措施精度等),实现对工业水处理系统的实时监控、运营管理和优化。	产业化示范

续表

序号	案例名称	案例简介	技术名称	技术简介	阶段
23	上海华谊能源化工有限公司合同节水管理节水效益分享型项目	该案例建设了工业动态水平衡测试管理平台，由应用层、服务层，管理层三层架构所组成。运用物联网大数据分析、工业通讯传输技术等，将智能用水计量设备、传感器及网络与管理平台相结合，将各用水数据在同一时间上传至系统，可实现年节水量约43.2万 m³。	工业动态水平衡测试管理平台	该技术运用物联网大数据分析、工业通讯传输技术等，将智能用水计量设备、传感器及网络与管理平台相结合，为工业企业提供在线动态水平衡测试服务，经济效益较好，可提升企业 5%~10% 的用水效率。	产业化示范
24	山东昌乐实康水业信息系统融合项目	该案例对现有的泵房数据、视频数据、水厂数据、水质数据、管网数据进行信息融合，实现对各用水环节的监控。提升用水系统的智慧化，供水优质化，实现调度运行的实时监控、供水变化趋势预测及应对、漏损事件预警等智管辅助决策功能，实现年节水量超 500 万 m³。	基于物联网的分布式管网漏损监测与智能诊断系统	该系统通过具有通信功能的无线流量计终端设备、压力计终端设备采集供水管网数据，上传至云服务器，在线业示管网状态。采用经典的 ARIMA 时间序列分析算法建立管网能耗模型、实时监测并分析管网损耗状态，智能诊断出疑似损耗节点。	推广应用
25	新疆维吾尔自治区孔雀河管理处库塔干渠管理站项目	该案例在库塔干渠建设智能明渠量水设备，通过高精度、高灵敏计算流态采集上下游水深等水力参数。智能明渠量水器采集的水量。智能明渠为旋浆转子流速仪悬杆测量，渠道宽1.5 m，高 1.25 m，测量精度达到95%以上。	智能明渠节水技术	该技术是在明渠上建造较短的测流控制段，将明渠水量入控制段，使流量和上下游水位符合特定的函数关系，通过高精度、高灵敏传感器过流流态采集上下游水深等水力学参数，精准计算流态过控制段的水量。具有信息采集、信息存储、信息传输、信息展示等功能，实现无人值守运行。智能明渠量水器结构简单，安装成本低、运维方便，测量明渠量水器精度达到 95%以上，适用于各类排污明渠实现水量测量。	推广应用
26	无锡锡山日产1.58万t再生水项目	该案例水源为锡山电子工业园配套污水厂出水，污水厂设计处理规模6 万 m³/d。核心模块为装配式反渗透组合模块：本项目再生水设计主要作为锡热电厂及园区内 PCB 类企业的生产用水，年节水约 576.7万 m³。	水深度处理工程产品化及智能化集成装备	该装备将全套水厂的主体设备、配套设备、管道、仪表、建筑物和预留空间等集成为产品化的数字型橇装装置机组，并在短流程膜组合工艺和数字零生软件的控制下实现膜装置生产，无人值守、高品质产水等。可替换膜块组进行膜块拆卸、组装增减、吊装搬运，并根据来水水量和进水水质进行产水规模的灵活调整工艺及水质模块的重构、转换，废水回用率约可达到75%以上。	产业化示范

续表

序号	案例名称	案例简介	技术名称	技术简介	阶段
27	山西省万家寨徐源水直供项目	该案例实施前，万家寨引黄工程引太原市日供水量10万 m³；实施后采用高精度超声波流量计，准确度等级可达 0.5 级，日供水量最高 59 万 m³，实现节水量 941 万 m³/a，节水效益 3 248 万元/a。	大型输水供水工程的高精度流量计量技术	该技术采用高精度超声波流量计，用于水电站和大型输水供水工程超声流量监测，包括各种形状的有压管路及涵洞满溢计量监测，准确度等级可达 0.5 级，适用于用水量大的工业企业用水计量监测。	推广应用

（六）节水及水处理材料及装备

28	广西平乐县自来水公司节能技术改造项目	该案例主要改造 10 万 t 级别自来水厂，占地面积5 000 m²。更换三台 DN400 电磁液动缓闭闸阀，具有一阀三用功能（止回阀功能、水锤消除器功能、电动阀功能），改造完成后每千吨水节约电耗 12 kW·h，节约水头损失 6%。	电磁液动缓闭闸阀	该装备为全通径无阻力的液动缓闭闸阀，具有一阀三用功能（止回阀功能、水锤消除器功能、电动阀功能，大幅减少水量损失），达到节能节水、简化控制系统。远程自动化等作用，使用范围广，投资小且安装改造快，适合用水量大的企业，可实现节水效果 3%～10%。	推广应用
29	河钢集团承德钒钛新材料有限公司电磁阻垢防垢技术应用示范项目	该案例在三个代表性系统上使用，循环水量 4 000 m³/h，固定于管道外壁，无需占用空间安装，无需拆改管网，对安装环境要求低，端差运行状态差。安装后机组的冷凝器、转动除尘喷枪处喷嘴清洗频次由之前两月一次，提高到两月一次，减少补水量和排污。	高频电磁防垢仪	该装备主要由发射控制模块、电磁传导模块、磁性材料铁氧体及特制紧固螺栓等组成。当水流经铁氧体形成的磁场和电场后，破坏水分子团间的氢键，改变水分子由较大的筛合体变为较小的筛合体或单体水分子，包裹循环水中游离的钙和碳酸氢根离子，防止结晶析出，可实现循环水冷却系统在 4.5 倍以上高浓缩倍数下安全运行，有效减少新水置换需求，大幅减少原有垢层的清除，提高换热效率。	推广应用
30	唐山城市生态用水计量管理系统项目	该案例在唐山市城区安装智能取水栓 139 套，采用生态用水与消防用水分开管理模式，避免计量收费改变了以往生态用水启用消火栓专用。	生态用水与消防用水分开管理的智能取水装备	该设备采用生态用水与消防用水分开管理模式，解决传统情况下协议用水收费差大的问题，改变以往生态用水启用消防设施，保护消防设施，实现刷卡取水，精确计量、远程监控。适用于自来水、中水，再生水的智能监控。	推广应用

续表

序号	案例名称	案例简介	技术名称	技术简介	阶段
31	北京市石景山自来水公司老山泵站项目	该案例最高建筑物9层，改造前设置直径24 m，深4.0 m，地下水池一个，三台水泵无负压（无吸程）给水设备，采用预压自平衡技术，真空抑制技术，负压反馈技术，三台水泵变频运行，实现恒压给水。	无负压（无吸程）管网增压稳流给水设备	该技术改变原变恒压及压力前端控制末端控制式变压变量方式，采用出口流量和压力自动适应控制，达到供水压力随用水量的变化而变化，使供水系统始终处于最佳工况，实现15%的节水效果。	推广应用
32	苏南某园区供水管路项目	在苏南某园区供水管路的关键节点处，改造增加了5台ACU8000系列智能阀门。通过供水监测平台对智能阀门所监测采集到的数据进行处理、统计和大数据分析，找到关键节水点，制定节水方案，可以实现节水30%。	高精度抗干扰阀门块速位置检测装置	该装置采用微控制器作为控制中心，根据上位机发来的阀门开度命令令本机指定的阀门开度，以阀位传感器发来的当前反馈的阀位停及比例阀的方向反流量，控制电机驱动指定开度位置，适用于各种输水管道的远程控制与监测，流量、控制出口压力、流量等。	研发
33	德州实华化工有限公司末端污水处理装置项目	该案例循环污水量约300 m³/h，采用特种管式陶瓷膜（GM）装置代替传统的砂滤，将90%的排污水回用，利用纳滤将一价盐和二价盐分开处理，蒸发结晶的氯化钠可以达到工业湿盐一级标准，经济、社会效益显著。	全膜法处理中水回用装置	该设备采用特种管式陶瓷膜（GM）装置代替传统的砂滤＋有机超滤＋软化装置，不仅解决传统工艺的跑冒滴漏，超滤板结、超滤断丝、不抗冲击等问题，而且缩短工艺流程，使整体设备运行稳定可靠，降低运行费用。	推广应用
34	浙江嘉化能源化工股份有限公司兴港热电1000 t/h脱盐水项目	该案例脱盐水量产量1 000 m³，采用来水性抗污染含氟材料超滤膜技术制脱盐水，并将反渗透排放的高盐污水回用。"低能耗浓淡废水'高效浓淡脱盐除硬和高硬度脱盐沉淀深度除盐'系统水的利用率由常规的70%左右提高到92%以上，电耗由常规降到1.28(kW·h)/m³，实现年节水270万t，年减排污水48万 m³的节水效果。	低能耗，高回收率的工业脱盐水装置	该装置采用来水性抗污染含氟材料超滤膜，并将反渗透排放的高盐污水回用处理装置"高效浓淡脱盐除硬和高硬度脱盐处理，实现深度脱盐功能，脱盐率和水利用率分别达到80%和92%以上。	推广应用
35	华星光电中水回用设施反渗透薄膜项目	项目实施地点位于长江经济带内，选用苏瑞膜SUROBW-8040FR型号抗污染膜。2021年10月至2022年9月，通过对中试膜系统产水流量、脱盐率、压差等数据进行持续验证。该项目处理中水全部来自华星光电的生产废水，整体中水回用率超过85%，项目每小时可以产生中水160 m³，年节水100万 m³，扣除过处理成本后，经济效益可达500万元/a。	高性能水处理纳米反渗透薄膜	该技术将半导体相关模型运用到反渗透膜产品中，提升每一工艺单元的不同水、油相展性与可控性；将新型界面聚合的不同面聚在同一领域的不同配方、工艺及设备环节适用性更强，实现节水、节能效果50%以上。	研发

续表

序号	案例名称	案例简介	技术名称	技术简介	阶段
36	宁夏红墩子煤业有限公司智慧水务工程项目	该项目为宁夏红墩子煤矿一煤厂、红二煤矿及选煤一厂安装水量计量表148只，配合自动采集与通信设备，实现水量计量数据的自动采集、存储与传输，同时汇集已建设的水质监测站数据和水处理监测站的水质监测相关数据，建立统一的水质水量水务数据采集传输网。构建红墩子煤矿"全矿"全域水平衡测试与计算分析模型；搭建了"红墩子煤矿智慧水务管理平台"系统及APP。项目于2023年底完成一期建设，整体项目年节水收益760万元以上，预计实现年节水收益10%。	工业级超声波水表漏损频节水系统	该系统利用超声波技术和漏损检测算法，能够检测量和监测水流及时检测漏损和报警漏损情况，实现有效节水管理，为解决工业领域水资源浪费和损失问题提供技术解决方案。	研发
37	宝武马钢公司防腐抑垢清洗剂水技术应用项目	该技术利用原有工艺流程和设备，无需对现场设备进行改造。宝武马钢公司热电厂共有中高压锅炉7台，使用FHLT药剂后，车减少高热和热水损失约20.5万m³，药剂投资约300万元，实现经济效益约600万元。炼焦厂共有中高压锅炉10台，使用FHLT药剂后，车减少高饱和热水损失约17万m³，药剂投资180万元，实现经济效益约440万元。该技术通过替代氢水及防垢，消除了重大危险源，避免了作业人员的职业危害；现场工艺指标合格率达100%，提高了设备的运行可靠性；减少蒸汽中盐分夹带，提供对锅炉水汽系统的全面保护；药剂有钝化清洁效果，延长设备使用年限，降低了排污率。	应用于工业锅炉的防腐抑垢清洗剂	该清洗剂将锅炉中形成的金属氧化物、硅垢、钙垢等管垢沉积物分散减薄，实现不停机锅炉水侧除垢、清洁金属表面，恢复热传导效能，提高锅炉汽品质，改善锅炉排污等特点，可实现排污率降低50%以上。	研发
38	中国石化扬子石油化工有限公司工业锅炉水化学处理项目	该案例共有中高压锅炉4台，使用新型缓释阻垢剂后，车减少高热和热水源约18.5万m³，投资约230万元，实现经济效益约680万元。该阻垢剂为低磷药剂，降低了磷排放，降低了污染率。	用于废水处理的新型缓释阻垢剂	该材料是一种基于树状大分子聚合物的新型缓蚀阻垢剂，通过缓蚀、污垢分散、有机物降解、氨氮降解、重金属去除，实现循环水降系统在高硬、高碱、高氯、高需氧量、高悬浮物等条件下高效稳定进行，实现阻垢、缓蚀、菌藻抑制、盐泥分散效果，提高循环水的利用率，实现节水效果50%以上。	推广应用

附表 9 工业节水钢铁行业典型案例

序号	案例名称	案例简介	技术名称	技术简介	阶段
1	天津钢管制造有限公司分质供水改造项目	该案例主要对中水处理系统进行改造，产出水质包括除盐水。生产水和高离子交换水站，二炼钢水站。初级盐水处理除盐水站，热力分站除盐水站、海绵铁厂离子交换水应至炼铁厂4个区域。中水处理反渗透高离子水供应至炼铁厂用于高炉冲渣；生产水保持原有供应模式。实现节水量254万 m³/a，节水效益466万元/a。	钢铁生产分质供水技术	该技术针对钢铁生产工序多，用水水质不同的特点，采用膜法和其他工艺产生高品质和普通工业除盐水，分别供应不同用户。通过工业循环水、高端用户用水不满足要求等浪费，可实现高端节水、节能，降低运行费用。	推广应用
2	宁波钢铁有限公司污水深度处理回用BOT项目	该案例采用两级双膜法分级分质供水技术达标技术，浓盐水冷用基于耐盐微生物的"硝化反硝化生物滤池+活性炭生物处理难降解有机物的"四相芬顿催化氧化+臭氧催化生物活性炭滤池"组合工艺，最终实现达标排放，外排水量减少299.40万 m³，单位运营成本下降至2.1元/m³ 水。	钢铁工业废水深度处理回用组合工艺	该工艺采用双膜法和耐盐菌群生化处理技术，利用基于耐盐微生物的"硝化反硝化生物滤池+活性炭生物处理"组合生物氧化+臭氧催化+生物活性炭滤池"组合工艺，实现钢铁工业废水分级脱盐和分级回用。	产业化示范
3	宝钢集团八钢公司工业废水深度处理及综合利用工程项目	该案例建设6万 m³/d 的废水处理设施，包括高效沉淀池、MBBR 移动床膜生物反应器、TGV 高效过滤池、超滤系统、反渗透装置、浓水反渗透系统等，实现100%废水回用，年节约新水1275万 m³。	废水零排放处理和回用技术	该技术针对钢铁生产各工序废水水质特点，采用不同生化处理工艺和膜法浓缩法将浓缩后排水进行处理后用于高炉冲渣，剩余浓盐水和反洗排污水用于高炉冲渣，炼钢焖渣和烧结配料，可实现28%的节水效果。	产业化示范
4	宝钢湛江钢铁循环水系统水动态监测项目	该案例建设一套水质动态监测系统，对全厂各循环水系统水质控制标和水处理方案进行不断优化调整，通过水质动态监测装置验证在不同水质条件下采用恰当的水质稳定处理方案，确保生产主线各换热设备的换热效率不下降，实现全厂年节水和减排量约92.58万 m³。	循环水水质动态监测与水处理优化技术	该技术采用水质动态监测对循环水腐蚀速率进行动态在线监测，在不影响循环水正常运行的条件下做到及时精确分析，避免主管路挂片试验监测信息滞后对水质产生影响，提高循环水利用效率，改善对水质产生影响，并减少全系统药剂消耗和污染物排放量。	推广应用
5	敬业股份年产30万t热轧带钢厂EPS生产线项目	该案例建设一条年产30万t零污染零排放绿色清洁金属表面EPS生产线，经EPS生产线后道排放前的吨钢每年产水0.02 m³ 废水，且避免后道排放的二氧化碳，相比传统的酸洗工艺清理成本和处理时所排放的二氧化碳减排4.2万 m³ 废水，减少生产用水成本21万元/a，节约污水处理成本70万元/a。	绿色清洁金属表面无氧酸处理新工艺	该技术采用"高速涡轮+钢砂+高压水"对钢板、带钢表面进行处理，替代传统的酸洗工艺清理表面氧化层，同时保证处理质量和运行效率，降低工业水、软化水和酸处理利用量及水处理费用，节约资源和运行费用。	推广应用

附表 10　工业节水石化化工行业典型案例

序号	案例名称	案例简介	技术名称	技术简介	阶段
1	中安联合高盐废水零排放项目	该案例高盐废水处理规模360 m³/h，采用"预处理（高密度沉淀池＋催化臭氧氧化＋曝气生物滤池＋超滤）—减量化（中、高压反渗透）—深度浓缩（高效除硬过滤＋催化臭氧氧化＋多效蒸发）"工艺，废水回用率97%～98%，实现经济效益741.7万元/a。	煤化工高盐废水零排放与资源化利用成套技术	该技术集成高盐废水除钙、镁、硅、氟的高效一体化协同去除技术，优化混凝区速度梯度、絮凝区一体化流态，可高效去除低能耗难降解生物有机物，使氯化钠、硫酸钠、硝酸钠平均收率分别达到90%、75%、77%，总体废水回收率97%以上。	推广应用
2	神华煤直接液化项目一期工程污水处理项目	该案例生产工艺复杂、废水量大、浓度高，通过对煤液化产物进行加氢改质、分馏处理及产品调和，实现清污分流，污污分治处理。项目实施前，高浓度污水全部回用，节水量约800万 m³/a。	煤化工直接液化高浓度废水成套处理技术	该技术包括煤直接液化有机废水全流程处理工艺及高选择性多元协同强化催化水处理关键技术，提高废水的有机催化性、可生化性、高效、稳定处理煤直接液化有机废水，实现有机废水高效回收利用，废水回用率达到99%以上。	产业化示范
3	陕西金泰氯碱化工有限责任公司氯碱化工含盐废水零排放技术应用项目	该案例主要建设6600万 t/a高性能树脂、600万 t/a离子膜烧碱、110万 t/a电石渣制活性氧化钙装置，配套建设："氯碱化工含盐废水深度处理及废水零排放装置"，装置处理能力800 m³/h，通过碱性废渣处理、化学除硬、沉降分离，双膜浓缩和分离后生产为生产系统实现年节水128万 m³。	氯碱化工含盐废水零排放技术	该技术由碱性废渣处理、化学除硬、沉降分离、双膜浓缩和分质回用5个工艺过程组成，以固废电石渣为除硬剂，再通过双膜回用实现废水零排放，该技术废水回用率高，投资少，废水处理成本仅为传统工艺的10%。	产业化示范
4	徐州钛白化工有限责任公司1200 t/d三洗水回用项目	该案例按照三洗水1200 t/d的处理水量，最大限度实现回收水用于生产过程，采用"6E两级超滤＋冷却塔＋纳滤预脱盐，二级超滤深度脱盐"工艺，配置一级超滤装置4套，纳滤装置2套，反渗透装置2套，实现年回收脱盐水量37.2万 m³，减少新鲜水量约5007万 m³。	全膜法三洗水过滤回收技术	该技术根据超滤膜分离高浓度硫酸钠渗压低的特点，采用浸没双式超滤作为一级超滤膜过滤，在不加任何助凝剂的情况下，提高外排反洗水的钛白粉浓度，三洗水回收利用率达80%以上，大幅减少新水用量。	产业化示范
5	鲁西化工集团股份有限公司废水零排放项目	该案例设计处理水量2300 m³/h，采用化学除硬、除盐、分盐。MVR蒸发等技术处理浓淡水回收，实现90%以上高品质浓水回用，每年回收利用水资源900万 m³以上，回收氯化钠、硫酸钠、碳酸钙等各类盐约44万 t/a。	化工废水双碱法化学除硬技术	该技术采用双碱法预处理除硬，除硬效果好，产水硬度低，并在膜浓缩阶段增加一级树脂深度除硬，保证膜系统再生周期运行，再通过"纳发"工艺和设备，提升前产品盐纯度，能耗低，蒸发效率高，实现园区水资源循环利用，废水回用率90%以上。	推广应用

续表

序号	案例名称	案例简介	技术名称	技术简介	阶段
6	河北省东光化工有限责任公司制气增量水处理及回用项目	该项目 2020 年 4 月中试成功，2020 年 8 月开工建设。总投资 3 000 万元，对合成氨生产过程中产生的工艺废水处理及回用，装置设计处理增量水能力 150 m³/h，中水回用装置设计为 200 m³/h，回用率为 75%。自 2021 年 4 月投入运行以来，装置运行稳定可靠。	制气增量水处理及回用技术	该技术由蒸氢汽提工段、高级催化氧化工段、生化处理工段和中水回用工段组成，适用于固定床制气污水处理，可消除造气循环水变为洁净水，使造气循环水直接接触大气，避免造气污水扩散到大气。废水回用率 75%左右。	研发
7	连云港环海化工降低废水节约蒸汽冷凝水项目	该案例对现有皂化装置进行技改，投入 2 台 180 m² 左右的特材换热器，2 台 1 000 m³h 的废水减少循环泵及附属管件仪表控制系统等，蒸汽加热再循环器内物料减少通过蒸汽冷凝后产生的 RO 处理的自来水量 20%，每年至少减少废水量 5.77 万 m³，节约经济 70 万元，节约标准煤 38 t，降低二氧化碳排放量 95 t。	环氧氯丙烷皂化塔强制循环加热反应系统	该系统将二氯丙醇和液碱加入端流反应器中进行接触式二级反应，生成的环氧氯丙烷再进入皂化汽提塔内进行汽提分离，环氧氯丙烷通过塔顶进行冷凝，未接触到液碱的二氯丙醇与高盐废水一起进入到皂化塔的塔底。通过塔底设置的强制循环采加热提到系统对废水中的二氯丙醇进行二次皂化，降低原料油中的二氯丙醇的转化率，有效提高强制循环采加热间接加热塔底废水闪蒸产生的蒸汽，对环氧氯丙烷蒸汽直接通入到皂化塔内产生废水，降低蒸水闪蒸量 20%。	推广应用
8	奉凤油田采出水资源化处理站项目	本项目位于新疆维吾尔自治区克拉玛依市，项目总处理规模 10 000 m³/d，占地面积 6 458.5 m²，总投资 11 028 万元。以油田高温含油采出污水为原水，经除油等预处理后进入耐高温反渗透系统进行深度资源化处理。得到回用用油水资源，直接用于注气锅炉，节约过气锅炉产水所需的水资源。以油田回用油富集后可作为原油，提高采油田产量。回用油水质满足注气锅炉要求，循环采热采 10 000 m³/d 处理量计算，可节水 146 万~292 万 m³/a，节水率（回用率）40%~60%，经过处理后的产水水质满足气开采用环节，降低油田末端注气开采冷却环节的水资源消耗和污水排放。	耐高温集成化水处理装置	该装备针对钢铁行业水质复杂的高温循环水，采用耐高温的工艺设备，可用于 80℃以下循环水处理，避免冷却及稀释冷却后再处理，可实现 40%~60%的节水效果。	研发

附表11　工业节水纺织印染行业典型案例

序号	案例名称	案例简介	技术名称	技术简介	阶段
1	浙江博澳新材料股份有限公司生态型胶状体分散染料项目	该案例建成一条年产2万t生态型胶状体分散染料生产线。绍兴市质量技术监督检测报告表明，与固体分散染料相比，染料中咪唑含量下降50%，甲醛含量下降90%，染色残液COD大幅降低。	生态型胶状体分散染料节染色技术	该技术采用新型连续化偶联反应器，使物料受到剪切、分散、径向流的多种作用力，反应温度全部处于满沸流状态。传质、传质、传热效果好，再通过调整工艺参数控制染料粒径在100~200 nm，在合成过程中加入超级高分子型表面活性剂用于染料表面改性，减少砂磨时间。同时采用无机离子干膜分离和喷淋洗涤技术，提高洗涤效率，降低废水产生量80%。染料不需要喷雾干燥，可节省能源和减少挥发性有机物质（VOCs）排放。	推广应用
2	愉悦家纺有限公司棉印染废水深度处理与再生利用项目	该案例采用"MBR+NF+RO+DTRO+多效蒸发"和盐再生利用技术，建成处理能力15 000 m³/d印染废水资源化再利用示范线，处理能力600 m³/d印染浓盐水多效蒸发示范，水再生利用率达到90%，废水回用8 800 m³/d。	纺织印染高盐高有机物污水源头减量及污水处理技术	该技术集成棉印染前处理、活性染料无盐染色、印花和印染废水深度处理技术，通过酶退浆剂和酶工艺替代传统的碱退浆工艺，采用高效无盐染色、印染成套工艺装备，降低染色和印花废水中有机物污染物含量，再通过生再生技术对印染废水纯化等技术进行印染废水强碱废水光强废水氧处理，化学需氧量去除率95%左右，废水回用率达到85%以上。	产业化示范
3	江西京安实业有限公司高温筒子纱外流染色机项目	该案例引进高温筒子纱外流染色机，采用单向染色，使换热系统更简化，压差及流量更稳定，浴比更低，降低材料和人工成本。采用FC-30控制系统，全程按照浴比进行控制，操作使用更简单，合理化，提高产品的正品率及染色的重现性。有效节省蒸汽使用量，实现节水效果60%左右，节省染料助剂40%左右。	高温筒子纱单向流染色机	该装备采用单向染色替代双向染色，使换热、使换热流量稳定，洛比更低，系统更简化，压差及流量更稳定，降低材料和人工成本，有效节省蒸汽使用量，实现节水效果60%左右。	产业化示范
4	新疆绿宇清纺织科技有限公司纺织品非水介质污水零排放染色生产项目	该案例建设年产5 000 t散棉。筒子纱非水介质染色关键技术和成套工艺，采用非水介质少水染料纤维染色的无盐染色，上染率近100%。实现活性染料对棉纤维染色的65%提高到90%，染色全过程节水99%，固色率从水介质回用98%，实现无盐，污水零排放。	活性染料污水高固着零排放染色技术	该技术基于非水介质染色机理，开发非水介质无盐少水染色关键技术和成套工艺，实现对棉纺织少水染色近90%。活性染料对棉纤维染色的65%提高到90%，固色率从水介质染色99%和介质回用98%，染色全过程节水99%。从源头上解决棉纤维染料水排放量大、染料浪费严重等问题。	推广应用

续表

序号	案例名称	案例简介	技术名称	技术简介	阶段
5	苏州新民印染高密化纤织物冷轧堆前处理项目	该案例建成一套高密化纤织物冷轧堆前处理系统。该系统分为两步三阶段：冷轧堆→常温低碱处理→高效震荡水洗。与现有浸渍式机缸热煮练前处理方式相比，年可节水150.0万 m³，减少排污135.09 元/100 m，节电2.55 元/100 m³，节约蒸汽4.63 元/100 m，节约液碱0.95 元/100 m。实现经济效益2 319.08 万元。	高密化纤织物冷轧堆前处理技术	该技术采用冷轧堆—平幅退浆高效水洗工艺对棉纶、涤纶织物进行前处理，在常温条件下可解决织物褶皱斑等问题，缩短加工时间，提高生产效率，降低污水处理成本，节水效果达50%以上。	推广应用
6	杭州集美印染有限公司低张力多用途印花后水洗项目	该案例采用堆置皂洗工艺和设备，保证皂洗时间在10~12 min，皂洗时间是原有设备的15~20倍，极大提高皂洗强度，保证一次水洗后的年度指标。保证生产速度下降低65%，单台水洗机节水9~10 m³/h。	织物印花后高温低张力堆置水洗机	该装备采用全流程沸水工艺加速搅拌，提高和延长水与织物表面的机械作用力，强化水与织物的作用时间，在提高生产效率的同时水量大幅度提高。在提高生产能力的同时降低单位产品用水量，万米用水量可由65 t降低至15~16 t，节水效果明显。	推广应用
7	浙江盛发纺织印染有限公司节水丝光机应用项目	该案例引进节水丝光机，优化蒸箱结构，减少水洗槽容量，降低蒸箱所需的能耗，保温升温。生产效率较以往同类机型提高33.3%，单机日产量增加约2.4万 m，时均耗水量减少1.92 m³，日均污水排放量减少约38.4 m³，预计年节约0.23 m³，约生产成本34.1万元。	节水型丝光机	该装备通过优化蒸洗箱结构，减少水洗槽容量，降低洗液快速交换和升温，保温升温所需的能耗。通过调节洗液流口高度，保持洗液水位、快交换。采用平衡式松紧架，使织物运行张力感应和调节更灵敏，确保织物在低碱、高速度条件下稳定运行，提升水洗去碱效率。在提升产能的同时每年可节水1.8万 t，单台机可节水约1.8万 t。	推广应用

附表 12　工业节水食品行业典型案例

序号	案例名称	案例简介	技术名称	技术简介	阶段
1	新疆乌苏啤酒有限责任公司中水回收利用项目	该案例年产啤酒 20 万 t，2022 年耗水量 2.58 m³/1000 L，实施中水回收利用项目，处理量约 150 m³/d。再生水用于全自动清洗系统的预冲洗水，回收啤酒瓶的预清洗水、洗瓶机的预浸发热水、锅炉用水等。	啤酒再生水综合利用技术	该技术集成生物、物理化学（冷却水）和亚净水（冲洗水）、膜分离等技术处理啤酒生产过程的净水。再生水可用于全自动清洗系统的预冲洗水、回收啤酒瓶的预清洗水、洗瓶机的预浸发热水、锅炉用水、二氧化碳气化用水等，再生水利用率从 70%提高至 90%。	推广应用
2	齐齐哈尔伊利乳业有限责任公司超高温冷却水再利用改善项目	该案例在超高温生产纯牛奶期间，冷却水耗水量约120～130 m³，排出的冷却水温度偏低，约 14～20 ℃，存在过度冷却问题。技术改进后冷却水由原来的并联使用改为串联使用，再进行热水冷却，同时能够自动卸压，实现年节约水量约 2.1 万 m³。	超高温冷却水再利用技术	该技术将超高温设备产品冷却水管由原来并联使用改为串联使用，冷却水串联先降低灌注温度，再进行热水冷却，同时能够自动卸压，节水效果明显。	产业化示范
3	某生物科技有限公司日处理 500 t 玉米淀粉糖发酵项目	该项目采用玉米半湿脱皮破胚分离制粉新工艺对现有生产线改造后，用水量降低至 15～20 m³/d，无废水排放，实现节水 97.7%，吨玉米电耗降低至 26(kW·h)/t，成品率提高78%～81%，节电 16%，节气 99%，节煤 98%。	玉米半湿脱皮工艺及破胚机装备	该装备利用玉米皮结水和结合水的差异，使皮层与胚乳层、胚芽与胚乳层之间形成结构层断裂，再利用成结构机械力柔性搓揉，挤压方法使玉米皮层与胚芽胚乳剥离，解决玉米深加工湿法粉碎胚芽用水和环保难题，相对传统工艺成品率提高 30%～33%，节水效果达 50%以上。能耗下降 7%～8%。	研发

附表 13　工业节水有色金属和建材行业典型案例

序号	案例名称	案例简介	技术名称	技术简介	阶段
			（一）有色金属行业		
1	四川永祥新能源有限公司光伏硅材料项目	该案例生产用水主要为循环冷却水；其他用水包括生活用水、绿化用水、地面冲洗用水、环保设施用水、多晶硅清洗用水等。每小时循环用水量 9.6 万 m³，循环水经蒸发浓缩后，钙、镁等离子浓度较高，在设备表面易形成水垢。通过增加补水装置，将循环水处理后继续回用。废水蒸发结晶，结晶盐装置蒸发冷凝水由直接外排改至回收用于循环冷却水塔补水。废气洗涤、渣浆水洗涤。通过改造，渣浆水取水量下降至 77.44 m³/t，单位产品取水量下降，水重复利用率达到 99.3%。	多晶硅生产循环水利用系统	该系统将多晶硅生产过程中的各用水设备进行串联，采用梯级用水方式，增加循环次数。通过对各用水系统的水质、水量匹配和水量平衡，有效降低多晶硅生产企业的取水量，节水效果达到 30% 左右。	研发
2	中国铝业股份有限公司兰州分公司中水深度处理项目	该案例采用"调节—除油—去氟—臭氧氧化—生物活性炭—去除氟化物过滤—超滤"组合工艺对废水进行处理回用，出水达至电厂反渗透系统，处理规模 3 000 m³/d，实现节水量 110 万 m³/a。	电解铝生产含氟废水及初期雨水处理新工艺	该工艺针对电解铝企业产生的含氟废水采用"调节—除油—去氟—臭氧氧化—生物活性炭—去除氟化物过滤—超滤"的组合工艺进行处理回用，解决废水含氟、氨氮和含氟等特征污染物问题，适用于电解铝及电解炭素阳极加工企业。	推广应用
3	云南驰宏锌锗股份有限公司超声波外场强化污酸处理示范项目	该案例铅锌冶炼污酸超声波定向除砷装置，铅锌污酸系统建成 50 000 m³/a 铅锌污酸超声波定向除砷技术，砷含量降低至 2 mg/L 以下，污酸处理成本降低 178 元，除砷率大于 99%，较现行石灰中和铁盐法除砷成本降低 93%。	铅锌污酸资源化利用技术	该技术针对铅锌冶炼过程产生的污酸中砷等杂质含量高、难以直接回用问题，采用超声波强化污酸定向除砷技术，脱砷除砷率大于 99%，脱砷后的污酸直接回用至湿法冶炼系统作为浸出酸或返回冶炼系统作为调浆液，降低冶炼生产新水使用量。	研发
4	云南铜业股份有限公司西南铜业分公司废水综合利用项目	该案例采用分级利用的方式，对厂区生产废水、雨水进行分级处理。生活污水分类梯级利用、干吸凉水需要，处理后废水补水无水由生活排放水改为烟气净化系统凉水系统的补加水；净化凉水作为烟气净化系统的排放水作为毛气脱硫吸收水；转化器冷却水作为烟气净化系统的补充水；渣堂水作为环节凉水系统的补加水。废水回用率达 85% 以上，年节水量约 100 万 m³。	铜冶炼烟气制酸系统及装置	该装置针对铜冶炼产生的烟气制硫酸过程中水耗高、难处理问题，采用旧式循环环保使用，解决系统内含子高等问题，实现系统内水的梯级使用，废水处理后水中含氯离子由 65% 提高至 85% 以上。	产业化示范

续表

序号	案例名称	案例简介	技术名称	技术简介	阶段
5	中铜华中铜业有限公司二期工程工业废水零排放项目	该案例实施包括脱脂脱脂废水处理工艺、浓酸液处理工艺、含铬含镍废液处理工艺、高盐废液处理工艺、MVR蒸发系统零排放处理工艺，废水回收利用率达到95%，年节约新水100.8万m³。	铜加工生产废水节水零排放处理工艺	该工艺针对铜加工过程中废水水质水质特点，采用"超滤+反渗透+二级反渗透软化+高效树脂软化+三级反渗透"的组合工艺，提高膜系统对含铜生产废水的浓缩倍数，再通过机械蒸气再压缩（MVR）进一步对膜系统排出的浓盐水进行蒸发，减少高废产生量，实现资源化利用，同时回收冷凝水及95%以上的生产废水。	产业化示范
			（二）建材行业		
1	三棵树涂料股份有限公司绿色环保且耐擦洗高固含量乳胶漆项目	三棵树涂料股份有限公司将膨润土流变助剂应用于开发绿色环保且耐擦且耐擦洗高固含量乳胶漆，固含量达到70%，黏度低、稳定性强，保持热稳14 d后，无明显沉淀、无明显浮色。涂布后耐擦洗≥6000次，达到国家标准"优等品"要求，新水用量节省20%，施工时不需加水稀释，还可节水15%。	低碳节水膨润土流变助剂	该材料是一种以膨润土为基础的高分散性流变助剂，能够提高涂料的固含量和悬浮流变性能，同时降低产品黏度利用的水量。该流变助剂能够替代部分纤维素等传统增稠剂，降低亲水性和碳排放，适用于各种水性工业漆，增加涂料的强度和耐久性，实现高效喷涂、特别是机喷作业，减少施工过程中挥发性有机物质（VOCs）排放，实现节水效果14%～40%。	研发

附表 14　工业节水电子和蓄电池行业典型案例

序号	案例名称	案例简介	技术名称	技术简介	阶段
		(一) 电子行业			
1	佛山顺德电镀镍漂洗废水零排放回用处理项目	该案例建成一套电镀镍漂洗废水回用处理装置，将水与钙、镁离子进行分离，透过液收集到纯水收集桶以作生产回用纯水，不达标的回用浓缩桶进一步浓缩，直至达到回用浓度。系统运行压力≤6 MPa，运行温度 5~45℃；产纯度≥98%，镍浓缩液≥50 000 mg/L，纯水回收率≥98%，实现节水量约 5 475 m³/d。	电镀镍漂洗废水膜法循环回用处理设备	该设备采用活性炭—反渗透超纯水制备一体化整机，将活性炭回用进行分离，透过液收集到纯水收集桶以作生产回用纯水，不达标到回用浓度，直至达到回用浓度，可回收到 90% 以上的漂洗废水。其中活性炭和精密过滤器可以截留废水中的悬浮物及有机物，降低反渗透（RO）膜胶体污染负荷。	推广应用
		(二) 蓄电池行业			
1	贵州中伟资源循环产业发展有限公司动力电池有价金属回收项目	该案例投入 MVR 蒸发提取装备，采用大处理量蒸发回收技术，解决洗涤水回用及金属盐再提炼的问题，且蒸发过程无硫酸钠晶体析出，锂沉积率高于 90%，镍、钴、锰金属回收率高于 93%。	新能源材料 MVR 蒸发提取装备	该装备采用大处理量低能耗的动力电池有价金属分离蒸发回收技术，采用重溶洗涤回用装置及盐分离器曲面高长度盐膜，实现洗涤水回用及金属盐回用再提炼，保证产品的纯度及回收率；采用高效锂溶液回收技术，减少锂锂的损失率，提高锂元素的纯度，回收率、锂损失率小于 1%，产品纯度高于 99.5%。	推广应用
2	常州市贝特瑞新材料集团股份有限公司锂电池高镍三元正极材料废水资源化项目	常州市贝特瑞新材料集团股份有限公司年产 5 万 t 的三元锂电池，生产过程产生高浓度废水。该项目建成 720 m³/d 废水预处理系统，216 m³/d 的 MVR 蒸发系统。前段预处理采用混凝沉淀法，再通过投入 PAM 在碱性条件下形成氢氧化物沉淀，各种废水经过混凝沉淀后进入调节池，后续采用生化处理将废水中的有机物等污染物进行去除。生化处理采用"UASB+A/O 池+沉淀池"工艺，通过微生物作用将废水中的污染物去除，然后进行蒸发浓缩处理，实现年节水 17.1 万 m³。	锂电高盐有机废水高效资源利用设备	该设备采用一体式催化氧化（CWPO）与电催化氧化（ECO）的耦合单元，实现中低浓度难降解废水的深度处理；采用聚四氟乙烯（PTFE）中空纤维膜分相接触氨脱氮单元，保证水质氨氮的去除率。该装备对电池产正极及负极材料进行资源化处理，具有效能高、成本低、能耗低等优先，可对锂电池废水深度处理的同时实现资源回收利用。废水回用率达 95%。	研发

附表 15　工业节水煤炭和电力行业典型案例

序号	案例名称	案例简介	技术名称	技术简介	阶段
			(一) 煤炭行业		
1	新疆楼庄子水厂排泥水处理与回用项目	该案例建设 8 台直径 3 800 mm 的循环造粒流化床高效滤池反冲洗水进行处理回用，对折板絮凝斜管沉淀池排泥水和 V 型固液分离系统，设计处理量 21 600 m³/d（单台额定处理量 150 m³/h），由循环造粒流化床设备、PAC 及 PAM 药剂制备及投加系统组成。排泥水进水悬浮物为 2 000~12 000 mg/L，出水浊度流化床进水悬浮物 ≤10 NTU，满足回用要求。年节水量约 778 万 m³。	循环造粒流化床高效固液分离装备	该装备采用结晶造粒技术，通过设备内部设置结团体循环区，使造粒区形成的结团絮凝体在内筒和筒之间循环更新，解决低浊水稳破坏等问题，实现低悬浮物原水的稳定高效净化；通过投加微砂为造粒流化区内的结团絮凝体提供高密度的凝聚核，提高造粒流化区结团絮凝体密度，使藻类及悬浮态有机物的高效处理，同时增强对有机物的吸附，使粉末活性炭在设备内循环，处理成本降低 20% 以上。	推广应用
2	营盘壕煤矿矿井水深度处理工程项目	该案例采用 "预处理+多级膜高效浓缩+多效强制蒸结晶+分盐" 的处理工艺，处理规模 33 000 m³/h，实施后每台矿井水减少盐排放量约 7.8 万，每天废水回用量达 7 万 m³ 以上。	矿井水深度处理及资源化技术装备	该装置为矿井水深度处理集成技术工艺，通过多级膜高效浓缩、蒸发结晶，分盐资源化利用。处理成本降低 20% 以上，高浓缩水回收利用率接近 100%。	推广应用
3	小纪汗矿矿井及选煤厂矿井水综合利用项目	该案例处理的选煤厂矿井矿井水排水含盐量在 3 000 mg/L，设计规模 1 900 m³，处理工艺单元，采用 "化学软化—预浓缩—浓缩减量—蒸发结晶" 处理工艺，实现矿井水资源化利用，年制得浓水 1 500 万 m³，工业无水硫酸钠 4.6 万，年减少外排高盐矿井水约 1 500 万 m³，年回收煤泥 2.5 万 t。	高矿化度矿井水资源化利用技术	该技术集成化学软化、预脱盐、浓缩减量、蒸发结晶工艺，采用高密度沉淀池与大通量陶瓷膜短流程处理技术，高效截留矿井水中悬浮物和难溶无机盐，过一级三段纳滤分盐装置，保证三段纳滤高回收率氯化钠、硫酸钠循环浓缩技术，通过强制循环蒸发+结晶工艺，提升蒸汽压缩品质，在结晶器设置淘析腊装置增大氯化钠、硫酸钠结晶品粒径，保证产品纯度。	推广应用

续表

序号	案例名称	案例简介	技术名称	技术简介	阶段
			(二)电力行业		
1	中海油惠州石化有限公司冷却水系统无磷绿色节水成套技术应用项目	该案例采用冷却水系统自然平衡无磷绿色节水成套技术，解决循环冷却水传统绿色解决方案带来的富营养化问题、排污水中的药剂在环境中的富集，其水质生化降解、不造成药剂环境精细化。碳钢腐蚀速率<0.03 mm/a，不锈钢腐蚀率<0.003 mm/a，污垢热阻<0.5×10⁻⁴ m²/kW。冷却水系统运行浓缩倍数达到8~13倍，大幅降低新水消耗、排污水处理压力，有效减少物料泄漏时的置换排放和精洗操作，降低异常情况下排污水量90%以上。	冷却水系统自然平衡无磷绿色节水成套技术	该技术通过构建"钝化+沉积+吸附"三膜模型，采用系列无磷水处理化学品，实现冷却水系统化处理，处理效果优于传统磷系化学品；采用"增强过滤"功能化学品进行一步法清洗预膜，避免冷却水系统物料泄漏时的免置换排放；采用"预沉软化"工艺及配套功能化学品，实现不加酸、不增设备的自然平衡阻垢控制；采用冷却水数字化管理系统，提升系统精细化管理程度，实现绿色高效冷却水处理，突破无磷精细化管控水系统管理滞后的技术瓶颈的压力，可实现节水及碱排50%以上。	推广应用
2	内蒙古京科电厂空冷机组基于温场变化实现智慧喷淋项目	该案例330 MW火力发电空冷电机组凝汽轮机排汽冷凝系统实施"基于温场变化实现智慧喷淋节水技术"，采用专用高效精细雾化喷嘴，颗粒平均直径小于50 μm，喷雾角度120°，每个空冷精空心锥形喷嘴。喷雾化喷射空冷机单元内安装660个高效精细雾化喷嘴，喷雾系统投运时空冷岛下无滴水现象，除盐水利用率提升，在高温及满负荷条件下使背压持续降低0.2 kPa。实现年降低除盐水量50%，节水量约3.15万 m³。	火电厂空冷机组实现干温场智慧喷淋节水技术	该技术通过建立直接空冷动态3D模型实现完全可视化，直观动态展示空冷岛结构、设备信息、运行参数，利用布置在空冷岛关键位置处的空冷温度监测系统，实时监测各换热单元处的实时换热量，构建空冷岛脏污预测模型；对空冷单元污染指标体系，建立空冷岛脏污变化预测模型，根据温场变化进行精准喷淋，在保证背压降低效果条件下降低盐水量50%。	推广应用